AF292971

Springer

Berlin
Heidelberg
New York
Barcelona
Budapest
Hongkong
London
Mailand
Paris
Santa Clara
Singapur
Tokio

Analytiker-Taschenbuch 14

Herausgegeben von

H. Günzler · A. M. Bahadir · R. Borsdorf

K. Danzer · W. Fresenius · R. Galensa · W. Huber

I. Lüderwald · G. Schwedt · G. Tölg · H. Wisser

Mit 123 Abbildungen und 50 Tabellen

Springer

Dr. Helmut Günzler
Bismarckstr. 4
D-69469 Weinheim

Prof. Dr. Dr. A. Müfit Bahadir
Inst. f. Ökolog. Chemie
und Abfallanalytik
Technische Universität
Hagenring 30
D-38106 Braunschweig

Prof. Dr. Rolf Borsdorf
Universität Leipzig
Fachbereich Chemie
Talstr. 35, D-04103 Leipzig

Prof. Dr. Klaus Danzer
Institut für anorganische
und analytische Chemie
Chemische Fakultät
Friedrich-Schiller-Universität
Steiger 3, D-07743 Jena

Prof. Dr. Wilhelm Fresenius
Institut Fresenius
Im Maisel, D-65232 Taunusstein

Prof. Dr. Rudolf Galensa
Inst. f. Lebensmittelwissenschaft und
Lebensmittelchemie der Rheinischen
Friedrich-Wilhelms-Universität
Bonn, Endenicher Allee 11–13
53115 Bonn

Dr. Walter Huber
Weimarerstr. 69
D-67071 Ludwigshafen

Prof. Dr. Ingo Lüderwald
Dr. Karl Thomae GmbH
Analytik/Qualitätskontrolle
Postfach 1755
D-88400 Biberach

Prof. Dr. Georg Schwedt
TU Clausthal-Zellerfeld
Inst. f. Analyt. u. Anorg. Chemie
Paul-Ernst-Str. 4
D-38678 Clausthal-Zellerfeld

Prof. Dr. Günter Tölg
Institut für Spektrochemie
und angewandte Spektroskopie
Postfach 10 13 52
D-44013 Dortmund

Prof. Dr. Dr. Hermann Wisser
Robert-Bosch-Krankenhaus
Auerbachstr. 110
D-70376 Stuttgart

ISBN-13: 978-3-642-64648-5   e-ISBN-13: 978-3-642-60995-4
DOI: 10.1007/978-3-642-60995-4

CIP-Kurztitelaufnahme der Deutschen Bibliothek

Analytiker-Taschenbuch B.14
Berlin, Heidelberg, New York: Springer, 1996

Satz: Thomson Press, Madras, Indien
SPIN: 10476782   52/3020 – 5 4 3 2 1 0 – Gedruckt auf säurefreiem Papier

Vorwort zu Band 14

Es gab Zeiten, da wurde den Herausgebern des Analytiker-Taschenbuches wiederholt vorgeschlagen, man möge doch die einzelnen Bände thematisch einheitlicher gestalten, also gewissermaßen jeweils einen thematisch geschlossenen Block in einem Band zusammenfassen. Ebenso oft, wie diese Forderung erhoben wurde, haben die Herausgeber darüber diskutiert, stets mit dem Ergebnis, daß die Vielfalt der analytischen Arbeitsgebiete und die Aktualität der Beiträge diesem Prinzip widersprechen würden. Fortschrittsberichte sind nicht Ziel des Analytiker-Taschenbuches, und Aktualität läßt sich nicht zeitlich planen.

Daß die erwähnte Forderung seit mehreren Jahren nicht mehr erhoben wurde, scheint der Standhaftigkeit der Herausgeber recht zu geben. Um trotzdem einen nach Sachgebieten geordneten Zugriff zu dem in den bisherigen Bänden zusammengetragenen Material zu ermöglichen, werden drei methodisch orientierte Übersichtsbände zusammengestellt, die auf Abruf ("Printing on Demand") lieferbar sind: Highlights aus dem Analytiker-Taschenbuch–Elementanalyse; Infrarotspektroskopie; Statistische Methoden.

Der vorliegende 14. Band ist erneut ein Beispiel für die fachübergreifende Vielfalt von Themen, deren Behandlung den Herausgebern zum jetzigen Zeitpunkt als besonders wichtig erschienen ist:

Im Abschnitt *Grundlagen* ist die Herstellung und Anwendung von *Prüfgasen* für die Kalibrierung analytischer Verfahren als Ergebnis langjähriger Berufserfahrung des Autors umfassend und übersichtlich dargestellt, besonders wichtig im Hinblick auf die Qualitätssicherung in der Analytik. Beispiele zur Anwendung der *Ellipsometrie* im Infrarot geben einen Einblick in die Möglichkeiten dieser auf nicht ganz trivialen Grundlagen beruhenden Methode. Die *Gewinnung von Untersuchungsmaterial im klinisch-chemischen Laboratorium* sowie der *Arbeitsschutz bei der Untersuchung biologischer Proben* sind weitere Kapitel dieses Abschnittes, die für den auf diesen Gebieten arbeitenden Analytiker von grundlegender Bedeutung sind.

Aufgrund von Weiterentwicklungen in der Elektronenoptik und der Stabilisierung der Geräte steht mit der *Transmissions-Elektronenmikroskopie (TEM)* nunmehr eine z.B. in der Materialanalyse höchst wirkungsvolle Methode zur bildmäßigen Erfassung atomarer und molekularer Strukturen zur Verfügung. Voraussetzungen, Möglichkeiten und Grenzen dieser Technik werden im Abschnitt *Methoden* beschrieben.

Der großen Bedeutung der *Hochleistungskeramiken* in den Materialwissenschaften wird der erste Beitrag des Abschnittes *Anwendungen* gerecht durch Beschreibung der analytischen Möglichkeiten zu deren Charakterisierung. Ein weiteres Kapitel dieses Abschnittes ist der *Analyse von Komplexbildnern* gewidmet, einem wegen der Vielfalt dieser Stoffe und dem Fehlen jeder Systematik schwer zu überschauenden Gebiet. Schließlich wird die Analytik von zwei der wichtigsten essentiellen Spurenelemente, nämlich von *Cu und Zn in Körperflüssigkeiten*, behandelt, deren Bedeutung für die Lebensvorgänge erst in den letzten Jahren mehr und mehr erkannt wurden.

Im *Basisteil* sind neben der Übersicht über neue Monographien auf dem Gebiet der Analytik die Akronyme überarbeitet und auf die zahlreichen Gremien ausgedehnt worden, die sich mit Fragen der Akkreditierung, Zertifizierung und Qualitätssicherung befassen.

Die Herausgeber

Autoren

Dr. med. S.L. Braun

Deutsches Herzzentrum München
Institut für Klinische Chemie und Laboratoriumsmedizin
Lothstraße 11
D-80335 München

Prof. Dr. J.A.C. Broekaert

Universität Dortmund, Fachbereich Chemie
Institut für Anorganische und Analytische Chemie
D-44221 Dortmund

Dr. R.P.H. Garten[†]

Max-Planck-Institut für Metallforschung, Stuttgart
Laboratorium für Reinststoffanalytik
Bunsen-Kirchhoff-Straße 11, D-44139 Dortmund

Prof. Dr. Heinrich Hartkamp

Windmüllerkamp 28
D-59269 Beckum

Prof. Dr. Johannes Heydenreich

Max-Planck-Institut für Mikrostrukturphysik
Weinberg 2,
D-06120 Halle/Saale

Dr. Walter Huber

Weimarerstraße 69
D-67071 Ludwigshafen

Prof. Dr. J.D. Kruse-Jarres

Katharinenhospital
Institut für Klinische Chemie und Laboratoriumsmedizin
Kriegsbergstraße 60
D-70174 Stuttgart

Dr. A. Röseler

Institut für Spektrochemie und angewandte Spektroskopie
Laboratorium für spektroskopische Methoden der Umweltanalytik
Rudower Chaussee 5
D-12489 Berlin

Dr. M. Rükgauer

Katharinenhospital
Institut für Klinische Chemie und
Laboratoriumsmedizin
Kriegsbergstraße 60
D-70174 Stuttgart

Prof. Dr. med. Wolfgang Vogt

Deutsches Herzzentrum München
Institut für Klinische Chemie und
Laboratoriumsmedizin
Lothstraße 11
D-80335 München

Inhaltsverzeichnis

I. Grundlagen

Prüfgase – Herstellung und Anwendung
H. Hartkamp 3

Spektroskopische Infrarotellipsometrie
A. Röseler 89

Gewinnung medizinisch-diagnostischer Proben
W. Vogt 131

Arbeitsschutz bei der Untersuchung biologischer Proben
S. Braun 155

II. Methoden

Transmissions-Elektronenmikroskopie
J. Heydenreich 177

III. Anwendungen

Analytik von Hochleistungskeramik
J.A.C. Broekaert, R.P.H. Garten[†] 219

Analytik von Komplexbildnern
W. Huber 257

Analytik von Kupfer in Körperflüssigkeiten
M. Rükgauer, J.D. Kruse-Jarres 283

Analytik von Zink in Körperflüssigkeiten
M. Rükgauer, J.D. Kruse-Jarres 301

IV. Basisteil

Literatur (Monographien) 317
Die relativen Atommassen der Elemente 326
Maximale Arbeitsplatzkonzentrationen 326
Akronyme 326

Prüfröhrchen für Luftuntersuchungen und technische Gasanalysen .   336
Informations- und Behandlungszentren für Vergiftungsfälle
mit durchgehendem 24-Stunden-Dienst   336
Organisationen der Analytischen Chemie im deutschsprachigen
Raum   339

Inhaltsverzeichnis von Band 11

I. Grundlagen

Fehler und Vertrauensbereiche analytischer Ergebnisse/S. Ebel

II. Methoden

Chromatographie mit überkritischen dichten mobilen Phasen/
E. Klesper, S. Küppers

Instrumentelle Analytik in der industriellen pharmazeutischen
Qualitätskontrolle/I. Lüderwald, M. Müller

III. Anwendungen

Anwendung der Radiotracertechnik zur Methodenentwicklung und
Fehlerdiagnose in der Elementspurenanalyse/V. Krivan

IV. Basisteil

Inhaltsverzeichnis von Band 12

I. Grundlagen

Umsetzung der Gefahrstoffverordnung und der TRGS 451
in Analytischen Laboratorien/A.M. Bahadir, W. Lorenz,
M. Bollmeier, S. Löwe

Nachweis-, Erfassungs- und Bestimmungsgrenze/W. Huber

Physikalische und chemische Eigenschaften chromatographischer
Trägermaterialien und ihr Einfluß auf die Trenneigenschaften/
F. Eisenbeiß

II. Methoden

Spezielle Methoden zur Probenvorbereitung vor
der Chromatographie/R.E. Kaiser

Nichtlineare Raman-Spektroskopie und ihre Anwendung/
P. Reich, A. Lau, W. Werncke

Röntgenfluoreszenzanalyse mit Synchrotronstrahlung/
G. Gaul, A. Knöchel

III. Anwendungen

On-line Trennung und Anreicherung mit Fließinjektion in der
Spurenanalytik der Elemente/B. Welz, Z. Fang

NIR-Spektrokospische Analytik/E. Wüst, L. Rudzik

Spurenanalytik des Selens/M. Sager.

IV. Basisteil

Inhaltsverzeichnis von Band 13

I. Grundlagen

Infrarot- und Ramanmikrospektroskopie/B. Schrader

II. Methoden

Kapillarelektrophorese/R. Kuhn

Mehrsäulentechniken in der hochauflösenden GC/W. Engewald

Voltammetrische Analytik anorganischer Stoffe/H. Emons

III. Anwendungen

Analyse schwerflüchtiger organischer Schadstoffe in Sedimenten/
M. Kolb, M. Bahadir

Forensische Analytik: Drogen und Arzneimittel/Th. Daldrup,
F. Mußhoff

Bieranalytik/E. Krüger, M. Schaper

IV. Basisteil

I. Grundlagen

Prüfgase – Herstellung und Anwendung

Heinrich Hartkamp

Fachbereich 9 der Bergischen Universität – Gesamthochschule Wuppertal,
Analytische Chemie, Gaußstraße 20, D-42097 Wuppertal

*"Du sollst in deinem Beutel nicht zwei verschiedene Gewichte haben, ein größeres und ein kleineres.
Du sollst in deinem Haus nicht zwei verschiedene Efa haben, ein größeres und ein kleineres. Volle und
richtige Gewichte sollst du haben, volle und richtige Hohlmaße sollst du haben, damit du lange in dem
Land lebst, das der Herr, dein Gott, dir gibt."*
Altes Testament, Deuteronomium 25, 13–15

*"...... Es läßt sich aber eine Größe nicht anders bestimmen oder ausmessen, als daß man eine
andere Größe derselben Art als bekannt annimmt und das Verhältnis angibt, in dem diese zu jener
steht....*

*Bei Bestimmungen oder Ausmessungen der Größen von allen Arten kommt es also darauf an, daß
erstlich eine gewisse bekannte Größe von gleicher Art festgesetzt werde, welche das Maß oder die
Einheit genannt wird und lediglich von unserer Willkür abhängt..."*
Leonhard Euler, Algebra, Petersburg 1766

1	Grundbegriffe, Arbeitsbereiche und Aufgaben	4
2	Grundgase-Bereitstellung und Aufbereitung	7
2.1	Grundgasförderung	8
2.2	Partikelabscheidung (Entstaubung)	9
2.3	Trocknung	13
2.4	Abscheidung störender gasförmiger Bestandteile–Selektivfilter	17
3	Beimengungen	26
4	Systematik der Herstellungsverfahren – allgemeines Verfahrensschema	26
4.1	Statische Verfahren	31
4.1.1	Manometrische Verfahren	33
4.1.2	Gravimetrische Verfahren	35
4.1.3	Anwendung konfektionierter Prüfgase in Druckbehältern	35
4.1.4	Volumetrische Verfahren	36
4.2	Dynamische Verfahren	37
4.2.1	Blenden–Mischstrecken (kritische Blenden)	38
4.2.2	Gasmischpumpen	41
4.2.3	Kolbenprober	43
4.2.4	Periodische Injektion der Beimengung mittels Dosierküken, Dosierscheiben oder Dosierschleifen	44
4.2.5	Herstellen von Prüfgasen durch Sättigungsmethoden	45
4.2.6	Kapillardosierer	55
4.2.7	Prüfgasgenerator S-TEC SGGU 72 AC 3	59
4.2.8	Permeation durch Membranen	61
4.2.9	Prüfgasgenerator "Hartmann & Braun CGP"	65
4.2.10	Kontinuierliche Dünnfilmextraktion flüssiger Mischphasen im Wendelreaktor	67
4.2.11	Reaktionsmethoden	75

4.2.11.1 Ozon-Prüfgas 76
4.2.11.2 NO$_x$-Prüfgase – Gasphasentitration 77
4.2.11.3 NO$_x$-Prüfgase – Anwendung von Konvertern 78
4.2.12 Mitführungsmethoden 78

5   Referenzmeßverfahren 81

6   Entsorgung 85

7   Literatur 85

1 Grundbegriffe, Arbeitsbereiche und Aufgaben

Von analytischen Messungen muß ebenso wie von anderen Messungen vor allem verlangt werden, daß sie richtig seien. Die Richtigkeit analytischer Messungen kann grundsätzlich nur durch eine sachgerechte Kalibrierung (Eichung [1–4]) sichergestellt werden. Dazu werden Kalibrierstandards ("Eichstandards", "Normale") [5] benötigt, die die Eigenschaften des Meßgutes verkörpern und hinsichtlich des verkörperten Meßobjektes bzw. Meßwertes genau bekannt und mit hoher Reproduzierbarkeit herstellbar sind.

Prüfgase sind gasförmige "Normale", d.h. Gasmischungen, die durch Zusammenführen und Vermischen eines als Matrix dienenden Grundgases mit einer oder mehreren gasförmigen Beimengungen so hergestellt werden, daß sie in Bezug auf die qualitative Beschaffenheit der Matrix und in Bezug auf die Beschaffenheit und die Mengenanteile der Beimengungen bestimmte, innerhalb mehr oder weniger enger Fehlergrenzen wohldefinierte und auf den jeweiligen Verwendungszweck abgestimmte Eigenschaften haben, die ggf. durch entsprechende qualifizierte Zertifikate zugesichert werden, so daß sie als Kalibrierstandards für gasanalytische Meßverfahren verwendet werden können. Sie müssen sämtliche Verfahrensschritte des vollständigen Meßverfahrens von der Probenahme über die chemische und physikalische Probenvorbereitung bis zur Erzeugung des Meßsignals durchlaufen und sich gegenüber dem Meßsystem ebenso wie reale Proben verhalten (Prinzip des "vollständigen Meßverfahrens") und dabei die der Kennzeichnung der Verfahrensleistungen dienenden funktionalen, statistischen und operativen Verfahrenskenngrößen liefern (Grundkalibrierung) bzw. deren fortdauernde Gültigkeit kontrollieren und ggf. korrigieren (Eichkontrolle, Justierung) [6].

Zur Kennzeichnung des Mischungsverhältnisses von Beimengung und Grundgas wird die Konzentration der Beimengung i im Prüfgas als Verhältniszahl angegeben. Gebräuchliche Maße (Verhältniszahlen) sind

- Massenkonzentration, m_i/V_{ges} z.B. in den Einheiten [g/l], [g/m^3], [mg/l], [mg/m^3], [µg/l], [µg/m^3], [ng/l], [ng/m^3],
- Massenanteil, m_i/m_{ges}, z.B. in den Einheiten [g/g], [g/kg], [mg/g], [mg/kg], [µg/g], [µg/kg], [ng/g], [ng/kg],

- Massenverhältnis, m_i/m_k, z.B. in den Einheiten [g/g], [g/kg], [mg/g], [mg/kg], [µg/g], [µg/kg], [ng/g], [ng/kg],
- Stoffmengenkonzentration, n_i/V_{ges}, z.B. in den Einheiten [mmol/l], [mol/m^3], [µmol/l], [mmol/m^3], [µmol/m^3],
- Stoffmengenanteil, n_i/n_{ges}, z.B. in den Einheiten [mol/mol], [mmol/mol], [µmol/mol],
- Stoffmengenverhältnis, n_i/n_k, z.B. in den Einheiten [mol/mol], [mmol/mol], [µmol/mol],
- Volumenanteil, V_i/V_{ges}, z.B. in den Einheiten [ml/l], [l/m^3], [ml/l], [ml/m^3], [n/l], [µl/m^3],
- Volumenverhältnis, V_i/V_k, z.B. in den Einheiten [ml/l], [l/m^3], [ml/l], [ml/m^3], [nl/l], [µl/m^3]

m_i	Masse der Beimengung i
V_i	Volumen der Beimengung i
n_i	Stoffmenge der Beimengung i
m_{ges}	Masse des Prüfgases
V_{ges}	Volumen des Prüfgases
n_{ges}	Stoffmenge des Prüfgases
m_k	Masse aller Prüfgaskomponenten außer m_i
V_k	Volumen aller Prüfgaskomponenten außer V_i
n_k	Stoffmenge aller Prüfgaskomponenten außer n_i

Wenn zu erkennen ist, welche Verhältniszahl zur Kennzeichnung der Beimengungskonzentration benutzt wird, kann das Mischungsverhältnis auch in %, ‰, ppm ("parts per million"), 10^{-6}, in ppb ("parts per billion"), 10^{-9}, in ppt ("parts per trillion"), 10^{-12}, oder in ppq ("parts per quadrillion"), 10^{-15}, angegeben werden. Häufig wird dies durch die Zusätze [v/v], [w/w], [m/m] oder [mol/mol] verdeutlicht. Für die Massenkonzentration und die Stoffmengenkonzentration dürfen diese vereinfachten Einheitenbezeichnungen nicht verwender werden. Gänzlich ungeeigner sind sie auch für Verhältniszahlen, die eine Zählgröße enthalten, z.B. Partikeln/m^3. Entgegen der in [15] ausgesprochenen Empfehlung sollten Maße und Maßeinheiten in sinnfälliger Weise so benutzt werden, daß keine unnötig großen oder kleinen Zehnerpotenzen "mitgeschleppt" werden.

Mischungsverhältnisse, die als Massenanteil, m_i/m_{ges}, als Massenverhältnis, m_i/m_k, als Stoffmengenanteil, n_i/n_{ges}, oder als Stoffmengenverhältnis, n_i/n_k, angegeben werden, sind invariant gegenüber Änderungen von Druck und Temperatur. In allen anderen Fällen sind wegen der Abhängigkeit der Mischungsverhältnisse von Druck und Temperatur Bezugsgrößen für diese Zustandsgrößen anzugeben.

Das Bezugsvolumen ist nach [15] auf den in [17] festgelegten Normzustand (1013 mbar, 273,15K) zu beziehen. Man erspart sich aber in vielen Fällen vernachlässigbare Druck- und Temperaturkorrekturen, wenn man die Konzentrationsangaben auf den Druck und die Temperatur der Prüfgasanwendung bezieht (z. B. 20°C und 1013 mbar bzw. 293,15K und 1013,25 hPa).

Als Besonderheit ist zu erwähnen, daß der Wassergehalt von Prüfgasen häufig über die "Taupunktstemperatur" angegeben wird. Beim Taupunkt setzt Kondensation ein; die relative Feuchte φ ist 100%. Der Zusammenhang zwischen Feuchte und Temperatur kann für nicht zu kleine Feuchten aus Mollier-Diagrammen (h, x-Diagrammen) entnommen werden.

Prüfgase werden in allen Bereichen der Gasanalyse angewendet. Neben der Analyse von Prozeßgasen und Synthesegasen haben in der jüngeren Vergangenheit umweltanalytische (Emissionsüberwachung und Immissionsmessung) und sicherheitstechnische Fragestellungen (Gefahrstoffanalytik, Arbeitsstoffanalytik) an Bedeutung gewonnen. In diesen Bereichen kommen Mischungsverhältnisse in den Größenordnungen von 10^{-1} bis 10^{-15} als analytische Arbeitsbereiche vor. Die Verfahren zur Prüfgasherstellung müssen alle diese Anwendungsfälle für unterschiedliche Matrices (Grundgase) und für eine große, ständig wachsende Vielfalt von Meßobjekten (Beimengungen) abdecken. Es ist nicht möglich, die aus diesem Aufgabenfeld ableitbaren differenzierten Anforderungsprofile für die Prüfgaserzeugung – vor allem hinsichtlich ihres Arbeitsbereiches, ihres Kurzzeit- und Langzeitverhaltens und ihrer Verfügbarkeit – mit allgemein gültigen quantitativen Angaben zu Mengenanteilen, Schwankungsbereichen und Zeitintervallen zu versehen. In vielen Fällen dürfte es sich aber als zweckmäßig erweisen, solche Quantifizierungen an die Lage und die Zeitbasis des jeweiligen Arbeitspunktes oder Schwellenwertes in ähnlicher Weise anzubinden, wie dies bei der Eignungsprüfung von Immissionsmeßgeräten [7] vorgeschrieben und bei verschiedenen Eignungstests [8–11] dargestellt worden ist. In [19] wird die nachstehend wiedergegebene, an den maximalen relativen Konzentrationsfehlern der Beimengung orientierte Güteklassierung binärer Prüfgase empfohlen.

Für Mischungsverhältnisse $\geqslant 10^{-6}$ (d.h. $\geqslant 1$ ppm [v/v]) können bei Verwendung von Stickstoff oder Luft als Grundgas mit sehr vielen Beimengungen Prüfgase der Klassen 0,5 und 1 hergestellt werden, wie sie für eine zuverlässige Grundkalibrierung mit ausreichender Auflösung in der Konzentrationsskala benötigt werden. Für Mischungsverhältnisse $\geqslant 10^{-9}$ (d.h. $\geqslant 1$ ppb [v/v]) bis 10^{-6} (1 ppm [v/v]) sind in vielen Fällen Prüfgase der Klassen 1 bis 5 und für Mischungsverhältnisse $\geqslant 10^{-12}$ (d.h. $\geqslant 1$ ppt [v/v]) bis 10^{-9} (1 ppb [v/v]) Prüfgase der Klassen 5 bis 10 realisierbar. Für die entsprechenden Eichkontrollen und Justierungen genügen häufig Prüfgase der nächstniederen Klasse.

Tabelle 1. Güteklassen binärer Prüfgase nach [19]

Klasse	relativer Fehler der Beimengungskonzentration		
0,5		$\Delta c/c$	$\leqslant$ 0,5 %
1	0,5% $<$	$\Delta c/c$	$\leqslant$ 1 %
2	1 % $<$	$\Delta c/c$	$\leqslant$ 2 %
5	2 % $<$	$\Delta c/c$	$\leqslant$ 5 %
10	5 % $<$	$\Delta c/c$	$\leqslant$ 10 %

Meßstrategische Zusammenhänge zwischen den Kalibrieraufgaben und den Anforderungen an die Kalibrierverfahren werden ausführlich in [6] behandelt. Hinweise zur Quantifizierung der Anforderungsprofile finden sich auch in [12–14].

Prüfgase können nicht mit einer das Meßobjekt verkörpernden Beimengung hergestellt werden, wenn das Meßobjekt keine durch ihre Zusammensetzung, Molekülstruktur und Bindungsform eindeutig gekennzeichnete chemische Substanz, sondern ein sogenannter Summenparameter ist wie beispielsweise die "Summe der Konzentrationen gasförmiger, organisch-chemischer Kohlenstoffverbindungen", die "Summe der Kohlenwasserstoffe" oder die "Summe der Stickstoffoxide NO_x". Meßverfahren zur Erfassung solcher Summenparameter können nicht geeicht oder kalibriert, sondern nur standardisiert werden. In den dazu verwendeten Prüfgasen vertritt ein durch Vereinbarung festzulegender "Referenzstoff" das Meßobjekt.

2 Grundgase – Bereitstellung und Aufbereitung

Grundsätzlich ist zu fordern, daß das Grundgas als Matrix des Prüfgases in allen das Meßergebnis beeinflussenden Eigenschaften mit der Matrix der zu untersuchenden Gasproben übereinstimmt. Die Erfüllung dieser Forderung kann bei der Analyse von Synthesegasen und Prozeßgasen sowie bei Emissionsüberwachungen enorme Schwierigkeiten bereiten, so daß man gezwungen ist, entweder das zu untersuchende Prozeßgas selbst als Grundgas zu benutzen und die Kalibrierung als Standard-Additionsverfahren durchzuführen oder ersatzweise ein Inertgas als Grundgas einzusetzen. In diesen und sehr vielen anderen Anwendungsfällen (Immissionsmessungen, Arbeitsplatzmessungen, Gefahrstoffanalytik, Innenraumluft-Untersuchungen, Abgasanalyse an Feuerungsanlagen und an Verbrennungskraftmaschinen) werden als Grundgase Stickstoff, Edelgase, Sauerstoff oder Luft verwendet. Stickstoff, Sauerstoff und Edelgase werden überwiegend durch thermische Luftzerlegung gewonnen. Stickstoff und Sauerstoff werden als Druckgase mit Gehalten von 99,995 Vol.-% bis zu 99,9999 Vol.-% im Handel angeboten, ebenso sogenannte "synthetische Luft" (Mischung von Stickstoff und Sauerstoff im Volumenverhältnis 4:1). Sie enthalten, bedingt durch die Herstellungsverfahren und die Qualität der zur Luftzerlegung verwendeten atmosphärischen Luft, stets merkliche Mengen von Verunreinigungen [6], die in der Tabelle 2 näher aufgeschlüsselt sind. In Prüfgasen mit geringen Gehalten von organisch-chemischen Stoffen als Beimengung machen sich u.U. die Gehalte an Kohlenmonoxid und an Kohlenwasserstoffverbindungen störend bemerkbar. An längere Zeit gelagerten Druckgasvorräten in Druckbehältern aus Stahl ist die Bildung von Eisen-Carbonylverbindungen beobachtet worden. Störungen können bei manchen Prüfgasen auch von den Wassergehalten der Grundgase ausgehen.

Tabelle 2. Verunreinigungen in Reinststickstoff und in synthetischer Luft (Herstellerangaben)

Art der Verunreinigung	Konzentration [ppm(v/v)] der Verunreinigung in Stickstoff	synthet.Luft
H_2O	$\leqslant 0,5$ bis $\leqslant 3$	$\leqslant 3$ bis $\leqslant 10$
H_2	$\leqslant 0,1$ bis $\leqslant 2$	ohne Angaben
He	$\leqslant 0,2$ bis $\leqslant 1$	ohne Angaben
Ar	$\leqslant 1$ bis $\leqslant 50$	ohne Angaben
Ne	$\leqslant 0,2$ bis $\leqslant 2$	ohne Angaben
C_nH_m	$\leqslant 0,1$ bis $\leqslant 1$	$\leqslant 0,1$ bis $\leqslant 3$
$CO + CO_2$	$\leqslant 0,1$ bis $\leqslant 1,5$	$\leqslant 1$
N_2O	$\leqslant 0,1$	ohne Angaben
O_2	$\leqq 0,1$ bis $\leqq 30$	-----------------

Viele Kalibriertechniken für Gasspurenmessungen an Luft schreiben die Anwendung von synthetischer Luft als Grundgas für die Prüfgasherstellung vor. Wenn jedoch mit Störungen durch die erwähnten Restverunreinigungen zu rechnen ist, sollte man stets eine besondere Grundgasaufbereitung vorsehen, die entweder mit synthetischer Luft oder mit gewöhnlicher atmosphärischer Luft versorgt wird und das Grundgas in der benötigten Menge und Reinheit in situ bereitstellt. Die Grundgasaufbereitung muß folgende Grundoperationen umfassen:

– Grundgasförderung
– Partikelabscheidung (Entstaubung),
– Trocknung,
– Abscheidung störender gasförmiger Bestandteile.

2.1 Grundgasförderung

Das "rohe" Grundgas muß der Aufbereitungsanlage mit ausreichender Energie zugeführt werden, die bei Grundgasen aus transportablen Druckbehältern oder aus fest installierten Druckgasnetzen dem Energieinhalt des Gases entnommen werden kann, in allen anderen Fällen aber durch Kompression zugeführt werden muß. Je nach dem Aufbau und den Dimensionen der Grundgasaufbereitung müssen Eingangsdrucke von etwa 3 bis 10 bar bereitgestellt bzw. erzeugt werden, um Grundgasströme von etwa 3 bis 5 l/min bzw. 180 bis 300 l/h (20°C, 1013 mbar) zur Verfügung zu stellen. Der benötigte Grundgasmengenstrom richtet sich nach dem Prüfgasbedarf. Das Prüfgas muß den zu kalibrierenden Analysatoren stets im Überschuß angeboten werden, damit bei der Kalibrierung Fehler durch Ansaugen von "Falschgas" ("Falschluft") vermieden werden; der Prüfgasmengenstrom muß deshalb um den Faktor 1,2 bis 1,5 größer sein als der Probengasbedarf aller an die Kalibriereinrichtung angeschlossenen Analysatoren (Abb. 1).

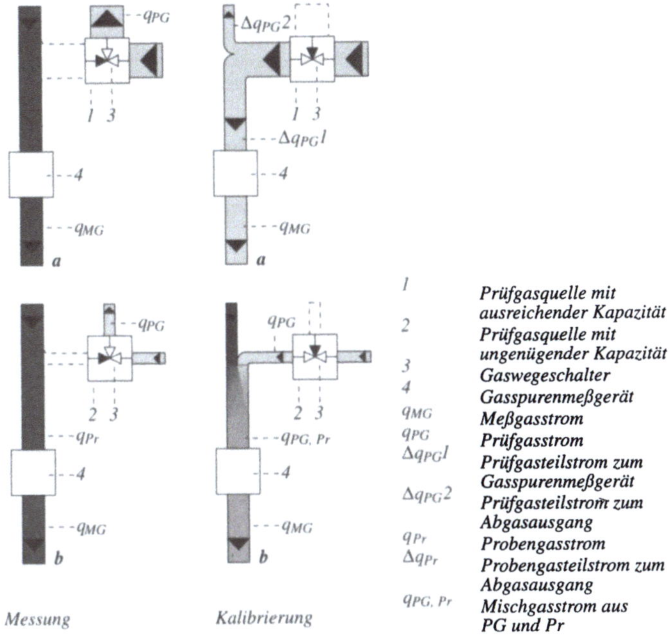

Abb. 1. Mengenstromdiagramm (SANKEY-Diagramm) zur Dimensionierung des Prüfgasmengenstromes bei Kalibrierexperimenten

Zur Erzeugung der notwendigen Eingangsdrucke für die Grundgasaufbereitung eignen sich ein- und mehrstufige Membrankompressoren mit Viton- oder Metallmembranen; ölgeschmierte Kolbenkompressoren sind wegen des unvermeidlichen Ausstoßes von Öltröpfchen und Ölnebeln weniger geeignet. Kompressoren für die Grundgasförderung müssen stets mit den nach [18] erforderlichen Sicherheitseinrichtungen versehen sein, ferner mit einem Kühler und ggf. mit einem Ölabscheider, sowie mit einem Windkessel – mit Wassersammler ("Wassersack") und Entleerungshahn – zum Ausgleich der durch die Pumpenkonstruktion bedingten Druckschwankungen und zur Abpufferung verbrauchsabhängiger Druckverluste.

2.2 Partikelabscheidung (Entstaubung)

Die Abb. 2 gibt einen Überblick über die in natürlichen und technischen Atmosphären auftretenden Teilchenarten und Teilchengrößen. Es kommen Partikelkonzentrationen von einigen tausend bis zu mehreren hunderttausend Teilchen/cm^3 vor mit Durchmessern von weniger als 0,001 µm bis zu mehr als 500 µm. Die gebräuchlichen Hilfsmittel zur Abscheidung dieser Teilchen aus strömenden Gasen sind in der Abb. 3 zusammengestellt.

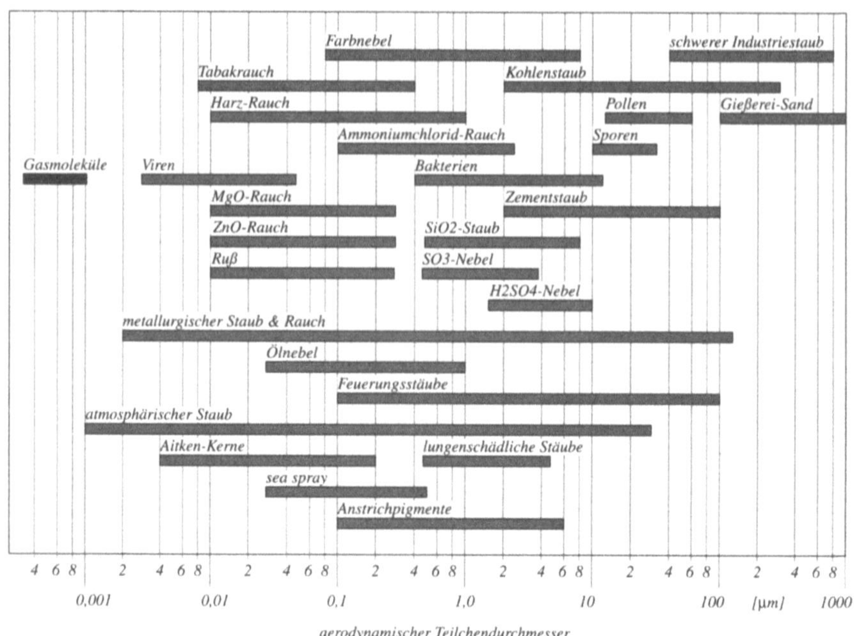

Abb. 2. Charakteristische Merkmale von Partikeln in natürlichen und technischen Aerosolen und Dispersoiden (nach [25])

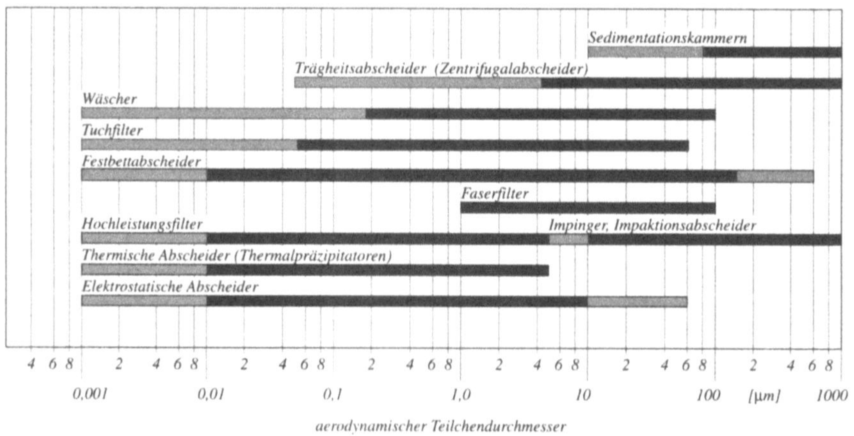

Abb. 3. Methoden zur Abscheidung von Partikeln aus strömenden Gasen (nach [25])

Im einzelnen handelt es sich um

Nicht wiederverwendbare Filter:

Faserfilter (Faservliese) mit unterschiedlicher Durchlässigkeit und unterschiedlicher chemischer Beständigkeit und in unterschiedlichen Abmessungen, ggf.

auch mit Imprägnierungen bzw. Beschichtungen zur Immobilisierung von Aerosolteilchen mit spezieller chemischer Zusammensetzung, z.B. von Schwefelsäuretröpfchen

- *Papierfilter, Glasfaserfilter, Quarzglasfaserfilter, Faserfilter aus Polyvinylchlorid, Faserfilter aus Polyvinylidenchlorid, Kohlefaserfilter, Asbestfaserfilter*
- *Textilfilter (Filtertücher, Schlauchfilter)*
- *Filterpackungen und Filterpatronen mit Textilfasern (Watte), Glaswolle, Quarzwolle, ggf. mit in Durchströmungsrichtung ansteigender Packungsdichte ("progressiv gestopfte Filter")*

Membranfilter mit unterschiedlicher Porosität (Porengröße bzw. Porendurchmesser, Porengrößenverteilung und Porenzahl) und in unterschiedlichen Abmessungen
- *Celluloseacetatfilter, Cellulosenitratfilter, Polyesterfilter*

Porfilter, z.B. aus PTFE, mit unterschiedlicher Porosität (Porengröße und Porenzahl), meist sehr schmalbandiger Porengrößenverteilung und in unterschiedlichen Abmessungen

Wiederverwendbare Filter:

Sintermetallfilter mit unterschiedlicher Porosität und in unterschiedlichen Abmessungen, aus Bronze oder Sonderlegierungen

Keramikfilter
Frittenfilter aus PTFE, Glas oder oder Quarzglas
Festbettfiler

Wäscher
Waschflaschen, Wendelrohre, Impinger, Naßzyklone

Elektrostatische Abscheider

Trägheitsabscheider
Zyklone, Impaktoren, Prallabscheider, virtuelle Impaktoren

Sedimentations-bzw. Schwerkraftabscheider
strömungsmechanische Grobstaub-Vorabscheider (z.B."Herpertz-Topf")

Für die Abscheidung von Schwebstoffteilchen aus strömenden Gasen müssen bei allen Abscheideverfahren beträchtliche Energiebeträge zur Überwindung von Reibungswiderständen (Filter), zur Beschleunigung und Umlenkung von Gasströmen (Trägheitsabscheider) oder zur Erzeugung von Grenzflächen in den Abscheiderflüssigkeiten (Wäscher) aufgebracht werden. Nur ein kleiner Teil der aufgewendeten Energie wird in die erwünschte Trennleistung umgesetzt. Die Abscheideleistung der einzelnen Verfahren wird durch charakteristische Abscheide- oder Filterfunktionen beschrieben. Solche Kennlinien werden gewöhnlich unter Verwendung standardisierter Prüfaerosole mit stofflich einheitlichen kugelförmigen Aerosolteilchen und mit einer hinreichend sicher bekannten Korngrößenverteilung ermittelt. Sie können nicht ohne weiteres auf andere Aerosole mit Teilchen aus unterschiedlichen Materialien, mit unterschiedlichen Formen und mit unbekannter Korngrößenverteilung übertragen werden, stellen aber ein brauchbares Kriterium für die Auswahl von Abscheidern dar. Häufig genügt dazu die Angabe einzelner Punkte der Abscheidefunktion, z.B. der 50 %-Trenngrenze oder der 90%-Trenngrenze.

Unter den oben genannten Abscheidern haben die Filterverfahren besondere Vorteile: Sie sind nicht an die Einhaltung bestimmter Strömungsbedingungen gebunden, eignen sich für die Abscheidung aller Arten und Größen von Partikeln und können bei nahezu beliebigen Volumenströmen eingesetzt werden. Die Partikelabscheidung an Filtern kommt durch Siebwirkung, durch Impaktion ("Prallfilter") und durch elektrostatische Effekte (Abb. 4) zustande. Letzteren ist es zu verdanken, daß in vielen Fällen die 90 %-Trenngrenze bei Teilchendurchmessern liegt, die um eine Zehnerpotenz kleiner sind als die Porendurchmesser der Filter. Vor allem bei Faserfiltern überlagern sich die verschiedenen Abscheidemechanismen mehr oder weniger stark, so daß der Partikelniederschlag nicht nur die Filteroberfläche bedeckt (Oberflächenfiltration),

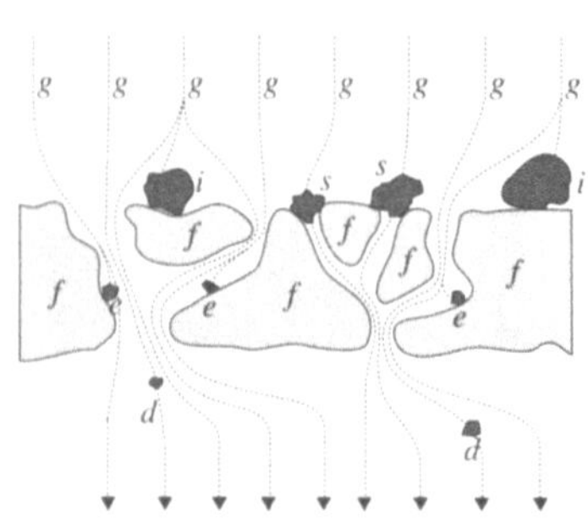

Abb. 4. Partikelabscheidung an Filtern (schematisch)

i   durch Impaktion abgeschiedene Partikel;
s   durch Siebwirkung abgeschiedene Partikel;
e   elektrostatisch abgeschiedene Partikel;
d   durchgelassene Partikel;
f   Filter (z.B. Membranfilter);
g   Gasströmung

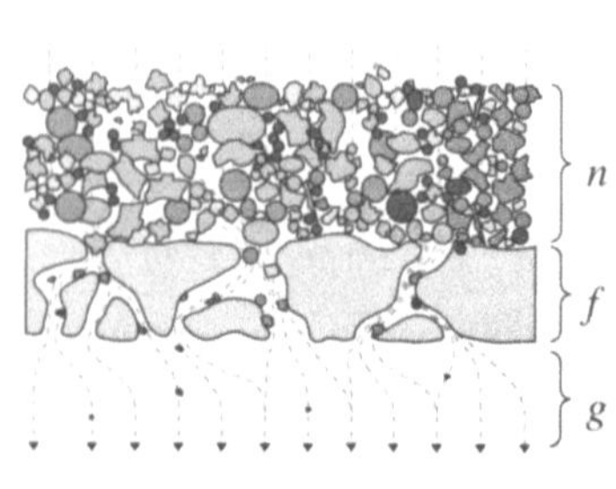
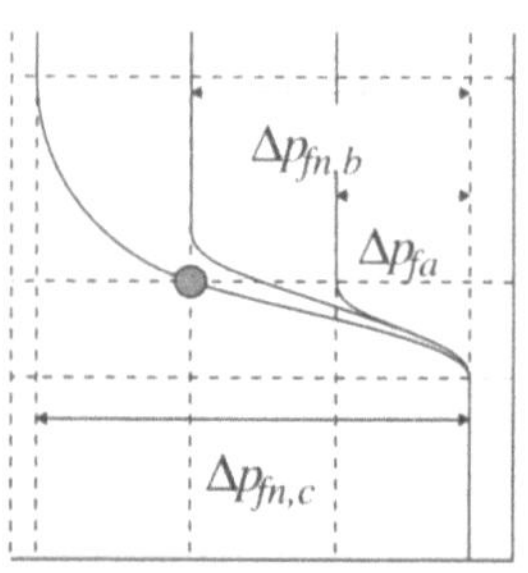

Abb. 5. Druckabfall an Filtern (schematisch)
        Druckabfall am

$\Delta p\ fa$ -leeren Filter;
$\Delta p\ fn, b$ -Filter mit Niederschlag nach Oberflächenfiltration;
$\Delta p\ fn, c$ -Filter mit Niederschlag nach Tiefenfiltration;
n   Niederschlag;
f   Filter;
g   Gasströmung

sondern sich bis tief ins Innere des Filters ausbreitet (Tiefenfiltration). Trotz der damit verbundenen Steigerung der Abscheidewirkung kann die Tiefenfiltration Nachteile mit sich bringen, weil sie die freien Querschnitte in den Filtern stark verengt, so daß es zu starken Druckverlusten am Filter (Abb. 5) oder sogar zur vollständigen Verstopfung des Filters kommt. Es empfiehlt sich deshalb, den Druckabfall an Filtern mittels eines Differenzdruckmessers zu überwachen. Bei hohen Staubbelastungen sowie im Langzeitbetrieb sind zwei- oder mehrstufige Filtrationen ("Grobfiltration" und "Feinfiltration") zweckmäßig.

Bei wiederverwendbaren Filtern ist die Tiefenfiltration auch deshalb unerwüscht, weil sie die Reinigung bzw. Aufarbeitung der Filter außerordentlich erschwert oder ganz unmöglich macht. In jedem Falle ist eine regelmäßige Wartung der Filter erforderlich.

2.3 Trocknung

Obwohl für den Kalibrierbetrieb sehr häufig Prüfgase mit einer gewissen Feuchte erforderlich sind, um auf diese Weise das Verhalten der Prüfgase demjenigen realer Gas- oder Luftproben anzugleichen, muß dennoch das für die Prüfgaserzeugung verwendete Grundgas sorgfältig getrocknet werden. Wassergehalte des Grundgases können zu unkontrollierten Kondensationserscheinungen führen; sie schlagen sich als Wasserhaut an den Gerätewandungen nieder und verändern nachteilig deren Sorptionsverhalten, z.B. durch Bildung von Silanolgruppen an Glasoberflächen; infolgedessen kann es zu erheblichen Verfälschungen der Prüfgaszusammensetzung oder auch zu störenden "memory"-Effekten kommen. Wassergehalte des Grundgases fördern die Korrosion der Bauteile der Kalibrier- und Meßeinrichtungen, vor allem dann, wenn die gleichzeitige Anwesenheit "saurer" Gase zur Unterschreitung der entsprechenden "Säuretaupunkte" führt. Sie belegen die Sorptionskapazität von Adsorbentien, so daß diese nicht mehr zur Abscheidung unerwünschter Gasspuren geeignet sind. Manche Adsorptions- und Absorptionsreagenzien verkleben und verbacken in Gegenwart von Wasser zu unbrauchbaren, unwirksamen Massen, die überdies erhebliche Strömungswiderstände darstellen können. Diese Effekte können durch die Trocknung des Grundgases weitgehend vermieden werden. Dazu können – je nach dem Wassergehalt des "rohen" Grundgases – die nachstehenden Prozesse genutzt werden.

Kühlung und Kondensation
Ausfrieren
Bindung des Wassers an Adsorbentien oder chemische Trocknungsmittel
  – Aluminiumoxid-Gel, Calciumsulfat (z.B. "Drierite"), Kieselgel
  (Blaugel), Magnesiumperchlorat, Molekularsiebe (Zeolithe),
  Natriumhydroxid auf Asbest (z.B. "Natronasbest", "Ascarite"),
  wasserfreies Natriumsulfat, Phosphor(V)-oxid und

rieselfähige Phosphor (V)-oxid-Zubereitungen (z.B. "Siccapent"®)
spezielle Trocknungsapparate
  Permeationstrockner
  Reversionstrockner
  Trockenpatronen

Die Tabelle 3 stellt für Temperaturen von $-30°C$ bis $30°C$ den Zusammenhang zwischen den Gastemperaturen und den absoluten Feuchten (Wassergehalten) wasserdampfgesättigter Gase dar.

Rohgase mit Temperaturen von 20 bis 25°C und relativen Feuchten von 50 bis 80% enthalten danach etwa 10 bis 20 g H_2O/m^3. Die Gastrocknung durch Kühlung und Kondensation beschränkt sich meistens darauf, den Taupunkt so weit abzusenken, daß es an keiner Stelle in den nachgeschalteten Verbrauchern zur Kondensatbildung kommen kann. Häufig geschieht dies durch Abführung der bei der Kompression entstandenen Verlustwärme und Abscheiden des Kondensats. Bessere Ergebnisse erzielt man durch stärkere Kühlung, vorzugsweise mittels Peltierelementen, die kein Kühlmedium benötigen und in einfacher Weise eine Regelung der Kühltemperatur ermöglichen. Je nach der Anfangsfeuchte des Rohgases, nach dem erreichten Enddruck und nach der Differenz zwischen Eingangs- und Kondensationstemperatur können so bei der Aufbereitung von Umgebungsluft mehr als 90% des ursprünglich vorhandenen Wassers eliminiert werden. Die dann verbleibenden Restfeuchten des Grundgases (Größenordnung 300 mg/m³ nach Kühlung auf $-30°C$) liegen immer noch weit oberhalb der für die Prüfgaserzeugung anzustrebenden Wassergehalte. Bei der Trocknung durch Absenkung des Taupunktes besteht immer die Gefahr, daß außer Wasser auch noch andere Komponenten des zu trocknenden Gasgemisches auskondensieren, dessen Zusammensetzung auf diese Weise unkontrolliert verändert wird. Im Zusammenhang mit der Prüfgaserzeugung muß dies bei der Verwendung von Prozeßgasen als Grundgase beachtet werden.

Zur kontinuierlichen Gastrocknung können auch Permeationstrockner verwendet werden, deren Wirkungsweise aus der Abb. 6 hervorgeht. Die Wirkungsgrade solcher Permeationstrockner hängen bei optimalen

Tabelle 3. Absolute Feuchten (Wassergehalte) wasserdampfgesättigter Gase [26]

Temperatur [°C]	Wassergehalt g H_2O je m^3 trockenen Gases im Normzustand
-30	0,30
-20	0,81
-10	2,1
0	4,8
10	9,8
20	19,1
30	35,1

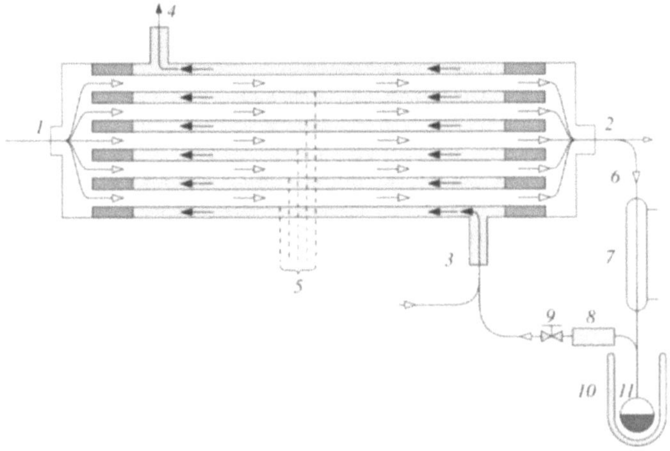

Abb. 6. Aufbau und Wirkungsweise von Permeationstrocknern

1 Rohgaseingang (feucht),
2 Reingasausgang (trocken),
3 Spülgaseingang (trocken),
4 Spülgasausgang (feucht),
5 Permeationsmembranen (Rohrbündel),
6 Reingas-Teilstrom zur Spülung,
7 Kühler,
8 Absorptionsrohr,
9 Absperrventil,
10 Kühlfalle,
11 Kondensatbehälter

Strömungsbedingungen und Permeationsraten (hohe und selektive Wasserdampfpermeabilität der röhrenförmigen Permeationsmembranen, Größe der wirksamen Membranfläche) nur vom Gradienten des Wasserdampf-Partialdruckes über der Membran ab. Wegen der im allgemeinen geringen Selektivität der Permeationsmembranen muß auch bei Permeationstrocknern mit Veränderungen der Gaszusammensetzung gerechnet werden.

Zu sehr geringen Restfeuchten (Taupunkt $\leqslant -60°$C bis $\leqslant -70°$C entsprechend Wassergehalten von etwa 5 mg/m^3 bis $\leqslant 0,1$ mg/m^3) gelangt man mit Hilfe von speziellen Adsorbentien oder chemischen Trocknungsmitteln, wie sie auch in chemischen Laboratorien verwendet werden.

Die im wesentlichen aus [26] entnommene Tabelle 4 führt eine Reihe gebräuchlicher Trocknungsmittel mitsamt Leistungsdaten und Verwendungshinweisen auf. Diese Hilfsstoffe binden neben Wasser auch viele andere Stoffe; sie lassen sich deshalb problemlos zur Feintrocknung und gleichzeitigen Vorreinigung von Stickstoff oder Luft verwenden. Bei anderen Grundgasen muß die Eignung der Trocknungsmittel im Einzelfall geprüft werden.

Die Trocknungsleistung solcher Trocknungsmittel hängt außer von ihrer chemischen Beschaffenheit von der Größe und Zugänglichkeit der reaktionsfähigen Oberfläche ab. Typische Werte der spezifischen Oberfläche von Adsorbentien sind für Al_2O_3 400 m^2/g, für Silicagel 300 bis 900 m^2/g, für Molekularsiebe 700 bis 800 m^2/g und für Aktivkohle 800 bis 1500 m^2/g.

Tabelle 4. Trocknungsmittel für die Feintrocknung von Luft und Stickstoff

Trocknungs-mittel	Restfeuchte		Kapazität (aufgenom-mene Wasser-menge pro 100 g Trock-nungsmittel	Hinweise
	$mg\,H_2O/l$	Taupunkt[a] [°C]		
$CaCl_2$ Calciumchlorid	$2 \cdot 10^{-1}$	-33		bindet NH_3, HF, Amine, Alkohol
$CaSO_4$ Calciumsulfat	$5 \cdot 10^{-3}$	-63		indifferent
CaO Calciumoxid	$3 \cdot 10^{-3}$	-67		bindet CO_2, SO_2 und andere alkali-empfindliche Gase
KOH Kaliumhydroxid	$2 \cdot 10^{-3}$	-70		bindet CO_2, SO_2 und andere alkali-empfindliche Gase
Silicagel	$2 \cdot 10^{-3}$	-70	3	regenerierbar bei 200 bis 300°C
Zeolithe	$2 \cdot 10^{-3}$	< -70	18	regenerierbar bei 200 bis 300°C, bindet organische Gase und polare Stoffe (NH_3, H_2S, SO_2, CO, CO_2)
Al_2O_3 Aluminiumoxid	$8 \cdot 10^{-4}$	-75	3	regenerierbar bei 500°C an Luft bzw. bei 700°C im Vakuum absorbiert viele Gase und Dämpfe
$Mg(ClO_4)_2$ Magnesium-perchlorat	$5 \cdot 10^{-4}$	-78	25	regenerierbar, kann mit organischen Stoffen explosive Gemische bilden
P_2O_5 Phosphor-pentoxid	$2 \cdot 10^{-5}$	-96		reagiert mit NH_3, Aminen, Olefinen, Halogenwas-serstofen
H_2SO_4 konz. Schwefelsäure	$3 \cdot 10^{-3}$	-65		reagiert mit NH_3, H_2S, Aminen, Olefinen, HBr, HCN, C_2H_2, Stickoxiden

Konzentrierte Schwefelsäure wird nur ausnahmsweise und auch nur in kleineren Anlagen (Laboranlagen) zur Grundgasaufbereitung eingesetzt. Von der Verwendung von Magnesiumperchlorat wird abgeraten, wenn nicht vollständig sichergestellt werden kann, daß sich keine organischen Stoffe (Stäube, Tröpfchen, Gase oder Dämpfe) auf dem Trocknungsmittel niederschlagen. Phosphorpentoxid und Calciumsulfat werden zweckmäßig in den vom Handel angebotenen rieselfähigen Qualitäten (z.B. Siccapent®, Drierite®) verwendet. Andere zum Zusammenbacken neigende Trocknungsmittel müssen mit inerten Zuschlagstoffen (z.B. Glaswolle, Quarzwolle, Glaskugeln) vermischt werden,

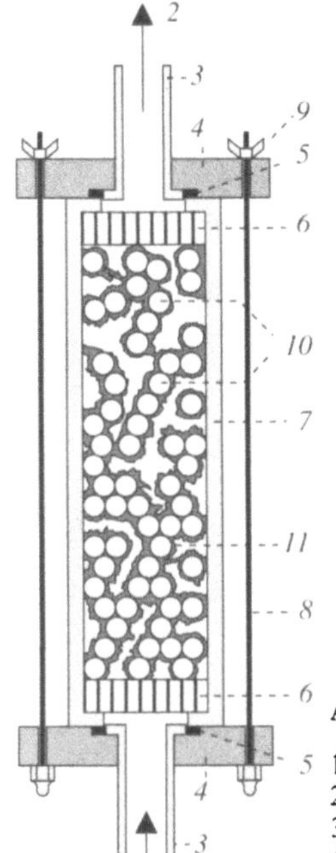

Abb. 7. Absorptionsrohr für Feststoff-Reagentien zur Gasreinigung

1 Gaseingang,	7	transparentes Mantelrohr mit
2 Gasausgang,		geschliffenen Stirnflächen,
3 Anschlußstutzen,	8	Spannstange,
4 Endplatte,	9	Flügelmutter,
5 Dichtung,	10	inerter Zuschlag (Glaskugeln),
6 Wattepfropf, Siebplatte,	11	Absorptionsreagens

um das Entstehen größerer Strömungswiderstände zu verhindern. Die Abb. 7 zeigt dies schematisch am Beispiel eines bequem zu beschickenden und leicht zu reinigenden Absorptionsrohres.

Bei größeren oder fortlaufend betriebenen Prüfgasanlagen, in denen Luft oder Stickstoff oder Edelgase als Grundgas verwendet werden, empfiehlt es sich, als Trocknungsstufe in der Grundgasaufbereitung Reversionstrockner einzusetzen, die – im Hinblick auf die Sorptionskapazität und die leichte Regenerierbarkeit – mit speziell auf die Wasserbindung zugeschnittenen synthetischen Zeolithen ("Molekularsiebe") beschickt werden.

Die Abb. 8 zeigt das Fließbild einer größeren Anlage zur Grundgaserzeugung durch Aufbereitung von Außenluft.

2.4 Abscheidung störender gasförmiger Bestandteile – Selektivfilter

An das Grundgas müssen wegen seines extrem großen Überschusses wesentlich schärfere Reinheitsforderungen gestellt werden als an die Beimengungen. Störende gasförmige Bestandteile müssen soweit eliminiert werden, daß sie in den mit Prüfgas versorgten Analysatoren kein meßbares Signal liefern. Bei Gasspurenanalysen müssen deshalb die Konzentrationen der Störstoffe auf Werte $\ll 1$ ppb abgesenkt werden. Selektivfilter dienen zur Abscheidung einzelner Stoffe oder Stoffgruppen aus dem Grundgas. Sie werden verwendet, wenn

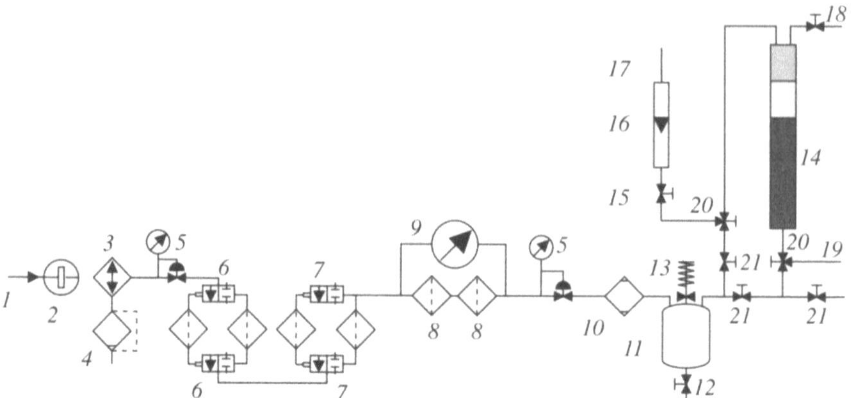

Abb. 8. Fließbild einer Grundgas-Aufbereitungsanlage mit Nachreinigung für die Erzeugung größerer Grundgasmengen und Grundgas-Volumenströme

1 Eingangsstutzen,	12 Entleerungsventil,
2 Kolbenkompressor, ölfrei, 150 m³/h,	13 Sicherheitsventil,
3 Kühler,	14 Nachreinigung (Glaskolonne NW 100 mit
4 Kondensatabscheider,	Aktivkohle, Molekularsieb, Kieselgel),
5 Druckregler,	15 Nadelventil,
6 Ölabsorption, zweizügig,	16 Strömungsmesser,
7 Wasserabsorption, zweizügig,	17 Grundgasausgang,
8 Submikronfilter (3 μm),	18 Rückspülung, Eingang,
9 Differenzdruckmesser,	19 Rückspülung, Ausgang,
10 Reversionstrockner,	20 Dreiwegeventil,
11 Windkessel,	21 Absperrventil,

die "Vollreinigung" des Grundgases zu aufwendig ist oder in Bezug auf die jeweiligen Stoffe nicht zu den gewünschten Ergebnissen führt oder wenn lediglich die Abwesenheit bestimmter Stoffe oder Stoffgruppen sichergestellt werden soll. In vielen Fällen kann man sich dazu der gleichen Prozesse bedienen, die auch bei der Probenahme "mit Ansaugen und Abscheiden" [28, 29] genutzt werden. Zur Anwendung kommen

- *Gas-Fest-Reaktionen,*
- *Gas-Flüssig-Reaktionen,*
- *Katalysatoren,*
- *chemische Umwandlungen in der Gasphase, z.B. Verbrennungen,*
- *spezifisch wirkende Absorbentien*

Dabei werden als apparative Hilfsmittel

- *spezielle, thermisch belastbare Absorptionsrohre, z.B. aus Quarzglas,*
- *Absorptionsrohre unterschiedlicher Bauart für Gas-Fest-Reaktionen,*
- *Absorber unterschiedlicher Bauart für Gas-Flüssig-Reaktionen,*
- *Verbrennungsrohre,*
- *Verbrennungsöfen,*

– Konverter und

– Reaktionskammern

benötigt. Die Wahl des Verfahrens muß sich sowohl nach der Art und Konzentration der abzuscheidenden Stoffe als auch nach der Natur des Grundgases richten. Viele Verfahren erfordern die Einhaltung vorgegebener Temperatur- und Strömungsbedingungen. Die nachstehende Tabelle 5 gibt eine Übersicht.

Neben den in der Tabelle genannten Prozessen sollten sich auch zahlreiche andere Reaktionen zur Abscheidung gasförmiger Spurenstoffe aus dem Grundgas eignen, z.B. die Umsetzung von Aldehyden und Ketonen mit Dinitrophenylhydrazin zu den entsprechenden Dinitrophenylhydrazonen oder die bei speziellen Probenahmetechniken untersuchten komplexchemischen Reaktionen von primären Aminen, Alkoholen, Aldehyden und Ketonen mit den wasserfreien Oxinaten von Magnesium, Zink, Kobalt und anderen Übergangselementen oder auch die Bildung von Einschlußverbindungen von Harnstoff und Thioharnstoff mit längerkettigen n-Alkanen und Brom-Alkanen [30–32]. Wenig untersucht ist bislang in dieser Hinsicht die Bindung gasförmiger Spurenstoffe durch Bildung von Gast-Wirt-Verbindungen.

Wie bei der Entstaubung und bei der Trocknung des Grundgases muß auch bei der Eliminierung störender gasförmiger Bestandteile dafür gesorgt werden, daß die Strömungswiderstände in den Abscheidern nicht zu groß werden, daß von den Abscheidern keine zusätzlichen Störstoffe oder korrodierende Substanzen in das Grundgas eingetragen werden und daß die Wirkungsgrade der Abscheider hoch und ihre Kapazitäten sowie ihre Standzeiten groß sind. Die meisten von den in der Tabelle 5 angegebenen Prozessen können nur diskontinuierlich angewendet werden; die Reaktionssysteme sind nicht regenerierbar. Ausnahmen sind die Oxidation organischer Gase und Dämpfe mit Ozon und die platinkatalysierte Verbrennung. In allen anderen Fällen müssen die experimentellen Bedingungen so gewählt werden, daß sich die theoretisch vorhandenen Abscheidekapazitäten möglichst weitgehend nutzen lassen und sich keine allzu kurzen Wartungsintervalle ergeben.

Gas-Flüssig-Reaktionen werden trotz der im allgemeinen hohen Ausnutzung der Abscheidekapazitäten der flüssigen Reagentien und trotz der guten Wirkungsgrade der dabei benutzten Waschflaschen nur selten zur Grundgasaufbereitung verwendet, weil sie sich nur für relativ kleine Volumenströme eignen, das Grundgas zwangsläufig unkontrolliert befeuchten und zur Aerosolbildung neigen. Ganz besonders gilt dies für Frittenwaschflaschen. Mit zusätzlichen Schwierigkeiten (vermehrtes Schäumen, Eintrag von Reagens und Feststoff in die nachgeschalteten Apparateteile) muß man bei solchen Gas-Flüssig-Reaktionen rechnen, die zur Bildung von Niederschlägen führen. Am ehesten eignen sich Muencke-Waschflaschen (Abb. 9, Volumenströme bis etwa 150 l/h) und Gasproben-Injektoren [33] (Abb. 10, Volumenströme bis etwa 300 l/h).

Für die Grundgasreinigung mittels Gas-Fest-Reaktionen eignen sich neben dem in der Abb. 7 (Abschnitt 2.3) gezeigten, besonders bei großen

Tabelle 5. Grundgasaufbereitung Eliminierung störender Gasbestandteile - Selektivfilter

Nr.	Abzuscheidender Stoff	Abscheidereaktion	Reagentien Hilfsmittel	Arbeitstechnik	Bemerkungen
1	Ammoniak, Amine	Neutralisation, Salzbildung	verd. H_2SO_4	Waschflasche,	
2		Neutralisation, Salzbildung	$KHSO_4$ auf Trägern	Sorptionsrohr, Kugelschichtrohr	Träger: Glaswolle Quarzwolle, Glas-, Quarzoder Silberkugeln, 3 mm ϕ
3	Chlor zu AgCl	Redoxreaktion	Silberwolle	Sorptionsrohr	
4	Chlorwasser stoff	Salzbildung	$KHSO_4 + Ag_2SO_4$ auf Trägern	Sorptionsrohr, Kugelschichtrohr	Träger: Silberkugeln, 3 mm ϕ, Silberwolle, Quarzwolle
5	Kohlenmon-oxid, Methan	Oxidation zu CO_2	Jodpentoxid	Sorptionsrohr (Quarzglas) Röhren-oder Strahlerofen 250–280°C	nachgeschaltetes Rohr mit Silberwolle bindet freigesetztes Jod 200–250°C
6		katalytische Oxidation, Verbrennung	Hopkalit	Sorptionsrohr	
7			Platinasbest ~300°C	Verbrennungsrohr (Quarzglas)	
8	Kohlenmonoxid, Methan, Ethan, Olefine	Oxidation	Kupfer(II)oxid	Verbrennungsrohr (Quarzglas), Röhren-oder Strahlerofen	
9	Kohlendioxid	Salzbildung	Natronasbest	Sorptionsrohr	
10			Natronkalk		
11			KOH		
12			Kalilauge (> 30%)	Muencke-Waschflasche	
13	organische Gase und Dämpfe	Verbrennung	Platinnetz ~300°C	Verbrennungsrohr (Quarzglas), Röhren-oder Strahlerofen	nur bei Anwesenheit von Sauer-stoff(Luft)
14		Oxidation	Ozon	Ozongenerator, Reaktionskammer, Sorptionsrohr	Ozonüberschuß zersetzen (z.B. mit Naturkautschuk)!
15	organische Gase und Dämpfe	Oxidation	Oxidationsmassen auf Chrom(VI)-Basis	Reaktionsrohr	
16			$K_2Cr_2O_7 + KHSO_4$ auf Quarzwolle	Sorptionsrohr	

17	organische Gase und Dämpfe	Oxidation	$KMnO_4 + KHSO_4$ auf Quarzwolle	Sorptionsrohr	
18		Adsorption	Tenax®	Sorptionsrohr	
19		Adsorption	XAD®-Harz	Sorptionsrohr	
20		Adsorption	mittelporiges Silicagel	Sorptionsrohr	
21		Adsorption	Aktivkohle konfektionierte Patronen	Sorptionsrohr,	
22					
23		Adsorption	Kohlenstoffmolekularsieb	Sorptionsrohr	
24	Alkohole	Oxidation	$KMnO_4$ in Mischsäure	Muencke-Waschflasche	Mischsäure: $H_2SO_4 + H_3PO_4$
25	Aldehyde				
26	Kohlenwasserstoffe	Adsorption	Aktivkohle Molekularsieb	Sorptionsrohr	
27		katalytische Oxidation	Hopkalit	Sorptionsrohr	
28	Phenole	Salzbildung: Phenolate	KOH	Sorptionsrohr	
29	Säuren,	Neutralisation,	Natronkalk	Sorptionsrohr	
30	Säure-	Salzbildung	KOH		
31	anhydride Säurechloride HCl, HF, SO_2, HCN, SO_3, NO_2, N_2O_3, HNO_3		Kalilauge ($> 30\%$)	Muencke-Waschflasche	
32	HF	Salzbildung	Na_2CO_3 auf Silberkugeln	Sorptionsrohr	
33	Stickstoffdioxid	Adsorption	Aktivkohle	Sorptionsrohr	
		Adsorption	Molekularsieb	Sorptionsrohr	
34	Stickstoffmonoxid	Oxidation zu NO_2	$KMnO_4$ in Mischsäure	Muencke-Waschflasche	Mischsäure: $H_2SO_4 + H_3PO_4$
35		$PbO_2 + KHSO_4$	Sorptionsrohr	A-Kohle-Sorptionsrohr nachschalten! [33]	
36		$MnO_2 + KHSO_4$ (4:1)	Sorptionsrohr 200°C		
37	Stickstoffmonoxid	Ozon	Gasphasentitration		
38	Nitrose Gase	Bildung von $Pb(NO_3)_2$	Blei(IV)-oxid, zur Elementaranalyse	Reaktionsrohr	bei Anwesenheit von Säuren entsteht NO_2
39	Ozon	katalytische Zersetzung	Naturkautschuk Baumwollwatte	Sorptionsrohr	
40	Schwefel-	Adsorption	Aktivkohle	Sorptionsrohr	
41	dioxid	Adsorption	Molekularsieb		

(Fortsetzung)

Tabelle 5. (*Fortsetzung*)

Nr.	Abzuscheidender Stoff	Abscheidereaktion	Reagentien Hilfsmittel	Arbeitstechnik	Bemerkungen
42		Adsorption, katalytische Oxidation	engporiges Mn-dotiertes Silicagel	Sorptionsrohr	
43		Oxidation zu Sulfat	Silber(II)-oxid auf Silicagel	Sorptionsrohr	
44			$K_2Cr_2O_7 + KHSO_4$ auf Quarzwolle	Sorptionsrohr	
45′	Schwefelwasserstoff	Bildung von Ag_2S	$Ag_2SO_4 + KHSO_4$ auf Quarzwolle	Sorptionsrohr	
46		Silberwolle	Sorptionsrohr		
47	Bildung von PbS	$Pb(CH_3CO_2)_2$ auf Quarzwolle	Sorptionsrohr		
48	Mercaptane	Bildung von Silber-Mercaptiden	$Ag_2SO_4 + KHSO_4$ auf Quarzwolle	Sorptionsrohr	
49	Wasserstoffperoxid	Zersetzung	Aktivkohle	Sorptionsrohr	

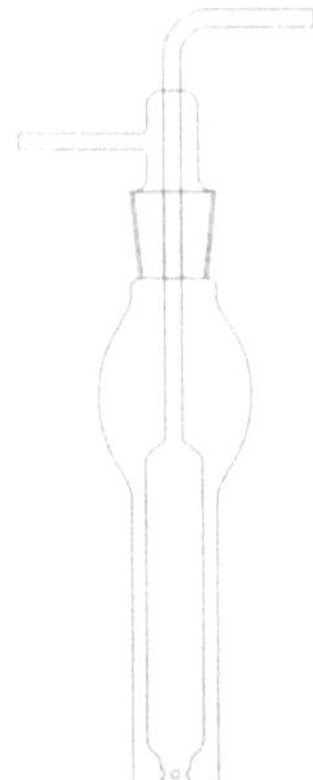

Abb. 9. Muencke-Waschflasche

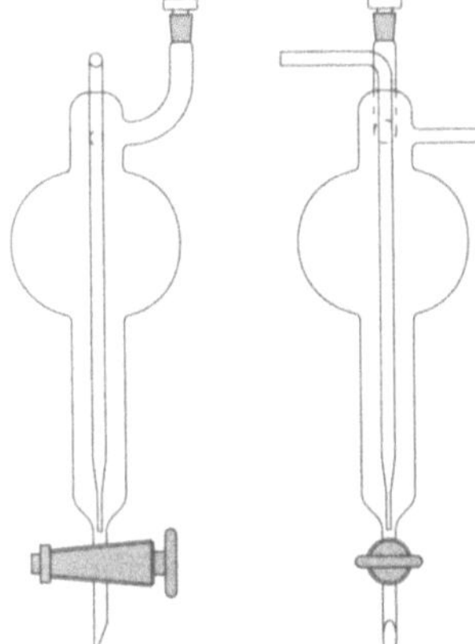

Abb. 10. Gasproben-Injektor

Belastungen oder im Langzeitbetrieb vorteilhaften Absorptionsrohr die in der Abb. 11 in verschiedenen Bauformen und Anwendungen dargestellten Filterrohre bzw. Selektivfilter. Es ist ratsam, die Entscheidung für eine bestimmte Konstruktionsform von einer überschlägigen Abschätzung der benötigten Abscheidekapazität abhängig zu machen. Erfahrungsgemäß kann man damit rechnen, daß bei sachgerechter Anwendung der Abscheider etwa 5 bis 10% der stöchiometrisch angebotenen Reaktionskapazität ohne Verminderung der Abscheide-Wirkungsgrade genutzt werden können. Dies sei am Beispiel der Abscheidung von Schwefelwasserstoff aus einem in der beschriebenen Weise entstaubten und getrockneten Grundgas durch Umsetzung mit Bleiacetat zu Bleisulfid erläutert.

Angenommen, das Grundgas enthalte nach der Vorreinigung noch 1 ppm (v/v) Schwefelwasserstoff. Unter Normalbedingungen entspricht dies einem Gehalt von etwa 45 μMol bzw. 1530 μg H_2S/m^3. Der stöchiometrische Umsatz

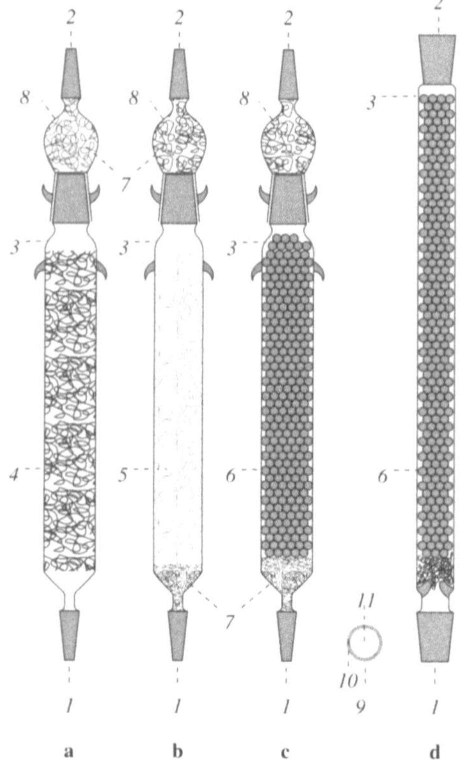

Abb. 11. Konstruktion von Filterrohren bzw. Selektivfiltern

Filterrohre a, b und c:
Innendurchmesser:	20 mm
Gesamthöhe (ohne Schliffkappe):	225 mm
nutzbare Füllhöhe:	160 mm

Filterrohr d:
Innendurchmesser:	15 mm
Gesamthöhe	300 mm
nutzbare Füllhöhe:	200 mm

1 Grundgaseingang,
2 Grundgasausgang,
3 Filterrohr,
4 Füllung aus Silberwolle oder mit Reagens imprägnierter Glas- oder Quarzwolle,
5 Füllung aus Aktivkohle, Natronkalk oder mit Reagens imprägniertem Silicagel,
6 Füllung aus mit Reagens beschichteten Kugeln,
7 Pfropf aus Quarzwolle,
8 Schliffkappe,
9 beschichtete Kugel (vergrößert) mit,
10 Reagensschicht und,
11 Kern (3 mm $\varnothing$) aus Silber, Glas oder Quarz,

zu PbS erfordert 45 µMol Bleiacetat/m³ Grundgas. Um den gewünschten Abscheidegrad ($> 99{,}9\%$) zu sichern, muß dem Grundgas im Abscheider das Zehn- bis Zwanzigfache der stöchiometrisch erforderlichen Bleiacetatmenge angeboten werden, d.h. mindestens 500 bis 1000 µMol Bleiacetat/m³ Grundgas bzw. mindestens 160 bis 320 mg Bleiacetat/m³ Grundgas. Zur Herstellung eines Abscheiders mit festem Bleiacetat auf Glaskugeln (3 mm $\varnothing$) verfährt man nach der in [33] angegebenen Vorschrift. Man benetzt eine gewisse. Menge der zuvor sorgfältig gereinigten Glaskugeln mit einer gesättigten wäßrigen Lösung von Blei(II)-acetat. Die Löslichkeit von Bleiacetat in Wasser beträgt $\sim 400\,\text{mg/ml}$, entsprechend 1230 µMol/ml. Man läßt die überschüssige Lösung auf einer Filternutsche abtropfen und trocknet den auf den Kugeln zurückbleibenden Flüssigkeitsfilm im Trockenschrank bei Temperaturen von 150 bis höchstens 200 °C ein. Anschließend zählt man etwa 100 Kugeln ab, löst das Bleiacetat ab und bestimmt in geeigneter Weise seine Menge.

Aus dem verfügbaren Schüttvolumen des Filterrohres c (ca. 50 ml) und dem Volumen einer einzelnen Kugel (14 mm³) ergibt sich, daß man bei annähernd dichtester Packung und unter Berücksichtigung unvermeidlicher

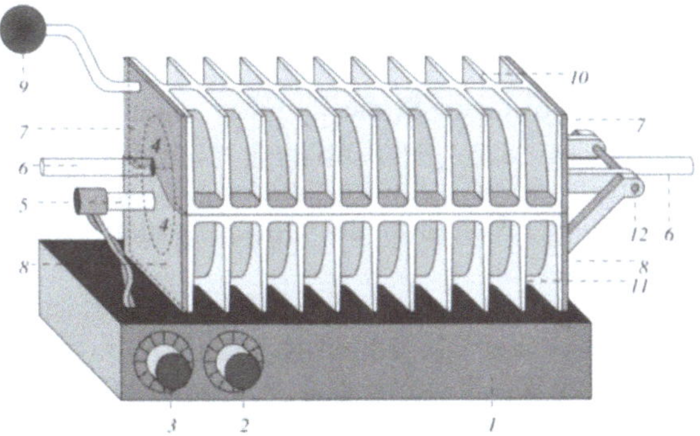

Abb. 12. Strahlerofen

1 Sockel mit Netzteil
2 Schalter
3 Regler (Potentiometer)
4 elliptisch-zylindrisher Reflektor, obere und untere Halbschale, hochglanzverspiegelt
5 Heizstrahler
6 Reaktionsrohr (Quarz)
7 auswechselbare Abdeckplatte, Oberteil, mit Aussparung für Reaktionsrohr
8 auswechselbare Abdeckplatte, Unterteil, mit Aufnahmen für Heizstrahler und Reaktionsrohr
9 Griff zum Aufklappen des Ofens
10 Ofengehäuse aus Aluminiumguß, aufklappbares Oberteil
11 Ofengehäuse aus Alumininiumgluß feststehendes Unterteil
12 Kippgelenk

Maßtoleranzen etwa 1500 bis 2000 Kugeln mit einer Gesamtoberfäche von ca. 420 bis 560 cm^2 zur Füllung des Rohres benötigt. Daraus und aus der analytisch ermittelten Bleibelegung der einzelnen Kugeln ergibt sich die auf den Kugeln fixierte. Menge von Bleiacetat und damit auch das Grundgasvolumen, dessen Schwefelwasserstoffgehalt mit gleichbleibend hohem Wirkungsgrad von 1 ppm (v/v) auf weniger als 1 ppb (v/v) abgesenkt werden kann. Ebenso lassen sich aus den Vorgaben und den analytischen Daten die Dimensionen eines Abscheiders für die Reinigung einer vorgegebenen Grundgasmenge abschätzen.

Anstelle der Kugelfüllung kann man auch eine Quarzwollefüllung verwenden, die in gleicher Weise mit Blei (II)-acetat imprägniert wird. Quarzwollefüllungen lassen sich aber hinsichtlich des Wirkungsgrades und hinsichtlich des Strömungswiderstandes nicht so gut reproduzieren.

Die beschriebene Arbeitsvorschrift und die damit verknüpften Überlegungen zur Abscheidekapazität gelten sinngemäß auch für andere Gas-Feststoff-Reaktionen.

Für Abscheideprozesse, die bei erhöhten Temperaturen ablaufen (z.B. Nr. 5, 7, 8, 13 und 36 in der Tab. 5) sind Sorptionsrohre aus Quarzglas in Verbindung mit gut regelbaren und für verschiedene Formen von Verbrennungs- oder Reaktionsrohren leicht zugänglichen Öfen zu verwenden, z.B. aufklappbare Röhrenöfen oder Strahleröfen (Abb. 12).

3 Beimengungen

Als Beimengungen kommen alle gasförmigen Stoffe in Frage; eine auch nur annähernd vollständige Aufzählung ist daher nicht möglich. Hinweise auf die stoffliche Vielfalt finden sich u. a. in [35, 36]. Zahlreiche Beispiele werden im Zusammenhang mit der Behandlung der Verfahren zur Dosierung der Beimengung behandelt werden.

Die Beimengungen müssen dem Grundgas in gasförmigem Zustand zugeführt werden. In vielen Fällen können sie jedoch wegen ihrer physikalischen und chemischen Eigenschaften (Siedetemperatur, Dampfdruck, Reaktivität) nicht als Gase bereitgestellt werden, sodaß man gezwungen ist, sie im Verlauf der (dynamischen) Prüfgaserzeugung aus anderen Stoffen mit geeigneten Mitteln freizusetzen. Dafür kommen – auch als Verbundverfahren – folgende Prozesse und Hilfsmittel in Frage:

- *Freisetzung aus anderen Gasen durch
  chemische Reaktionen, katalytische oder photochemische Prozesse,*
- *Freisetzung aus reinen Flüssigkeiten durch Verdampfung, Diffusion,
  Permeation oder chemische Reaktionen,*
- *Freisetzung aus flüssigen Mischphasen durch Verdampfung, Verdrängung,
  Diffusion, Permeation, Extraktion oder chemische Reaktionen,*
- *Freisetzung aus reinen Feststoffen oder aus festen Mischphasen durch
  Verdampfung (Sublimation), Verdrängung, Diffusion, chemische
  Reaktionen, Zersetzung oder Desorption.*

Die Anwendung dieser Prozesse setzt voraus, daß die verwendeten Vorprodukte (Gase, Flüssigkeiten, Feststoffe) beständig und in genügender Reinheit verfügbar sind und daß die Freisetzungsprozesse sicher beherrscht werden können. Wünschenswert ist ferner, daß diese Freisetzungsvorgänge rasch zu stationären Zuständen führen. An die Reinheit der Beimengungen bzw. der zu ihrer Freisetzung verwendeten Vorprodukte sind geringere Anforderungen zu stellen als an die Reinheit des Grundgases. Im allgemeinen genügen Reinheiten von $> 99,9\%$. Diese Forderung ist bei Flüssigkeiten und Festkörpern durchweg leicht zu erfüllen; mit etwas größeren Fehlern muß man – je nach Hersteller – bei aggressiven Druckgasen rechnen. Die Tabelle 6 gibt eine Übersicht über die handelsüblichen Qualitäten von Reingasen verschiedener europäischer Hersteller.

4 Systematik der Herstellungsverfahren – allgemeines Verfahrensschema

Die Herstellung von Prüfgasen verläuft stets nach dem in der Abb. 13 dargestellten Schema.

Tabelle 6. Kommerziell angebotene Reingase in Druckflaschen nach Qualitätsangaben der Hersteller [6]
Herstellerbezeichnungen:

airprod:	Air Products GmbH		baker:	J.T. Baker Chemical Co.
boc:	British Oxygen Company Ltd.		chemo:	Chemogas GmbH
airliqu:	L'air liquide		linde:	Linde AG
mathes:	Matheson Gas Products		messer:	Messer Griesheim GmbH

Konzentrationsangaben:	**99,99**	**Vol.-%**	50	ppm(v/v)
	0,005	Gew.-%	*0,5	mg/1

	airprod	baker	boc	chemo	airliqu	linde	mathes	messer
SO$_2$	**99,9**	**99,98**	**99,7**	**99,98**	**99,9**	**99,98**	**99,98**	**99,97**
H$_2$O		0,005	150	<50		0,005	0,005	<180
H$_2$SO$_4$			50	<10		0,005	0,005	<10
Säure		0,005						
Rückstand		0,01	50			0,003	*1	*<0,05
O$_2$ + H$_2$								<100
NO	**99,0**	**99,0**	**99,0**	**99,8**	**99,9**	**99,8**	**99,0**	**99,85**
N$_2$		5000	5000			1000	5000	<1000
N$_2$O			500	<200		200	500	<200
NO$_2$		1000	500	<50		50	500	<50
N$_2$ + NO$_x$					<1,5%			
CO$_2$		2000	2000			100	2000	<100
H$_2$O				<1000				
NO$_2$	**99,0**	**99,5**	**99,5**	**99,5**	**99,5**	**98,0**	**99,9**	**98,0**
H$_2$O		600	150			100	600	<0,5%
Rückstand		0,01	1				*1	
N$_2$ + NO$_x$					<1,5%			
HNO$_2$								<1,5%
HNO$_3$						15000		

(*Fortsetzung*)

Tabelle 6. *(Fortsetzung)*

airprod:	Air Products GmbH			baker:	J.T. Baker Chemical Co.		
boc:	British Oxygen Company Ltd.			chemo:	Chemogas GmbH		
airliqu:	L'air liquide			linde:	Linde AG		
mathes:	Matheson Gas Products			messer:	Messer Griesheim GmbH		
	Konzentra-	**99,99**	**Vol.-%**	50	ppm(v/v)		
	tionsangaben:	*0,0005*	*Gew.-%*	*0,5	mg/1		

	airprod	baker	boc	chemo	airliqu	linde	mathes	messer
CO	**99,995**	**99,5**	**99,96**	**99,997**	**99,997**	**99,997**	**99,97**	**99,997**
N_2	<25	2200		<10	<1	10	10	<5
H_2			400	<1	<10	1	1	<1
O_2	<10	800	2	<8	<1	10	10	<5
Ar					<12			<15
CH-Verbindungen	<2		20	<2			2	<2
CH_4					<1			
H_2O	<5	8	2	<5	<3	5	5	<3
C_3H_8	**99,95**	**99,98**	**99,5**	**99,98**	**99,98**	**99,95**	**99,95**	**99,99**
n-Butan		500			<50		100	
i-Butan	200	3500	200	200	<150	300		
H_2O								<3
CH-Verbindungen					<30			<400
CH_4					<100			
C_2H_6					<150			
Luft					<150			
N_2								<40
O_2								<10
CO_2								<10
Cl_2	**99,99**	**99,5**	**99,5**	**99,99**	**99,5**	**99,8**	**99,96**	**99,99**
H_2O			50			100	3	<4
N_2						300	100	<10
O_2						100	50	<2
CO_2						1000	200	<50
CH-Verbindungen								<5

Rückstand			150					
Lüft				<100				
Br_2			1600					
NCl_3			60					
CO_2 + Luft		4000						
HCl	**99,999**	**99,0**	**99,997**	**99,99**	**99,995**	**99,995**	**99,99**	**99,995**
H_2O		100	<1		<50	10	10	<2
CO_2		100	<1	<10			10	<2
CH-Verbindungen		4000	<1	<10			10	<2
Inertgas		1000			<30	40		
N_2			<10	<50			50	<20
O_2			<1	<10	<4	3	10	<3
Schwefel			<1					
H_2S	**99,6**	**99,5**	**99,6**	**99,9**	**99,0**	**99,6**	**99,5**	**99,85**
N_2		75		<75		80	75	
O_2		30		<30		30	30	
H_2O		31		<30		30	31	<400
Propan		810				800	810	
Propen		3700				3000	2700	
CO_2			1300					
SO_2			500					
CS_2			900					<430
COS			100					
$(CH_3)_2S$		31				30	31	
CH_3SH			200					
CH-Verbindungen				<800				
CH_4								<500
Schwefel								<50
Öl								<140
HF	**99,7**	**99,8**	**99,8**				**99,8**	
H_2O		400	400				400	
SO_2		20	20				20	
H_2SO_4		500	500				500	
H_2SiF_6		20	20				20	

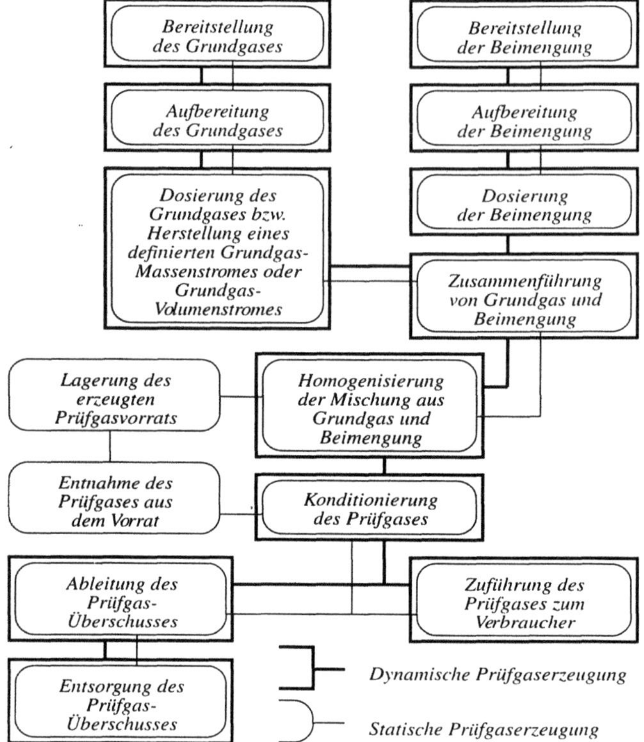

Abb. 13. Ablaufschema zur statischen und dynamischen Prüfgaserzeugang

Jeder von den darin angegebenen Arbeitsschritten kann erheblichen Einfluß auf die Eigenschaften des erzeugten Prüfgases und auf seine Eignung zu dem vorgesehenen Verwendungszweck nehmen und muß deshalb auf diesen Zweck hin ausgelegt werden. In vielen Fällen können jedoch die Einzelschritte verfahrenstechnisch nicht voneinander getrennt werden. Bei der Herstellung von Prüfgasen können *statische* (s) und *dynamische* (d) Verfahren angewendet werden. Sowohl die statischen als auch die dynamischen Verfahren werden meistens nach den Operationen oder Hilfsmitteln benannt, die die Dosierung der Beimengung und/oder des Grundgases maßgeblich bestimmen:

- *s   Gravimetrische Verfahren*
- *s   Manometrische Verfahren*
- *s,d Volumetrische Verfahren*
- *d   Verwendung von Blenden-Mischstrecken*
- *s,d Dosierpumpen*

- d   *Diskontinuierliche Injektion der Beimengung mittels Dosierküken,*
      Dosierscheiben oder Dosierschleifen
- d   *Sättigungsmethoden*
- d   *Kontinuierliche Injektion gasförmiger Beimengungen durch*
      Kapillaren
- d   *Kontinuierliche Injektion leicht verdampfbarer flüssiger*
      Beimengungen durch Kapillaren
- d   *Permeation durch Membranen*
- d   *Kontinuierliche Dünnfilmextraktion flüssiger Mischphasen im*
      Wendelreaktor
- d   *Mitführungsmethoden*
- d   *Reaktionsmethoden*

4.1 Statische Verfahren

Die statischen Verfahren liefern begrenzte Vorräte von unter Druck stehenden, trockenen und in vielen Fällen über längere Zeit (Größenordnung: Monate) lagerfähigen Prüfgasen der Klassen 0,5 bis 2 mit Mischungsverhältnissen von etwa 10^{-1} bis etwa 10^{-4}, in Sonderfällen auch bis 10^{-5}. Die Untergrenzen ergeben sich aus den unvermeidlichen Fehlern der gravimetrischen, volumetrischen und manometrischen Messungen. Häufig werden Behälter mit einem Volumen von 10–20 l und Prüfgasdrucke von 100 bis 200 bar (10 bis 20 MPa) erreicht. Die Größe der herstellbaren Prüfgasvorräte kann im Einzelfall die Auswahl des Herstellungsverfahrens entscheidend beeinflussen. Sie hängt außer von der Behältergröße von den thermodynamischen und den chemischen Eigenschaften der Prüfgaskomponenten, insbesondere der Beimengung ab (kritische Drucke und Temperaturen, Polymerisationsneigung, Reaktivität der Prüfgaskomponenten, z.B. Zerfall, Disproportionierung, Redoxreaktionen). Daraus ergeben sich zusätzliche, weiterreichende sicherheitstechnische Beschränkungen bezüglich der maximal zulässigen Prüfgasdrucke und der maximal zulässigen Beimengungskonzentrationen (z.B. Zündgrenzen von Kohlenwasserstoffen oder anderen brennbaren Gasen und Dämpfen im Gemisch mit Luft oder Sauerstoff) [18, 19]. Gebrauchsbeschränkungen für unter Druck stehende Prüfgasvorräte können sich auch aus Wechselwirkungen des Prüfgases mit dem Behältermaterial (Absorption, Adsorption, Permeation, chemische Umsetzungen) und daraus resultierenden Veränderungen der Prüfgaszusammensetzung ergeben. Mit solchen Wechselwirkungen muß vor allem bei Anwesenheit von Wasser (z.B. als Wasserhaut auf den inneren Geräteoberflächen) und von Korrosionsprodukten gerechnet werden. Diese Wechselwirkungen lassen sich weitgehend vermeiden, wenn die unter Druck stehenden Prüfgasvorräte nicht über die zugelassene maximale Lagerzeit hinaus benutzt werden und der Druck in den Vorratsbehältern nicht unter den zugelassenen minimalen Fülldruck (minimaler Verwendungsdruck) absinkt und wenn für die

Tabelle 7. Eignung verschiedener Werkstoffe für den Gastransfer *)

Werkstoff	Gasart												
	Edel-gase	N_2	O_2	Luft	SO_2	C_nH_m-Verbin-dungen	CO CO_2	Cl_2	NO NO_2	H_2S	NH_3	HCl	HF
Kupfer/Messing	a	a	a	a	c	b	a	c	b	c	c	c	c
nichtrostender Stahl	a	a	a	a	a	a	a	b	a	a	a,d	a,d	b,d,f
Aluminium	a	a	a	a	b	a	a	b,d,f	b	b		c	c
Glas/Quarzglas	a	a	a	a	a	a	a	a	a	a	a	a	b,f
Gummi [1]	c	c	c	c	c	c	c	c	c	c	c	c	c
Butylkautschuk[1]	a	a	b	b	c	c	b	b,d	c	c			
Silikonkautschuk [1]	a,e	a,e	a,e	a,e	a,e	b,e	a,e	c	c	b	c	b	c
Polyethylen [1]	a	a	a	a	a	b	a	b	b	b	b	a	a
Polypropylen [1]	a	a	a	a	a	b	a	b	b	b	b	a	a
PTFE [1]	a	a	b	b	a	b	b	b	b	b	b,f	b,f	b,f
PVC [1]	a	a	b	b	b	b	a	b	b	b	c	c	c
Fluorelastomere [1]													
z.B. Viton®	a	a	b	b	a	b	a	b	b	b	b	a	a

a geeignet; b mit Vorbehalt geeignet; c ungeeignet; d nur bei Abwesenheit von Wasserdampf; e nur bei niederen Drucken ($\approx$ Atmosphären-druck); f nur bei kleinen Gaskonzentrationen ($\leqslant 100\,ppm\,(v/v)$)

*) Die Tabellenangaben sind zum Teil aus [20] entnommen
1) Polymere Werkstoffe sind im allgemeinen gasdurchlässig (permeabel); sie sind darüber hinaus imstande, beträchtliche Gasmengen zu lösen, so daß sich die mechanischen Werkstoffeigenschaften erheblich verändern und außerdem starke "Memory"-Effekte auftreten können.

Prüfgasherstellung sorgfältig aufbereitete Grundgase und Beimengungen sowie geeignete, sorfältig gereinigte und (z.B. durch wiederholtes Ausheizen im Vakuum und Spülung mit trockenem Spülgas) getrocknete Gefäße und Armaturen aus geeigneten Materialien und in geeigneter Bauform (glatte Oberflächen, keine Toträume) verwendet werden. Materialien und Bauweisen von Druckgasbehältern und Druckgasanlagen sind weitgehend durch gesetzliche Vorschriften [18] und technische [21–24] festgelegt. In Einzelfällen sind Druckgasbehälter mit speziellen Innenbeschichtungen (Blei, Epoxidharze, Email) verwendet worden.

Hinweise auf die Eignung verschiedener Materialien für den Transfer unterschiedlicher Gase finden sich in der Tabelle 7 und in [20]. Diese Hinweise gelten auch für Einrichtungen zur dynamischen Prüfgaserzeugung.

4.1.1 Manometrische Verfahren [37]

Die Abb. 14 zeigt eine Einrichtung zur manometrischen Erzeugung von Prüfgasen mit Stoffmengenanteilen der Beimengung $\geqslant 1\%$ (relativer Fehler $\leqslant 5\%$).

Anlagen dieser Art sind technisch aufwendig. Sie werden nur in speziell dazu eingerichteten Betrieben, überwiegend zur kommerziellen Prüfgaserzeugung verwendet. Sie erfordern eine hohe Temperaturkonstanz ($\sim 0{,}1°C$), Vermeidung thermischer Störungen und vollständigen Ausgleich aller während der Herstellung auftretenden Temperaturdifferenzen. Vor und nach jedem Dosierschritt müssen alle Gaswege sorgfältig gespült werden (z.B. mit Grundgas) und anschließend soweit evakuiert werden, daß der Restdruck kleiner als 1/100 des niedrigsten eingestellten Partialdruckes (Dosierdruckes) ist. Nur bei kleinen Drucken, konstanter Temperatur und Gasen mit annähernd idealem Gasverhalten gilt näherungsweise

$$p_n = \sum_{i=1}^{n} x_i \cdot p \tag{1}$$

mit p_n Druck des Gasgemisches nach Einleiten der
        n-ten Komponente
   x_i Stoffmengenanteil der i-ten Komponente
   p Druck des Gasgemisches nach Einleiten
        aller Komponenten
   i Laufindex
   n Anzahl der dosierten Komponenten

Bei realen Gasen und bei höheren Drucken treten Abweichungen vom Idealverhalten auf, die durch den von der Gasart i bzw. der Gasdichte ρ_i, der spezifischen Gaskonstante R sowie vom Druck p und der Temperatur T

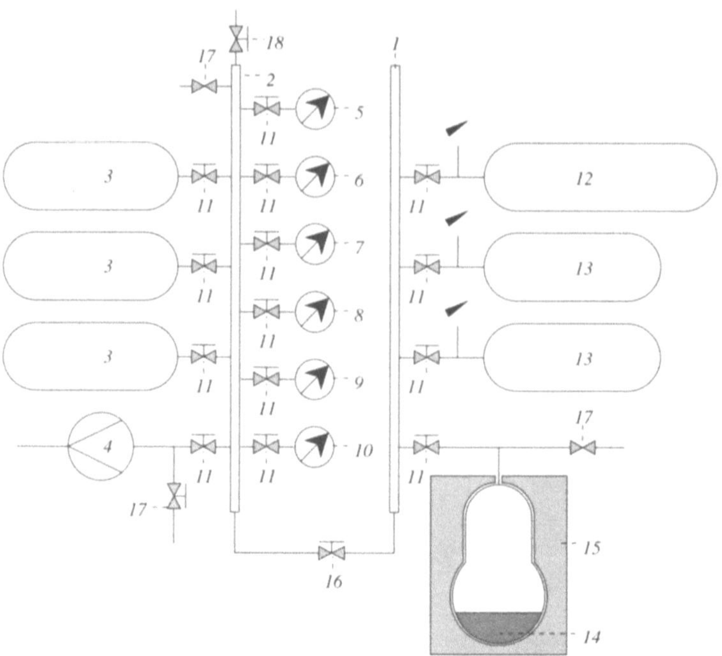

Abb. 14. Schema einer Anlage zur manometrischen Prüfgaserzeugung [37]

1	Dosierleitung	15	Kühlapparatur
2	Füllleitung	16	Regel-und
3	Druckgasbehälter		Absperrventil
	für Prüfgase	17	Sicherheitsventile
4	Vakuumpumpe	18	Spül- und
5–10	Manometer		Enlastungsventil
11	Absperrventile		
12	Druckgasbehälter		
	für Grundgas		
13	Druckgasbehälter		
	für Beimengungen		
	oder Vormischungen		
14	Behälter für leicht		
	flüchtiges		
	verflüssigtes Gas		

Meßbereiche der Manometer 5 bis 10 (Beispiele)

Nr			Meßbereich		
5	0,0	bar	–	0,6	bar
6	0	bar	–	2,5	bar
7	0	bar	–	6	bar
8	0	bar	–	25	bar
9	0	bar	–	60	bar
10	0	bar	–	250	bar

Manometer nach DIN 16005 mit Überlastungsschutz und einer der angestrebten Prüfgasklasse angepaßten Güteklasse, z.B. Kapselfedermanometer

abhängigen Realgasfaktor Z

$$Z = \frac{p}{\rho_i \cdot RT} \tag{2}$$

berücksichtigt werden können. Verfahrensbeispiele und Einzelheiten zur Berechnung der Gaskonzentrationen sowie zur Fehlerabschätzung finden sich in [37], Zahlenwerte zu den Realgasfaktoren und den spezifischen Gaskonstanten in [37, 39, 40, 42].

4.1.2 Gravimetrische Verfahren [43]

Bei gravimetrischen Verfahren wird das Stoffmengenverhältnis von Beimengung und Grundgas durch Differenzwägung der zuvor sorgfältig gereinigten und getrockneten und auf einen Druck von < 1 µbar (< 1 Pa) evakuierten Druckgasbehälter vor und nach der Aufgabe der einzelnen Komponenten ermittelt. Die dosierbaren Stoffmengenanteile x_i der als reine Substanz verwendeten Beimengung i müssen oberhalb einer Grenze liegen, die von der Empfindlichkeit und der Maximalbelastung der Waage sowie von der zulässigen Unsicherheit des Stoffmengenanteils x_i abhängt. Prüfgase mit kleineren Stoffmengenanteilen können in einem zweistufigen Prozeß, beginnend mit der Herstellung einer höher konzentrierten Vormischung, erzeugt werden Die Wägungen können bei Atmosphärendruck oder im Vakuum vorgenommen werden. Bei Wägungen unter Atmosphärendruck sind Auftriebskorrekturen für den Druckgasbehälter und für die verwendeten Gewichtsstücke erforderlich, deren Größe von Druck, Temperatur und Feuchte im Wägeraum abhängt. Deshalb sollten diese Bedingungen während der Herstellungsprozedur konstant gehalten werden. Die Wägung im Vakuum ist nicht merklich temperaturempfindlich, wenn der Druck im Wägeraum $\leqslant 1$ µbar ($\leqslant 0,1$ Pa) ist. Bei gravimetrisch erzeugten Prüfgasen können die relativen Fehler der Stoffmengenanteile der Beimengung in allen der Methode zugänglichen Bereichen < 1% gehalten werden. Beispiele zur Fehlerabschätzung finden sich in [43]. Wegen der besonderen wägetechnischen Erfordernisse [60–62] werden gravimetrische Verfahren ebenso wie die manometrischen Verfahren überwiegend zur kommerziellen Prüfgaserzeugung verwendet.

4.1.3 Anwendung konfektionierter Prüfgase in Druckbehältern

Die Bereitstellung konfektionierter, unter Druck stehender Prüfgase aus statischer Herstellung für die Kalibrierung von Gasanalysenverfahren kann je nach der Art der Beimengung und je nach dem Anwendungsfall aus folgenden Gründen vorteilhaft sein:

– bei hohen Stoffmengenanteilen der Beimengungen können sichere Konzentrationsangaben gemacht werden,
– je nach der Art der Beimengung sind hohe Kurzzeit- und Langzeitstabilitäten der Mischungsverhältnisse erreichbar,
– die Vorratsmengen und die abnehmbaren Mengenströme lassen sich leicht an den Bedarf der zugeordneten Analysatoren anpassen,
– beim Einsatz entsteht kein Energiebedarf,
– Prüfgas wird nur während der Kalibrierung der zugeordneten Analysatoren verbraucht,
– die Verfügbarkeit ist hoch,
– der Aufbau der Prüfgasversorgung ist robust und einfach.

Diese Vorteile können im Bereich der Gasspurenanalyse kaum genutzt werden, weil selbst die niedrigsten, im Handel erhältlichen Prüfgaskonzentrationen deutlich oberhalb der praktisch interessierenden Konzentrationsbereiche liegen und weil nur wenige Stoffe als Prüfgasbeimengungen angeboten werden [6]. Auch in anderen Konzentrationsbereichen sollten nur solche industriell vorgefertigten Prüfgase verwendet werden, zu denen die Hersteller differenzierte und nachprüfbare Angaben zum Herstellungsverfahren, zu den verwendeten Gasqualitäten sowie zu den Beimengungskonzentrationen und deren Fehlern machen. Dazu gehören auch Hinweise auf die ggf. zur Konzentrationsermittlung benutzten Vergleichsmethoden [45].

4.1.4 Volumetrische Verfahren

Volumetrisch-statische Verfahren können verhältnismäßig leicht unter Laboratoriumsbedingungen zur Erzeugung von Prüfgasen eingesetzt werden. Als Beispiel sei hier die Herstellung kleiner, nicht unter Druck stehender Prüfgasmengen (z.B. $\sim$ 5l) mit Beimengungskonzentrationen von einigen ppm bis 1000 ppm (v/v̇) und mit relativen Fehlern der Beimengungskonzentration von 3–4% unter Verwendung von Kunststoffbeuteln [44] behandelt. Kunststoffbeutel (Abb. 15) werden von den Herstellern mit einer unter geringem Überdruck ($\sim$ 0,1 bar) stehenden Füllung aus Grundgas oder reinem Beimengungsgas in dicht verschweißtem Zustand geliefert. Zur Prüfgasherstellung wird zunächst der Überdruck aus dem als Mischgefäß dienenden Kunststoffbeutel mit Grundgasfüllung (meistens N_2) durch Einstechen einer Injektionsnadel in das Septum abgelassen.

Der Druckausgleich gegen die Atmosphäre ist hergestellt, wenn ein auf das freie Kanülenende aufgestrichenes flüssiges Detergens keinen Schaum mehr bildet. Danach wird die Kanüle entfernt oder verschlossen. Aus einem Vorratsbehälter oder aus einem von der Beimengung durchströmten Schlauch entnimmt man mit Hilfe einer gasdichten, kalibrierten Injektionsspritze (mehrfach durchspülen!) die gewünschte Menge der gasförmigen oder flüssigen Beimengung und injiziert sie durch das Septum in das Innere des Kunststoffbeutels und entfernt die Kanüle. In gleicher Weise verfährt man ggf. mit weiteren Beimengungen. Die Mischung homogenisiert sich – je nach dem Volumen des verwendeten Kunststoffbeutels und je nach den Dichteunterschieden zwischen Grundgas und Beimengungen – mehr oder weniger rasch ($>$ 30 min) durch Diffusion. Die Homogenisierung von Mischungen in größeren Beuteln oder mit größeren Dichteunterschieden der Komponenten kann durch Erwärmen des unteren Teiles des vertikal aufgestellten Beutels auf ca. 50°C (Warmluftgebläse) gefördert werden. Nach Versiegelung des Septums, z.B. mit einer dünnen, metallkaschierten, lösemittelfreien Klebefolie, kann das fertige Prüfgas mehrere Monate lang gelagert werden. Zum Gebrauch kann das Prüfgas durch leichten Druck auf den Beutel über eine in das Septum eingestochene Kanüle entnommen und über eine angeschlossene enge Schlauchleitung

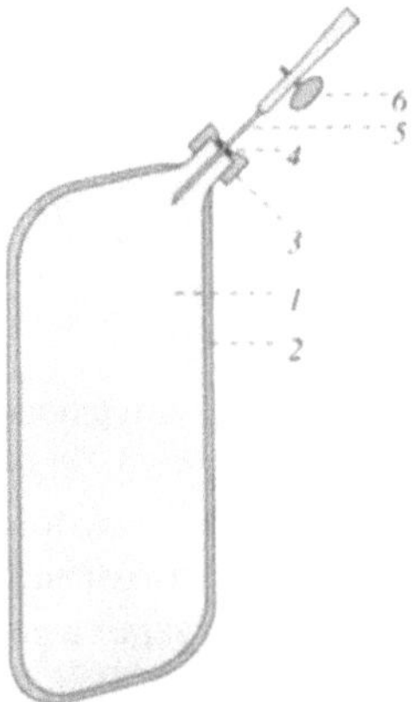

Abb. 15. Herstellung von Prüfgasen unter Verwendung von Kunstoffbeuteln [44]

1 Kunststoffbeutel [a]	4 eingeschweißtes Durchstichseptum
– gasdicht,	5 Injektionskanüle
– nicht dehnbar,	6 Hahn (optional)
– nicht permeabel,	
– aus metall-kaschierten Laminat,	
– mit inerter Innenschicht, z.B. aus Polyethylen	
2 Schweißnaht	
3 ausgeschweißte Kappe	

a) Hersteller: z.B. Linde, AG, Technische Gase,
Unterschleißheim
Calibrated Instruments, Inc.
731 Saw Mill River Rd.
Ardsley, New York 10502

nach vollständigem Durchspülen des Totvolumens der Transferwege dem jeweiligen Analysator, z.B. der Probenschleife eines Gaschromatographen, zugeführt werden. Konstante Prüfgasströme können auf diese Weise nicht erzeugt werden. Deshalb eignet sich die Methode nicht für kontinuierlich registrierende Analysatoren.

4.2 Dynamische Verfahren

Die dynamischen Verfahren führen zu Prüfgasen, die unter Atmosphärendruck stehen und im allgemeinen nicht oder nur sehr begrenzt lagerfähig sind und deshalb unmittelbar nach der Erzeugung verbraucht werden müssen. Mit dynamischen Verfahren können mit den meisten Beimengungen Prüfgase der Klassen 1 bis 5 mit Mischungsverhältnissen von etwa 10^{-1} bis 10^{-9} erzeugt werden; Prüfgase der Klassen 5 bis 10 sind in vielen Fällen mit Mischungsverhältnissen von etwa 10^{-9} bis 10^{-12}, in Sonderfällen auch bis 10^{-15} zugänglich. Die im Einzelfall herstellbaren Prüfgasmengen sind lediglich durch die verfügbaren Grundgasvorräte und Beimengungsvorräte oder auch durch die Standzeit der zur Prüfgaserzeugung verwendeten Hilfsmittel, insbesondere der für die Aufbereitung (Reinigung) nötigen Einrichtungen, begrenzt.

4.2.1 Blenden – Mischstrecken (kritische Blenden)

Der Massenstrom und auch der auf Normalbedingungen bezogene Volumenstrom eines Gases durch eine Blende mit kreisförmigem Querschnitt vom Durchmesser d nehmen bei konstanter Temperatur linear mit dem Vordruck p_1 zu, wenn der Quotient p_2/p_1 aus dem Hinterdruck p_2 und dem Vordruck p_1 kleiner als das "kritische Druckverhältnis" $(p_2/p_1)_{krit}$ ist [42], das seinerseits vom Verhältnis κ der spezifischen Wärmen des Gases bei konstantem Druck und bei konstantem Volumen abhängt. Für zwei- und dreiatomige Gase gilt in ausreichender Näherung $(p_2/p_1)_{krit} = 0{,}5$. Unter solchen Bedingungen betriebene Blenden werden vereinfacht als "kritische Blenden" oder auch– nicht ganz korrekt–als "kritische Düsen" bezeichnet.

Die in [46] beschriebene Methode nutzt mit der in der Abb. 16 dargestellten Apparatur die durch kritische Blenden begrenzten Gasströme zur Prüfgaserzeugung aus gasförmig und unter ausreichendem Druck bereitgestellten Grundgasen und Beimengungen aus.

Durch Variation der Durchmesser der Dosierblenden für Beimengung und Grundgas (von etwa 5 µm bis etwa 1000 µm) und der benutzten

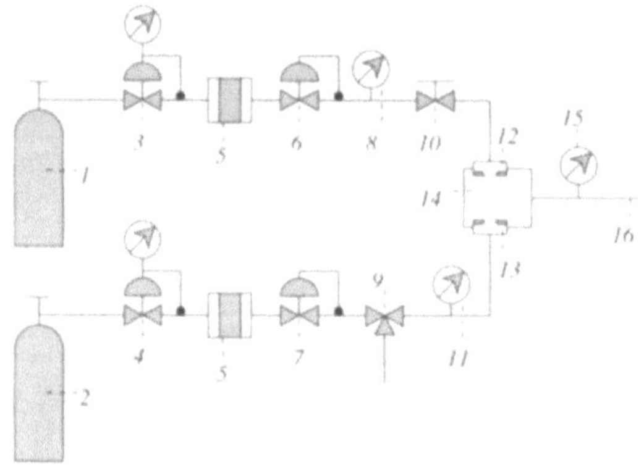

Abb. 16. Fließbild zur Prüfgaserzeugung mit Blenden-Mischstrecken

1 Druckgasbehälter mit Grundgas,
2 Druckgasbehälter mit Beimengung,
3 Druckminderer (Grundgas),
4 Druckminderer (Beimengung),
5 Sintermetallfilter,
6 Vordruckregler (Grundgas),
7 Vordruckregler (Beimengung),
8 Vordruckmessung (Grundgas),
9 Entleerungsventil mit Spülleitung,
10 Absperrventil (Grundgas),
11 Vordruckmessung (Beimengung),
12 Dosierblende (Grundgas),
13 Dosierblende (Beimengung),
14 Mischkammer,
15 Hinterdruckmessung,
16 Prüfgasausgang,

Blendenkombinationen können die Beimengungkonzentrationen um den Faktor 10^4 verändert werden; durch Variation der Eingangsdrucke an den Dosierblenden für Grundgas und Beimengung können die Beimengungskonzentrationen zusätzlich um den Faktor 10^2 verändert werden. Insgesamt werden so Prüfgase mit Volumenanteilen der Beimengung bis etwa 10^{-6} zugänglich. Die Güteklasse der Prüfgase (Fehlerbreite der Angabe der Beimengungskonzentration) hängt in erster Linie von der Qualität der kritischen Blenden, der Druckmeßgeräte und der zur Aufnahme der Druck-Volumenstrom-Kennlinien der Blenden verwendeten Volumenstrom-Meßgeräte ab. Instrumentierungsvorschläge werden in [46] gemacht. Im gesamten zugänglichen Konzentrationsbereich können Prüfgase der Klasse 0,5 erzeugt werden.

Die Abb. 17 zeigt einen in der Praxis hervorragend bewährten [9, 59] Prüfgasgenerator, der ebenfalls auf dem Prinzip der kontinuierlichen Injektion der Beimengung in den Grundgasstrom unter Verwendung kritischer Blenden beruht. Er arbeitet mit konstantem Grundgas-Vordruck und erzeugt abgestufte Prüfgaskonzentrationen durch Zuschaltung weiterer, ebenfalls mittels kritischer Blenden dosierter Grundgas-Teilströme. In dem gezeigten Beispiel wurden als kritische Blenden "Uhrensteine" (aus Rubin angefertigte Achslager für mechanische Taschen- und Armbanduhren) mit folgendermaßen abgestuften Lochdurchmessern verwendet:

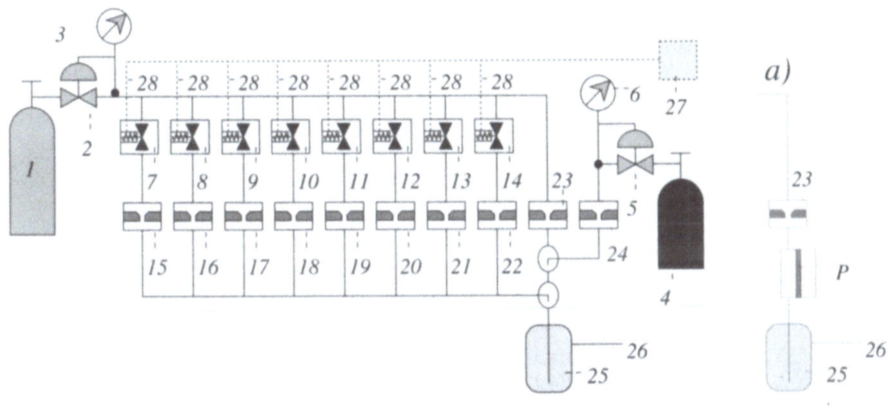

Abb. 17. Mehrstufiger Prüfgasgenerator mit Blenden-Mischstrecken (kritischen Blenden)

1	Druckgasbehälter mit Grundgas oder Grundgasaufbereitungsanlage,	15–23	Dosierblenden (Grundgas) [b],
2	Vordruckregler (Grundgas),	24	Dosierblenden (Beimengung),
3	Vordruckmessung (Grundgas) [ab],	25	Mischkammer,
4	Druckgasbehälter mit Beimengung,	26	Prüfgasausgang,
5	Vordruckregler (Beimengnung),	27	Schaltwerk für Magnetventile,
6	Vordruckmessung (Beimengnung) [a],	28	Steuerleitungen für Magnetventile,
7–14	Magnetventile,	29	Hinterdruckmessung [a] am Prüfgasausgang,

a) Kapselfederdruckmesser der Firma Wallace & Tiernan, Günzburg
b) G. Frey GmbH&Co KG, Berlin

Blende Nr. lt. Abb. 17	Lochdurchmesser der Blende [mm]
15	1,20
16	0,80
17	0,60
18	0,50
19	0,45
20	0,35
21	0,30
22	0,25
23	0,45

Anstelle eines unter Druck stehenden Beimengungsvorrates mit zugeordneter Vordruckregelung, Vordruckmessung und Dosierblende wurde in [9] ein Permeationselement P als Beimengungsquelle verwendet, dessen Permeat durch den von der Blende 22 dosierten Grundgasstrom mitgenommen wurde (Abb. 17, a). Setzt man die so erzeugte Beimengungskonzentration $= 100\%$, dann erhält man durch Zuschaltung der nachstehend genannten Blendenkombinationen folgende Prüfgasverdünnungen:

Blendenkombination (Nr. lt. Abb. 17)	Konzentrationsstufe der Beimengung
23	100 %
23 + 22	85 %
23 + 21	72 %
23 + 20	67 %
23 + 19	53 %
23 + 18	47 %
23 + 17	37 %
23 + 16	26 %
23 + 15	14 %

Die Unsicherheiten der Konzentrationsangaben zu dieser Verdünnungsreihe waren in allen Fällen $< 1\%$. Anstelle der Permeationseinheit können beliebige andere Verfahren als Beimengungsquellen benutzt werden, sofern sie die Beimengungen unter Atmosphärendruck in den Grundgasstrom eintragen. Unter Ausnutzung aller Möglichkeiten – Variation der Grundgas-Vordrucke, der Blendengrößen und der Art und Ergiebigkeit der Beimengungsquellen – steht damit für sehr viele anorganische und organische Gase und Dämpfe ein Prüfgasgenerator zur Verfügung, der die Herstellung nahezu beliebiger Prüfgaskonzentrationen (vom %-Bereich bis zu Mischungsverhältnissen von 10^{-8} bis 10^{-9}) mit gleichbleibend hoher Qualität (Güteklassen 0,5 bis 2) gestattet.

Um das Leistungsvermögen der Dosierung mit kritischen Blenden voll nutzen zu können, sollte man Sätze von verschiedenen, leicht auswechselbaren Blenden mit den zugehörigen Druck-Volumenstrom-Kennlinien in Bereitschaft halten. Bewährt haben sich die in der Abb. 18 gezeichneten, für

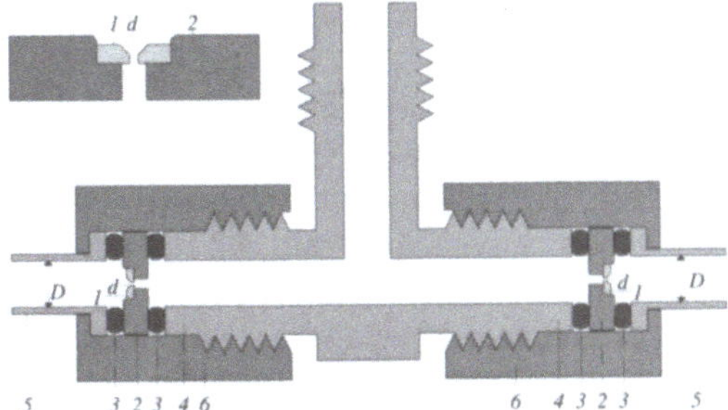

Abb. 18. Konstruktion von Dosierblenden für Prüfgasgeneratoren

1 Blende aus korrosionsbeständigem Material, z.B. Rubin,
2 Blendenfassung mit gasdicht eingesetzter Blende (Loch-$\varnothing$ d),
3 Dichtungsringe,
4 T-Stück mit Außengewinde (3/8″),
5 Anschlußflansch, Innen-$\varnothing$ D,
6 Überwurfmutter,

3/8″-Verschraubungen geeigneten Blendenkonstruktionen, bei denen die Blenden (1) gasdicht in die zugehörigen Fassungen (2) eingepreßt sind.

In der gleichen Form können auch Vorrichtungen mit mehreren Dosierblenden für verschiedene Beimengungen oder mit mehreren Prüfgasausgängen gebaut werden. Solche Vorrichtungen erweisen sich als besonders vorteilhaft bei der Untersuchung von Querempfindlichkeiten sowie bei der Durchführung von Vergleichsmessungen oder Ringversuchen. Für die Aufnahme von Druck-Volumenstrom-Kennlinien müssen Durchflußmeßgeräte mit Meßunsicherheiten $< 0,2\%$ bis $0,5\%$ verwendet werden (z.B. Gasvolumenzähler nasse Bauart, Ritter, Bochum, Ringkolben-Durchflußmesser, Brooks, oder Präsisions-Seifenblasen-Durchflußmeßgeräte [47].

4.2.2 Gasmischpumpen

Mit Gasmischpumpen können binäre Gasmischungen mit in weiten Grenzen (z.B. von $0,1\%$ bis 99%) einstellbaren Volumenanteilen der Komponenten und mit relativen Fehlern der Konzentrationsangabe von weniger als $0,25\%$ bis 1% hergestellt werden [47]. Gasmischpumpen verfügen über je einen Gasförderweg für das Grundgas und für die Beimengung, die als Kolbendosierpumpen oder als Membrandosierpumpen mit volumetrisch ausgemessenen, in einem festen Verhältnis zueinander stehenden Hubvolumina ausgebildet sind und gemeinsam von einem Synchronmotor unter Zwischenschaltung von mechanischen Getrieben angetrieben werden, so daß sich unterschiedliche Hubfrequenzen und damit auch unterschiedliche Volumenströme in den beiden Förderwegen einstellen lassen. Durch Hintereinanderschalten von zwei Gasmischpumpen lassen sich Gemische mit Volumenanteilen der Beimengung von etwa 100 ppm (v/v) erzeugen. Mit Kaskadenschaltungen von mehreren Gasmischpumpen können auch Prüfgase mit mehreren Beimengungen in unterschiedlichen Konzentrationen erzeugt werden. Die Abb. 19 zeigt das Schema eines Prüfgasgenerators mit einer Gasmischpumpe aus der Typenreihe "Digamix" der Firma Wösthoff.

Die im Ölbad laufenden Hubkolbenpumpen dieser Typenreihe sind aus Bronze, wahlweise aus einer Sonderlegierung (Ni-Resist D2, z.B. für Acetylen, Ammoniak, Schwefelwasserstoff) gefertigt. Sie müssen mit trockenen Gasen betrieben werden. In Verbindung mit Sättigern (vgl. Abschnitt 4.2.10.) können sie auch Dämpfe organischer Flüssigkeiten als Beimengung verarbeiten. Die Pumpen eignen sich nicht für Chlor, Stickstoffdioxid und Ozon. Das Verhältnis der Hubvolumina in den Gasförderwegen für die Beimengung und das Grundgas ist je nach Pumpentyp serienmäßig auf 1 : 1 oder 1 : 10 eingestellt. Es sind aber auch Gasmischpumpen mit fest eingestellten Mischungsverhältnissen, wie sie z.B. für die Eichung von Abgas-Analysatoren benötigt werden, sowie Gasmischstationen zur Erzeugung von Dreikomponenten- und Vierkomponenten-Prüfgasmischungen erhältlich. Pumpen mit Schaltgetriebe liefern konstante Prüfgas-Volumenströme; bei Mischpumpen mit Wechselradgetriebe hängt der Prüfgas-Volumenstrom vom eingestellten Mischungsverhältnis ab.

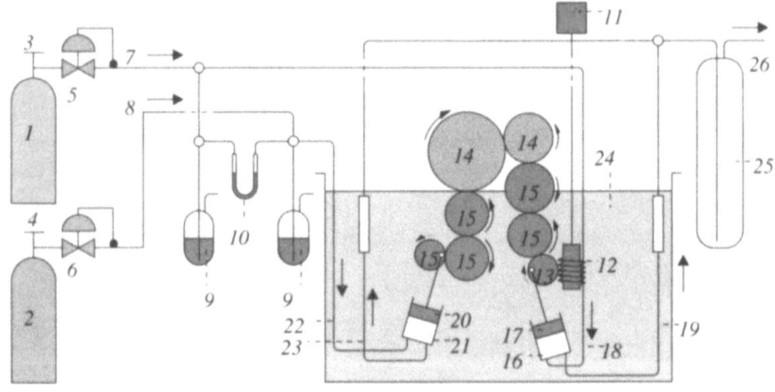

Abb. 19. Schema eines Prüfgasgenerators mit Gasmischpumpe [a]

1 Druckbehälter mit Grundgas-Vorrat,	14 Wechselräder (in einem außen angebrachten, leicht zugänglichen Gehäuse) oder Schaltgetriebe,
2 Druckbehälter mit Beimengungsgas-Vorrat,	15 im Ölbad laufendes Getriebe,
3 Absperrventil (Grundgas),	16 Pumpenzylinder (Grundgas),
4 Absperrventil (Beimengung),	17 Hubkolben (Grundgas),
5 Doppel-Druckminderer (Grundgas),	18 Ansaugleitung (Grundgas),
6 Doppel-Druckminderer (Beimengung),	19 Förderleitung (Grundgas),
7 Gaseingang Grundgas,	20 Hubkolben (Beimengung),
8 Gaseingang Beimengungsgas	21 Pumpenzylinder (Beimengung),
9 Tauchungen zum Druckausgleich,	22 Ansaugleitung (Beimengung),
10 U-Rohr zur Kontrolle der Eingangsdrucke,	23 Förderleitung (Beimengung),
11 Synchronmotor,	24 Ölbad,
12 Schneckentrieb,	25 Mischkammer,
13 Antriebsrad (Direktantrieb der Hubkolbenpumpe für Grundgas,	26 Prüfgasausgang,

a) Typenreihe Digamix, Wösthoff GmbH, D- 44727 Bochum

4.2.3 Kolbenprober

Mit Kolbenprobern lassen sich auf verhältnismäßig einfache Weise Prüfgase der Klasse 5 erzeugen [48]. Dazu eignet sich die in der Abb. 20 gezeigte, mit einfachen Mitteln herstellbare Apparatur.

Darin wird einem kontinuierlich fließenden, über ein Durchflußmeßgerät überwachten, konstanten Grundgasstrom mit Hilfe eines mechanisch angetriebenen Kolbenprobers über eine Kapillare die gasförmige Beimengung in konstantem Strom zugeführt und in einer nachgeschalteten Mischstrecke homogen verteilt. Über einen Dreiwegehahn, der auch zum Freispülen der Apparatur dient, kann der Kolbenprober aus dem Beimengungsvorrat gefüllt werden. An die Stelle des Kolbenprobers mit Kapillare tritt eine Injektionsspritze, wenn leicht verdampfbare Flüssigkeiten als Beimengung verwendet werden sollen. Die Beimengungskonzentration c des homogenisierten Prüfgases ergibt sich für $c < 10\,000\,ppm$ (v/v) in ausreichender Näherung als Quotient aus den Volumenströmen der gasförmigen Beimengung und des

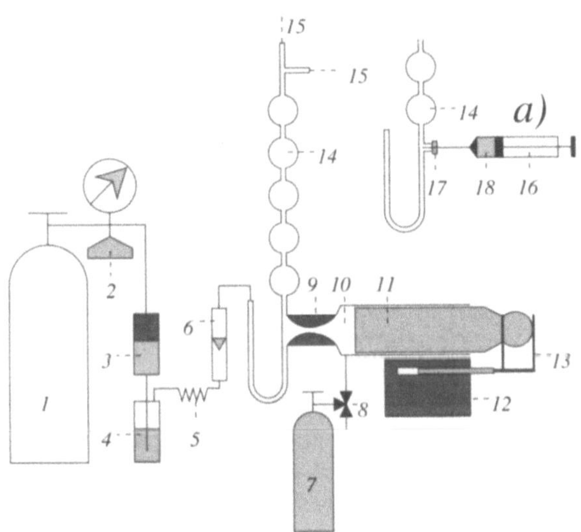

Abb. 20. Herstellung von Prüfgas mit Kolbenprobern

1 Grundgas,
2 Druckregler,
3 Filter,
4 Befeuchter,
5 Temperaturausgleich,
6 Durchflußmeßgerät,
7 Beimengungsgas
(Druckgasbehälter, Kunststoffbeutel),
8 Dreiwegehahn zum Spülen und Füllen,
9 Kapillare,
10 Beimengungsgas im Kolbenprober,
11 Kolbenprober,
12 Antrieb für den Kolben,
13 Mitnehmer,
14 Mischrohr,
15 Prüfgasausgang,
16 Injektionsspritze,
17 Durchstichseptum,
18 flüssige Beimengung,

Grundgases. Das Volumen der Mischstrecke (1250 ml) begrenzt die Verfügbarkeit so, daß rasche Konzentrationswechsel nicht möglich sind.

4.2.4 Periodische Injektion der Beimengung mittels Dosierküken, Dosierscheiben oder Dosierschleifen

Eine bewährte Methode zur Erzeugung von trockenen Prüfgasen aus gasförmig vorliegenden Bestandteilen beruht auf der periodischen Injektion kleiner, abgemessener Volumina der Beimengung in einen konstanten Grundgasstrom [49, 50, 51]. Als volumenbestimmende Elemente zur Injektion der Beimengung werden Dosierschleifen (Volumen 0,3 ml, 1,0 ml, 2,0 ml), Dosierküken (Volumen 0,045 ml, 0,1 ml) und neuerdings auch Dosierscheiben (Volumen 0,04 ml, 0,1 ml) verwendet. Die Injektionsfrequenz kann über einen impulsgesteuerten Schrittmotor (1 bis 10 Impulse/min) variiert werden; die Grundgasvolumenströme können je nach verwendeter Grundgasförderung innerhalb weiter Grenzen und in enger Abstufung frei gewählt werden (z.B. 10-stufig im Bereich von 100 bis 1000 ml/min).

Die Abb. 21 zeigt die Arbeitsweise der mit Dosierküken ausgestatteten Apparatur im einstufigen Betrieb mit Nachverdünnung. Diese Betriebsweise macht Volumengehalte der Beimengung von 10% bis 50 ppm mit einem relativen Fehler der Konzentrationsangabe von weniger als 2% zugänglich. Als Beimengungen können auch die mit einem geeigneten Sättiger hergestellten gesättigten Dämpfe verdampfbarer Flüssigkeiten verwendet werden. Dabei muß darauf geachtet werden, daß es nirgendwo in der Apparatur zu Verlusten durch Kondensation kommt. Im zweistufigen Betrieb, d.h. bei Hintereinanderschaltung zweier Dosiersysteme, können bei Verwendung von Dosierscheiben Beimengungskonzentrationen von 1% bis etwa 10 ppm erreicht werden [51], wobei der relative Fehler der Konzentrationsangabe auf 3 bis 4% ansteigen kann. Die genauen Werte der Prüfgaskonzentrationen können im Einzelfall nur aufgrund der in [47] beschriebenen Ermittlung der Hubvolumina der verwendeten Dosierpumpen und der daraus abgeleiteten Kalibrierfaktoren angegeben werden. In jedem Falle muß sichergestellt sein, daß die Volumenströme der Beimengung bzw. des Grundgases groß genug sind, um eine vollständige Spülung des Volumens der Küken- bzw. Scheibenbohrung in den Stellungen a ("Füllen") bzw. b ("Dosieren") zu gewährleisten. Daraus ergibt sich, daß unabhängig vom eingestellten Mischungsverhältnis der Verbrauch an Beimengungsgas gleichbleibend hoch ist. Für größere Konzentrationen eignet sich die in der Abb. 22 dargestellte Anwendung von Dosierschleifen. Ebenso wie die Vorrichtungen mit Dosierküken und Dosierscheiben können auch Anordnungen mit Dosierschleifen als Kaskade geschaltet werden oder mit einer Nachverdünnung ausgestattet werden.

Alle auf dem beschriebenen Prinzip der periodischen Injektion der Beimengung beruhenden Verfahren zur Prüfgaserzeugung liefern nur dann homogene Prüfgase, wenn genügend große Mischkammern (z.B. 300 ml)

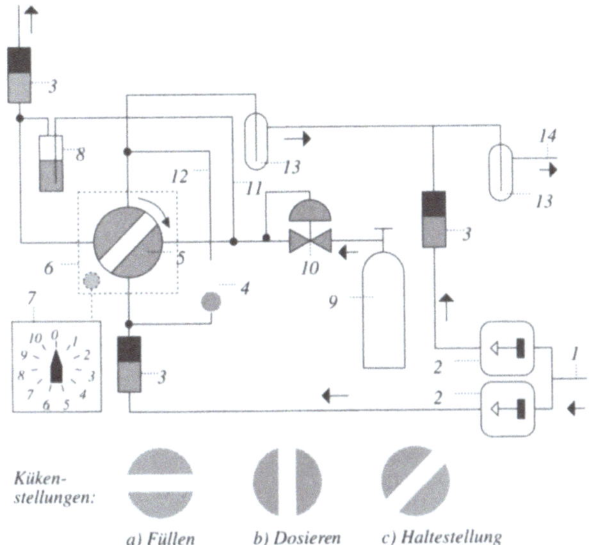

Abb. 21. Schema eines Prüfgasgenerators mit periodischer Injektion der Beimengung mittels Dosierküken [a]

1 Grundgas-Eingang,
2 Dosierpumpen,
3 Filter,
4 Ventil,
5 Dosierküken,
6 Impulsgesteuerter Schrittmotor, (Kükenantrieb),
7 Impulsgeber für Schrittmotor,
8 Druckausgleichsvorlage (Tauchung),

9 Druckgasbehälter für Beimengungsgas,
10 Druckminderer für Beimengungsgas,
11 Überströmweg für Beimengungsgas-Überschuß,
12 Überströmweg für Grundgas,
13 Mischkammer,
14 Prüfgasausgang,

a) Wösthoff GmbH, D-44727 Bochum

verwendet werden. Erfahrungsgemäß muß das Mischkammervolumen etwa zehnmal mit Prüfgas durchspült werden, ehe die erforderliche Homogenität erreicht ist. Daraus ergibt sich als gemeinsamer Nachteil aller auf diesem Prinzip beruhenden Prüfgasgeneratoren eine gewisse Einschränkung der Verfügbarkeit, die rasche Konzentrationswechsel weitgehend ausschließt.

4.2.5 Herstellen von Prüfgasen durch Sättigungsmethoden

Das Gleichgewicht zwischen der Dampfphase und der zugehörigen kondensierten (flüssigen oder festen) Phase eines reinen Stoffes hängt ausschließlich von der Temperatur ab. Über die empirischen Beziehungen

$$\log p = A + B/(C + t) \tag{3}$$

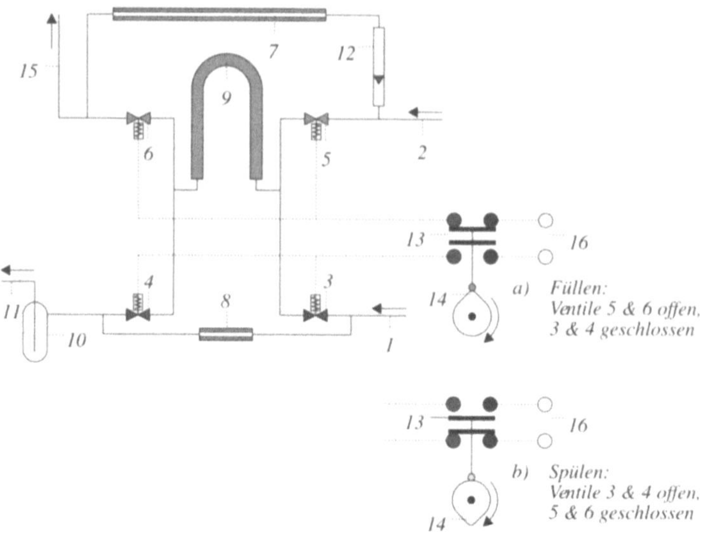

Abb. 22. Schema eines Prüfgasgenerators mit periodischer Injektion der Beimengung mittels Dosierschleife

1 Grundgas-Eingang,
2 Beimengungs-Eingang,
3 Magnetventil,
4 Magnetventil,
5 Magnetventil,
6 Magnetventil,
7 Kapillare,
8 Kapillare,
9 Dosierschleife,

10 Mischkammer,
11 Prüfgasausgang,
12 Durchflußmeßgerät,
13 Umschalter,
14 Schaltnocken,
  (Antrieb über impulsgesteuerten
  Schrittmotor),
15 Abgasausgang,
16 Anschluß Ventilsteuerung,

und

$$\ln(P/P_k) = (Ax + Bx^{1,5} + Cx^3 + Dx^6)/(1 - x) \qquad (4)$$

mit
x	$= 1 - T/T_k$
p	Dampfdruck in mbar
t	Temperatur in °C
T	Temperatur in K
p_k	kritischer Druck in mbar
T_k	kritische Temperatur in K
A, B, C	substanzspezifische empirische Konstanten in (3) bzw.
A, B, C, D	substanzspezifische empirische Konstanten in (4)

können die Dampfdrucke zahlreicher Substanzen in dem häufig für die Prüfgaserzeugung in Frage kommenden Temperaturbereich von (20 ± 5) °C mit guter Genauigkeit berechnet werden. Die aus [52] entnommene Tabelle 8

Tabelle 8. Zahlenwerte zur Berechnung der Dampfdrucke häufig verwendeter Chemikalien mittels empirischer Konstanten nach Gleichung (3)

Substanz-name	Dampf-druck bei 20°C [mbar]	dp/dT bei 20°C [mbar/K]	Siede-Temperatur [°C]	Konstanten der Dampfdruck-gleichung			minimale Temperatur [°C]	maximale Temperatur [°C]	kritische Temperatur [°C]	Literatur
				A	B	C				
Aceton	246,6	11,0	56,3	7,35647	− 1277,03	237,23	− 32	78	235,5	[38]
Acetaldehyd	998,6	37,6	20,4	7,18140	− 1070,60	236,00	− 59	40	187,8	[38]
Acrolein	293,8	12,5	53,1	7,03264	− 1132,00	228,00	− 38	87		[40]
Acrylnitril	111,7	5,3	77,4	7,04115	− 1208,30	222,00	− 18	112		[40]
Acrylsäure-ethylester	41,2	2,2	99,6	7,11225	− 1292,00	215,00	1	136		[40]
Acrylsäure-methylester	88,2	4,5	80,3	7,12085	− 1211,00	214,00	− 13	117		[40]
Ameisen-säure	44,2	2,2	100,7	7,48436	− 1551,38	245,71	9	125		[38]
Anilin	0,6	0,05	184,0	8,62520	− 2423,62	254,33	− 5	71	425,6	[38]
Bleitetra-ethyl	0,3	0,03	183,1	9,55490	− 2938,00	273,15	9	75		[41]
Bleitetra-methyl	31,2	1,6	110,1	8,14590	− 1950,00	273,15	− 20	49		[41]
1,3-Butadien	2399,0	76,7	− 4,4	6,97489	− 930,55	238,85	− 58	15	152	[38]
Buttersäure	1,6	0,1	163,7	6,42170	− 1367,40	200,00	19	61	355	[38]
2-Chlor-butadien-1,3	240,7	10,0	59,4	7,65190	− 1545,00	273,15	6	59		[41]
Cyclohexan	103,4	4,9	80,7	6,96620	− 1201,53	222,65	7	105	280,4	[38]
Cyclohexanol	1,4	0,1	161,1	9,15190	− 2643,00	273,15	21	56		[41]
Cyclo-hexanon	4,5	0,3	156,7	8,51690	− 2304,00	273,15	1	39		[41]
1,2-Dichlor-benzol	1,3	0,1	179,1	8,63090	− 2493,00	273,15	20	59		[41]
1,4-Dichlor-benzol	0,5	0,1	174,0	12,95090	− 3876,00	273,15	28	53		[41]
1,1-Dichlor-ethan	244,3	10,7	57,3	7,16780	− 1201,05	231,27	− 33	79	249,8	[38]

(Fortsetzung)

Tabelle 8. (*Fortsetzung*)

Substanz-name	Dampf-druck bei 20°C [mbar]	dp/dT bei 20°C [mbar/K]	Siede-Temperatur [°C]	Konstanten der Dampfdruck-gleichung			minimale Temperatur [°C]	maximale Temperatur [°C]	kritische Temperatur [°C]	Literatur
				A	B	C				
1,2-Dichlor-ethan	83,0	4,1	83,5	7,28356	− 1341,37	230,05	− 12	107		[38]
1,1-Dichlor-ethen	663,4	25,4	31,6	7,09705	− 1099,45	237,16	− 28	33		[39]
cis-1,2-Dichlor-ethen	217,5	9,6	60,4	7,14720	− 1205,44	230,62	1	84		[39]
trans-1,2-Di-chlorethen	360,7	14,9	47,7	7,09003	− 1141,98	231,93	− 38	85		[39]
Dichlor-methan	475,3	19,8	39,6	7,07622	− 1070,07	223,24	− 43	60	237	[38]
Diethyl-ether	586,0	23,3	34,6	7,10962	− 1090,64	231,20	− 49	55	192,6	[38]
N,N-Di-methylanilin	0,8	0,1	193,1	8,24990	− 2445,00	273,15	30	193	414,4	[41]
Dimethyl-disulfid	29,3	1,6	109,7	7,10282	− 1346,34	218,86	6	135		[38]
1,4-Dioxan	38,4	2,0	101,3	7,55645	− 1554,68	240,34	20	105	314,8	[39]
Diphenyl	0,004	0,0004	255,0	10,50490	− 3799,00	273,15	11	61	495	[41]
Epichlor-hydrin	16,2	0,9	118,0	8,68590	− 2192,00	273,15	− 17	17	323	[41]
Essigsäure	15,4	0,9	117,9	7,55218	− 1558,03	224,79	17	142	321,6	[38]
Essigsäure-ethylester	98,3	5,0	77,1	7,13361	− 1195,13	212,47	− 1,4	100	250,4	[38]
Essigsäure-methylester	229,9	10,7	56,9	7,18621	− 1156,43	219,69	− 29	78	233,7	[38]
Essigsäure-vinylester	120,3	5,9	72,7	7,33500	− 1296,13	226,66	22	72		[39]
Ethanol	58,6	3,5	78,3	8,33675	− 1648,22	230,92	3	66	243	[38]
Ethylchlorid	1343,2	47,5	12,3	7,07394	− 1012,77	236,67	− 66	32	187,2	[38]

Ethylengly-kol	0,3	0,01	197,4	9,53290	− 3073,00	273,15	53	197		[41]
Ethylen-glykolmono-ethylester	6,3	0,4	134,8	8,64490	− 2300,00	273,15	80	135		[41]
Ethylengly-kolmono-methylether	11,9	0,7	124,6	8,43290	− 2157,00	273,15	− 13	125		[41]
Ethylenoxid	1449,6	53,2	10,5	8,81506	− 2005,78	334,77	0	32	195,8	[39]
Ethylmer-captan	579,1	22,9	35,0	7,07696	− 1084,53	231,39	− 49	56	225,5	[38]
n-Heptan	47,2	2,5	98,4	7,02167	− 1264,90	216,54	− 2	123		[38]
n-Hexan	161,8	7,3	68,7	7,00091	− 1171,17	224,41	− 25	92		[38]
m-Kresol	0,1	0,01	202,9	10,21490	− 3280,00	273,15	52	88	432	[41]
Methacryl-säuremethyl-ester	41,0	2,3	101,3	8,88590	− 2132,00	273,15	− 30	2		[41]
Methanol	130,0	7,0	64,5	8,20277	− 1580,08	239,50	− 11	52	240	[38]
Methylethyl-keton (Butanon)	99,9	4,8	79,6	7,33357	− 1368,21	236,50	− 16	103	262	[38]
Methylbutyl-keton (Hexanon-2)	3,6	0,3	127,6	9,94590	− 2753,00	273,15	8	39		[41]
Methyl-cyclohexan	48,3	2,4	100,9	6,94790	− 1270,76	221,42	− 3	127		[38]
Methylmer-captan	1702,3	59,5	6,0	7,15653	− 1015,55	238,71	− 70	25	196,8	[38]
1-Methyl-naphthalin	0,1	0,01	244,8	8,43090	− 2778,00	273,15	107	168		[41]
4-Methyl-pentanon-2	19,8	1,2	116,5	6,82220	− 1190,69	195,45	14	143		[38]
2-Methyl-propanol-1	9,3	0,7	107,7	7,34504	− 1190,38	166,67	25	128		[38]
Monochlor-benzol	11,7	0,7	132,3	8,37290	− 2141,00	273,15	− 13	71	359,2	[41]
Morpholin	9,1	0,6	127,8	9,53090	− 2313,00	273,15	− 6	26		[41]

(*Fortsetzung*)

Tabelle 8. *(Fortsetzung)*

Substanz-name	Dampf-druck bei 20°C [mbar]	dp/dT bei 20°C [mbar/K]	Siede-Tempera-tur [°C]	Konstanten der Dampfdruck-gleichung			minimale Tempera-tur [°C]	maximale Tempera-tur [°C]	kritische Tempera-tur [°C]	Literatur
				A	B	C				
Naphthalin	0,1	0,01	218,0	10,52190	− 3429,00	273,15	3	28	474,8	[41]
Nitrobenzol	0,4	0,03	210,7	8,32990	− 2564,00	273,15	92	210		[41]
n-Pentan	565,6	21,8	36,1	6,97786	− 1064,84	232,01	− 50	58		[38]
α-Pinen	4,3	0,3	156,1	9,97743	− 1446,38	208,03	19	156		[39]
β-Pinen	2,9	0,2	166,0	7,02327	− 1511,74	210,24	19	166		[39]
Isopropanol	44,1	2,8	82,3	8,24268	− 1580,92	219,61	2	100	235	[38]
Propionsäure	4,0	0,3	141,2	7,00430	− 1471,50	210,00	15	43	337,6	[38]
Diisopropyl-ether	159,3	7,3	68,3	6,97443	− 1139,34	218,74	24	67	226,9	[39]
Isopropyl-benzol	4,4	0,3	152,5	8,75590	− 2377,00	273,15	3	38	362,7	[41]
Pyridin	20,5	1,2	115,3	8,46790	− 2098,00	273,15	22	55	346,8	[41]
Schwefel-kohlenstoff	396,7	15,6	46,2	7,06769	− 1169,11	241,29	4	80		[39]
1,1,2,2-Tetra-chlorethan	4,1	0,3	145,1	6,75658	− 1228,06	179,94	25	130		[39]
Tetrachlor-methan	121,6	5,6	76,6	7,10445	− 1265,63	232,15	− 21	101	283,1	[38]
Tetrahydro-furan	172,9	7,9	66,0	7,12142	− 1203,11	226,36	− 20	89		[38]

Tetrahydro-thiophen	18,6	1,0	121,1	7,12030	− 1401,94	219,61	14	147		[38]
Thiophen	83,5	4,1	84,2	7,08416	− 1246,02	221,35	− 12	108	307	[38]
Thiophenol	1,5	0,1	169,2	8,89390	− 2559,00	273,15	19	56		[41]
Toluol	29,2	1,6	110,6	7,08540	− 1348,77	219,98	13	136	320,8	[38]
Triethylamin	82,0	4,0	88,8	8,18390	− 1838,00	273,15	− 15	20	258,9	[41]
Triethylen-glykol	0,001	0,0001	378,8	7,88290	− 3170,00	273,15	22	52	*437	[41]
1,1,1-Trichlor-ethan	131,4	6,1	74,1	6,96954	− 1172,17	221,64	− 21	98		[38]
1,1,2-Trichlor-ethan	22,1	1,3	113,9	7,10301	− 1332,60	211,38	12	139		[38]
Trichlor-methan	210,2	9,4	61,2	6,96288	− 1106,94	218,55	− 29	84	263	[38]
m-Xylol	8,3	0,5	139,1	7,45814	− 1639,05	230,69	0	60	346	[39]
p-Xylol	8,8	0,5	138,3	7,19482	− 1505,94	221,00	25	60	345	[39]

enthält für 80 häufig verwendete Chemikalien die für die Berechnung der Dampfdrucke aus (3) benötigten Konstanten A, B und C [38 – 41], physikalische Stoffwerte sowie die Temperaturgrenzen für die Anwendung von (3). Daten für die Berechnung der Dampfdrucke weiterer Substanzen nach (4) sind in der Tabelle 9 zusammengestellt.

Für kleine Temperaturdifferenzen ($\Delta T \leqslant 5\,°C$) kann man, ausgehend von den in den Tabellen 8 und 9 für $T = 20\,°C$ angegebenen Dampfdrucken p_{20} und den ebenfalls für $20\,°C$ tabellierten Temperaturgradienten der Dampfdrucke $(dp/dT)_{20}$, den zur Temperatur $T = x\,°C$ gehörigen Dampfdruck ohne erheblichen Fehler linear extrapolieren:

$$p_x = p_{20} + (x - 20) \cdot (dp/dT)_{20} \tag{5}$$

Unter der Voraussetzung, daß der Dampf der betrachteten Substanz (Beimengung) i sich wie ein ideales Gas verhält und daß in der Dampfphase keine temperatur- und druckabhängigen Assoziations- oder Dissoziationsvorgänge ablaufen, und bei Kenntnis des Gesamtdruckes p ergibt sich aufgrund des Henry-Dalton'schen Gesetzes der Volumenanteil c_i der Beimengung aus dem gemessenen oder berechneten Dampfdruck p_i zu

$$\phi_i = p_i/p \tag{6}$$

Die Abb. 23 zeigt das bei den gebräuchlichen Sättigern verwendete Grundprinzip: Ein gereinigter Grundgasstrom wird bei der Temperatur T_1 mit der in fester oder flüssiger Form vorliegenden Beimengung in innige Berührung gebracht, so daß er sich weitgehend mit dem Dampf der Beimengung sättigt und demzufolge die Kondensationstemperatur T_{kb} der Beimengung annähernd der Verdampfungstemperatur T_1 entspricht.

Das Gemisch aus Grundgas und Beimengung, das u.U. auch gewisse Mengen der Beimengung als Aerosol enthält, wird dann in einem Kondensator auf die Sättigungstemperatur $T_2 < T_1$ abgekühlt, die unterhalb von T_{kB} liegen muß. Erfahrungsgemäß ist die Verdampfertemperatur T_1 so zu wählen, daß etwa 50% der im Verdampfer verdampften Beimengung im Kondensator wieder abgeschieden werden. Eine grobe Abschätzung anhand der in den Tabellen 8 und 9 aufgeführten Werte der Dampfdrucke p_i und ihrer Temperaturgradienten dp_i/dT ergibt, daß dies bei Verdampfertemperaturen T_1 der Fall ist, die um 5 bis 10 °C über der Kondensatortemperatur T_2 liegen. Der mit dem Dampf der Beimengung bei der Temperatur T_2 gesättigte und von aerosolförmiger Beimengung befreite Gasstrom steht nach Messung des Gesamtdruckes p am Geräteausgang als Prüfgas zur Verfügung. Der Volumenanteil c_i der Beimengung kann dann nach (6) berechnet werden. Es muß sichergestellt sein, daß die Temperatur T_2 in den angeschlossenen Verbrauchern nicht unterschritten wird, so daß die eingestellte Beimengungskonzentration nicht durch Kondensationsverluste verfälscht wird.

Die nachfolgenden Abbildungen 24 und 25 zeigen zwei Anordnungen zur Herstellung von Grundgasströmen, die mit dem Dampf der Beimengung gesättigt sind und, ggf. nach Verdünnung, als Prüfgase verwendbar sind [52].

Tabelle 9. Zahlenwerte zur Berechnung der Dampfdrucke häufig verwendeter Chemikalien mittels empirischer Konstanten nach Gleichung (4)

Substanz-name	Dampf-druck bei 20°C	dp/dT bei 20°C	Siedetem-peratur	Konstan-ten der Dampf-druck-gleichung				P_k	T_k	T_{min}	T_{max}
	[mbar]	[mbar/K]	[°C]	A	B	C	D	[bar]	[K]	[°C]	[°C]
1,2-Dibromethan	11,7	0,7	131,5	$-7,45007$	2,22849	$-3,97795$	$-0,24734$	53,5	646	17	373
Diethylamin	252,0	11,3	55,4	$-7,26796$	1,15810	$-3,91125$	$-1,17981$	37,1	496,5	-33	223
Dimethyl-amin	1704,4	63,9	6,9	$-7,90295$	2,81577	$-6,31338$	$-0,22407$	53,1	437,7	-33	165
Ethylen-diamin	12,5	0,8	117,2	$-8,82254$	2,27867	$-3,52636$	$-6,97579$	62,89	593	12	320
Phosgen	1601,1	56,0	8,0	$-7,08177$	1,60461	$-2,57153$	$-1,88377$	56,7	455	-57	182
Propylen-oxid	587,6	23,7	35,0	$-6,97569$	0,63650	$-1,49187$	$-6,37743$	49,2	482,2	-24	209
Tetrachlor-ethen	18,4	1,0	121,2	$-7,36067$	1,82732	$-3,47735$	$-1,00033$	47,6	620,2	-21	347
Vinylchlorid	3346,8	102,7	$-13,4$	$-6,50008$	1,21422	$-2,57867$	$-2,00937$	51,5	425	-65	152
Wasser	23,4	1,4	100,0	$-7,76451$	1,45838	$-2,77580$	$-1,23303$	221,2	647,3	2	374

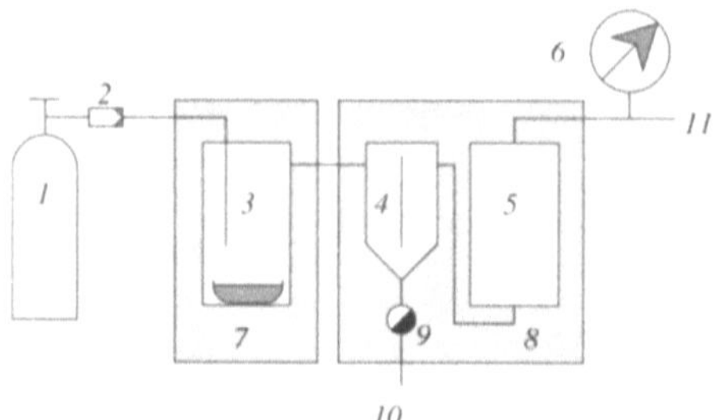

Abb. 23. Arbeitsprinzip von Sättigern

1 Druckgasbehälter mit Grundgas oder
  Grundgasaufbereitungsanlage,
2 Filter,
3 Verdampfer,
4 Kondensator,
5 Aerosolabscheidung,
6 Druckmeßgerät,

7 Thermostat mit $T_1 > T_{kB}$,
8 Thermostat mit $T_2 < T_1$ und $T_2 < T_{kB}$,
9 Kondensatsammler,
10 Kondensat-Auslaß,
11 Prüfgas-Ausgang,

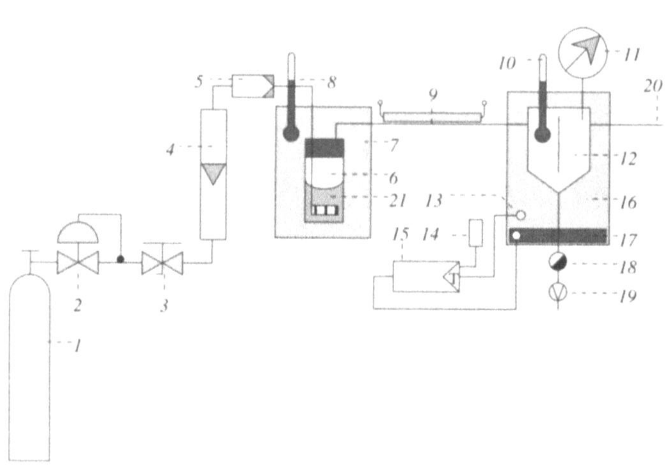

Abb. 24 Schema eines Sättigers mit Peltier-Kühlung im Kondensator

1 Druckgasbehälter mit Grundgas oder
  Grundgasaufbereitungsanlage,
2 Druckregler,
3 Feinregulierventil,
4 Durchflußmeßgerät,
5 Schwebstofffilter,
6 Verdampfer mit Fritte,
7 Thermostat T_1,
8 Thermometer,
9 beheizte Leitung,
10 Thermometer,

11 Druckmeßgerät,
12 Kondensator,
13 Temperaturfühler,
14 Temperaturnormal,
15 Temperaturregler,
16 Thermostat T_2,
17 Peltier-Kühlelemente,
18 Kondensatabscheider,
19 Pumpe für Kondensat,
20 Prüfgasausgang,
21 flüssige Beimengung,

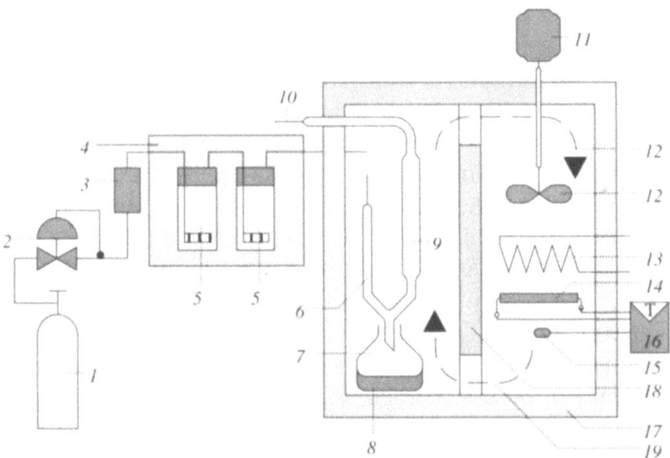

Abb. 25. Schema eines Sättigers mit thermostatisierter Kondensationseinrichtung mit Luftumwälzung

1 Druckbehälter mit Grundgas oder
  Grundgasaufbereitungsanlage,
2 Druckregler,
3 Schwebstofffilter,
4 Thermostat T_1,
5 Verdampfer mit Fritte,
6 Kondensationsrohr,
7 Auffangbehälter für Kondensat,
8 Kondensat,
9 Ausgleichsrohr mit Prallflächen zur
  Aerosolabscheidung und Homogenisierung,

10 Prüfgasausgang,
11 Motor,
12 Ventilator,
13 Kühlschlange,
14 Heizung,
15 Temperaturfühler,
16 Temperaturregler,
17 isoliertes Zweikammergehäuse
    (Thermostat T_2),
18 Trennwand,
19 Luftumwälzung,

Die Sättigungsverfahren liefern trockene, unter Atmosphärendruck stehende Prüfgase der Klasse 1 bis 2. Die Beimengungskonzentrationen hängen von den Sättigungsdampfdrucken und von den Grundgasvolumenströmen ab. Durch Variation der Verdampfertemperatur und des Grundgas-Volumenstromes können sie innerhalb relativ enger Grenzen frei gewählt werden. Sättigungsmethoden benötigen eine Einlaufzeit von 1 bis 2 Stunden. Sie erlauben deshalb keine raschen Konzentrationswechsel. Sättigungsverfahren eignen sich aber im Verbund mit anderen Dosierverfahren gut als Beimengungsquelle.

4.2.6 Kapillardosierer

Kapillardosierer beruhen auf der kontinuierlichen Injektion der Beimengung in einen Grundgasstrom über eine enge Kapillare (Innendurchmesser z.B. 10 μm, 25 μm, 50 μm, oder 70 μm, Kapillarenlänge z.B. 20,0 cm bis 30,0 cm) [53, 54, 55, 56, 58]. Die Beimengung kann als Gas, als leicht und vollständig verdampfbare Flüssigkeit oder – im Gemisch mit einem als Trägergas dienenden, kleinen Anteil des Grundgases – als Dampf aus dem Dampfraum über einem flüssigen oder festen Beimengungsvorrat durch die Kapillare transportiert werden. Der durch die Kapillare transportierte Stoffstrom kann innerhalb weiter Grenzen und unabhängig von dem weitgehend frei wählbaren Grundgasstrom variiert werden. Bei Verwendung einer einzigen Kapillare ist der dynamische Bereich im allgemeinen > 20: 1. Das Verfahren liefert trockene Prüfgase der Klasse 0,5 bis 2 mit Beimengungskonzentrationen von 50 g/m^3 bis zu 1 µg/m^3 und Prüfgasströme bis zu 1 m^3/h. Es eignet sich für zahlreiche Gase, z.B. Chlor, Chlorwasserstoff, Schwefeldioxid, Schwefelwasserstoff, Stickstoffmonoxid, Ammoniak, Phosphorwasserstoff (PH_3), Kohlenmonoxid, Kohlendioxid, C_1- bis C_4-Alkane, C_2-bis C_4-Alkene, sowie für solche Flüssigkeiten und Flüssigkeitsgemische, die sich leicht und rückstandslos in den Grundgasstrom verdampfen lassen, z.B. Benzol, Toluol, isomere Xylole und aliphatische Kohlenwasserstoffe (C_5-bis C_8-Alkane und Alkene).

Der Volumenstrom der gasförmigen oder flüssigen Beimengung durch die Kapillare wird durch das Hagen – Poiseuille'sche Gesetz beherrscht, das im Falle der Dosierung von Gasen mit Korrekturen für die Kompressibilität des Gases und für die sogenannte "Schlüpfströmung" (Hagenbach'sche Korrektur [42, 57]) versehen werden muß.

Für die Dosierung von Gasen gilt

$$\dot{V}_d = F \cdot \frac{\pi \cdot r^4 \cdot \left(p_G + \frac{p_G^2}{2p_1} \right) \cdot 10^3}{8 \cdot \eta \cdot 1} \tag{7}$$

mit

$$F = 1 + \frac{\sqrt{\frac{T_1}{M}} \cdot 63 \cdot \eta}{r \cdot \left(p_1 + \frac{p_G}{2} \right)} \tag{8}$$

Darin sind $\dot{V}_d$ aus der Kapillare austretender
             Volumenstrom in ml/s

r Radius der Dosierkapillare in cm

l Länge der Dosierkapillare in cm

p_G Überdruck am Kapillareneingang
      in mbar

p_1 Druck am Kapillarenausgang in mbar;
      bei $p_2 = p_1 + p_G$ ist

$$\frac{p_2^2 - p_1^2}{2p_1} = p_G + \frac{p_G^2}{2p_1}$$

T_1 Temperatur des Gases in K
      (Umgebungstemperatur)

η dynamische Viskosität bei T_1 in dPa·s

M   molare Masse der Beimengung in g/mol

Damit ergibt sich die Prüfgaskonzentration zu

$$c_g = \frac{\dot{V}_d \cdot a_d \cdot \rho_g \cdot T_n \cdot p_1 \cdot 60 \cdot 10^6}{T_1 \cdot p_n \cdot \dot{V}_g \cdot 100} \tag{9}$$

Darin sind c_g Konzentration der Beimengung in mg/m^3
              (bezogen auf Normalbedingungen)

a_d Reinheitsgrad der Beimengung in %

p_1 Druck am Kapillarenausgang in mbar

p_n Druck im Normzustand (1013 mbar)

T_1 Temperatur des Gases in K
        (Umgebungstemperatur)

T_n Normtemperatur in K (273 K)

ρ_g Dichte der gasförmigen Beimengung in g/l
         bei p_n und T

$\dot{V}_g$ Volumenstrom des Grundgases in l/min
          (bezogen auf Normalbedingungen)

Die Arbeitsweise wird anhand der Abb. 26 erläutert:

Bei geschlossenem Absperrhahn (17), geöffnetem Drosselventil (15) und Zweiwegehahn (4) in Dosierstellung wird mit Hilfe des Nadelventils am Druckbehälter mit Beimengungsgas (1) ein im Blasenzähler (13) sichtbarer Beimengungsgasstrom von ca. drei Blasen/s eingestellt. Dabei wird das Überströmrohr (6) vollständig mit Beimengungsgas gespült. Nach Öffnen des Absperrhahnes (17) wird durch Verstellen des Druckreglers (18) der Druck des aus (23) entnommenen Inertgases (z.B. Stickstoff) langsam von Null auf den gewünschten Wert angehoben, wobei gleichzeitig das Drosselventil (15) so weit zu schließen ist, daß der im Durchflußmeßgerät (16) angezeigte Wert etwa in der Mitte des Meßbereichs, d.h. bei etwa 20 l/h liegt. Der bei (10) zugeführte Grundgasstrom wird in geeigneter Weise (z.B. mittels Gasdosierpumpe oder kritischer Blende) auf den gewünschten Wert eingeregelt. Er bildet mit der aus der Kapillare austretenden Beimengung in der Mischstrecke (11) das Prüfgas, das bei (12) entnommen wird. Der Verdünnungsgrad muß bekannt sein.

Als Dosierkapillaren verwendet man handelsübliche KPG-Kapillarrohre; Thermometerkapillaren und Polarographie-Kapillaren sind ebenfalls geeignet, desgleichen Kapillaren, die mittels Kapillarenziehmaschinen aus dickwandigen Kapillarrohren gezogen werden können. In [58] wird ein robuster Kapillardosierer mit austauschbaren Kapillaren von unterschiedlicher Länge und unterschiedlichen Durchmessern beschrieben.

Zur Kalibrierung der Kapillaren kann man das in [55] angegebene Verfahren, die in [42] beschriebene graphische Methode oder die in [58] behandelte, auf manometrischen Messungen beruhende graphische Methode

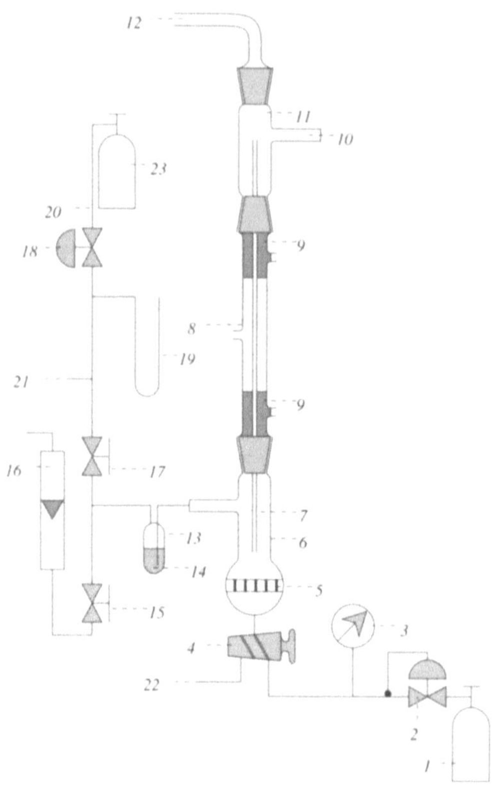

Abb. 26. Kapillardosierer – Dosierung gasförmiger Beimengungen

 1 Druckbehälter für Beimengungsgas,
 2 Druckminderer,
 3 Druckmeßgerät,
 4 Zweiwegehahn mit selbstdichtenden
   Glasgewindeverschraubungen für PE-
   bzw. PTFE-Schlauch mi 4 mm Innen-$\varnothing$
   und 6 mm Außen-$\varnothing$,
 5 Gasfilter (z.B. Glasfritte G4),
 6 Überströmrohr,
 7 Kalibrierte Dosierkapillare,
 8 Kapillarträgerrohr mit Ausgleichsöffnung,
 9 Abdichtungen (z.B. Vergußmasse),
10 Grundgaseingang (Schliffverbindung
   NS 10 oder Schraubverbindung),
11 Mischstrecke,

12 Prüfgasausgang (Schliffverbindung NS 10
   oder Schraubverbindung),
13 Blasenzähler, wahlweise mit
   Rückschlagventil,
14 Sperrflüssigkeit,
15 Drosselventil,
16 Durchflußmeßgerät (0–40 1/h),
17 Absperrhahn,
18 Druckregler,
19 U-Rohr-Manometer,
20 Inertgasanschluß Ausführung wie bei (4),
21 Inertgasausgang für Spülung,
22 Inertgaseingang für Spülung,

benutzen oder, wie in [56] beschrieben, ein Referenzmeßverfahren anwenden. Nach [58] können Kapillarradien von 5 bis 35 µm mit einer relativen Standardabweichung von 0,25 bis 0,3 % ermittelt werden.

Die jeweiligen Beimengungen müssen mit hohem, zahlenmäßig bekanntem Reinheitsgrad in Druckbehältern mit geeigneten Feinregulierventilen bereitgestellt werden. Gase, die in komprimierter Form zu Zersetzungen oder zur

Polymerisation neigen (z.B. Phosphorwasserstoff (PH_3), werden zweckmäßig in Verdünnung mit Inertgasen verwendet. Die Einstellzeit der Kapillardosierer ist bei ansteigenden Dosierdrucken < 10 min, bei absteigenden Dosierdrucken wegen des langsamen Druckabfalles im Überströmrohr wesentlich länger. Es empfiehlt sich in diesem Falle, das Überströmrohr bei geschlossenem Absperrhahn (17) und Drosselventil (15) über den Zweiwegehahn (4) und den Ausgang (22) vom Beimengungsgasdruck weitgehend zu entlasten und dann den gewünschten, niedrigeren Dosierdruck neu aufzubauen. Konzentrationswechsel lassen sich nahezu verzögerungsfrei durch Veränderung des bei (10) zugeführten Grundgasvolumenstromes vollziehen [9, 59].

Niedrigviskose, leicht verdampfbare Flüssigkeiten lassen sich unter dem auf der Oberfläche eines Flüssigkeitsvorrats lastenden einstellbaren Druck eines Inertgases (z.B. Stickstoff) durch die in die Flüssigkeit eintauchende Kapillare fördern, an deren oberem Ende sie in den Grundgasstrom hinein verdampft werden. Apparative Hinweise und methodische Einzelheiten zur Dosierung von Flüssigkeiten finden sich in [53, 54, 56, 57].

4.2.7 Prüfgasgenerator "S – TEC SGGU 72 AC 3"

Der Prüfgasgenerator "S-TEC SGGU 72 AC 3" der Standard Technology Inc., Kyoto, Japan (in der Bundesrepublik Deutschland vertreten durch die Fa. Horiba GmbH) gehört in die Kategorie Kapillardosierer.

Die Abb. 27 zeigt den aus [6] entnommenen, aus den vom Hersteller gelieferten Unterlagen nicht erkennbaren Gaslaufplan des Prüfgasgenerators, der je nach Anwendungsfall in verschiedenen Geräteversionen erhältlich ist, z.B. für nicht korrosive Gase und für korrosive Gase, jeweils ausgelegt für Immissionskonzentrationen, für niedrige und für hohe Konzentrationen. Seine Arbeitsweise beruht auf dem "Stromverhältnis-Mischverfahren" (Herstellerbezeichnung). Dabei müssen Grundgas und Beimengung mit genügend großem Überdruck (> 1 bar) an separaten Eingängen bereitgestellt werden. Durch Anwendung strömungsbegrenzender Kapillaren und durch Regelung der Gasströme durch die Kapillaren über den Differenzdruck lassen sich die Volumenströme des Grundgases (q_{GG}) und des Beimengungsgases (q_{BG}) reproduzierbar auf die gewünschten Verhältniswerte q_{BG}/q_{GG} einstellen. Als manipulierbare bzw. angezeigte Einflußgrößen für die Prüfgaskonzentration stehen lediglich der regelbare Ausgangsdruck am Beimengungsvorrat bzw. der von diesem Druck abhängige Differenzdruck (10) und die Einstellung des Bereichswählschalters zur Verfügung. Aus diesen Daten erhält man über individuelle, zum Lieferumfang gehörige, nichtlineare Kalibrierkurven die gesuchte Prüfgaskonzentration in Volumenanteilen. Ggf. müssen Temperaturkorrekturen vorgenommen werden; die dafür notwendigen Korrekturfaktoren werden ebenfalls vom Hersteller angegeben.

Der Prüfgasgenerator "S-TEC SGGU 72 AC 3" liefert Prüfgase der Klasse 1 bis 2 in einem vom eingestellten Differenzdruck und vom gewählten

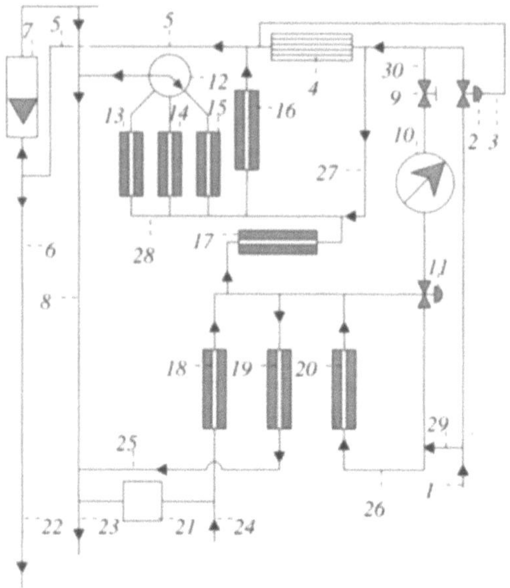

Abb. 27. Gaslaufplan zum Prüfgasgenerator S-TEC SGGU 72 AC 3

 1 Grundgaseingang
 2 Differenzdruck-konstantregler
 3 Reglerleitung
 4 Laminarströmungselement
 5 Prüfgasleitung
 6 Gasweg zum Prüfgasausgang
 7 Durchflußmeßgerät
 8 Leitung für Gasüberschuß
 9 Schutzventil
10 Differenzdruck-Manometer
11 Druckregler
12 Bereichswählschalter
13 Kapillare für Bereich 1
14 Kapillare für Bereich 2
15 Kapillare für Bereich 3

16 Dosierkapillare für Beimengung
17 Kapillare für Beimengungsgas
18 Kapillare für Beimengungsgas
19 Überströmkapillare
20 Kapillare für Druckregler
21 Spülventil
22 Prüfgasausgang
23 Abgasausgang
24 Beimengungsgaseingang
25 Überström-Gasweg
26 Regler-Gasweg
27 Drucksonde
28 Gasweg zum Bereichswählschalter
29 Abfluß für Grundgas
30 Gasweg zum Manometer

Konzentrationsbereich abhängigen, sehr gut reproduzierbaren Volumenstrom (ca. 230 bis 290 l/h). Unter Ausnutzung aller schaltbaren Bereiche kann das ggf. als Vormischung mit Inertgas bereitgestellte Beimengungsgas um den Faktor 500 bis 10 000 verdünnt werden, so daß Prüfgaskonzentrationen über einen Bereich von annähernd zwei Zehnerpotenzen verfügbar sind. Die Einstellzeiten (95%-Zeiten) liegen, unabhängig von der Lage und der Richtung eingestellter Konzentrationssprünge, bei etwa 60 bis 75 s. Die Beimengungskonzentrationen sind bei Verwendung von Luft als Grundgas, bedingt durch deren höhere Viskosität, um etwa 2% höher als bei Verwendung von Stickstoff. Der

Prüfgasgenerator "S-TEC SGGU 72 AC 3" liefert kein beimengungsfreies Nullgas. Weitere Einzelheiten zur Konstruktion und Wirkungsweise des Prüfgasgenerators "S-TEC SGGU 72 AC 3" finden sich in dem sehr ausführlichen Prüfbericht in [6].

4.2.8 Permeation durch Membranen

Fast alle Polymermembranen sind in gewissem Maße durchlässig für verschiedene anorganische und organische Gase und Dämpfe (Permeenten). Der Permeationsvorgang wird meistens als ein vom Konzentrationsgradienten des permeierenden Stoffes über der Membran beherrschter Diffusionsvorgang gedeutet. Eine Reihe von Beobachtungen deutet jedoch darauf hin, daß am Stofftransport durch Membranen auch spezifische, z.B. zur Solvatbildung zwischen dem permeierenden Stoff und dem Membranmaterial führende Wechselwirkungen beteiligt sind [63]. Die Permeation durch Membranen hat seit ihrer Einführung [67–70] sehr rasch Eingang in die Kalibrierpraxis der Gasspurenanalyse gefunden. Verschiedene technische Ausführungsformen von Permeationselementen mit eingespannter bzw. abgestützter Membran und mit "freitragender" Membran, z.T. auch mit auswechselbaren Membranen werden in [60, 63–66, 71] beschrieben. Darin werden Membranen unterschiedlicher Dicke (wenige μm bis zu 1 bis 2 mm) und Form (Flachmembranen als Folien und Platten, Hülsen, spezielle Formkörper, Rohre, Schläuche,) aus Polytetrafluorethylen (PTFE), Polyethylen (PE), Polypropylen (PP), Polyurethanen (PUR), Polyvinylchlorid (PVC) und Silikonkautschuk verwendet, von denen einige ein bemerkenswert selektives Permeationsverhalten gegenüber verschiedenen Stoffgruppen zeigen. Die Beimengung wird als Druckgas, als verflüssigtes Gas, als reine Flüssigkeit, als wäßrige Lösung oder als Adsorbat bereitgestellt. Für diese Permeationselemente gibt es zahlreiche Anwendungen in kommerziellen Prüfgasgeneratoren [6]. Sie werden mit den Beimengungen $SO_2, NO_2, C_3H_8, H_2S, HF, HCl$ und Cl_2 hauptsächlich für die Kalibrierung von Immissionsmeßgeräten angeboten. Darüber hinaus sind Anwendungen für NH_3, C_2- bis C_8-Alkane, Benzol, Toluol, Xylole, Phenol, Alkohole und Ketone beschrieben worden. Die Tabelle 10 enthält eine Übersicht über im Handel befindliche Permeationsrohre von der in der Abb. 30 gezeigten Bauart. Die prinzipielle Wirkungsweise verschiedener Permeationselemente geht aus der Abb. 28 hervor.

Membrandosierer erreichen bei konstanter Temperatur je nach den verwendeten Membranen und nach der Natur des Permeenten erst nach einer längeren, von der Vorgeschichte der Membran abhängigen [63] Vorlaufzeit (z.B. 1 bis 100 Stunden) stationäre Zustände mit konstanter Permeationsrate. Beobachtungen an Permeationssystemen aus Polyethylen-, Polypropylen- und Polyurethanmembranen und Alkanen sowie Aromaten als Permeenten haben ergeben, daß die während der Vorlaufzeit ablaufenden Quellungsvorgänge zu irreversiblen Strukturveränderungen ("chemische Temperung") in der

Tabelle 10. Permeationsrohre für Prüfgasgeneratoren (Herstellerangaben UPK/Bendix nach [6])

Lfd. Nr.	Beimengung		Permeationsrohr				
	Name	Formel	lieferbare aktive Längen [cm]	Permeationsraten bei 30°C [ng/min]			Lager-fähigkeit bei 22°C [Monate]
				hoch	Standard	niedrig	
1	Ammoniak	NH_3	10		320		6
2	Benzol	C_6H_6	10	75			7
3	Brom	Br_2	10		auf Anfrage	90	
4	Butan	C_4H_{10}	1/2/5/10	400 .	33		7
5	Chlor	Cl_2	10		2400	915	
6	Dimethyldisulfid	$(CH_3)_2S_2$	5/10	9	1		<100
7	Dimethylsulfid	$(CH_3)_2S$	5/10	95	7		40
8	Ethanol	C_2H_5OH	10		auf Anfrage		12
9	Ethylmercaptan	C_2H_5SH	2/5/10	90	6		75
10	Fluorwasserstoff	H_2F_2	10		210		12
11	Hexan	C_6H_{14}	10	120			7
12	Kohlenoxidsulfid	COS	2/5/10	275			6
13	Kohlenstoffdisulfid, Schwefelkohlenstoff	CS_2	5/10	660	70		6
14	Methylmercaptan	CH_3SH	10	430	39		30
15	Pentan	C_5H_{12}	10	1500			7
16	Propan	C_3H_8	1/2/5/10		70		20
17	Propen	C_3H_6	1/2/5		250		6
18	Schwefeldioxid	SO_2	1/2/4/10/	3700	440	195	8
19	Schwefelhexafluorid	SF_6	20		90		6
20	Schwefelwasserstoff	H_2S	2/4/10		430		6
21	Stickstoffdioxid	NO_2	1/2/4/10	12500	1715	770	2
22	Tetrachlorkohlenstoff	CCl_4	5/10	26	2		>100
23	Trichlorfluormethan, Freon® 11	CCl_3F	1/2/5/10	1730	175	84	6
24	Vinylchlorid	CH_2CHCl	1/2/5/10	2520	247		6
25	Wasser	H_2O	10	190			2
26	Xylol	C_8H_{10}	10	130			7

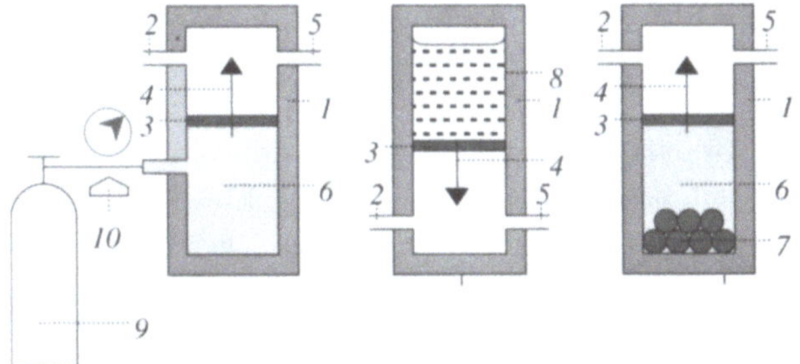

Abb. 28 Prinzipieller Aufbau von Membrandosierern

1 Thermostatiertes Gehäuse
2 Grundgaseingang
3 Permeationsmembran
4 Permeatfluß
5 Prüfgasausgang

6 Beimengungsgas
7 mit Beimengung beladenes Adsorbens
8 Beimengung als Flüssiggas oder Flüssigkeit
9 Druckbehälter mit Beimengungsgas
10 Druckregler bzw. Manostat

Membran führen, die auch nach Unterbrechung der Permeationsvorgänge und Trocknung der Membran erhalten bleiben. Solche vorgequollenen Membranen erreichen sehr viel schneller als native Membranen stationäre Zustände mit konstanter Permeationsrate. Eine umfassende, quantitative Deutung des Permeationsvorganges steht noch aus, so daß es derzeit noch nicht möglich ist, die stationären Permeationsraten von Membrandosierern aus physikalisch-chemischen Eigenschaften und technischen Daten der Membranen sowie aus den Permeationsbedingungen im voraus zu berechnen. Aus diesem Grunde müssen Permeationsraten immer empirisch ermittelt und überprüft werden. Hierzu werden sowohl gravimetrische Bilanzwägungen als auch analytisch chemische Messungen unter Verwendung von Referenzverfahren eingesetzt. Nach den systematischen Untersuchungen in [63–65, 72] hängen die Permeationsraten von Dosiergeräten, die auf der Basis der Gaspermeation arbeiten, von folgenden Parametern ab:

– chemischer Aufbau der Permeationsmembran,
– Struktur (Kristallinität, Taktizität) der Permeationsmembran,
– Dicke der Permeationsmembran,
– Temperatur des Permeationssystems,
– mechanische Belastung (Spannung, Verformung) der Permeationsmembran,
– Größe des freien, d.h. für die Permeation verfügbaren und am Zustandekommen des Beimengungsstromes q_B beteiligten Membranquerschnittes,
– chemische Beschaffenheit der Beimengung,
– Molekülstruktur der Beimengung,
– Differenz der Partialdrucke bzw. Konzentrationen der Beimengung beiderseits der Permeationsmembran.

Bei gewissen Membrandosierern ist auch eine Abhängigkeit der Permeationsrate vom Druck des Grundgases erkennbar [72]. Aufgrund dieser

Abhängigkeiten können beim Betrieb von Membrandosierern folgende Fehlerrisiken auftreten, die die Güte der erzeugten Prüfgase nachteilig beeinflussen:

- Fehler bei der Ermittlung der Permeationsrate,
- Schwankungen der Permeationsrate infolge von Temperaturschwankungen,
- Veränderungen der Permeationsrate durch Korrosion der Membran,
- Veränderungen der Permeationsrate durch chemischen Umsatz des Permeats an der Membranoberfläche,
- Veränderungen der Permeationsrate durch mechanische Verformung der Membran,
- Veränderungen der Permeationsrate durch Verringerung des wirksamen Membranquerschnittes infolge Verschmutzung oder Korrosion,
- Veränderungen der Permeationsrate durch unkontrollierte Veränderungen der treibenden Partialdruckdifferenz.

Mechanische Verformungen, z.B. durch Kaltdehnung, führen nach [63] zu Veränderungen der Nahordnung im Polymergerüst mit der Folge, daß die Permeationsrate drastisch abnimmt. An kaltgedehnten PE-Membranen wurde eine Absenkung der Permeationsrate für Benzol auf 7% und für n-Hexan auf 3% der für die nativen Membranen ermittelten Werte gemessen. Solche Verformungen können beim Einspannen von Flachmembranen oder beim unsachgemäßen Einlegen von Permeationsrohren in die zugehörigen Permeationsöfen vorkommen.

Die Temperaturabhängigkeit der stationären Permeationsrate kann in der Form

$$P_T = P_0 \cdot e^{-E_p/R \cdot T} \tag{10}$$

geschrieben werden. Darin sind

P_T Permeationsrate bei der Temperatur T [µg/min]
P_0 Permeationskoeffizient [µg/min]
E_p Aktivierungsenergie der Permeation
T Temperatur [K]
R Gaskonstante

Der Temperaturkoeffizient der Permeationsrate $-dP_T/dT-$ kann Werte von mehr als 50%/°C annehmen; deshalb muß die Temperatur von Membrandosierern sehr gut ($\Delta T \leqslant 0{,}1°C$) konstant gehalten und gegen äußere Einflüsse abgeschirmt werden. Die Temperaturabhängigkeit der Permeationsrate kann grundsätzlich auch zur Veränderung der Prüfgaskonzentrationen ausgenutzt werden. In der Praxis ist dies wegen der Notwendigkeit, die Permeationsrate erneut zu bestimmen, und wegen der Langsamkeit der Einstellvorgänge nicht zu empfehlen. Rasch und wirkungsvoll können die Prüfgaskonzentrationen durch Veränderung der Grundgasvolumenströme geändert werden. Die von Membrandosierern erzeugten Prüfgaskonzentrationen liegen je nach der Art der Beimengung, nach den Betriebsbedingungen und nach der Bauart des Permeationselementes bei Mischungsverhältnissen von 10^{-10} bis 10^{-5} mit relativen Konzentrationsfehlern von 1 bis 5%. Ausführliche Prüfberichte zum Leistungsvermögen kommerzieller Permeationsdosierer finden sich in [6].

Die Abb. 29–32 zeigen einige der in [71] beschriebenen, in verschiedenen kommerziellen Prüfgasgeneratoren verwendeten Permeationselemente.

Der Permeationsvorgang kann nicht abgestellt werden. Deshalb müssen Permeationselemente immer mit trockenem Grundgas gespült werden, z.B. mit Hilfe von Bereitschaftsschaltungen ("stand by-Betrieb"). Durch gasdichtes Verschließen des Permeationselementes erreicht man lediglich, daß die Membran den Permeenten wie ein Schwamm aufsaugt, so daß man bei Wiederinbetriebnahme mit extrem langen Einstellzeiten rechnen muß. Bei toxischen und übelriechenden Beimengungen muß das Permeat in allen Betriebszuständen des Permeationselementes wirksam beseitigt werden. Entsorgungseinrichtungen mit hohem Wirkungsgrad und ausreichender Kapazität müssen vorgehalten werden.

4.2.9 Prüfgasgenerator "Hartmann & Braun CGP"

Der Prüfgasgenerator "Hartmann & Braun CGP" erzeugt mit Hilfe des im Abschnitt 4.2.8 beschriebenen, in der Abb. 29 dargestellten Permeationselementes

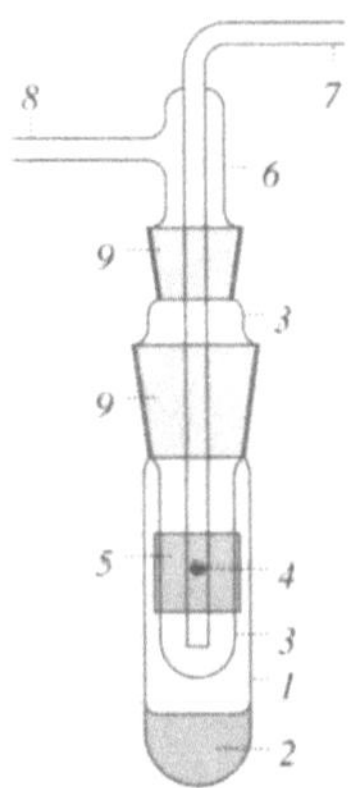

Abb. 29. Membrandosierern nach [66]

1 Behälter für flüssigen oder festen Beimengungsvorrat
2 Beimengungsvorrat
3 Dosierfinger
4 Bohrung
5 Permeationsmembran
6 Aufsatz
7 Grundgas-Eingang
8 Prüfgas-Ausgang
9 Normschliff-Verbindungen

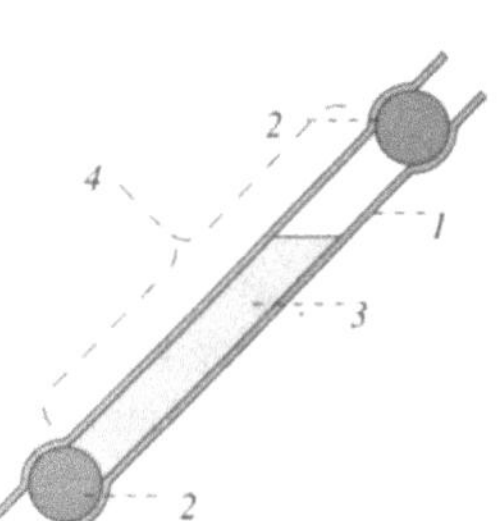

Abb. 30. Permeationsrohr

1 PTFE-Rohr
2 Verschluß aus Stahl- oder Glaskugeln
3 Druckgas, verflüssigtes Gas oder Flussigkeit
4 "aktive Länge"

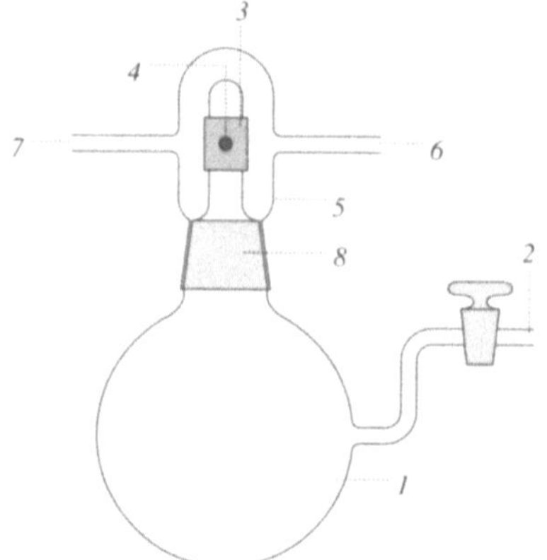

Abb. 31. Nachfüllbares Permeationselement

1 Vorratsbehälter für Beimengungsgas
2 Füllstutzen mit Hahn
3 Permeationsmembran
4 Bohrung

5 Kappe mit Zu- und Ableitung
6 Grundgas-Eingang
7 Prüfgas-Ausgang
8 Schliffverbindung

unter Atmosphärendruck stehende Prüfgasgemische der Klasse 1 mit den Beimengungen SO_2, NO_2 und H_2S und mit geräteintern über ein Schwebstoffilter und ein Absorptionsfilter (Aktivkohle mit spezieller Imprägnierung) aufbereiteter Luft als Grundgas. Das Beimengungen werden drucklos in Form verschiedener Speichermedien bereitgestellt (z.B. als Adsorbat an Aluminiumoxid-Gel). Die Beimengungsvorräte reichen für Betriebszeiten > 1 Jahr aus. Die Funktionsweise des Prüfgasgenerators ergibt sich aus dem Gaslaufplan (Abb. 33).

Vorgesehen sind die Betriebszustände "Messen" (Bereitschaftszustand), "Nullpunkt", "1/2-Konzentration" und "1/1-Konzentration", die manuell oder über externe Steuerungen geschaltet werden können (Einstellzeit < 1 min). Prüfgase werden für die Arbeitspunkte "Nullpunkt", "1/2-Konzentration" und "1/1-Konzentration" (Konzentrationen im Bereich ppb bis ppm) erzeugt. Das genaue, vom Hersteller zertifizierte Verhältnis der Konzentrationen bei den Einstellungen "1/2-Konzentration" und "1/1-Konzentration" hängt von den Dimensionen der zur Strömungsteilung benutzten Kapillaren (7) und (8) ab. Ein Teilstrom des über die Permeationsmembran geführten Grundgases wird über Silicagel getrocknet, um Reaktionen der Restfeuchte an der Membranoberflächemit dem Permeat (z.B. Bildung von Salpetersäure bei NO_2-Dosierern) zu verhindern. Wegen der unvermeidlichen Drift der Permeationsrate ($\approx 5\%$/Monat) ist eine regelmäßige Überprüfung mittels Referenzverfahren ratsam.

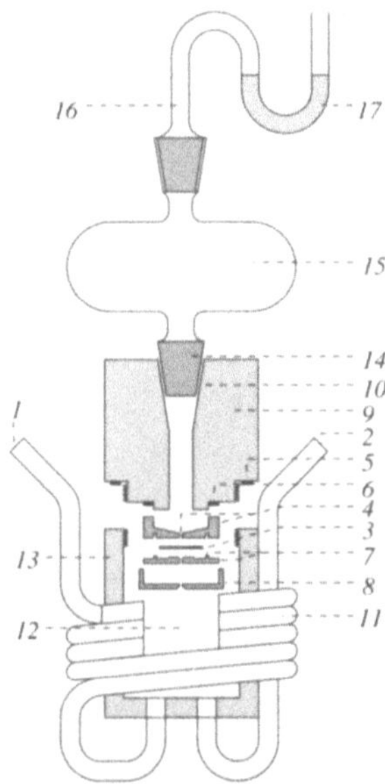

Abb. 32. Membrandosierer nach [63, 64] für auswechselbare Permeationsmembranen

1 Grundgas-Eingang
2 Prüfgas-Ausgang
3 Permeationsmembran
4 Blendenträger mit Blendenöffnung
5 Dichtung
6 Dichtung
7 Blendenplatte mit Blendenöffnung und
  Justierstiften
8 Verschlußkappe mit Dichtung
  und Schraubgewinde

9 Temperierblock
10 Normschliff-Konus
11 Temperierwendel
12 Mischkammer
13 Mischkammergehäuse
14 Normschliff-Konus
15 Vorratsgefäß für flüssige Beimengung
16 Druckausgleichsrohr
17 Sperrflüssigkeit

4.2.10 Kontinuierliche Dünnfilmextraktion flüssiger Mischphasen im Wendelreaktor

Verteilungsgleichgewichte zwischen Gasen bzw. Dämpfen und ihren Lösungen in Wasser oder wäßrigen Elektrolytlösungen werden durch das Henry'sche Gesetz beschrieben:

$$\left(\frac{c_{ig}}{c_{if}}\right)_{\text{Matrix,T}} = K_{i,\text{Matrix,T}} \tag{11}$$

und

$$G_{i,\text{Matrix,T}} = \frac{m_{ig}}{m_{if}} \tag{12}$$

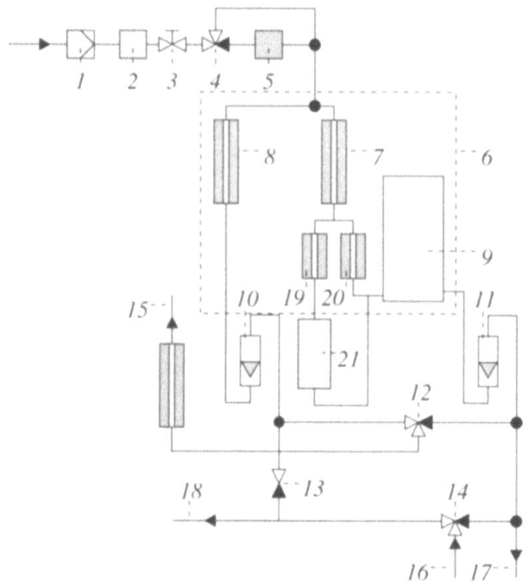

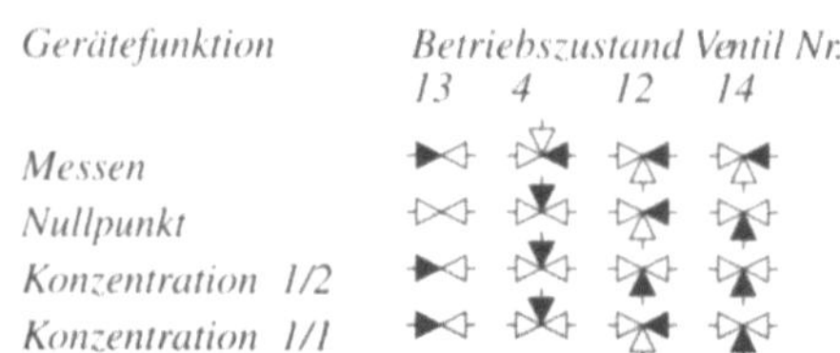

Abb. 33. Gaslaufplan zum Prüfgasgenerator Hartmann & Braun CGP

1 Gasförderpumpe
2 Staubfilter
3 Regler für manuelle Bedienung
4 3-Wege-Ventil für Bypass
5 Nullpunktfilter (Grundgasaufbereitung)
6 Thermostat
7 Glaskapillare zur Begrenzung von
  Teilstrom 1
8 Glaskapillare zur Begrenzung von
  Teilstrom 2
9 Permeationselement
10 Strömungsmesser für Teilstrom 1
11 Strömungsmesser für Teilstrom 2

12 3-Wege-Magnetventil
13 2-Wege-Magnetventil
14 3-Wege-Magnetventil
15 Abgas-Ausgang 1
16 Meßgas-Eingang
17 Abgas-Ausgang 2
18 Prüfgas-Ausgang
19 Kapillare zur Aufteilung von Teilstrom 1:
   Gasweg über Trockner
20 Kapillare zur Aufteilung von Teilstrom 1:
   Direkter Gasweg zum Permeationselement
21 Trockner (Silicagel)

Mit

$$m_{ig} = c_{ig} \cdot V_g \tag{13}$$

und

$$m_{if} = c_{if} \cdot V_f \tag{14}$$

erhält man aus (12)

$$G_{i,\text{Matrix},T} = \left(\frac{c_{ig} \cdot V_g}{c_{if} \cdot V_f}\right) \qquad (15)$$

Darin bedeuten c_{ig} — Konzentration des Stoffes i in der Gasphase

c_{if} — Konzentration des Stoffes in der flüssigen Phase

$K_{i,\text{Matrix},T}$ — Verteilungskoeffizient des Stoffes i zwischen der Gasphase und der flüssigen Matrix bei der Temperatur T

m_{ig} — Masse des Stoffes i in der Gasphase

m_{if} — Masse des Stoffes in der flüssigen Phase

$G_{i,\text{Matrix},T}$ — Verteilungszahl des Stoffes i zwischen der Gasphase und der flüssigen Matrix bei der Temperatur T

V_g — Volumen der Gasphase

V_f — Volumen der flüssigen Phase

Für den Fall einer multiplikativen Verteilung mit n theoretischen Austauschstufen und $G < 1$ läßt sich zeigen [73, 74], daß mit

$$\lim_{\substack{n \to \infty \\ G < 1}} c_{ig} = c_{0if} \cdot K_{i,\text{Matrix},T} \qquad (16)$$

die Konzentration c_{ig} des Stoffes i in der strömenden Gasphase nur noch von der Anfangskonzentration c_{0if} des Stoffes i in der Lösung und vom Verteilungskoeffizienten $K_{i,\text{Matrix},T}$ abhängt, von der Größe des Flüssigkeits- und des Gasstromes aber nicht beeinflußt wird. Die Abweichungen vom theoretischen Grenzfall betragen für $n \geqslant 10$ und $G_{i,\text{Matrix},T} \leqslant 0,5$ weniger als 0,5%. Bei Verwendung der in [73] beschriebenen, in der Abb. 34 dargestellten Apparatur können diese Grenzbedingungen für sehr viele Stoffe i durch Einstellung hinreichend kleiner Stripgasströme ($q_g \approx 20$ bis $50\,\text{ml/min}$ bzw. 1,2 bis 31/h) und passend gewählte Flüssigkeitsströme ($q_f \approx 0,8$ bis 2 ml/min) sehr gut hergestellt werden. Diese kleinen Stripgasströme reichen nur in Ausnahmefällen aus, um den Prüfgasbedarf der angeschlossenen Analysatoren zu decken. Deshalb muß in der Planung der Betriebsbedingungen, vor allem bei der Festlegung der Konzentration der Beimengungslösung, von vornherein eine Verdünnung um den Faktor 20 bis 50 berücksichtigt werden. Die Verdünnung kann beispielsweise mit den im Abschnitt 4.2.1 beschriebenen Dosierblenden durchgeführt werden.

Kernstück der Apparatur ist der thermostatierte Wendelreaktor (10) mit einem durch mehrstündige Alkali- und Detergentienbehandlung dauerhaft hydrophilierten Wendelrohr, dessen obere 3–4 Wendeln als Temperierwendeln für die Beimengungslösung dienen. Die Beimengungslösung (Gehalt je nach gewünschter Prüfgaskonzentration z.B. 50 mg/l bis 10 g/l) stellt man durch Auflösen abgewogener oder volumetrisch abgemessener Mengen der Beimengung in Wasser oder in einem schwerflüchtigen polaren organischen Lösungsmittel (z.B. Diethylenglykol, Triethylenglykol, Polyethylenglykol 200 oder

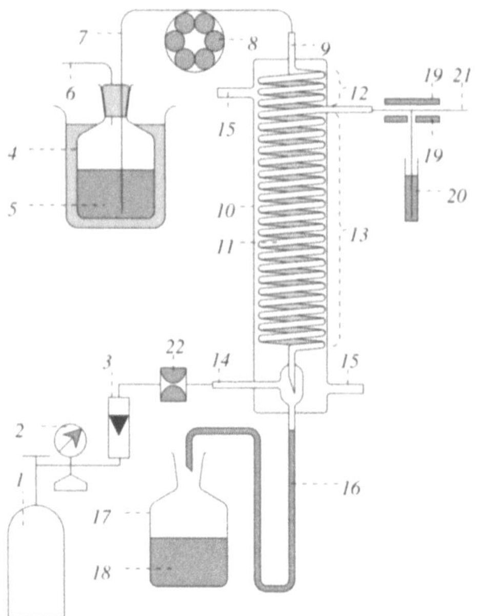

Abb. 34. Wendelreaktor zur Prüfgaserzeugung

 1 Grundgas- (Stripgas)-versorgung
 2 Druckregler
 3 Durchflußmeßgerät
 4 Behälter für Striplösung
 5 Vorrat Striplösung (Beimengungsvorrat)
 6 Belüftungskapillare
 7 Ansaugrohr für Striplösung
 8 peristaltische Dosierpumpe (Schlauchpumpe)
 9 Zuführung der Striplösung zum
   Wendelreaktor
10 Wendelrohr, 3–4 m lang, 4 mm Innen-$\varnothing$, ca.
   7 cm Wendel-$\varnothing$, Steigung $\approx 1:10$

12 3–4 Temperierwendeln
13 20 Extraktionswendeln
14 Grundgas-Eingang
15 Anschluß Umlaufthermostat
16 Ablauf Striplösung
17 Auffanggefäß,
18 verbrauchte Striplösung
19 Heizung für Prüfgas-Ausgang
20 Tauchung
21 Prüfgas-Ausgang
22 kritische Blende

Polyethylenglykol 300) her. Es können auch Beimengungslösungen mit mehreren Beimengungen hergestellt und zur Erzeugung von Mehrkomponenten-Prüfgasen verwendet werden. Die Beimengungslösung (Striplösung) wird bei (9) mittels einer Schlauchpumpe (8) in den Wendelreaktor eingespeist und fließt dann als dünner, etwa 3/4 der inneren Wendelrohrfläche bedeckender Film (mittlere Filmdicke ca. 100 µm) abwärts. Nach Temperierung in den oberen Wendeln (12) tritt er in den Bereich der Extraktionswendeln (13) ein, der im Gegenstrom von dem bei (14) zugeführten Grundgas (Stripgas) durchströmt wird. Die verbrauchte Striplösung fließt über den Siphon (16) ab und kann ggf. wieder aufgearbeitet werden. Das mit der Beimengung i und mit dem Dampf der Matrix beladene Stripgas verläßt den Wendelreaktor über den beheizten Ausgang (21) mit konstanter, nach (16) berechenbarer Konzentration c_{ig} der Beimengung. Es empfiehlt sich, das Stripgas in definierter Weise, z.B.

Tabelle 11. Verteilungskoeffizienten (Henry-Konstanten) organischer Stoffe und ihre Temperaturabhängigkeiten für die Verteilung zwischen wäßrigen Lösungen und Luft

Substanz	Verteilungskoeffizient $K_{i,\,Matrix,\,T}$ bei der Temperatur [K]					Koeffizienten der Arrhenius-Gleichung $\ln K = a - b/T$		
	313,2	318,2	323,2	328,2	332,2	a	b	r^2
Methanol	0,00048	0,00074	0,00111	0,00155	0,00219	17,561	−7885,7	0,998
Ethanol	0,00073	0,00099	0,00139	0,00180	0,00268	14,061	−6672,0	0,995
1-Propanol	0,00090	0,00124	0,00177	0,00239	0,00339	15,019	−6904,1	0,999
2-Propanol	0,00124	0,00165	0,00218	0,00298	0,00431	13,796	−6426,6	0,994
1-Butanol	0,00127	0,00176	0,00255	0,00350	0,00500	16,158	−7153,8	0,999
2-Butanol	0,00167	0,00230	0,00335	0,00447	0,00656	16,243	−7095,4	0,998
t-Butanol	0,00191	0,00264	0,00376	0,00501	0,00704	15,388	−6782,4	0,999
1-Pentanol	0,00165	0,00226	0,00313	0,00451	0,00658	16,579	−7209,5	0,997
1-Hexanol	0,00263	0,00391	0,00548	0,00757	0,01120	17,776	−7426,6	0,999
3-Methyl-1-butanol	0,00196	0,00280	0,00405	0,00534	0,00803	16,853	−7232,7	0,997
2-Methyl-1-butanol	0,00199	0,00278	0,00388	0,00525	0,00779	16,177	−7019,5	0,997
2,2-Dimethylpropanol	0,00435	0,00590	0,00841	0,00976	0,01390	13,420	−5902,4	0,989
2-Methyl-4-pentanol	0,00398	0,00560	0,00794	0,01130	0,01660	18,151	−7422,4	0,998
Cyclohexanol	0,00038	0,00054	0,00078	0,00113	0,00168	16,818	−7741,3	0,998
Aceton	0,00425	0,00544	0,00696	0,00890	0,01140	10,960	−5145,2	1,000
Ethylmethylketon	0,00666	0,00817	0,00984	0,01310	0,01700	10,565	−4889,4	0,990
Diethylketon	0,01010	0,01390	0,01760	0,01980		10,293	−4649,1	0,998
Methylpropylketon	0,00918	0,01140	0,01490	0,01630	0,01860	7,1726	−3704,4	0,970
Methylisobutylketon	0,01880	0,02170						
Cyclohexanon	0,00119	0,00156	0,00208	0,00276	0,00383	12,610	−6065,6	0,997
Acetylaceton	0,00657	0,00808	0,00964	0,01240	0,01660	10,122	−4754,3	0,987
Ethanal	0,0091	0,0115	0,0146	0,0179	0,0222	10,143	−4647,7	1,000
Propanal	0,0134	0,0169	0,0200			8,6500	−4056,9	0,993
Butanal	0,0172	0,0206						
Benzaldehyd	0,0042	0,0055	0,0077			14,092	−6131,6	0,995
Phenol	0,000071		0,00015		0,00027	12,967	−7050,9	0,997
o-Kresol	0,000081		0,00017		0,00034	14,677	−7550,7	1,000
Dimethylphenol	0,00049		0,00104		0,00229	18,039	−8041,0	0,999

mit Hilfe einer kritischen Blende, mit trockenem Grundgas so weit zu verdünnen, daß der Taupunkt unterhalb der Temperaturen der nachgeschalteten Analysatoren liegt, so daß sich kein Kondensat bilden kann.

Die für die Berechnung der Konzentration des unverdünnten Gases erforderlichen Verteilungskoeffizienten können, soweit sie nicht bekannt sind, mit geeigneten Referenzverfahren ermittelt werden (z.B. Mikro-Coulometrie, UV-Absorptionsspektrometrie, Spektralphotometrie, GC). Die Temperaturabhängigkeit der Verteilungskoeffizienten wird in allen untersuchten Fällen sehr gut durch die Arrhenius-Gleichung

$$\ln K_{i,Matrix,T} = a - b/T \tag{17}$$

beschrieben. Die Tabelle 11 enthält die Verteilungskoeffizienten zahlreicher organischer Substanzen aus den Stoffklassen Alkohole, Ketone, Aldehyde und

Phenole für die Verteilung dieser Stoffe zwischen ihren wäßrigen Lösungen und Luft bei Temperaturen zwischen 40°C und 60°C sowie die Koeffizienten a und b der zugehörigen Arrhenius-Gleichungen [75]. Die entsprechenden Daten für die Verteilung von n-Alkoholen zwischen ihren Lösungen in Diethylenglykol, Triethylenglykol, Polyethylenglykol 200 oder Polyethylenglykol 300 enthält die Tabelle 12 [76]. Zur Abschätzung von Verteilungskoeffizienten können in vielen Fällen systematische Zusammenhänge zwischen den Verteilungskoeffizienten und Stoffkonstanten (Siedepunkte, Dipolmomente) der Beimengungen i ausgenutzt werden [77].

Tabelle 12. Verteilungskoeffizienten (Henry-Konstanten) von n-Alkoholen und ihre Temperaturabhängigkeiten für die Verteilung zwischen nichtwäßrigen Lösungen und Luft

Substanz	Verteilungskoeffizient $K_{i, Matrix, T}$ bei der Temperatur [K]					Koeffizienten der Arrhenius-Gleichung $\ln K = a + b/T$		
	303,2	313,2	323,2	333,2	343,2	a	b	r^2
Matrix:	Diethylenglykol							
Methanol	0,000900	0,001430	0,002190	0,003230	0,004830	7,3231	−4346,5	1,000
Ethanol	0,000610	0,000990	0,001570	0,002570	0,004230	9,1118	−5017,1	0,998
1-Propanol	0,000349	0,000587	0,000964	0,001540	0,002590	9,0778	−5172,0	0,999
Matrix:	Triethylenglykol							
Methanol	0,001130	0,001690	0,002420	0,003470	0,005360	6,3316	−3983,4	0,997
Ethanol	0,000726	0,001200	0,001880	0,002940	0,004780	8,7614	−4852,2	0,999
1-Propanol	0,000377	0,000653	0,001050	0,001650	0,002680	8,7664	−5047,6	0.999
Matrix:	Polyethylenglykol 200							
Methanol	0,001350	0,001970	0,002810	0,004050	0,005700	5,7371	−3746,7	0,999
Ethanol	0,000831	0,001340	0,002100	0,003290	0,005030	8,3368	−4681,8	1,000
1-Propanol	0,000412	0,000693	0,001130	0,001780	0,002750	8,4827	−4935,2	1,000
1-Butanol	0,000202	0,000343	0,000559	0,000895	0,001380	7,9845	−5000,1	1,000
1-Pentanol	0,000090	0,000164	0,000263	0,000427	0,000698	8,0507	−5261,6	0,999
1-Hexanol	0,000050	0,000091	0,000149	0,000238	0,000415	7,9234	−5404,3	0,998
Matrix:	Polyethylenglykol 300							
Methanol	0,001580	0,002280	0,003220	0,004410	0,006030	5,0130	−3475,6	1,000
Ethanol	0,000992	0,001600	0,002460	0,003730	0,005660	7,9432	−4506,0	1,000
1-Propanol	0,000377	0,000653	0,001050	0,001650	0,002680	8,7664	−5047,6	0,999
1-Butanol	0,000196	0,000365	0,000569	0,000853	0,001370	7,7889	−4937,3	0,997
1-Pentanol	0,000083	0,000157	0,000257	0,000398	0,000643	7,9142	−5236,9	0,998
1-Hexanol	0,000048	0,000089	0,000152	0,000242	0,000399	8,0645	−5454,1	0,999
	313,2	318,2	323,2	328,2	333,2	a	b	r^2
Matrix:	Diethylenglykol							
1-Butanol	0,000171	0,000301	0,000485	0,000767	0,001290	24,512	−10389	0,999
1-Pentanol	0,000078	0,000132	0,000216	0,000340	0,000565	23,242	−10241	1,000
1-Hexanol	0,000056	0,000096	0,000161	0,000260	0,000431	24,056	−10600	1,000
Matrix:	Triethylenglykol							
1-Butanol	0,000180	0,000312	0,000504	0,000798	0,001310	24,110	−10248	1,000
1-Pentanol	0,000090	0,000157	0,000257	0,000406	0,000640	23,204	−10177	0,999
1-Hexanol	0,000058	0,000092	0,000157	0,000242	0,000425	23,189	−10327	0,998

Das Verfahren liefert Prüfgase der Klasse 1 bis 2 bei Atmosphärendruck mit einer oder mehreren Beimengungen, deren Gehalte sich über Mischungsverhältnisse von 10^{-3} bis $< 10^{-9}$ frei einstellen lassen. Das Verfahren benötigt eine Einstellzeit von etwa 10 min. Im Langzeitbetrieb über 300 Stunden ist keine Drift der Prüfgaskonzentrationen feststellbar.

In [12] wird eine Variante der Dünnfilmextraktion beschrieben, mit deren Hilfe von vornherein größere Prüfgasmengen bzw. Prüfgasvolumenströme erzeugt werden können. Bei dieser Variante werden die Beimengungslösung und das Grundgas im Gleichstrom durch den Wendelreaktor geführt. Dabei kommt es nicht zur Einstellung des Verteilungsgleichgewichts; deshalb müssen die Reaktortemperatur sowie die Volumenströme von Grundgas und Beimengungslösung sorgfältig konstant gehalten werden. Der Flüssigkeitsfilm bildet sich nur bei genügend großem Grundgasstrom ($\geqslant 2$ l/min bzw. 120 l/h). Er wird vom Grundgasstrom aufwärts durch das Wendelrohr getrieben und gibt dabei – je nach der Temperatur und den eingestellten Strömungsbedingungen – einen mehr oder weniger großen Teil seiner flüchtigen Bestandteile an das Grundgas ab. Nach Trennung der Gas- und Flüssigkeitsströme steht das Prüfgas zur Weiterverarbeitung zur Verfügung. Die Methode eignet sich ebenso wie das Gegenstromverfahren zur Verarbeitung wäßriger Beimengungslösungen, auch mit mehreren Beimengungskomponenten. Besondere Vorteile bietet sie bei der Herstellung von Prüfgasen mit toxischen oder geruchsintensiven Beimengungen, die mittels geeigneter Reagentien erst im Wendelreaktor aus nichtflüchtigen Vorprodukten freigesetzt werden. Beispiele sind die Erzeugung von Aldehyd-Prüfgasen durch Freisetzung der Aldehyde mit Natronlauge aus ihren Bisulfit-Addukten oder die Erzeugung von Prüfgasen mit Aminen als Beimengung durch Freisetzung mit Natronlauge aus den entsprechenden Hydrochloriden. Die Wirkungsweise des Verfahrens geht aus der Abb. 35 hervor.

Der auf den gewünschten Wert eingestellte Grundgasvolumenstrom tritt bei (5) in den bei (23) an einen Umlaufthermostaten ($\Delta T \leqslant 0{,}1°C$) angeschlossenen Wendelreaktor ein und trifft beim Mischpunkt (18) mit der Beimengungslösung zusammen, die von der Schlauchpumpe (10) in konstantem, von der gewünschten Prüfgaskonzentration abhängigem Strom aus dem Behälter (7) gefördert wird. Ggf. wird das benötigte Freisetzungsreagens aus dem Behälter (8) von der Schlauchpumpe (11) ebenfalls zum Mischpunkt (18) gefördert. Der Grundgasstrom treibt die dosierten Lösungen in Form eines dünnen Films aufwärts durch die Wendel (19) und belädt sich dabei mit den flüchtigen Inhaltsstoffen der Flüssigkeit. Im Flüssigkeitsabscheider (20) wird das so erzeugte Prüfgas von der verbliebenen Flüssigkeit getrennt und verläßt den Reaktor bei 21 zur weiteren Verarbeitung oder Verwendung. Die überschüssige Flüssigkeit wird durch das Fallrohr (12) abgeführt und von der Schlauchpumpe (9) in den Sammelbehälter (6) geführt, wo sie chemisch nachbehandelt werden kann. Sofern der Extraktionsgrad β

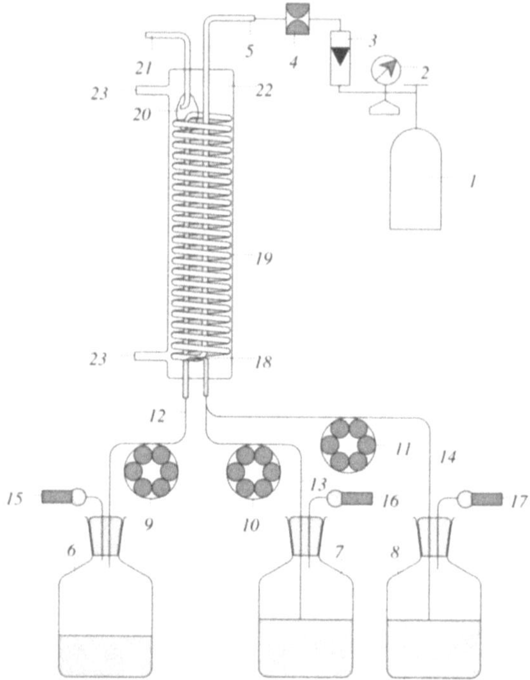

Abb. 35. Gleichstrom-Wendelreaktor für Prüfgase mit geruchsintensiven Beimengungen

 1 Grundgasvorrat
 2 Druckmeßgerät
 3 Durchflußmeßgerät
 4 kritische Blende
 5 Grundgas-Eingang
 6 Behälter für Restflüssigkeit
 7 Behälter für Beimengungslösung
 8 Behälter für Freisetzungsreagens
 9 peristaltische Pumpe für Restflüssigkeit
10 peristaltische Pumpe für Beimengungslösung
11 peristaltische Pumpe für
   Freisetzungsreagens
12 Ablauf für Restflüssigkeit
13 Zuleitung für Beimengungslösung
14 Zuleitung für Freisetzungsreagens
15 Schutzrohr für Restflüssigkeit
16 Schutzrohr für Beimengungslösung
17 Schutzrohr für Freisetzungsreagens
18 Mischpunkt
19 Wendelrohr
20 Flüssigkeitsabscheider
21 Prüfgasausgang
22 Temperiermantel
23 Anschlüsse für Thermostat

$$\beta_{i,T,q} = \left(\frac{m_i}{m_{i0}} \right)_{T,q} \tag{18}$$

bzw.

$$\beta_{i,T,q} = \left(\frac{\dot{m}_i}{\dot{m}_{i,0}} \right)_{T,q} \tag{19}$$

mit m_i Masse der Komponente i in der Beimengungslösung nach der Ex-
      traktion

m_{i0} Masse der Komponente i in der Beimengungslösung vor der Extraktion

$\dot{m}_i$ Massenstrom der Komponente i in der Lösung nach der Extraktion

$\dot{m}_{i0}$ Massenstrom der Komponente i in der Lösung vor der Extraktion

bekannt ist, kann die Prüfgaskonzentration nach

$$c_{i,PG} = c_{i,f} \cdot (1 - \beta) \cdot \frac{\dot{V}_f}{\dot{V}_G} \tag{20}$$

mit $c_{i,P}$ Prüfgaskonzentration [µg/l]
$\dot{V}_f$ Volumenstrom der Beimengungslösung [ml/h]
$\dot{V}_G$ Volumenstrom des Grundgases [l/h]

berechnet werden. Andernfalls kann $c_{i,P}$ durch analytische Bestimmung von

$\dot{m}_{i,ab}$ Massenstrom der Beimengung im Zulauf und

$\dot{m}_{i,zu}$ Massenstrom der Beimengung im Ablauf

aus

$$c_{i,PG} = \frac{(\dot{m}_{i,zu} - \dot{m}_{i,ab})}{\dot{V}_G} \tag{21}$$

oder durch Analyse der Gasphasenkonzentration ermittelt werden. $c_{i,P}$ nimmt linear mit der Konzentration der Beimengungslösung zu. Das Verfahren liefert in den meisten untersuchten Fällen Prüfgase der Klasse 1 bis 2 mit Volumenanteilen der Beimengung im ppm-Bereich. Das Verfahren ist mit Erfolg zur Herstellung von Prüfgasen mit den Beimengungen Methanol, Ethanol, 1-Propanol, 1-Butanol, Methanal (Formaldehyd), Ethanal (Acetaldehyd), Propanal (Propionaldehyd), Propenal (Acrolein), Benzol, Toluol, p-Xylol, Ammoniak, Methylamin, Cyclohexylamin, Anilin und Wasserstoffperoxid eingesetzt worden [12]. Es sei noch erwähnt, daß der Gleichstrom-Wendelreaktor auch zur vollständigen Verdampfung der als reine, vorzugsweise leicht verdampfbare Flüssigkeit dosierten Beimengung in den Grundgasstrom verwendet werden kann, ebenso zur Herstellung von Grundgasströmen mit definierten Wassergehalten. Bei diesen Anwendungen muß das Fallrohr (12) (Abb. 35) verschlossen werden. Man erhält aerosolfreie Prüfgase mit Beimengungsanteilen, die sich unmittelbar aus den verwendeten Flüssen ableiten lassen.

4.2.11 Reaktionsmethoden

Unbeständige, zu Wandreaktionen oder zum spontanen Zerfall neigende Stoffe (z.B. Ozon, Wasserstoffperoxid, manche Aldehyde) können nicht mit Injektions-oder Permeationsverfahren zu Prüfgasen verarbeitet werden. Sie müssen deshalb unmittelbar vor der Prüfgasverwendung durch geeignete Reaktionen in kontrollierten Mengen oder Mengenströmen erzeugt oder freigesetzt werden. Dazu eignen sich chemische Umsetzungen, temperaturkontrollierte Zerfallsreaktionen von Komplexverbindungen, katalytische Vorgänge und photochemische Reaktionen. Die erforderlichen Ausgangsprodukte können als reine Gase, als Gasmischungen, als Lösungen und als Festsubstanzen eingesetzt werden.

4.2.11.1 Ozon-Prüfgas

Die Abb. 36 zeigt einen Ozon-Prüfgasgenerator als Beispiel für die Anwendung photochemischer Reaktionen. Seine Funktion beruht auf dem Bunsen-Roscoe'schen Reziprozitätsgesetz und auf dem Gleichgewicht zwischen Ozonerzeugung und Ozonzerfall, dessen Lage vom Intensitätsverhältnis der für die Bildung bzw. für den Zerfall des Ozons maßgeblichen Hg-Strahlungen mit $\lambda = 184{,}9$ nm bzw. $\lambda = 253{,}6$ nm und damit auch von der Lampenspannung abhängt. Das Gerät muß deshalb mit einem Spannungsstabilisator betrieben werden.

Die Konstruktion des aus dem kugelschalenförmigen Reaktionsraum und den ebenfalls kugelschalenförmigen Blenden mit konzentrisch angeordneter

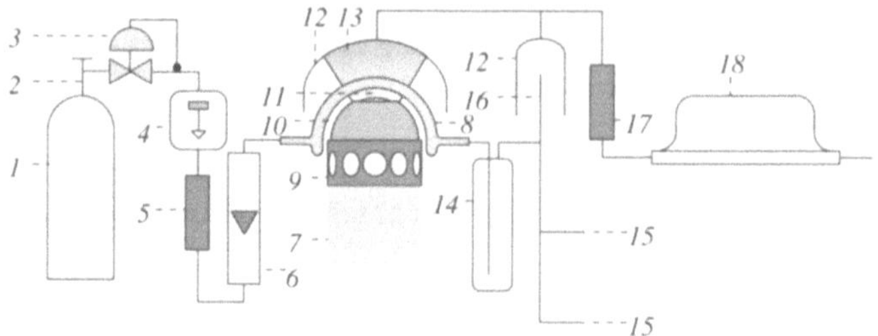

Abb. 36. Photochemischer Ozon-Prüfgasgenerator nach [78]

1 Druckbehälter mit Sauerstoff oder Luft
2 Absperrventil
3 Druckregler
4 konstant fördernde Pumpe, ca. 90 l/h (z.B. Wösthoff SA 18/3a)
5 Aktivkohlefilter
6 Durchflußmeßgerät
7 Netzgerät und Spannungsstabilisator für UV-Lampe
8 Durchflußküvette aus Quarzglas in Form einer Kugelkalotte mit Normschliff-Anschlüssen
9 Blendenträger mit Lüftungsöffnungen
10 austauschbare kalottenförmige Blenden mit abgestuften Blendenöffnungen, tiefgezogen aus Metall (z.B. Kupfer)
11 Quecksilberdampf-Punktlampe (UV-Punktstrahler) (z.B. Philips OZ 4 W)
12 Absaugglocke
13 ausgeleuchteter Raumwinkel
14 Mischkammer
15 Prüfgasausgang
16 Ausgang für Prüfgas-Überschuß
17 Aktivkohlefilter
18 Saugpumpe für Abgas

UV-Punktlichtquelle bestehenden Bestrahlungsteils stellt eine direkte Anwendung des Bunsen-Roscoe-Gesetzes dar. Dementsprechend liefert das Gerät Ozonkonzentrationen, die linear mit dem bestrahlten Raumwinkel zunehmen. Wegen der Temperaturabhängigkeit des photochemisch induzierten Ozonzerfalls ($\lambda = 253,6$ nm) erhält man erst nach Einstellung eines stationären Temperaturzustandes (Einlaufzeit etwa 1 h) konstante Ozongehalte. Sie erreichen mit trockenem Sauerstoff (87,2 l/h) je nach verwendeter Blende Werte (photometrische Bestimmung mit Indigo-5,5'-disulfonsäure [79]) zwischen 0,150 mg O_3/m^3 und 1,45 mg O_3/m^3, die ohne Stabilisierung der Lampenspannung mit relativen Fehlern von 2 bis 5% behaftet sind und über Betriebszeiten von mindestens 5 Monaten keinerlei Drift erkennen lassen. Die Ozongehalte hängen stark von der Natur und Qualität des verwendeten Betriebsgases ab. Mit trockenem Sauerstoff resultieren etwa dreimal so hohe Ozonkonzentrationen wie mit trockener synthetischer Luft. Mit feuchten Betriebsgasen erhält man niedrigere und stärker schwankende Ozongehalte.

Die beschriebenen photochemischen Prinzipien liegen auch den in manchen kommerziellen Geräten vorhandenen Ozon-Prüfgasgeneratoren zugrunde. Manche Geräte verfügen über einen Leistungsschalter für die UV-Lampe, mit dessen Hilfe die Ozon-Konzentrationen schrittweise verändert werden können.

4.2.11.2 NO_x-Prüfgase – Gasphasentitration

NO_x-Prüfgase werden für Kalibrieraufgaben bei immissions- und abgasanalytischen Untersuchungen verwendet. Sie werden durch partielle Oxidation von Stickstoffmonoxid-Prüfgasen hergestellt. In einer Reihe kommerzieller Prüfgasgeneratoren (z.B. Monitor Labs, Kontron, Nucletron, Techmation, UPK) wird die partielle Oxidation von Stickstoffmonoxid mit Hilfe der sogenannten "Gasphasentitration" (GPT) durchgeführt. Sie beruht auf der Umsetzung

$$NO + O_3 \rightarrow NO_2 + O_2 \tag{22}$$

bei welcher ein Ozon-Prüfgas als "Maßreagens" verwendet wird. Die Bezeichnung "Gasphasentitration" ist insofern irreführend, als die Methode den klassischen analytischen Titrationsverfahren nur in Bezug auf den stöchiometrisch einheitlichen Reaktionsverlauf ähnelt, während alle übrigen Bestimmungsstücke von Titrationsverfahren – Geschwindigkeit und Vollständigkeit des Reaktionsablaufes, Erkennbarkeit des Endpunktes – zumindest unter den Bedingungen der Gasspurenanalyse fehlen [6]. Selbst bei hohem Ozonüberschuß erreicht der "Titrationsgrad" nur 93–94%, so daß NO-freie Prüfgase mittels Gasphasentitration nicht hergestellt werden können. NO_2-freie Prüfgase lassen sich – auch bei abgeschaltetem Ozongenerator – wegen der unvermeidlichen Oxidation von NO durch den normalen Disauerstoff, O_2, beim Zusammentreffen der relativ hochkonzentrierten NO-Vormischung mit der Verdünnungsluft – gleichfalls nicht erzeugen. Es handelt sich dabei um Systemfehler, die sich mit konstruktiven Mitteln nicht ganz beheben lassen und deshalb bei allen kommerziellen Geräten zu erwarten sind. Dies wird durch den in der Abb. 37 exemplarisch gezeigten Gaslaufplan illustriert. Die zu den unterschiedlichen Geräteeinstellungen (Konzentration und Eingangsdruck der N_2 – NO-Vormischung, Schaltstufe des Ozongenerators) gehörigen NO–NO_2-Konzentrationsverhältnisse müssen empirisch ermittelt werden. Ungeachtet der genannten Fehler können bei sorgfältiger Überwachung der Betriebs-parameter NO_x-Prüfgase mit NO_x-Volumengehalten zwischen etwa 100 ppb (v/v) und etwa 10 ppm (v/v) mit relativen Fehlern von 0,5–2% erzeugt werden. Beim Routineeinsatz unter wechselnden äußeren Bedingungen sind nach [6] größere Fehler (bis 10%) zu erwarten.

4.2.11.3 NO_x-Prüfgase – Anwendung von Konvertern

Zur partiellen Reduktion von NO_2 in NO_2-Prüfgasen werden sogenannte "Konverter" verwendet. Dabei handelt es sich um Reaktoren, die entweder, meistens mit Molybdän als Katalysator und bei Temperaturen von 700 bis 900°C, eine katalytische Spaltung von NO_2 in NO und atomaren Sauerstoff bewirken oder unter Verwendung spezieller Aktivkohlen als Reduktionsmittel (und Katalysator) bei Temperaturen von etwa 300°C NO_2 zu NO reduzieren. Dieselben Konversionsverfahren werden in Chemilumineszenz-Analysatoren zur *quantitativen* Umwandlung von NO_2 in NO für die anschließende Bestimmung von NO_2 bzw. NO_x eingesetzt. Die für die Erzeugung von NO_x-Prüf-gasen erforderliche *partielle* Umwandlung von NO_2 muß deshalb in einem Teilstrom des eingesetzten NO_2-Prüfgases vorgenommen werden.

Der in der Abb. 38 dar gestellte Gaslaufplan des Prüfgasgenerators Bendix Modell 8850 SK verdeutlicht das dabei angewandte technische Prinzip: Das von der Grundgasversorgung (1) gelieferte Grundgas wird in zwei getrennt regelbare Hauptströme aufgeteilt. Der Hauptstrom 1 wird im Permeationsofen über einen NO_2-Membrandosierer mit NO_2 beladen und dann im Thermo-staten (9) mittels der Kapillaren (10) in zwei Teilströme aufgeteilt, von denen einer im Konverter (11) umgesetzt wird. Nach Zusammenführen der beiden Teilströme in (13) resultiert eine NO_x-haltige Gasmischung, die in der im Thermostaten (22) befindlichen Mischkammer (23) mir dem durch die Kapil-laren (18–21) begrenzten Haupstrom 2 verdünnt und homogenisiert wird und dann bei (24) als Prüfgas abgenommen werden kann.

Dieses Prinzip wird in der Praxis nur zur Erzeugung von NO_x-Prüfgasen benutzt, obwohl es offensichtlich für beliebige andere Reaktionen eingesetzt werden kann, sofern geeignete Reaktionen zur Verfügung stehen, die im Kon-verter ablaufen können.

4.2.12 Mitführungsmethoden

Der Dampfraum über Flüssigkeiten und Feststoffen kann mit den in der Abb. 39 gezeigten Vorrichtungen in einfachster Weise als Beimengungsquelle verwendet

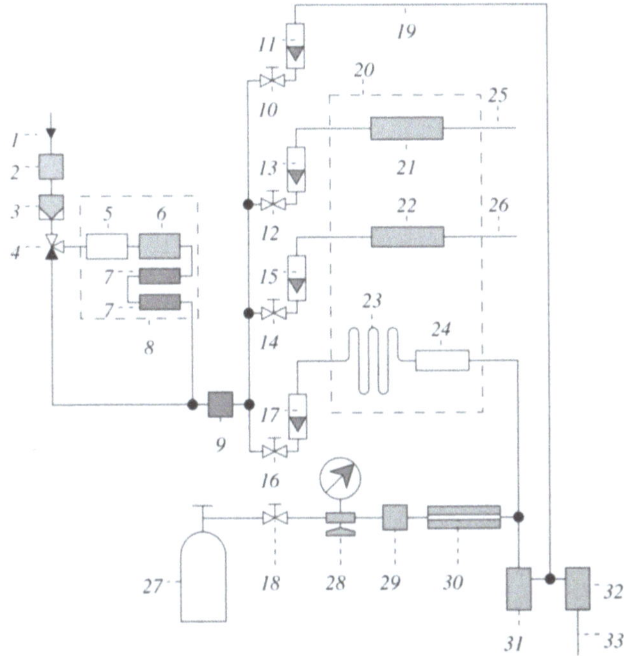

Abb. 37. Gaslaufplan eines Prüfgasgenerators mit Einrichtung zur Gasphasentitration (Monitor Labs Model 8500 R Calibrator)

1 Lufteinlaß
2 Staubfilter
3 Pumpe
4 3-Wege-Magnetventil
5 Ozonisator zur Grundgasreinigung
6 Reaktionskammer
7 Aktivkohlefilter
8 Luftaufbereitungssystem "Ozatrog"
9 Staubfilter
10 Nadelventil für Verdünnungsluft
11 Durchflußmesser für
   Verdünnungsluft
12 Nadelventil für
   Permeationskanal 1
13 Durchflußmesser für
   Permeationskanal 1
14 Nadelventil für Permeationskanal 2
15 Durchflußmesser für
   Permeationskanal 2
16 Nadelventil für Ozon-Prüfgaskanal
17 Durchflußmesser für Ozon-
   Prüfgaskanal
18 Absperrventil für NO-Kanal

19 Gasweg für Verdünnungsluft
20 Thermostat (Permeationsofen)
21 Permeationselement 1
22 Permeationselement 2
23 Temperierwendel für Ozon-
   Prüfgaskanal
24 UV-Strahler für Ozon-Prüfgaskanal
25 Prüfgas-Ausgang
   Permeationskanal 1
26 Prüfgas-Ausgang
   Permeationskanal 2
27 Druckbehälter mit N_2-NO-
   Vormischung
28 Eingangsdruckregelung und
   -messung für N_2-NO-Vormischung
29 Filter
30 NO-Dosierkapillare
31 Reaktionskammer Gasphasentitration
32 Mischkammer
33 Prüfgas-Ausgang NO_x

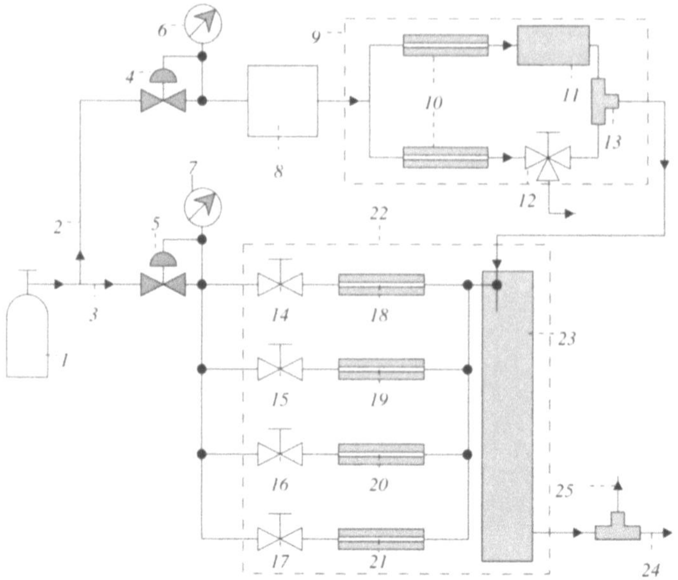

Abb. 38. Gaslaufplan zum Prüfgasgenerator Bendix Modell 8850 SK mit Konverter

 1 Grundgasversorgung (3 – 6 bar)
 2 Haupstrom 1
 3 Haupstrom 2
 4 Druckregler Hauptstrom 1
 5 Druckregler Hauptstrom 2
 6 Manometer Hauptstrom 1
 7 Manometer Hauptstrom 2
 8 Permeationsofen mit
   Permeationselement
 9 Thermostat für Kapillaren und
   Konverter im Hauptstrom 1
10 Kapillaren im Hauptstrom 1
11 Konverter im Hauptstrom 1
12 Kontrollventil
13 T-Stück
14 Absperrventil für Kapillare 18
15 Absperrventil für Kapillare 19
16 Absperrventil für Kapillare 20
17 Absperrventil für Kapillare 21
18 Verdünnungskapillare im Hauptstrom 2
19 Verdünnungskapillare im Hauptstrom 2
20 Verdünnungskapillare im Hauptstrom 2
21 Verdünnungskapillare im Hauptstrom 2
22 Thermostat für Verdünnungskapillaren
   und Mischkammer
23 Mischkammer
24 Prüfgas-Ausgang
25 Abgas-Ausgang

werden. Im Dampfraum (2) über dem festen oder flüssigen Beimengungsvorrat
(1) in dem Vorratsröhrchen (3) stellt sich entsprechend dem substanz- und
temperaturabhängigen, durch das Heiz- bzw. Kühlbad (4) kontrollierten Ver-
dampfungs- oder Zersetzungsgleichgewicht eine gewisse Dampfkonzentration
ein. Der Dampf wird durch Diffusion zum Mischpunkt (5) transportiert. Dort
wird er von dem bei (6) zugeführten Grundgasstrom (z.B. 5 bis 100 l/h) erfaßt.
Die bei (7) austretende Mischung steht als Prüfgas der Klasse 1 bis 2 zur
Verfügung. Je nach dem Dampfdruck bzw. der Temperatur werden Prüfgaskonzentrationen im Bereich von etwa 0,2 mg/m^3 bis > 1 g/m^3 erreicht. Bei
Verwendung der Anordung a) (Abb. 39) ist die Prüfgaskonzentration von der
Füllhöhe des Vorratsbehälters (3) praktisch unabhängig. Erwartungsgemäß

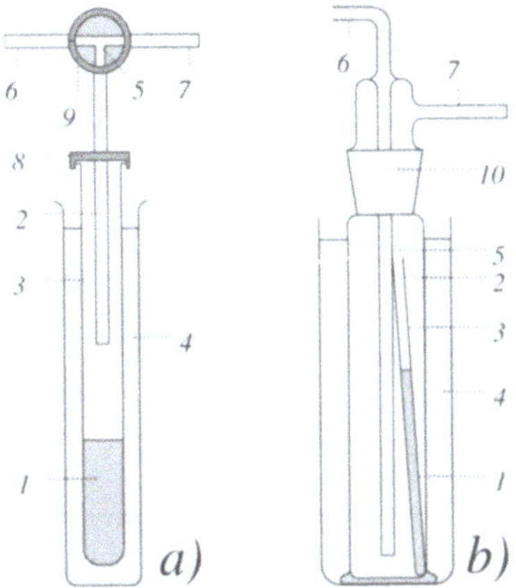

Abb. 39. Prüfgaserzeugung durch Mitführung aus dem Dampfraum

1 Beimengungsvorrat
2 Dampfraum
3 Vorratsbehälter (z.B. Reagensglas
   oder NMR-Röhrchen)
4 Heiz-bzw. Kühlbad
5 Mischpunkt

6 Grundgas-Eingang
7 Prüfgas-Ausgang
8 Verschlußkappe (Septum)
9 Dreiwegehahn (PTFE)
10 Drechsel-Waschflasche

nimmt sie exponentiell mit der Temperatur zu und ist umgekehrt proportional dem Grundgas-Volumenstrom. Bei Verwendung der Anordnung b) (Abb. 39) sind bei den in der Tabelle 13 genannten Stoffbeispielen unterschiedliche Abhängigkeiten der Prüfgaskonzentration von der Füllhöhe der Vorratsbehälter (NMR-Röhrchen) sowie von der Anzahl der NMR-Röhrchen festgestellt worden. Der genaue Wert der Prüfgaskonzentration muß in allen Fällen mit Hilfe von Referenz-Meßverfahren ermittelt werden.

Wesentlich niedrigere Konzentrationen als mit den in der Abb. 39 vorgestellten Arbeitstechniken kann man mit der in [56, 58] beschriebenen Variante der Kapillardosiertechnik erhalten.

5 Referenzmeßverfahren

Soweit sich die Prüfgaskonzentrationen nicht mit ausreichender Sicherheit aus den Parametern der Prüfgaserzeugung ergeben, müssen sie durch Anwendung von Referenzmeßverfahren ermittelt werden. In vielen Fällen werden dazu Verfahren verwendet, die auch in der Gasspurenanalyse benutzt werden, obwohl für die Auswahl von Referenzmeßverfahren nicht die gleichen Bewertungskriterien gelten wie für gasspurenanalytische Methoden. Referenzmessungen können fast immer unter sehr günstigen äußeren Bedingungen und weitgehend

Tabelle 13. Prüfgaserzeugung durch Mitführung aus dem Dampfraum

Lfd. Nr.	Beimengung	Ausgangsstoff	Aggregatzustand
1	Ammoniak	Ammoniumhydrogencarbonat	fest
2	Formaldehyd	Paraformaldehyd	fest
3	Toluol	Toluol	flüssig
4	Phenol	Phenol	fest
5	o-Kresol	o-Kresol	fest
6	Dichlormethan	Dichlormethan	flüssig
7	Wasserstoffperoxid	Harnstoff-Wasserstoffperoxid-Clathrat	fest
8	Schwefeldioxid	Natriumdisulfit	fest
9	Ameisensäure	Ameisensäure	flüssig
10	Essigsaüre	Essigsäure	flüssig
11	Buttersaüre	Buttersaüre	flüssig

ohne Beschränkungen durch die verfügbaren Probenmengen und ohne Einhaltung festgelegter Analysenzeiten an stofflich sehr einfachen Systemen vorgenommen werden. Deshalb spielt die Selektivität bei Referenzmeßverfahren keine nennenswerte Rolle. Wichtigste Kriterien aller Referenzmeßverfahren sind hingegen die Reproduzierbarkeit und die Richtigkeit. Unter diesem Gesichtspunkt sind folgende Verfahrensprinzipien besonders gut für Referenzmessungen geeignet:

- direkte Massenbestimmung der Beimengung durch Wägung oder Differenzwägung
- Massenbestimmung der Beimengung durch Messung stoffspezifischer Eigenschaften und deren Vergleich mit wohldefinierten Standardzuständen der Beimengung (Lichtabsorption, elektrolytische Leitfähigkeit, Potentiometrie),
- Messung von Produktmengen aus stöchiometrisch einheitlich und quantitativ verlaufenden Reaktionen der Beimengung (maßanalytische Verfahren, Coulometrie).

Sehr häufig werden auch Verfahren angewendet, die nur bei Einhaltung bestimmter experimenteller Parameter oder durch Anwendung innerer oder äußerer Standards zu eindeutigen Beziehungen zwischen den gesuchten Stoffmengen und den gemessenen analytischen Signalen führen. Hierzu gehören viele spektralphotometrische Verfahren und fast alle chromatographischen Verfahren. Bei den chromatographischen Verfahren kommt es in erster Linie auf die quantitative Gleichartigkeit des Responsverhaltens an, wie sie bei den Leitfähigkeitsdetektoren der Ionenchromatographie gegeben ist oder wie sie bei der Gaschromatographie für die FID-Signale der meisten Kohlenwasserstoffe als gesichert gilt. Bei chromatographischen Referenzmessungen sollten nur basislinien-getrennte Signale ausgewertet werden.

Die Tabelle 14 führt eine Reihe von Anwendungsbeispielen zu den genannten Meßprinzipien auf.

Tabelle 14. Referenzverfahren zur Ermittlung von Prüfgaskonzentrationen

Lfd. Nr.	Bestimmungs-verfahren	erfaßbare Stoffe (Beimengungen)	Prüfgas-erzeugung	Mengen-bereich [µg]	relative Standard-abweichung [%]	Literatur
1	Mikrocoulo-metrische Titration nach Adsorption an Silicagel und Verbrennung zu CO_2	gesättigte Kohlenwasser-wasserstoffe C_nH_m mit $n \geqslant 4$, Olefine, Aromaten, Alkohole, Ether, Ester, Ketone Aldehyde, Carbon-saüren, Phenole, Thioverbindungen, Organohalogen-verbindungen	Permeation, Kapillardosierer, Sättiger, periodische Injektion, Wendelreaktoren, Blenden-Mischver-fahren, Gasmisch-pumpen, Mitfüh-rungsmethoden	1–600 µgC	2–5	12, 63, 64, 75, 81, 82 83
2	UV-Absorptions-photometrie in Wasser	Aceton, Acetaldehyd, Phenol, m-Kresol, 2,6-Dimethylphenol	Wendelreaktor	5–200 10–600 0,02–1	1–5 0,5–3 2–5	75 75 75
3	Ionenchromatographie nach Absorption in NaOH	Ameisensäure, Essigsäure, Propion-säure, Buttersaüre	Wendelreaktor Mitführungsmethode		1–2	12
4	Potentiometrische Mikrotitration mit 0,0005 bis 0,00005 m NaOH nach Absorption in H_2SO_4	Ammoniak, Methylamin, Cyclohexylamin, Anilin	Wendelreaktor, Mitführungsmethode		0,5–2	12
5	Prozeß-GC	geradkettige und verzweigte C_5-bis C_8-Alkane, Benzol, Toluol, isomere Xylole, Ethylbenzol, Alkohole, Ether, Ester, Ketone, Aldehyde, Phenole	Permeation, Wendelreaktor		1–4	63, 64, 75

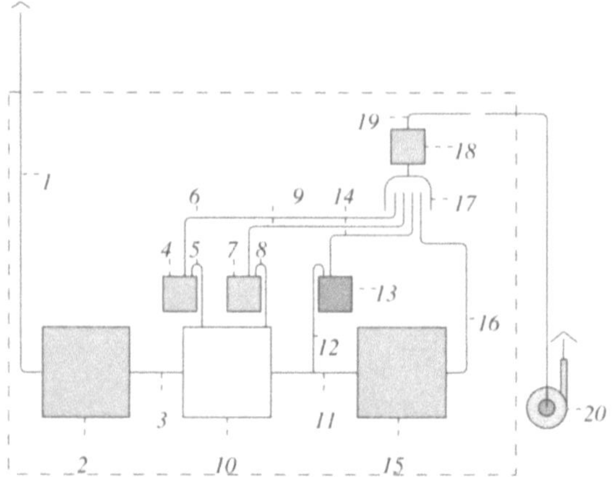

Abb. 40. Abgasentsorgung bei Eicheinrichtungen

 1 Luftansaugleitung
 2 Grundgasaufbereitung
 3 Grundgastransfer
 4 Beimengungsvorrat
 5 Beimengungstransfer
 6 Abgas Beimengung
 7 Hilfstoff
 8 Hilfstofftransfer
 9 Abgas Hilsstoff
10 Prüfgasgenerator
11 Prüfgastransfer
12 Ableitung Prüfgasüberschuß
13 Filter
14 Abgas Prüfgasgenerator
15 Prüfgasverbraucher
16 Abgas Verbraucher
17 Absaugglocke
18 Abgasentssorgung
19 Abgas-Sammelleitung
20 Pumpe

Mit Ausnahme der in manchen Fällen möglichen spektralphotometrischen on-line-Messungen mit Langweg-Küvetten oder mit FTIR-Spektrometern können Referenzmessungen in der Regel nur nach einem Probenahmeschritt ausgeführt werden, der eine wohldefinierte Teilmenge aus dem Prüfgas ausgrenzt, die der Messung zugeführt wird. Selbstverständlich ist dieser Probenahmeschritt ebenso wie etwa die Probenahme bei Luftproben mit Fehlerrisiken behaftet [29]. Das gilt besonders für die sehr häufig zu Unrecht vernachlässigten Fehler der Volumenmessung oder Volumenstrommessung. Die instrumentellen Entwicklungen auf diesem Gebiet haben zwar zu bequem handhabbaren und auf Volumenströme unterschiedlicher Größe anwendbaren Meßtechniken geführt, aber keine wesentlichen Fortschritte der Meßsicherheit erbracht. Das gilt auch für die weit verbreiteten elektronischen Massendurchflußmesser, von denen die meisten auf thermischen Meßeffekten beruhen und deshalb als indirekte Massendurchflußmesser einzustufen sind. Meßgenauigkeiten von etwa 0,5% können mit Trommelzählern (nasse Gaszähler) erreicht werden.

6 Entsorgung

Wenn die als Beimengungen verwendeten Stoffe unkontrolliert in die Umgebung der Kalibriereinrichtung entweichen, stellen sie ein Risiko für die Funktionssicherheit von Kalibriereinrichtungen dar. Man kann diesem Risiko nur dadurch wirksam begegnen, daß man das im Regelfalle offene System aus Kalibriereinrichtung (Prüfgaserzeugung) und angeschlossenen Analysatoren in ein quasi geschlossenes System umwandelt, welches keine Risikostoffe nach außen gelangen läßt. Die Abb. 40 zeigt ein Beispiel.

7 Literatur

1. DIN 1319 Teil 1 Grundbegriffe der Meßtechnik, Beuth Verlag GmbH Berlin/Köln (1971)
2. VDI/VDE 2600 Blatt 2 Metrologie (Meßtechnik) – Grundbegriffe, Beuth Verlag GmbH Berlin/Köln (1973)
3. VDI 3491 Blatt 1 Messen von Partikeln. Prüfkriterien und Prüfmethoden für Verfahren und Geräte zum Bestimmen partikelförmiger Beimengungen in Gasen. Begriffe und Definitionen, Beuth Verlag GmbH Berlin/Köln (Entwurf 1975)
4. Gesetz über das Eich- und Meßwesen vom 11.7.1969 Bundesgesetzblatt I Nr. 58 vom 15.7.1969
5. Nelson GO (1971) Controlled Test Atmospheres, Principles and Techniques Ann Arbor, Michigan, USA Ann Arbor Science Publ.
6. Hartkamp, H, Buchholz, N, Klukas, F, Münch, J, Materialien 3/83, Ermittlung und Erprobung von Kalibrierverfahren für Immissionsmeßnetze – Ermittlung der Leistungen kommerzieller Eicheinrichtungen, Hrsg. Umweltbundesamt, Erich Schmidt Verlag, Berlin, ISBN 3 503 02383 6
7. Bundeseinheitliche Praxis bei der Überwachung von Immissionen. Richtlinien für die Eignungsprüfung laufend aufzeichnender Immissionsmeßgeräte Bekanntmachung vom 8.4.1975 des Rundschreibens des Bundesministers des Innern vom 3.3.1975 GMBI 1975, S. 366 – 367
8. Manns, H, Gies, H (1978) Ergebnisse der Erprobung von Stickstoffoxid-Monitoren Schriftenreihe der Landesanstalt für Immissionsschutz des Landes Nordrhein-Westfalen, Heft 44: 43 – 48
9. Harkamp, H, Gies, H (1975) Grundlagen und Ergebnisse eines Eignungstests an den Schwefeldioxid-Monitoren "Picoflux 2T" und "PW 9755" Schriftenreihe der Landesanstalt für Immissionsschutz des Landes Nordrhein-Westfalen, Heft 34: 28 – 38
10. Hartkamp, H, Gies, H (1975) Ergebnisse eines Eignungstests an dem Schwefeldioxid-Monitor "U3ES-SO$_2$" Schriftenreihe der Landesanstalt für Immissionsschutz des Landes Nordrhein-Westfalen, Heft 35: 13 – 19
11. Zicha, G, Doppelfeld A (1978) Methoden und Ergebnisse der Erprobung des Schwebstoff-Meßgerätes FH-62 Schriftenreihe der Landesanstalt für Immissionsschutz des Landes Nordrhein-Westfalen, Heft 43: 90 – 106
12. Bachhausen, P (1987) Probenahme von Gasspurenstoffen Dissertation Bergische Universität – Gesamthochschule Wuppertal
13. Hartkamp, H (1979) Überlegungen zur Güte von Gasspuren-Meßverfahren Dräger – Sonderheft 37 – 58
14. Kühner D, Breuer W (1980) Meßstrategie und Qualitätskriterien in Messen, Steuern und Regeln in der Chemischen Technik, 3. Aufl. Bd. II herausgegeben von J. Hengstenberg, B. Sturm und O. Winkler Springer-Verlag Berlin Heidelberg New York 1980 ISBN 3-540-09285-4, 3. Auflage Springer-Verlag Berlin Heidelberg New York
15. VDI 3490 Blatt 1 (1980) Messen von Gasen. Prüfgase. Begriffe und Erläuterungen, Beuth Verlag GmbH Berlin/Köln
16. DIN 1319 Teil 3 (1972) Grundbegriffe der Meßtechnik. Begriffe für die Fehler beim Messen, Beuth Verlag GmbH Berlin/Köln

17. DIN 1310 Zusammensetzung von Mischphasen, Beuth Verlag GmbH Berlin/Köln (1979)
18. Verordnung über Druckbehälter, Druckgasbehälter und Füllanlagen (Druckbehälterverordnung) BGBI 1980, 184 ff.
19. VDI 3490 Blatt 2 Messen von Gasen. Prüfgase. Herstellungsverfahren – Übersicht, Beuth Verlag GmbH Berlin/Köln (1980)
20. VDI 3490 Blatt 3 Messen von Gasen. Prüfgase. Anforderungen und Maßnahmen für den Transfer, Beuth Verlag GmbH Berlin/Köln (1980)
21. TRG 101 Gase. Herausg. Vereinigung der TÜV e. V., Essen
22. TRG 102 Gasgemische. Herausg. Vereinigung der TÜV e. V., Essen
23. TRG 400 Füllanlagen – Allgemeine Bestimmungen für Füllanlagen. Herausg. Vereinigung der TÜV e. V., Essen
24. TRG 401 Füllanlagen – Errichten von Füllanlagen. Herausg. Vereinigung der TÜV e. V., Essen
25. Perry RH, Chilton CH (1973) (Herausgeber), Chemical Engineer's Handbook, 5th edition, S. 20–79, McGraw-Hill Kogakusha Ltd., ISBN Nr. 0-07-049478-9
26. Diehl F, Mennicken K, Güssow K (1980) Feuchtemessung in Messen, Steuern und Regeln in der Chemischen Technik, 3. Aufl. Bd. II herausgegeben von J. Hengstenberg, B. Sturm und O. Winkler Springer-Verlag Berlin Heidelberg New York ISBN 3-540-09285-4, 3. Auflage Springer-Verlag Berlin Heidelberg New York
27. Perry RH, Chilton CH (1973) (Herausgeber), Chemical Engineer's Handbook, 5th edition S. 16–3, 16–5, McGraw-Hill Kogakusha Ltd., ISBN Nr. 0-07-049478-9
28. Hartkamp H (1980) Probenahme bei Emissions- und Immissionsmessungen in Probenahme, Theorie und Praxis Verlag Chemie Weinheim
29. Klockow D (1987) Zum gegenwärtigen Stand der Probenahme von Spurenstoffen in der freien Atmosphäre Fresenius Z. Anal. Chem. 326: 5–24
30. Hollingshead RGW (1954) Oxine and its derivatives Butterworth, London
31. Takemoto K, Sonoda N (1984) Inclusion Compounds of Urea, Thiourea and Selenourea, Vol. 2, 47–67 Academic Press London
32. Hartkamp H, Rottmann J, Schmitz M (1990) Trace gas analysis using thermoanalytical methods Fresenius J. Anal. Chem. 337: 729–736
33. Hartkamp H (1970) Untersuchungen über die Oxidation und die Messung von Stickstoffmonoxid in kleinen Konzentrationen Schriftenreihe der Landesanstalt für Immissionsschutz des Landes Nordrhein-Westfalen, Heft 18: 55–74
34. Hartkamp H (1981) Verfahren zur Messung von Phosphorwasserstoff-Immissionen Schriftenreihe der Landesanstalt für Immissions- und Bodennutzungsschutz NRW in Essen 32, 37
35. Leichnitz K (1981) Prüfröhrchen Meßtechnik Ecomed-Verlagsgesellschaft mbH
36. Deutsche Forschungsgemeinschaft (DFG), Senatskommission zur Prüfung gesundheitsschädlicher Arbeitsstoffe Maximale Arbeitsplatzkonzentrationen und biologische Arbeitsstofftoleranzen
37. VDI 3490 Blatt 12 Messen von Gasen. Prüfgase – Herstellung von Prüfgasen durch manometrische Methoden, Beuth Verlag GmbH Berlin/Köln (1988)
38. Weast RC (editor) (1981) Handbook of Chemistry and Physics, 62nd Edition Boca Raton, Florida (USA); CRC Press Inc.
39. D'Ans J, Lax E (1967) Taschenbuch für Chemiker und Physiker, 3. Auflage Berlin, Göttingen, Heidelberg, New York; Springer-Verlag
40. Landolt H, Börnstein R Zahlenwerte und Funktionen aus Physik, Chemie, Astronomie, Geophysik und Technik, 6. Auflage Berlin, Göttingen, Heidelberg, New York; Springer-Verlag
41. Lange NA (1967) Handbook for Chemistry, 10th Ed. rev. New York, McGraw-Hill Comp.
42. Schröder A (1980) Durchflußmeßtechnik in Messen, Steuern und Regeln in der Chemischen Technik, 3. Aufl. Bd. I herausgegeben von J. Hengstenberg, B. Sturm und O. Winkler. Auflage Springer-Verlag Berlin Heidelberg New York ISBN 3-540-08672-2, 3
43. VDI 3490 Blatt 4 Messen von Gasen. Prüfgase – Herstellung mit gravimetrischen Methoden, Beuth Verlag GmbH Berlin/Köln (1980)
44. VDI 3490 Blatt 11 Messen von Gasen. Prüfgase – Herstellung nach der volumetrisch-statischen Methode unter Verwendung von Kunststoffbeuteln, Beuth Verlag GmbH Berlin/Köln (1980)
45. VDI 3490 Blatt 5 Messen von Gasen. Prüfgase – Ermittlung der Zusammensetzung durch Vergleichsmethoden, Beuth Verlag GmbH Berlin/Köln (1980)
46. VDI 3490 Blatt 16 Messen von Gasen. Prüfgase – Herstellen von Prüfgasen mit Blenden-Mischstrecken, Beuth Verlag GmbH Berlin/Köln (1989)

47. VDI 3490 Blatt 6 Messen von Gasen. Prüfgase – Dynamische Herstellung mit Gasmischpumpen, Beuth Verlag GmbH Berlin/Köln (1988)
48. VDI 3490 Blatt 8 Messen von Gasen. Prüfgase – Herstellung durch kontinuierliche Injektion, Beuth Verlag GmbH Berlin/Köln (1981)
49. VDI 3490 Blatt 7 Messen von Gasen. Prüfgase – Dynamische Herstellungsverfahren-Herstellung durch periodische Injektion, Beuth Verlag GmbH Berlin/Köln (1976)
50. Breuer, W., Schreckling, K., Eine Anordnung zur kontinuierlichen Erzeugung genauer Gasspurenkonzentrationen für die Überprüfung analytischer Verfahren Archiv f. techn. Messen (ATM) Lfg. 408 (Januar 1970) 5–10
51. Technische Mitteilung Mitteilung Nr. 511 der Fa. Wösthoff GmbH, Bochum
52. VDI 3490 Blatt 13 Messen von Gasen. Prüfgase – Herstellen von Prüfgasen durch Sättigungsmethoden, Beuth Verlag GmbH Berlin/Köln (1992)
53. VDI 3490 Blatt 10 Messen von Gasen. Prüfgase–Herstellen von Prüfgasen durch Mischen von Volumenströmen-Kapillardosierer, Beuth Verlag GmbH Berlin/Köln (1981)
54. Hartkamp H, Nitz G (1973) Kapillardosierer für die Herstellung primärer Standards zu Eich- und Prüfzwecken Schriftenreihe der Landesanstalt für Immissionsschutz des Landes Nordrhein-Westfalen, Heft 29: 69–70
55. Hartkamp H, Nitz G (1975) Eine Vorrichtung zur Eichung von Dosierkapillaren für Prüfgasgeneratoren Schriftenreihe der Landesanstalt für Immissionsschutz des Landes Nordrhein-Westfalen, Heft 34: 39–43
56. Daum V, Pehl B, Hartkamp H, Buchholz N (1985) Neuere Entwicklungen in der Kapillardosiertechnik Staub – Reinhaltung der Luft 45: 54–58
57. Kohlrausch F, (1968) Praktische Physik Bd. 1,22. Auflage Teubner Verlag Stuttgart
58. Daum V, (1984) Entwicklung und Erprobung einer Kapillardosierstrecke für die Gasspurenanalyse Diplomarbeit Bergische Universität–Gesamthochschule Wuppertal
59. Pehl B, Hartkamp H, Buchholz N (1983) Aufstockungsverfahren zur Eichung in der Gasspurenanalyse Fresenius Z. Anal. Chem. 316: 150–156
60. Birkle M, (1979) Meßtechnik für den Immissionsschutz R. Oldenbourg Verlag, München, Wien
61. Grever J, Palmen A, Riedel E (1978) Gas Aktuell, Heft 15: 3
62. Grever J, Palmen A, Riedel E (1978) Gas Aktuell, Heft 16: 3
63. Rössel HJ (1982) Beiträge zur Systematik der Membranpermeation und ihrer Anwendung zur Prüfgaserzeugung Dissertation Bergische Universität–Gesamthochschule Wuppertal
64. Rössel HJ, Buchholz N, Hartkamp H, (1983) Membrandosierer zur Herstellung sekundärer Standards als Eich- und Prüfgase in der Gasspurenanalyse Fresenius Z. Anal. Chem.: 142–149
65. Hartkamp H, Gies H, Mülder W (1975) Betriebserfahrungen mit Membrandosierern in der Immissionsmeßtechnik Schriftenreihe der Landesanstalt für Immissionsschutz des Landes Nordrhein-Westfalen, Heft 35: 16–30
66. Hartkamp H (1973) Membrandosierer zur Herstellung von Standard-Gasmichungen für Eich- und Prüfzwecke Schriftenreihe der Landesanstalt für Immissionsschutz des Landes Nordrhein-Westfalen, Heft 29: 65
67. O'Keefe AE, Ortman GC (1966) Primary Standards for Trace Gas Analysis Analytical Chemistry 38: 761
68. O'Keefe AE, Ortman GC (1967) Precision Picogram Dispenser for Volatile Substances Analytical Chemistry 39: 1047
69. Scaringelli FP, O'Keefe AE, Rosenberg E, Bell JP (1970) Preparation of Known Concentrations of Gases and Vapors with Permeation Devices Calibrated Gravimetrically Analytical Chemistry 42: 871
70. Stevens RK, O'Keefe AE, Ortman GC (1969) Absolute Calibration of a Flame Photometric Detector to Volatile Sulfur Compounds at Sub-Part-Per-Million Level Envir. Sci. Technol. 3: 652
71. VDI 3490 Blatt 9 Messen von Gasen. Prüfgase – Herstellung durch Permeation der Beimengung in einen Grundgasstrom, Beuth Verlag GmbH Berlin/Köln (1980)
72. Moosbach E, Hartkamp H (1993) Influence of carrier gas pressure on permeation rates of the "Hartmann & Braun CGP" NO_2-test gas generator Fresenius J. Anal. Chem. 347: 475–477
73. Kling HW (1985) Entwicklung und modellmäßige Beschreibung einer Methode zur matrixunabhängigen HSGC Dissertation Bergische Universität – Gesamthochschule Wuppertal
74. Kling HW, Buchholz N, Hartkamp H (1985) Matrixunabhängige kontinuierliche Dampfraumgaschromatographie Fresenius Z. analyt. Chemie 320: 341

75. Hedermann D (1986) Entwicklung einer Methode zur Erzeugung von Mehrkomponenten-Prüfgasen für die Gasspurenanalyse. Diplomarbeit Bergische Universität – Gesamthochschule Wuppertal
76. Lübke A (1987) Untersuchungen zum Verteilungsverhalten organischer Substanzen. Diplomarbeit Bergische Universität – Gesamthochschule Wuppertal
77. Hartkamp H (1991) Entwicklung einer Methode zur Identifizierung und quasi-kontinuierlichen Überwachung biologisch schwer abbaubarer Wasserinhaltsstoffe Forschungsbericht zum BMFT-Projekt Nr. 02 – WT 452
78. Hartkamp H, Gies H (1974) Aufbau und Eigenschaften eines Generators zur Erzeugung von Ozon-Prüfgasen Staub-Reinhaltung der Luft 34: 95 – 98
79. Lambert JL (1984) Anal. Lett 17 (A 17), 1987
80. Rosenboom J (1992) Optimierung von Gas/Feststoff-Reaktionen für die Prüfröhrchentechnik in der Gasspurenanalyse Dissertation Bergische Universität – Gesamthochschule Wuppertal
81. Ixfeld H (1969) Verfahren zur Erfassung organischer Substanzen in Abgasen Brennstoff-Chemie 50: 186
82. VDI 3495 Blatt I Messen gasförmiger Immissionen. Bestimmung des durch Adsorption an Kieselgel erfaßbaren organisch gebundenen Kohlenstoffs in der Luft Beuth Verlag GmbH Berlin/Köln (1980)
83. Saran H (1979) Bestimmung des durch Adsorption an Kieselgel erfaßbaren organisch gebundenen Kohlenstoffs in Abgasen mit höherem Wassergehalt Forschungsbericht 10 402 110 Institut für Materialprüfung und Chemie im Technischen Überwachungsverein Rheinland im Auftrag des Umweltbundesamtes

Spektroskopische Infrarotellipsometrie

A. Röseler

Institut für Spektrochemie und angewandte Spektroskopie, Laboratorium für spektroskopische Methoden der Umweltanalytik, Rudower Chaussee 5, D-12489 Berlin

	Einleitung	90
1	Physikalische Grundlagen	91
1.1	Brechungsgesetz, Reflexion und Transmission	91
1.2	Der komplexe Brechungsindex	93
1.3	Die Berechnung der optischen Konstanten aus den ellipsometrischen Parametern	94
1.4	Ellipsometervarianten	95
1.4.1	Das Null-Ellipsometer	95
1.4.2	Das photometrische Ellipsometer	96
1.5	Spektroskopische Infrarot-Ellipsometrie	98
1.5.1	Die Kopplung des photometrischen Ellipsometers mit dem Fourier Spektrometer	98
1.5.2	Polarisatoren und Retarder	100
2	Meßbeispiele	101
2.1	Messungen am isotropen kompakten Material (SiO_2, Si_3N_4, Polymere, Sodalith (Pulver))	102
2.2	ATR-Ellipsometrie (CCl_4, C_6H_6)	107
2.3	Messungen an Schichtstrukturen	108
2.3.1	Schicht auf Metall (C_{60}, SiO_2)	109
2.3.2	Schicht auf transparentem Substrat (SiO_2/Si, SiO_2/Si_3N_4/Si)	111
2.4	Merkmale der ellipsometrischen Meßmethode	114
3	Optische Effekte in der Ellipsometrie	114
3.1.1	Brewster Winkel, inhomogene Welle	115
3.1.2	Totalreflexion	116
3.2	Reflexion und Transmission an Schichten	117
3.2.1	Reflexion und Transmission der Einzelschicht	117
3.2.2	Das Mehrschichtsystems	119
3.3	Modelloszillator für die starke und schwache Absorption	120
3.4	Spezielle Schichteffekte	122
3.4.1	Berreman Effekt	122
3.4.2	Anregung von Oberflächenwellen	124
3.5	Charakterisierung polarisierter Strahlung	127
3.5.1	Stokes Parameter und elliptisch polarisierte Strahlung	127
3.5.2	Teilpolarisierte Strahlung	128
4	Literaturverzeichnis	129

Einleitung

Die Ellipsometrie ist im UV/VIS-Bereich eine verbreitete Meßmethode, speziell für die Charakterisierung von Schichten (z.B. in der Halbleiterphysik). Im Infrarotgebiet wurde die spektroskopische Ellipsometrie seit 1980 routinemäßig durch die Kopplung eines photometrischen Ellipsometers mit einem Fourier Spektrometer realisiert. Erste Ansätze seit 1955 [1] konnten sich nicht durchsetzen, da die intensitätsschwachen Dispersionsspektrometer verwendet wurden.

Durch die zerstörungsfreie ellipsometrische Messung der methodenunabhängigen optischen Konstanten Brechungs- und Absorptionsindex (n und k) lassen sich im infraroten Spektralbereich Molekülschwingungen vollständig charakterisieren.

Aus den optischen Konstanten sind die Ergebnisse für andere Meßkonfigurationen, wie Reflexions- und Transmissionsspektren berechenbar, so daß auch der Vergleich mit traditionell gewonnenen Spektren möglich ist (z.B. für die Suche in Spektrenbibliotheken). Das sonst nur indirekt über die Kramers Kronig Analyse erfaßbare Brechungsindexspektrum wird mit der Ellipsometrie direkt gemessen. Die Kenntnis dieses Spektrums ist bei starker Absorption zur optischen Charakterisierung unbedingt erforderlich. Da stets die relativen Intensitäten für verschiedene Polarisationsrichtungen in die Auswertung eingehen, werden keine Vergleichsstandards benötigt. Im Kapitel 2 werden zahlreiche repräsentative Anwendungsbeispiele vorgestellt.

Während der Brechungsindex ellipsometrisch immer gemessen werden kann, ist die Messung des Absorptionsindex -k- auf Werte (k $\geqslant 0,01$) begrenzt. Dafür wird aber der Bereich großer k-Werte, der in Transmission nicht mehr meßbar ist, besonders gut erfaßt. Kleine k-Werte sind günstiger oder ausschließlich in Transmission zu messen. Bei Schichten öffnet die IR-Ellipsometrie den Zugang zur Nutzung des besonders wichtigen Berreman-Effektes und der Oberflächenwellenanregung.

Die IR-Ellipsometrie ist an Schichten, festen und flüssigen Proben, sowie auch an gepreßten Pulvern ausführbar. Oberflächen dürfen eine gewisse Rauhigkeit aufweisen, sie sollte aber kleiner als die Infrarotwellenlänge ($\leqslant \lambda/5$) sein.

Die Ellipsometrie ist eine spezielle Form der Reflexionsspektroskopie. Es werden bei den Reflexionsmessungen definierte Polarisationszustände der Strahlung benutzt, um die Hilfsmittel der Optik (z.B. die Fresnel Gleichungen) zur Interpretation der gemessenen Spektren verwenden zu können. Dabei wird linear polarisierte Strahlung parallel und senkrecht zur Einfallsebene für die Reflexion verwendet, um als ein Ergebnis der Ellipsometrie, das Verhältnis der Intensitäten der beiden Richtungen zu bestimmen. Die Quadratwurzel dieses Verhältnisses entspricht dann dem ellipsometrischen Parameter tan Ψ.

Desweiteren ergibt das Verhältnis der Intensitäten für die Orientierung des linear polarisierten Lichtes von $+45°$ und $-45°$ zur Einfallsebene die Differenz Δ der Phasenverschiebungen, die das Licht bei der Reflexion an der

Probe erfährt. Aus den ellipsometrischen Parametern $\tan\Psi$ und Δ werden die interessierenden Ergebnisse, wie z.B. Brechungsindex, Absorptionsindex und Schichtdicke abgeleitet.

Um den Hintergrund für die Interpretation ellipsometrischer Messungen zu verstehen, bedarf es einer breiten Anwendung der theoretischen Optik. Andererseits soll der Einstieg in die Ellipsometrie nicht durch einen vorangestellten Theoriekomplex erschwert werden. Es wurde daher eine Themenfolge gewählt, die zunächst nur wenige grundlegende Beziehungen aus der Optik vermittelt und anschließend die experimentellen Hilfsmittel (Kap.1) und Ergebnisse (Kap.2) darstellt. Die weiterführenden Grundlagen aus der theoretischen Optik wurden daher im Kapitel 3 am Ende des Beitrages zusammengefaßt, um bei Bedarf weitere Informationen zu bieten.

1 Physikalische Grundlagen

Die Wechselwirkung von elektromagnetischer Strahlung mit der Materie wird in Form von Transmission, Absorption und Reflexion beobachtet. Diese Eigenschaften hängen vom Einfallswinkel, der Polarisationsrichtung der elektromagnetischen Welle zur Einfallsebene und der Wellenzahl ab. Mathematisch wird diese Wechselwirkung durch die Maxwell Gleichungen beschrieben, aus denen sich die Fresnel Gleichungen herleiten lassen. Letztere bieten eine übersichtliche und leicht anwendbare Beschreibung der Zusammenhänge auf Grund der Materialeigenschaften und der Eigenschaften des verwendeten Lichtes.

Die Wirkung der elektrischen Feldstärke E der Strahlung in der Materie wird durch die dielektrische Verschiebung D beschrieben, die über die dielektrische Funktion ε mit E verknüpft ist.

$$\vec{D} = \varepsilon\vec{E} \tag{1}$$

ε ist eine Funktion der Wellenzahl und für ein absorbierendes Medium eine komplexe Größe. Ferner ist ε für isotrope Medien ein Skalar und für anisotrope Medien ein Tensor, der die Richtungsabhängigkeit der Wechselwirkung charakterisiert.

Die optischen Materialeigenschaften werden durch den Brechungsindex n charakterisiert. Zwischen n und ε gilt für nicht magnetische Medien die Beziehung:

$$n = \sqrt{\varepsilon} \tag{2}$$

1.1 Brechungsgesetz, Reflexion und Transmission

Die unter dem Einfallswinkel φ_0 auf die Grenze zweier Medien auftreffende ebene elektromagnetische Welle wird unter dem Winkel φ_1 in das Medium ein. (Abb. 1.1)

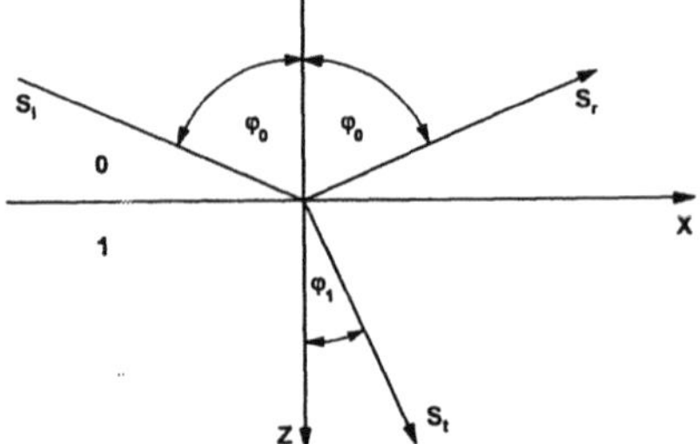

Abb. 1.1. Das Snellius'sche Brechungsgesetz für die Medien 0 und 1: s_i-einfallender Strahl, s_r-reflektierter Strahl, s_t-transmittierter Strahl, φ_0-Einfallswinkel, φ_1-Winkel des gebrochenen Strahls zum Lot, x, z-Koordinaten

Die Richtung φ_1 des gebrochenen Strahls wird durch das Snellius'sche Brechungsgesetz beschrieben [2].

$$n_0 \sin\varphi_0 = n_1 \sin\varphi_1 \tag{3}$$

n_0 und n_1 sind die Brechungsindizes der Medien.

Die elektrischen Feldstärken (Amplituden) im reflektierten (S_r) und gebrochenen Strahl (S_t) (Abb. 1.1) werden durch die Fresnel Gleichungen beschrieben. Die Quadrate der Feldstärken sind den entsprechenden Intensitäten proportional. Sie hängen vom Einfallswinkel und der Polarisationsrichtung ab.

Die Angabe der Polarisationsrichtung (Richtung des Vektors der elektrischen Feldstärke) wird auf die Einfallsebene bezogen. Für die parallele Polarisation liegt der Vektor der Feldstärke in der Einfallsebene (p) und für die senkrechte Polarisation senkrecht zur Einfallsebene (s). Die Amplituden des reflektierten und des gebrochenen Strahles haben daher die Komponenten r_p, r_s, t_p und t_s mit p für parallele und s für senkrechte Richtung.

Die Fresnel Gleichungen für die einzelnen Komponenten lauten [3]:

$$\frac{E_s}{E^{(0)}_s} = r_s = \frac{n_0 \cos\varphi_0 - n_1 \cos\varphi_1}{n_0 \cos\varphi_0 + n_1 \cos\varphi_1} = |r_s| e^{i\delta_s}$$

$$\frac{E_p}{E^{(0)}_p} = r_p = \frac{n_1 \cos\varphi_0 - n_0 \cos\varphi_1}{n_1 \cos\varphi_0 + n_0 \cos\varphi_1} = |r_p| e^{i\delta_p} \tag{4}$$

$$t_s = \frac{2 n_0 \cos\varphi_0}{n_0 \cos\varphi_0 + n_1 \cos\varphi_1} = |t'_s| e^{i\delta_s}$$

$$t_p = \frac{2 n_0 \cos\varphi_0}{n_1 \cos\varphi_0 + n_0 \cos\varphi_1} = |t_p| e^{i\delta_p} \tag{5}$$

$$n_1 \cos\varphi_1 = \sqrt{n_1^2 - n_0^2 \sin^2\varphi_0}$$

Die Fresnel Koeffizienten $r_{p,s}$ und $t_{p,s}$ beschreiben die elektromagnetische Welle, die durch die Amplitude ($|r|$, $|t|$) und die Phase δ charakterisiert wird.

r bzw. t haben daher in komplexer Schreibweise die allgemeine Form:

$$r = |r| e^{i\delta}, t = |t| e^{i\delta} \tag{6}$$

Die Intensitäten der reflektierten (R) und gebrochenen (T) Strahlen errechnen sich aus den Fresnel Koeffizienten (4,5) in Abhängigkeit von φ_0 und der Polarisationsrichtung (p bzw. s):

$$R = rr^* = |r|^2 \tag{7a}$$

$$T = \frac{n_1 \cos\varphi_1}{n_0 \cos\varphi_0} |t|^2 \tag{7b}$$

Die Amplituden r_p, r_s, bzw. t_p, t_s setzen sich zu einem elektrischen Vektor zusammen, dessen Spitze im allgemeinen Fall eine Ellipse beschreibt.

Das Ausmessen der Ellipse – daher der Name Ellipsometrie für diese Meßmethode – erlaubt es, die Differenz der Phasenverschiebungen $\delta_p - \delta_s$ und das Verhältnis der Amplituden $|r_p|/|r_s|$ zu bestimmen. Die so gewonnenen relativen Größen $\tan\Psi$ und Δ werden als ellipsometrische Parameter bezeichnet.

$$\rho = \frac{r_p}{r_s} = \tan\psi \exp(i\Delta)$$

$$\tan\psi = \frac{|r_p|}{|r_s|}; \Delta = \delta_p - \delta_s \tag{8}$$

Aus ihnen lassen sich bei bekanntem Einfallswinkel φ_0 die optischen Eigenschaften der reflektierenden Oberfläche oder des durchstrahlten Materials ableiten. Die Transmissions ellipsometrie ist überwiegend für transparente anisotrope Medien interessant.

Zum besseren Verständnis der Ellipsometrie sollen zunächst weitere optische Merkmale behandelt werden.

1.2 Der komplexe Brechungsindex

Die Absorption von Strahlung in einer Schicht der Dicke d wird durch das Lambert-Beersche Gesetz (Abb. 1.2) beschrieben.

$$T = I/I_0 = e^{-\alpha d} = 10^{-\varepsilon c d} \tag{9}$$

α = Absorptionskoeffizient
ε = molarer Absorptionskoeffizient $[m^2/Mol]$
c = Konzentration $[Mol/m^3]$

Der reelle Brechungsindex kann mit dem reellen Absorptionsindex zu einer komplexen Zahl, dem komplexen Brechnungsindex, kombiniert werden

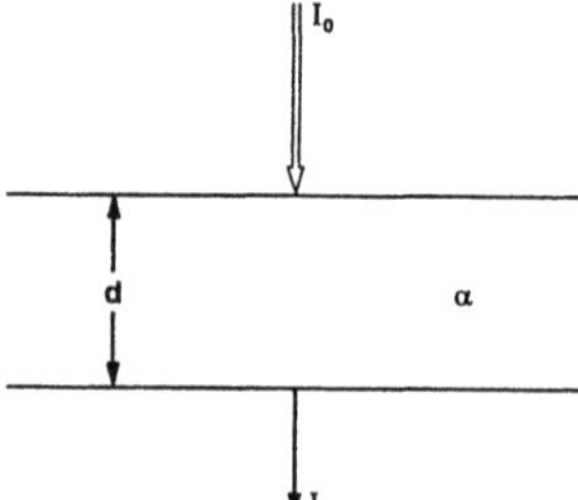

Abb. 1.2. Das Lambert-Beer'sche Gesetz für eine Schicht der Dicke d und dem Absorptionskoeffizienten α: I_0-Intensität des einfallenden Strahls, I-Intensität des transmittierten Strahls

$(i = \sqrt{-1})$:

$$\hat{n} = n + ik, \alpha = 4\pi \tilde{v} k = \varepsilon c/\ln(10) \tag{10}$$

$$k = \varepsilon c/(4\pi \tilde{v} \ln(10))$$

$$k = \text{Absorptionsindex}, \tilde{v} = \text{Wellenzahl}$$

Zwischen der komplexen dielektrischen Funktion $\tilde{\varepsilon}$ und dem komplexen Brechungsindex besteht die Beziehung:

$$\hat{\varepsilon} = \varepsilon' + i\varepsilon'' = (n^2 - k^2) + i2nk \tag{11}$$

Die komplexe Schreibweise erleichtert wesentlich die Berechnung der Fresnel Koeffizienten nach (4) und (5) für absorbierende Medien.

1.3 Die Berechnung der optischen Konstanten aus den ellipsometrischen Parametern

Als Ergebnis einer ellipsometrischen Messung stehen $\tan\Psi$ und Δ für die Berechnung der Eigenschaften der Probe zur Verfügung. Der Berechnung muß ein passendes Modell der Probe, bzw. der Probenoberfläche zu Grunde gelegt werden. Der einfachste Fall ergibt sich für eine isotrope Probe, die eine direkte Berechnung von $\hat{\varepsilon}$ oder $\hat{n}$ aus $\tan\Psi$ und Δ erlaubt. In allen anderen Situationen (anisotrope Probe, eine oder mehrere Schichten auf einem Substrat, usw.) müssen Iterationsverfahren angewendet werden (deren Behandlung den Rahmen dieser Darstellung übersteigt).

Zur Berechnung des isotropen Falles kann die Gleichung für das Amplitudenverhältnis ϱ (8) mit Hilfe der Fresnel Gleichungen (4) in die Form [4]:

$$\varrho = \frac{a - w}{a + w}; \; a = n_0 \sin\varphi_0 \tan\varphi_0$$

$$w = \sqrt{\hat{\varepsilon} - (n_0 \sin\varphi_0)^2}$$

umgeschrieben werden.

Durch Auflösung nach $\hat{\varepsilon}$ erhält man:

$$\varepsilon' = n^2 - k^2 = (n_0\sin\varphi_0)^2\left[1 + \tan^2\varphi_0\frac{\cos^2 2\psi - \sin^2 2\psi\sin^2\Delta}{(1 + \sin 2\psi\cos\Delta)^2}\right] \qquad (12a)$$

$$\varepsilon'' = 2nk = -(n_0\sin\varphi_0\tan\varphi_0)^2\frac{\sin 4\psi\sin\Delta}{(1 + \sin 2\psi\cos\Delta)^2}$$

$$n = \{0,5[((\varepsilon')^2 + (\varepsilon'')^2)^{1/2} + \varepsilon']\}^{1/2} \qquad (12b)$$

$$k = \{0,5[((\varepsilon')^2 + (\varepsilon'')^2)^{1/2} - \varepsilon']\}^{1/2}$$

Diese Gleichungen sind die bekannten Beziehungen aus der Metalloptik [3], die generell für isotrope Materialien gelten und auch für die gesch-wächte Totalreflexion Gültigkeit besitzen ($n_0 > 1$). In die Auswertung gehen nur die Winkel φ_0, Ψ, Δ und der Brechungsindex n_0 ein. Da dies absolute Werte sind, ergeben sich auch $\hat{\varepsilon}$ und $\hat{n}$ als absolute Daten. Im Gegensatz zu anderen Methoden werden daher keine (Reflexions-) Standards benötigt. Aus $\hat{n}$ läßt sich z.B. das Reflexionsvermögen berechnen, ohne daß eine Referenzprobe verwendet wurde.

Da der Absorptionsindex k vorwiegend von Δ abhängt und die Genauigkeit der Δ-Messung im Infrarotgebiet begrenzt ist, sind Werte mit $k \leqslant 0.01$ nur schwer meßbar. In diesen Fällen sollte zur Bestimmung von k die Transmission bevorzugt werden. Große k – Werte, für die die Transmission nicht anwendbar ist, lassen sich mit der Ellipsometrie sehr gut messen.

Der Brechungsindex läßt sich unabhängig von diesen Einschränkungen per Ellipsometrie direkt ermitteln. Für kleine k – Werte ($k \leqslant 0,01$) läßt sich aus (12a,b) eine vereinfachte Form herleiten:

$$n = n_0\sin\varphi_0\left(1 + \left[\frac{\tan\varphi_0\cos 2\psi}{1 \pm \sin 2\psi}\right]^2\right)^{1/2} \qquad (13)$$

Das negative Zeichen im Nenner gilt für $\Delta = 180°$ oder $\varphi_0 > \varphi_B$.

1.4 Ellipsometervarianten

1.4.1 Das Null-Ellipsometer

Die Messung der ellipsometrischen Parameter Ψ und Δ erfolgt in einem Reflexionsexperiment unter Verwendung polarisierter Strahlung (Abb. 1.3). Das nach der Reflexion an der Probe entstandene elliptisch polarisierte Licht kann auf Grund zweier Meßprinzipien charakterisiert werden. Es sind dies die Null- und die photometrische Ellipsometrie.

In der Null-Ellipsometrie wird die Achsenlage χ der Ellipse und das Verhältnis der Achsen zu $\tan\gamma$ oder direkt γ gemessen (Abb. 3–10, Kap.3.5.1) [5].

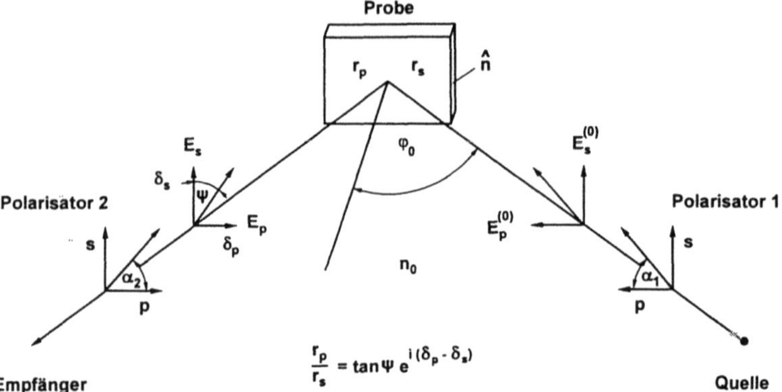

Abb. 1.3. Das Prinzip der ellipsometrischen Messung: Die Strahlung der Quelle wird vom Polarisator P1 mit dem Azimut α_1 linear polarisiert. $E_s^{(0)}$, $E_p^{(0)}$-Feldstärken parallel (p) und senkrecht (s) zur Einfallsebene, φ_0-Einfallswinkel, r_s, r_p-Amplitudenreflexion der Probe mit dem Brechungsindex $\hat{n}$, E_s, E_p-Feldstärken im reflektierten Strahl, δ_s, δ_p-Phasenverschiebungen relativ zu den Komponenten des einfallenden Strahls, ψ-zum Amplitudenverhältnis $E_p/E_s = \tan\psi$ gehörender Winkel, α_2-Azimut des Polarisators 2

Zu diesem Zweck wird ein Kompensator (Phasenschieber mit 90° Phasendifferenz zwischen den optischen Achsen) parallel zu den Ellipsenachsen justiert, so daß die Phasenverschiebung von 90° zwischen den Ellipsenachsen kompensiert wird. Es entsteht linear polarisierte Strahlung mit der Orientierung γ. Ein Polarisator wird nun in die Position $90° + \gamma$ gedreht (gekreuzte Polarisatoren), so daß ein Strahlungsminimum (Auslöschung) entsteht. χ und γ können direkt am Gerät als Winkel an Teilkreisen abgelesen werden.

Dieses Meßprinzip gibt es in zahlreichen Varianten und liefert i.a. genauere Ergebnisse als die photometrische Ellipsometrie. Sie ist aber für spektroskopische Arbeiten ungeeignet, da zwei Winkeleinstellungen mit der Wellenlänge nachgeführt werden müssen und der wellenlängenabhängige Kompensator ebenfalls ständig nachjustiert werden muß. Aus diesem Grunde hat sich für spektroskopische aber auch für Einwellenlängen-Routinemessungen das photometrische Meßprinzip durchgesetzt.

1.4.2 Das photometrische Ellipsometer

Im photometrischen Ellipsometer werden primär die Stokes Parameter (Kap. 3.5.1) der Strahlung nach der Reflexion an der Probe gemessen, indem ein rotierender Polarisator, der als Analysator bezeichnet wird, zur Charakterisierung der Strahlung verwendet wird. Die hinter dem Analysator in Abhängigkeit vom Winkel α_2 gemessene Intensitätsverteilung ist [5]

(Abb. 1.3):

$$I(\alpha_2) = \frac{1}{2}(s_0 + s_1 \cos 2\alpha_2 + s_2 \sin 2\alpha_2) \tag{14}$$

Aus der gemessenen Intensitätsverteilung $I(\alpha_2)$ lassen sich die Koeffizienten der Fourier Reihe (14) s_0, s_1 und s_2 (Stokes Parameter) berechnen, die nach (30a, Kap. 3.5.1) mit ψ und Δ verknüpft sind ($\alpha_1 = 45°$).

$$\frac{s_1}{s_2} = -\cos 2\psi, \quad \frac{s_2}{s_0} = \sin 2\psi \cos \Delta \tag{15}$$

Für Messungen im Infrarotbereich wird eine Kopplung des photometrischen Ellipsometers mit einem Fourier Spektrometer – FTS – verwendet. Das Meßprinzip des FTS erfordert aber ein zeitlich konstantes Intensitätsspektrum, so daß ein rotierender Analysator nicht verwendet werden kann. Aus diesen Gründen werden vier Intensitätsmessungen für die Analysatorpositionen $\alpha_2 = 0°, 45°, 90°$ und $135°$ ausgeführt, aus denen Ψ, Δ berechnet wird [4].

$$\cos 2\psi = \frac{I(90°) - I(0°)}{I(90°) + I(0°)} \tag{16a}$$

$$\sin 2\psi \cos \Delta = \frac{I(45°) - I(135°)}{I(45°) + I(135°)} \tag{16b}$$

Das photometrische Ellipsometer arbeitet nur mit zwei Polarisatoren und benötigt im Prinzip keinen Retarder (Kompensator). Nach (15,16) wird aber nicht Δ direkt, sondern $\cos\Delta$ gemessen, so daß Δ in der Nähe von $|\cos\Delta| \approx 1$ im Zusammenhang mit dem unvermeidbaren Rauschen ungenau bestimmt wird. Außerdem ist Δ nur im Bereich $0° \leqslant \Delta \leqslant 180°$ eindeutig.

Es ist daher vorteilhaft, eine zweite Messung mit einem Retarder im Strahlengang, der die Phasendifferenz δ besitzt, auszuführen.

Aus dem so gemessenen Wert für $\cos(\Delta + \delta)$ und dem aus der ersten Messung bekannten $\cos\Delta$ läßt sich $\sin\Delta$ berechnen [4, 6].

$$\sin\Delta = \frac{\cos\Delta \cos\delta - \cos(\Delta + \delta)}{\sin\delta} \tag{17}$$

Zur Bestimmung von $\sin\Delta$ kann δ im Bereich von etwa $30° \leqslant \delta \leqslant 150°$ liegen, wobei $\delta = 90°$ besonders vorteilhaft ist.

Mit den gemessenen $\cos\Delta$- und $\sin\Delta$-Werten kann Δ auch in der Umgebung von $\Delta = 0°$ problemlos bestimmt werden, und außerdem ist Δ im Bereich von $0° \leqslant \Delta \leqslant 360°$ eindeutig. Weiterhin läßt sich der vierte Stokes Parameter s_3 (Kap.3. 5. 1) unabhängig bestimmen, so daß die Polarisationsgrade P und P_{ph} (Kap. 3.5. 1, 31a,b) berechnet werden können. Die Strahlung ist daher bei Kenntnis der vier gemessenen Stokes Parameter vollständig charakterisiert.

1.5 Spektroskopische Infrarot-Ellipsometrie

1.5.1 Die Kopplung des photometrischen Ellipsometers mit dem Fourier Spektrometer

Über die spektroskopische Infrarot-Ellipsometrie mit einem photometrischen Ellipsometer wurde 1955 von Beattie [1] erstmals berichtet, der die Kombination mit einem Gittermonochromator verwendete. Die damals im IR-Gebiet typischen Probleme mit der Strahlungsenergie ließen Routineanwendungen nicht zu, so daß in der Folgezeit nur wenige Arbeiten erschienen [7, 8].

Diese Situation änderte sich, als 1980 die Kopplung des photometrischen Ellipsometers mit dem leistungsfähigeren Fourier Spektrometer realisiert wurde [10]. Es waren nun Routinemessungen möglich. Als weitere Variante wurde 1993 ein photometrisches Ellipsometer in der Kombination mit einem Fourier Spektrometer vorgestellt, das als typisches optisches Bauelement einen photoelastischen Modulator verwendet [9]. Die Phase der polarisierten Strahlung wird mit 37 KHz moduliert, so daß sehr schnelle und auch in situ Messungen möglich sind. Das Modulationsprinzip erfordert einen der Frequenz angepaßten schnellen Detektor. Damit ergeben sich für den nutzbaren Wellenzahlbereich Einschränkungen (z.B. $4000 - 900\ \mathrm{cm}^{-1}$).

Bei der Kopplung des photometrischen Ellipsometers (Abb. 1.4) mit einem Fourier Spektrometer müssen die Polarisationseigenschaften des im Spektrometer verwendeten Michelson Interferometers berücksichtigt werden, wenn die Stellung des Polarisators 1 zwischen Spektrometer und Probe variiert wird. Wird der Polarisator 2 zwischen Probe und Detektor gedreht, so ist eine polarisationsabhängige Empfindlichkeit des Empfängers durch eine Eichprozedur zu berücksichtigen. Der Detektor besitzt meist einen bandenartigen Empfindlichkeitsverlauf, während das Interferometer eine breite, monotone Struktur, die sich besser für Korrekturen eignet, aufweist. Welcher der beiden Polarisatoren bewegt wird, hängt von den Eigenschaften des Empfängers, sowie weiteren praktischen und konstruktiven Überlegungen ab. Im folgenden wird von einem bewegten Polarisator 1 und einem feststehenden Polarisator 2 mit dem Azimut 45° (Abb. 1.4) ausgegangen.

Es werden vier Messungen mit den Polarisatorpositionen $(P_1)\alpha_1 = 0°$, 45°, 90°, 135° ausgeführt, um Ψ, Δ nach (16a,b) zu berechnen. Die Intensitäten des Fourier Spektrometers in diesen Richtungen sind jedoch wegen der Polarisationseigenschaften des Gerätes unterschiedlich. Daher müssen zu Beginn einer Meßreihe Eichmessungen für die gleichen Polarisatorpositionen erfolgen und die Meßdaten auf die Eichdaten bezogen werden. Die Gleichungen (16 a,b) sind in einer erweiterten Form zu benutzen, wobei E(0), E(45), E(90) und E (135) die Intensitäten der Eichmessungen für die entsprechenden Winkel bedeuten.

$$\cos 2\psi = \frac{I(90)/E(90) - I(0)/E(0)}{I(90)/E(90) + I(0)/E(0)} \tag{18a}$$

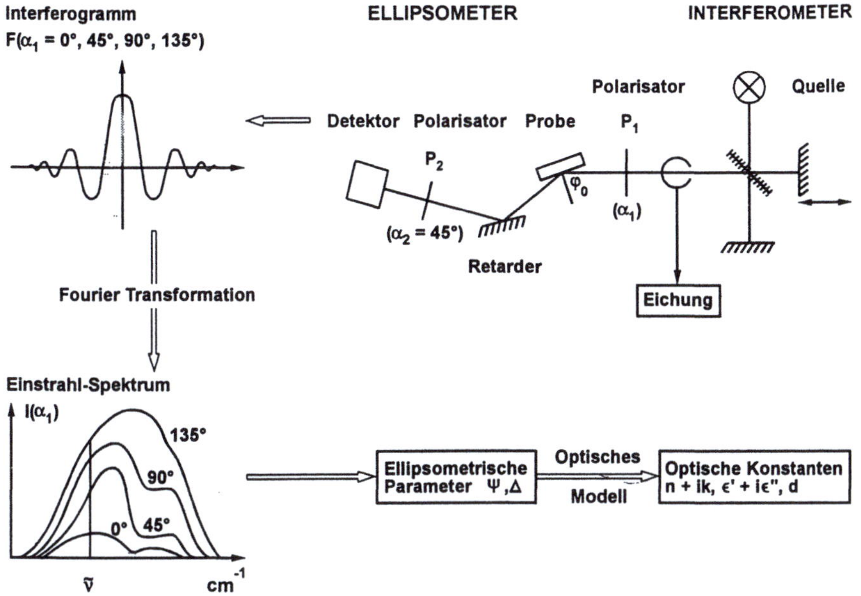

Abb. 1.4. Prinzip der spektroskopischen Infrarot-Ellipsometrie für die Kopplung des photometrischen Ellipsometers mit dem Fourier Spektrometer

$$\sin 2\psi \cos \Delta = \frac{I(45)/E(45) - I(135)/E(135)}{I(45)/E(45) + I(135)/E(135)} \tag{18b}$$

Die polarisationsoptische Theorie des Michelson Interferometers ergibt, daß die Eichintensitäten für 45° und 135° identisch sind ($E(45) = E(135)$) [11]. In der Meßpraxis können aber auf Grund der notwendigen Abbildungsoptik Abweichungen auftreten, die dann gemäß (18b) zu berücksichtigen sind. Die Messung dieser beiden Intensitäten kann nicht mit dem Azimut 45° für, P_2 erfolgen, da für $\alpha_1 = 135°$ gekreuzte Polarisatoren eingestellt werden. Es muß daher $\alpha_2 = 0°$ oder 90° gewählt werden, damit das Verhältnis $E(45)/E(135)$ zur Verwendung in (18b) gemessen werden kann.

Zur Messung von $\sin\Delta$ ist nun in der gleichen Weise zu verfahren und (17) jetzt spektral auszuwerten.

Die Ellipsometeranordnung nach Abb. 1.4 erfordert die Kopplung mit dem Fourier Spektrometer über einen externen Ausgang. Das IR-Ellipsometer läßt sich aber auch so kompakt bauen, daß es sich im Probenraum eines handelsüblichen Spektrometers unterbringen läßt [12]. Die Abb. 1.5 zeigt eine Variante, die den festen Einfallswinkel von 67, 5° benutzt. Die Infrarotstrahlung gelangt von der Probe (Pr) auf einen Umlenkspiegel (Sp1), der auch gegen ein Totalreflexionsprisma (Re) ausgetauscht werden kann und von dort über einen weiteren Umlenkspiegel (Sp2) zum Empfänger. Das Prisma (Re) dient

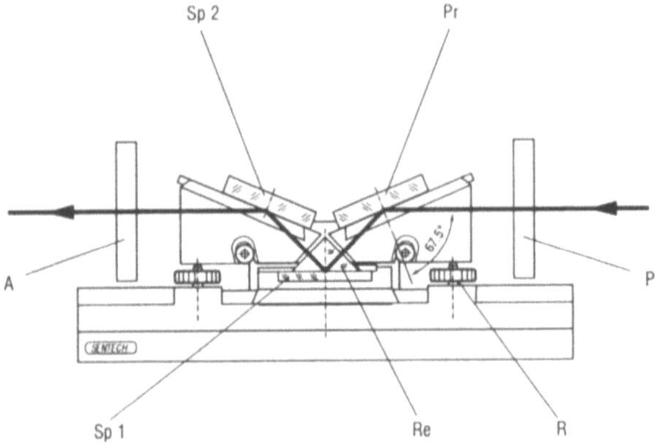

Abb. 1.5. Prinzip eines Miniellipsometers für den Probenraum eines Fourier Spektrometer (Fa. Sentech, Berlin) : P,A-erster und zeiter Polarisator, Pr-Probe, Sp1, Re-austauschbarer Umlenkspiegel und Umlenkprisma (Prisma gleichzeitig als Retarder wirkend), Sp2- Umlenkspiegel, R-Justierschraube

der Messung mit einem Retarder zur Bestimmung des vierten Stokes Parameters s_3. Für Eichzwecke wird die Probe durch einen Spiegel ersetzt. Die Phasen-und Amplitudenveränderungen, die die Spiegel bewirken, werden durch diese Eichung erfaßt und in der Auswertung berücksichtigt. Die Arbeitsweise der Polarisatoren P_1 (P) und P_2 (A) ist die gleiche, wie in Abb. 1. 4 Unterschiedliche Einfallswinkel lassen sich durch Austausch des kombinierten Proben- und Umlenkspiegel-Halters erreichen.

1.5.2 Polarisatoren und Retarder

Im Infrarotgebiet sind die im sichtbaren Spektralbereich verwendeten Kristallpolarisatoren nicht anwendbar. Es haben sich im mittleren und fernen Infrarot zwei Prinzipien zur Erzeugung polarisierter Strahlung durchgesetzt:

— die Polarisation mit Hilfe eines "Drahtgitters",
— die Ausnutzung des Brewster Winkels.

Der "Drahtgitterpolarisator" besteht aus Metallstreifen, die auf einem infrarottransparenten Substrat in Abständen von $\lambda/5$ bis $\lambda/10$ (λ = kürzeste Arbeitswellenlänge) aufgebracht werden. Von diesem Gitter kann nur noch die null'te Beugungsordnung beobachtet werden, d.h. die Strahlung breitet sich geometrisch optisch aus. Das elektrische Feld der Strahlung kann nur in Richtung der Metallstreifen einen Strom induzieren. Daher wirkt der Polarisator für diese Feldrichtung als Spiegel und ist in der dazu senkrechten Orientierung transparent. Der elektrische Feldvektor der durchgelassenen Strahlung steht senkrecht auf den Metallstreifen des Polarisators.

Der Polarisationsgrad dieses Polarisatortyps ist wellenzahlabhängig. Er nimmt mit steigender Wellenzahl ab. Dieser Polarisator kann als dünnere Scheibe von einigen Zentimetern Durchmesser gefertigt werden und ist daher problemlos in optische Anordnungen einzufügen.

Beim Polarisator vom Brewster Typ wird das Reflexionsminimum der R_p-Komponente der Strahlung in Transmission oder Reflexion ausgenutzt. Es müssen mehrere Elemente in Reihe verwendet werden, um einen günstigen Polarisationsgrad zu erreichen. Dadurch ergibt sich eine größere Baulänge mit relativ geringem Durchmesser. Dieser ungünstigen Eigenschaft steht ein praktisch konstanter Polarisationsgrad im gesamten Arbeitsbereich gegenüber.

Als Retarder im mittleren und fernen Infrarot, die über einen weiten Bereich nutzbar sind, können Prismen in Totalreflexion oder Schichtstrukturen verwendet werden. Die Phasendifferenz für ein Prisma ist eine Funktion des Brechnungsindex und des Einfallwinkels. Bewährt haben sich die Prismenmaterialien KBr, ZnSe und KRS5. Mit den letzteren beiden ist bei einer Reflexion eine Phasenverschiebung von 90° erreichbar. Durch mechanische Belastungen in der Probenhalterung kann aber störende Spannungsdoppelbrechung auftreten. Ebenso ist Streuung im Prisma möglich (z.B. bei KRS5). Prismen besitzen den wesentlichen Vorteil, praktisch eine achromatische Phasenverschiebung aufzuweisen.

Der Schichtretarder besteht typischer Weise aus einer hochbrechenden Schicht passender Dicke auf einem Metallsubstrat (z.B. 300 nm Germanium auf einem Aluminium-Spiegel). Diese leicht herzustellenden Retarder haben den Nachteil, eine stark wellenzahl- und winkelabhängige Phasendifferenz zu besitzen. Der verwendete Einfallswinkel liegt zwischen 60° und 80°.

2 Meßbeispiele

Die Ellipsometrie erlaubt die Messung der methodenabhängigen optischen Konstanten bzw. der dielektrischen Funktion. Aus diesen Werten lassen sich die Ergebnisse anderer Meßkonfigurationen, wie Transmission oder Reflexion für vorgegebene Einfallswinkel und Probendicken berechnen. Auf diese Weise können aus den optischen Konstanten für den Bibliotheksvergleich geeignete Spektren hergeleitet werden. Im folgenden werden typische Anwendungen vorgestellt und Besonderheiten in den Spektren, die bei der Interpretation beachtet werden müssen, erläutert. Die für ein tieferes Verständnis notwendigen Zusammenhänge finden sich im Kapitel 3, um die Darstellung der Meßergebnisse nicht mit zuviel Einzelheiten zu belasten.

Mit der Ellipsometrie lassen sich besonders vorteilhaft starke Absorptionen ($k \geqslant 0{,}01$) messen. Für schwache Absorption ist die Transmission die geeignete Meßmethode. Es gibt auch spezielle Meßkonfigurationen, die Messungen im Gebiet von $k \approx 0{,}001$ zulassen, wie z.B. bei einer Schicht auf einem Metallsubstrat. In jedem Fall kann aber das Brechnungsindex – Spektrum gemessen werden, auch für k = 0. Die Messungen können am kompakten Material, gepreßtem Pulver, an Flüssigkeiten, Schichten, freistehenden Filmen und in der ATR-Konfiguration ausgeführt werden.

Die reflektierenden Oberflächen müssen hinreichend eben sein, um eine tolerierbare Variation des Einfallswinkels nicht zu überschreiten und genügend Strahlungsleistung zum Empfänger zu leiten. Im Sichtbaren rauh erscheinende Oberflächen sind für die Infrarotstrahlung meistens als glatt zu betrachten. Bleibt die Rauhigkeit kleiner als $\approx \lambda/2$, so kann diese Oberfläche durch eine Schicht angenähert werden, deren optische Konstanten nach der Effektivmedientheorie [13] eine Kombination aus dem kompakten Material und der ungebenen Luft ist.

Die nachfolgenden Beispiele beziehen sich auf isotrope Materialien. Als Einfallswinkel wurde in der Regel für kompakte Proben $\varphi_0 = 70°$ und für Schichten auf Silizium $\varphi_0 = 65°$ gewählt. Bei Schichten auf Halbleitermaterial empfiehlt es sich, einen Abstand von ca. 10° zum Brewster Winkel aus Intensitätsgründen einzuhalten.

Als Polarisatoren wurden Gitterstrukturen auf Polyethylenträger verwendet. Die Absorption des Trägers führt zu drei Spektralgebieten, in denen keine Messungen erfolgen können. An diesen Stellen sind in den nachfolgenden Beispielen die Spektren unterbrochen.

Die Retarderprismen bestanden aus KRS5 (Dachwinkel 100°) und KBr (Dachwinkel 67°), deren Phasenverschiebung δ ca. 90° bzw. ca. 42° betrug.

2.1 Messungen am isotropen, kompakten Material

Eine Reihe stark absorbierender Substanzen die im Infrarotbereich Reststrahlenbanden aufweisen, lassen sich nur in Reflexion charakterisieren. Als Beispiel sind in Abb. 2. 1b und 2.2 die n und k Spektren von Quarzglas (SiO_2) und Si_3N_4-Keramik dargestellt. Die $\tan\Psi$, Δ-Spektren des Quarzglases sind in Abb. 2. 1a wiedergegeben. Typisch ist die starke Änderung des Brechungsindex (anomale Dispersion) in der Nähe der Oszillatorfrequenz (TO-Mode) von Werten $n < 1$ zu größeren Werten.

Im Gebiet mit $n < 1$ kommt es bei schrägem Einfall der Strahlung zur Totalreflexion gegen Luft. Damit gekoppelt ist das hohe Reflexionsvermögen im Bereich der Reststrahlenbande. Das k-Spektrum ist stets unsymmetrisch, auch bei symmetrischer Oszillatorkurve ε''. In der Nähe von $n = 1$ bei $1380\,cm^{-1}$ ist ein Artefakt zu beobachten, das nicht durch eine Absorptionsbande verursacht wird. Die Ursache liegt vielmehr in der Spannungsdoppelbrechung, die durch den Polierprozeß in der Oberfläche hervorgerufen wurde. Die Wellenzahlpositionen des damit verbundenen ordentlichen und außerordentlichen Brechungsindex sind verschieden, so daß $\tan\Psi$ und Δ einen charakteristischen, vom isotropen Material abweichenden Verlauf in der Umgebung von $n = 1$ annehmen. Diese Spektrenstruktur ist in Abhängigkeit von der Behandlungsweise der Oberfläche zu beobachten und daher nicht einer isolierten

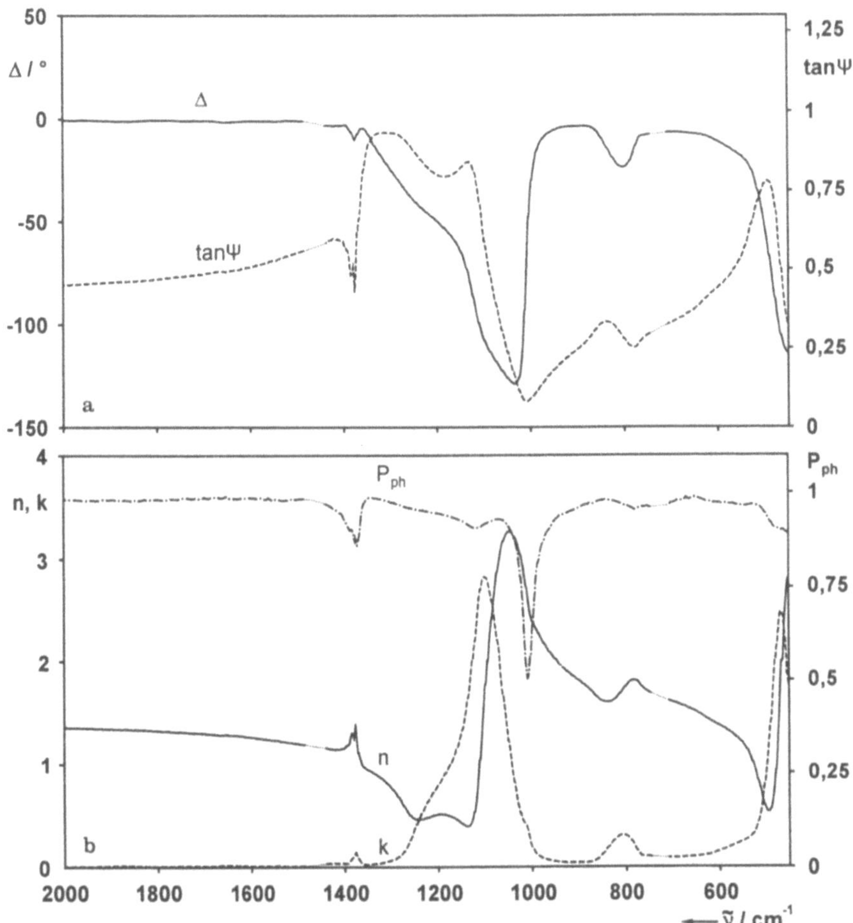

Abb. 2.1a. tanΨ- und Δ-Spektrum für eine Quarzglas-Probe, Einfallswinkel 70°, Auflösung 4 cm^{-1} **b.** n- und k-Spektren der Quarzglas-Probe nach Abb.2-1a. P_{Ph}-Polarisationsgrad der Phase der Strahlung nach der Reflexion an der Probe

Schwingungsmode direkt zuzuordnen. In der Abbildung ist ebenfalls der Polarisationsgrad der Phase dargestellt, mit dem typischen relativen Minimum im Bereich von n < 1 (Totalreflexion) und dem ausgeprägten Minimum beim Brewster Winkel. Der Einfallswinkel von $\varphi_0 = 70°$ für die ellipsometrische Messung bedeutet, daß der Brewster Winkel für den Brechungsindex n = 2,75 (= tan70°) erreicht wird. Hier bewirkt die Winkeldivergenz des Meßstrahlenganges von ± 4° eine Variation der Wellenzahllage des Phasensprunges beim Brewster Winkel. Da die Messung über die Winkeldivergenz mittelt, wird auch über die Phase im Bereich von 0° bis ca. 180° gemittelt, was zwangsläufig zu

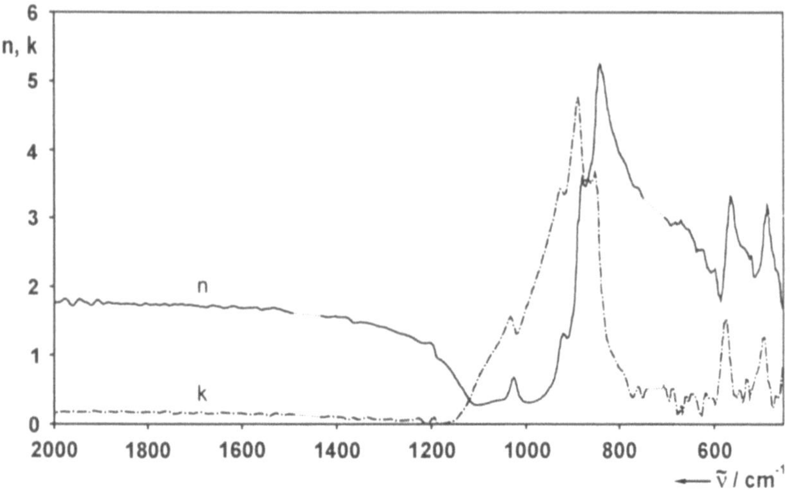

Abb. 2.2. n- und k-Spektrum einer Si_3N_4-Keramik, Einfallswinkel 70°, Auflösung 8 cm^{-1}

einem Minimum im Polarisationsgrad der Strahlung nach der Reflexion an der Probe führt. Diese typische Situation wird in den Spektren anderer Proben nicht erneut dargestellt, um die Übersichtlichkeit nicht zu stören.

Das Si_3N_4-Spektrum zeigt ebenfalls die typischen Merkmale der Reststrahlenbande. Es fehlt jedoch das Artefakt in der Umgebung von $n = 1$, was auf eine spannungsfreie Oberfläche schließen läßt. Die SiO_2- und Si_3N_4-Spektren werden später für die Interpretation eines noch zu besprechenden Doppelschichtspektrums auf Silizium benötigt.

Die Abb. 2.3a,b zeigt die Spektren von Sodalith als kompaktes Material (a) und als gepreßtes Pulver (b) (Körnung: $22 - 50\,\mu m$). Die beiden Spektren unterscheiden sich hinsichtlich der Absolutwerte für n und k, da die Probe aus gepreßtem Pulver Hohlräume enthält. Der resultierende komplexe Brechungsindex ist daher nach der Effektivmediumtheorie [13] eine Kombination aus dem Bulkindex und dem Brechungsindex der Luft (n = 1). Die prinzipiellen Spektrenmerkmale bleiben aber erhalten. Das Spektrum des kompakten Materials wurde ohne Retarder gemessen, so daß die Δ-Werte in der Nähe von $\Delta = 0°$ nur ungenau zu bestimmen waren. Das starke Rauschen im k-Spektrum und von Null abweichende k-Werte sind dann zwangsläufig die Folge.

Die Anwendung der Ellipsometrie auf Polymerproben zeigen die Abbildungen 2.4a,b,c,. Das n, k-Spektrum von Polykarbonat in Abb. 2.4a weist keine Gebiete mit n < 1 auf. Es gibt daher auch nicht die typischen Reststrahlenbanden. Die Absorptionsbanden bei 1200 cm^{-1} sind aber noch so intensiv, daß eine Probendicke von 1μm für eine optimale Transmissionsmessung notwendig wäre. In Abb. 2.4b ist das aus 2.4a für eine Dicke von 1μm berechnete Transmissionsspektrum zu sehen, mit dem auch ein Bibliotheksvergleich

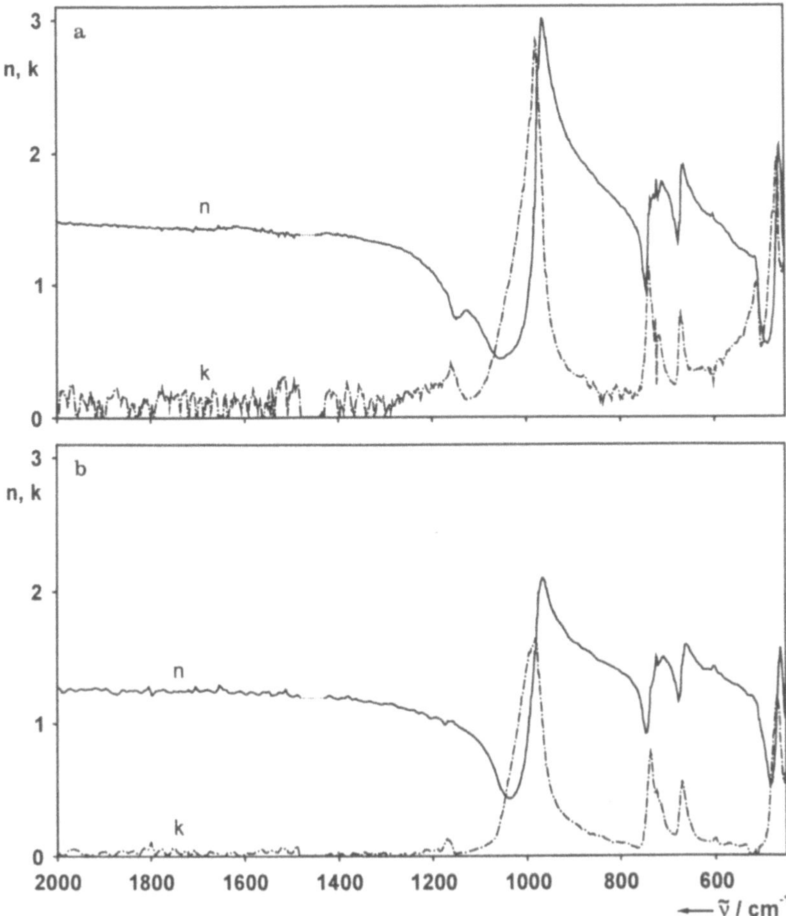

Abb. 2.3a. n- und k-Spektrum einer kompakten Sodalith-Probe, Einfallswinkel 70°, Auflösung 4 cm^{-1}, Die Messung erfolgte ohne Retarder, so daß zwischen 2000–1200 cm^{-1} starkes Rauschen auftritt. b. n- und k-Spektrum einer Probe aus gepreßtem Sodalithpulver (Körnung: 22–50 μm), Einfallswinkel 70°, Auflösung 8 cm^{-1}, Das Pulver stammt von der Probe nach (2–3a). Die Messung erfolgte mit Retarder.

vorgenommen werden kann. Das aus Abb. 2.4a für den Einfallswinkel 67° berechnete Reflexionsspektrum ist in Abb. 2.4c für die s-Komponente dargestellt und mit dem gemessenen R_s verglichen. Die Reflexionsspektren zeigen den typischen Dispersionsverlauf, da das Reflexionsvermögen für schwächere Absorptionen im wesentlichen vom n-Spektrum bestimmt wird. Im R_p-Spektrum ist der Dispersionsverlauf entgegengesetzt zum R_s-Spektrum, weil der Einfallswinkel von 67° größer als der Brewster Winkel ist.

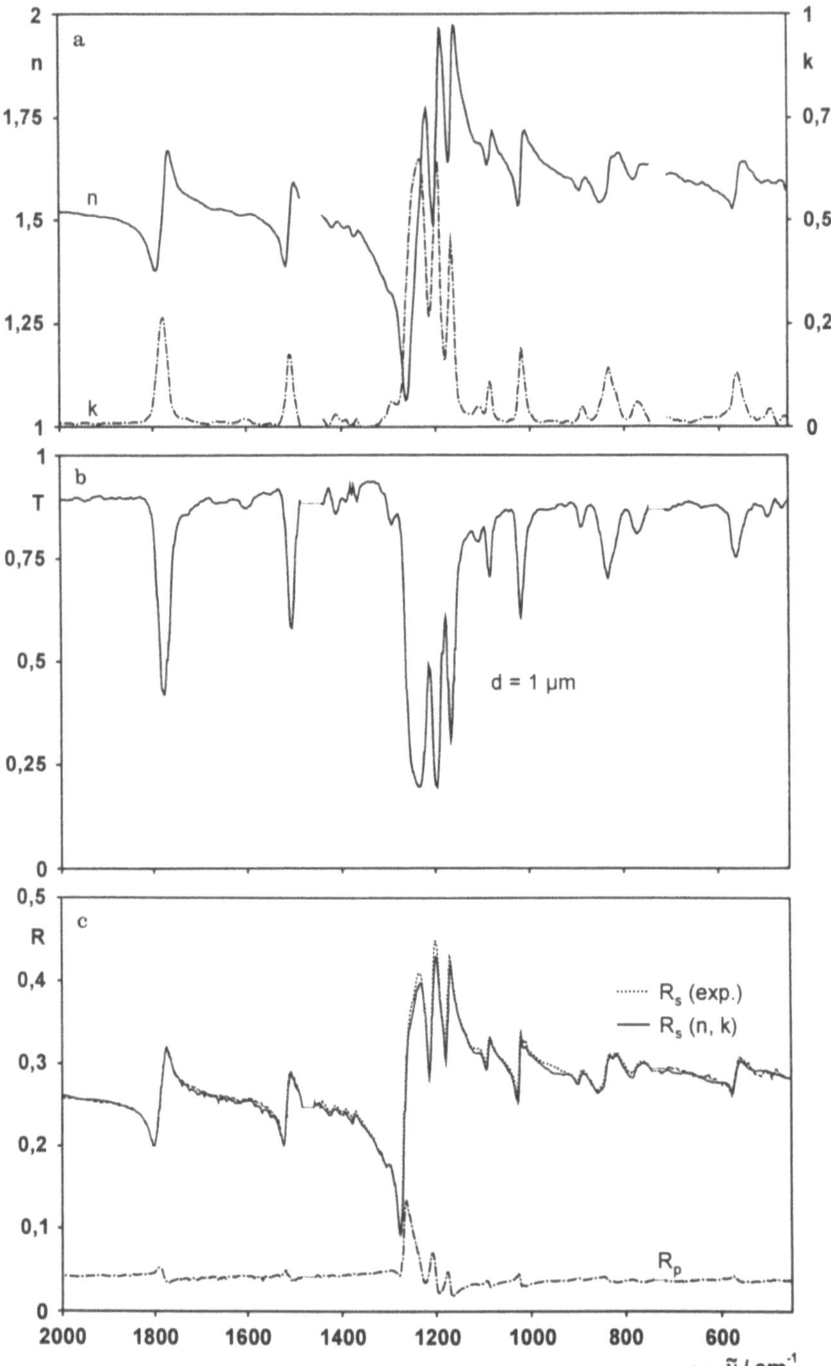
a
n
k
2
1,75
1,5
1,25
1
1
0,75
0,5
0,25
0
n
k
b
T
1
0,75
0,5
0,25
0
d = 1 µm
c
R
0,5
0,4
0,3
0,2
0,1
0
R_s (exp.)
R_s (n, k)
R_p
2000
1800
1600
1400
1200
1000
800
600
ṽ / cm⁻¹

2.2 ATR-Ellipsometrie

Die Ellipsometrie kann auch unter Ausnutzung der geschwächten Totalreflexion betrieben werden (ATR-Konfiguration, -ATR-attenuated total reflection). Die Versuchsdurchführung und Auswertung unterscheidet sich praktisch nicht von der bisher besprochenen Ellipsometrie. Die Probe befindet sich im guten optischen Kontakt an der Basis des ATR-Prismas, dessen Brechungsindex n_0 in die Formel 12a als Vormedium eingesetzt wird. Die üblichen ATR-Kristalle mit Vielfachreflexion sind ebenfalls anwendbar. Die effektive Anzahl der Reflexionen muß bei der Auswertung berücksichtigt werden. Flüssigkeiten lassen sich in der ATR-Konfiguration besonders günstig vermessen. Bei der ATR-Ellipsometrie braucht nicht auf die ständige Realisierung der Totalreflexionsbedingung geachtet werden, da in der Auswertung der Unterschied zwischen regulärer und totaler Reflexion bedeutungslos ist. Das ATR-Prisma und damit der Brechungsindex des Vormediums sollte so gewählt werden, daß genügend Intensität im reflektierten Strahl für die Messung vorhanden ist. Als Prismenmaterial kommen z.B. KRS5 und ZnSe in Frage, aber auch KBr ist gerade bei starken Banden vorteilhaft. Bei den ersten beiden Materialien kann die exemplarabhängige Streuung im Prisma die Messung und Auswertung beeinflussen.

Die Ergebnisse der ATR-Ellipsometrie an der Modellsubstanz Tetrachlorkohlenstoff sind in Abb. 2.5a, b dargestellt. Die Primärspektren $\tan\Psi$ und Δ in

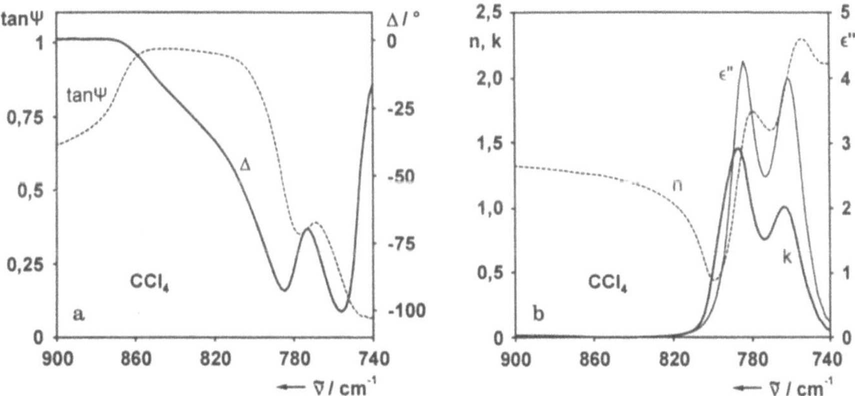

Abb. 2.5a. $\tan\psi$- und Δ-Spektrum für Tetrachlorkohlenstoff in der ATR-Konfiguration, ATR-Prisma KBr, Einfallswinkel 56,5°, Auflösung 4 cm^{-1} **b.** n-, k- und ε''-Spektrum für CCl$_4$ (2.5a)

Abb. 2.4a. n- und k-Spektrum einer kompakten Polykarbonat-Probe, Einfallswinkel 70°, Auflösung 4 cm^{-1} **b.** Berechnetes Transmissions-Spektrum der Polykarbonat-Probe (2–4a) für die Schichtdicke $d = 1$ µm **c.** Gemessenes und berechnetes Reflexionsspektrum der Polykarbonat-Probe (2–4a), R$_s$(exp.)-, R$_p$-gemessene Spektren für die s- und p-Polarisation, R$_s$(n,k)-berechnetes Spektrum, Einfallswinkel 67°

(2.5a) wurden mit einem ATR-Prisma aus KBr bei einem Einfallswinkel von
56,5° (Dachwinkel des Prismas 67°) gewonnen. Die daraus berechneten
n, k-Spektren sind in (2–5b) zu sehen. Zusätzlich ist hier die Resonanzkurve ε''
der zugehörigen Oszillatoren eingetragen. Es ist ersichtlich, daß hier im Fall
des starken Oszillators ε'', und damit das Produkt 2 nk zur Charakterisierung
notwendig ist, d.h. eine Transmissionsmessung alleine wäre nicht ausreichend.
Diese Bande ist ohnehin so stark, daß sie in Transmission nicht gemessen
werden kann.

Ein weiteres interessantes Merkmal ist der Reststrahlencharakter für eine
organische Flüssigkeit, gekennzeichnet durch ein Gebiet mit n < 1, wie bei
festem anorganischen Material (z.B. SiO_2). Da in einer Flüssigkeit keine Spannungsdoppelbrechung auftreten kann, fehlt auch das bei kompakten Substanzen häufig beobachtete Artefakt in der Nähe von n = 1.

Für schwache Absorptionen empfiehlt es sich, ATR-Kristalle mit Vielfachreflexionen zu verwenden. Kommen in einem Spektrum starke und schwache
Absorptionen vor, kann es sinnvoll sein, Messungen mit einer und Vielfachreflexion zu kombinieren [14].

2.3 Messungen an Schichtstrukturen

Die Reflexion an Schichten ist dadurch gekennzeichnet, daß die Strahlung an
beiden Grenzflächen der Schicht reflektiert wird, so daß sich die Amplituden
(elektrische Feldstärke) mit der durch die Schichtdicke bedingten Phase überlagern. Es ergeben sich Interferenzstrukturen, die für eine Einzelschicht nach
der Airy Formel zu berechnen sind. Für Vielfachschichten erfolgt die Berechnung der Interferenzen besonders vorteilhaft nach der Matrixmethode von
Abeles (Kab.3.2.2) [15]. Das in der Ellipsometrie und Reflexionsspektroskopie
vielgestaltige Bild der zu beobachtenden Interferenzstrukturen soll im folgenden an einigen Beispielen verdeutlicht werden. Es besteht im allgemeinen die
Aufgabe, die drei unabhängigen Größen n, k und die Schichdicke d aus den
zwei gemessenen Daten tan Ψ und Δ zu bestimmen. Grundsätzlich führen hier
nur Iterationsverfahren zum Ziel, wobei günstige Meßsituationen ausgenutzt
werden können. Dazu bietet z.B. die spektroskopische Information Möglichkeiten und auch die Tatsache, daß es im IR absorptionsfreie Bereiche gibt. In
diesen Bereichen kann zunächst n und d z.B. nach dem Algorithmus von
Reinberg [16] berechnet werden. Anschließend werden mit der nun bekannten Dicke der Schicht die Werte von n und k bestimmt.

Während die Berechnung von n, k und d aus gemessenen Ψ, Δ-Spektren
immer spezieller Methoden bedarf, ist die Berechnung des Reflexionsverhaltens
und der ellipsometrischen Parameter bei vorgegebener Schichtstruktur und
bekannten optischen Daten stets Problemlos möglich.

Die Schichten befinden sich in den meisten Fällen auf einem Substrat,
dessen optische Eigenschaften das Erscheinungsbild wesentlich beeinflussen.
Als praktische Grenzfälle lassen sich das stark absorbierende Substrat, z.B. ein

Metall, und das nicht absorbierende Substrat, z.B. ein Halbleiter, betrachten. Bei einem nicht absorbierenden Träger können Intensitätsanteile von der Reflexion an der Rückseite des Trägers das Meßergebnis beeinflussen. Der Anteil des Rückreflexes läßt sich aus dem Polarisationsgrad der Phase abschätzen (Kap.3.5.2), da dieser Anteil depolarisiert ist.

2.3.1 Die Schicht auf einem Metall

Das Erscheinungsbild der Reflexion und der ellipsometrischen Parameter einer Schicht auf einem Metall hängt entscheidend davon ab, ob die Schicht absorbierend ist, d.h. durch einen starken bzw. schwachen Oszillator charakterisiert wird. Bestimmte Schichtdickenbereiche können zur vorrangigen Beobachtung des Berreman Effektes [17] oder der Anregung von Oberflächenwellen führen.

Die Abb. 2.6 zeigt das $\tan \Psi$, Δ-Spektrum des Berreman Effektes, gemessen an einer 70 nm dicken SiO_2-Schicht auf Aluminium für den Einfallswinkel $\varphi_0 = 78°$. Das Minimum für $\tan\Psi$ und der zugehörige Gradient von Δ werden in der Nähe von $\varepsilon' = 0$ (oder $n = k$ für $n < 1$) beobachtet. Für diese Wellenzahlposition gibt es keine markante Absorption, vielmehr wird gedämpfte Wellenleitung in die Schicht eingekoppelt. Damit ist eine besonders große Wechselwirkungslänge für die IR-Strahlung verbunden. Sie ist wesentlich größer als beim senkrechten Durchgang. Demzufolge wird die Si-O Schwingung des Oszillators bei 1075 cm^{-1} (TO-Mode) nicht beobachtet (Kap. 3.4.1). Der Response tritt wellenzahlverschoben bei 1245 cm^{-1} auf. Für eine Al_2O_3-Schicht auf Aluminium beträgt diese, ausschließlich interferenzoptisch bedingte, Verschiebung sogar 300 cm^{-1} [4].

Der Berreman Effekt ist auch für die Infrarot-Reflexions Absorptionsspektroskopie -IRRAS- genannte Meßmethode maßgebend, wenn ein Metallsubstrat verwendet wird. Bei dieser Meßmethode werden zwangsläufig optisch

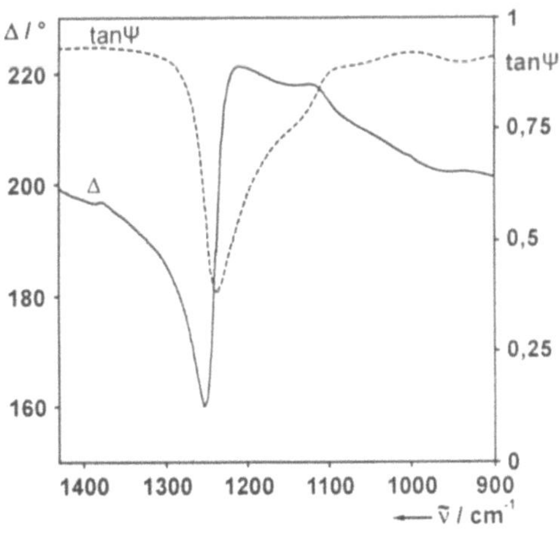

Abb. 2.6. $\tan\psi$- und Δ-Spektrum des Berreman Effektes für eine SiO_2-Schicht auf Aluminium, Einfallswinkel 78°, Auflösung 8 cm^{-1}, Schichtdicke 70 nm

bedingte Frequenzverschiebungen beobachtet. Für den Berreman Effekt gibt
es eine optimale Dicke [18]. Er verschwindet für größere Dicken und wird
durch eine weitere, ebenfalls frequenzverschobene, dem Berreman Effekt ähnliche, $\tan\Psi$, Δ-Struktur im Spektrum abgelöst, die durch Oberflächenwellen
hervorgerufen wird (Kap. 3.4.2)

In der Grenzfläche zweier Medien können unter bestimmten Vorrausset-
zungen Oberflächenwellen (surface polaritons -SP-) angeregt werden. Diese
Wellen breiten sich entlang der Grenzfläche in den beiden Medien als quergedämpfte (evaneszente) Wellen aus. Für eine Schicht mit einem starken Oszillator (Gebiet mit $n < 1$) (Kap. 3.3) werden auf einem Metallsubstrat ($\varepsilon' < 0$) die
Anregungsbedingungen in der Nähe der Wellenzahlposition für $n \leqslant 1$ für bestimmte Schichtdicken (im µm Bereich) erreicht [4]. Die Abb. 2.7 zeigt als
Beispiel eine 2,8 µm dicke Schicht auf einem Aluminiumsubstrat mit dem tan
Ψ-Minimum und dem entsprechenden Δ-Gradienten für $\varphi_0 = 78°$. In Reflexion
erscheint hier ein markantes Minimum für R_p. Diese Struktur befindet sich im
Spektrum des Schichtmaterials an einer Stelle, die einen monotonen Verlauf
aufweist. Die Frequenzverschiebung ist großer als beim Berreman Effekt. Auch
die Anregung der Oberflächenwellen ist dickenabhängig und verschwindet für
weiter ansteigende Schichtdicken. Es werden dann nur noch normale Interferenzstrukturen beobachtet.

Die beiden besprochenen Effekte führen zu scheinbar neuen Absorptionsbanden im Material der untersuchten Schicht. Die Interpretation solcher
Spektren bedarf daher besonderer Sorgfalt und auch vergleichender Rechnungen. Die Abb. 2.8 zeigt das tan Ψ-Spektrum des Berreman Effektes und der
Oberflächenwellenanregung für $\varphi_0 = 78°$. Zur Orientierung sind die n, k-Spektren des kompakten Materials dargestellt (SiO_2). Die Frequenzverschiebungen
zur TO-Mode sind deutlich zu erkennen.

Als Beispiel einer Schicht mit einem Schwachen Oszillator ist in Abb. 2.9a
das $\tan\Psi$, Δ-Spektrum einer 0,81 µm dicken Fullerenschicht (C_{60}) auf einem

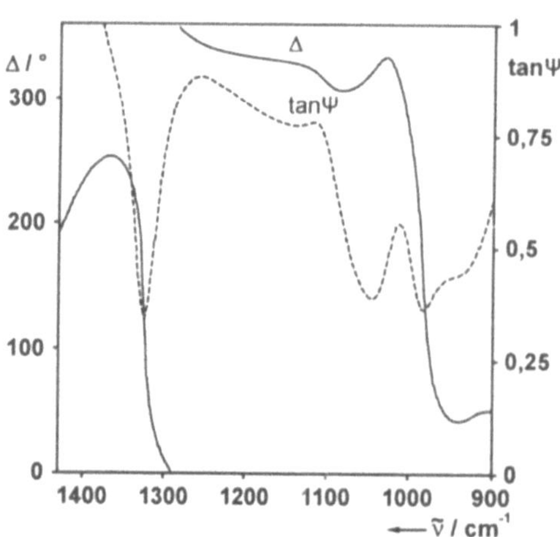

Abb. 2.7. tanψ und Δ-Spektrum einer Oberflächenwellenanregung bei 1325 cm^{-1} für eine SiO_2-Schicht auf Aluminium, Einfallswinkel 78°, Auflösung 8 cm^{-1}, Schichtdicke 2,8 µm

Aluminiumsubstrat wiedergegeben. Die lokalen Strukturen im $\tan\Psi$-Spektrum sind dem Absorptionsverlauf und die entsprechenden Strukturen im Δ-Spektrum dem Verlauf des Brechungsindex ähnlich. Bei dem Einfallswinkel von 65° haben beide Grenzflächen der Schicht ein hohes Reflexionsvermögen, so daß eine größere Anzahl von Vielfachreflexionen entsteht. Die damit verbundene vergrößerte Wechselwirkungsstrecke in der Schicht führt zu einer empfindlicheren Detektion von Absorption in der Schicht, was den Vorteil dieser Meßkonfiguration ausmacht. Es können auf diese Weise auch relativ schwache Absorptionsbanden erkannt werden. Die Abb. 2.9c zeigt das Ergebnis der n, k-Auswertung mit dem Oszillatormodell für das Wellenzahlgebiet von $1000-448\,\mathrm{cm}^{-1}$ [19].

2.3.2 Schicht auf transparentem Substrat

Die Spektren einer Schicht auf einem nicht absorbierenden Substrat unterscheiden sich von den vorher behandelten Situationen auf Grund der geringen Reflexion an der Schicht/Substratgrenzfläche, die sich aus der fehlenden oder geringen Leitfähigkeit (Isolator, Halbleiter) ergeben. Hier kann im Gegensatz zum Metall stets der Berreman Effekt [4, 17] und bei ausreichender Schichtdicke auch die Oszillatorfrequenz (TO-Mode) gleichzeitig beobachtet werden. Der Response des Berreman Effektes ist aber geringer als bei einem Metallsubstrat. Oberflächenwellen können nicht beobachtet werden, da sich die Anregungsbedingungen nicht realisieren lassen.

Ein interessantes Beispiel einer dünnen Doppelschicht auf einem Halbleiter zeigt die Abb. 2.10. Die Doppelschicht besteht aus SiO_2 der Dicke 6 nm und Si_3N_4 der Dicke 4 nm auf Silizium. Die für einen Einfallswinkel von 65° gemessenen $\tan\Psi$, Δ-Spektren zeigen zwei Minima für $\tan\Psi$ und eine

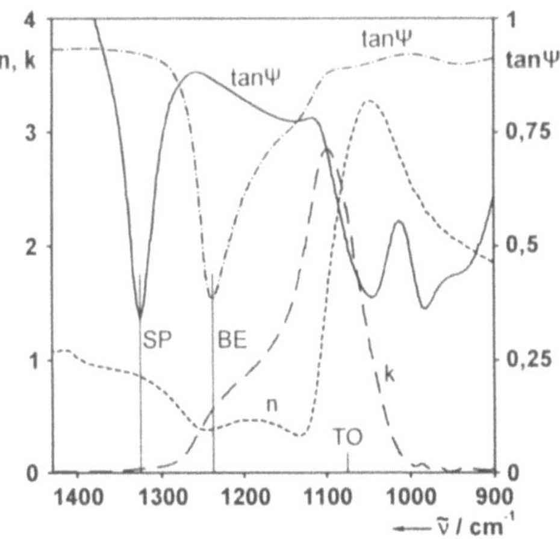

Abb. 2.8. Gemeinsame Darstellung des Berreman Effektes (BE) und der Oberflächenwellenanregung (SP) nach Abb. 2-6 und 2-7: Zum Vergleich sind die n- und k-Spektren des Schichtmaterials (SiO_2) mit der Lage der TO-Mode (TO) gezeigt

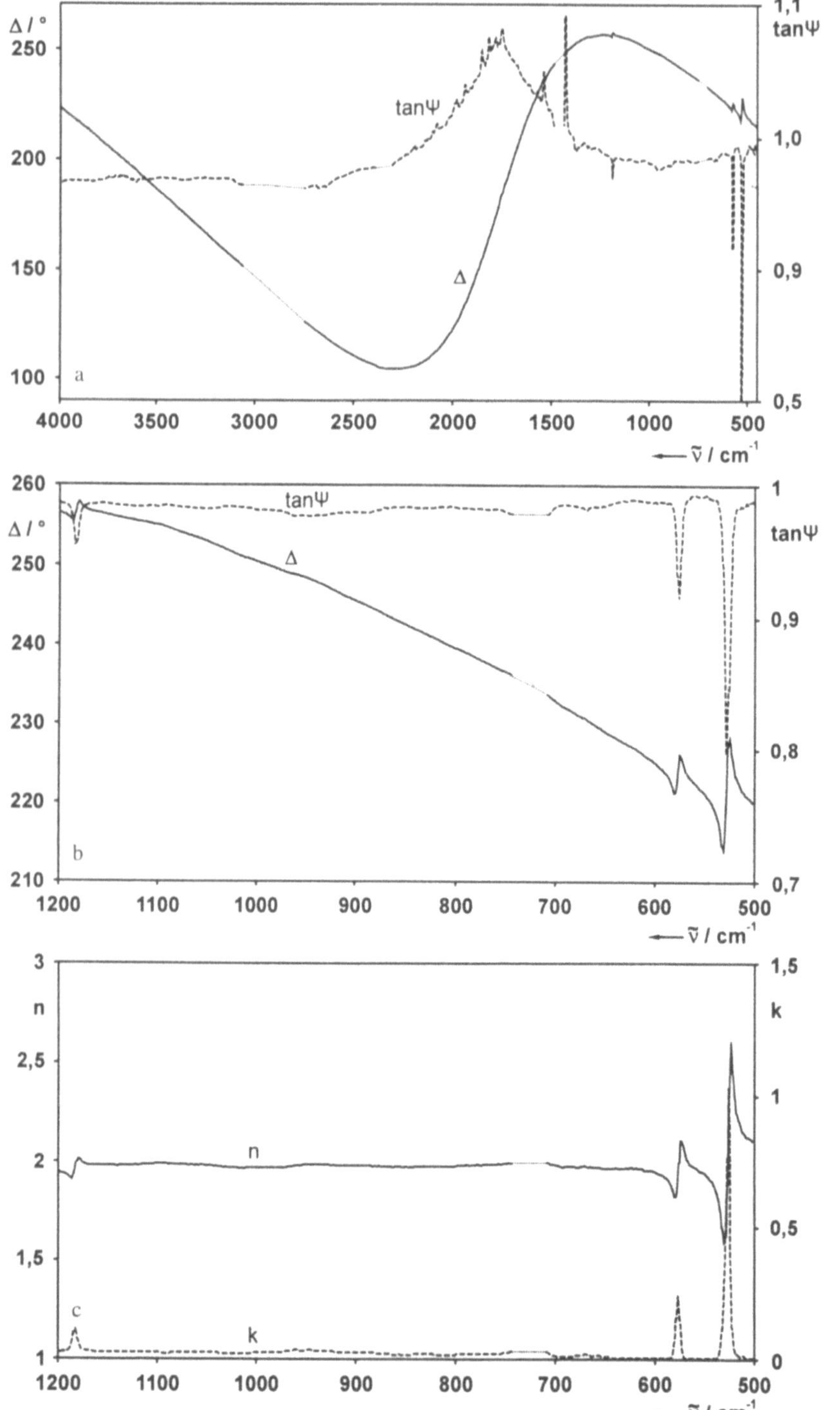

entsprechende Doppelstruktur für Δ. Es handelt sich hier um einen für jede Schicht einzeln auftretenden Berreman Effekt. Da die Positionen $\varepsilon' \approx 0$ für die beiden Schichtsubstanzen unterschiedlich sind (siehe Spektren der Abb. 2.1b und 2.2 und deren Positionen $n = k$, $n < 1$) wird für jede Schicht der Doppelstruktur der Berreman Effekt für verschiedene Wellenzahlen beobachtet. Aus Vergleichsrechnungen mit den optischen Konstanten des kompakten Materials lassen sich die Dicken der Einzelschichten herleiten. Der Betrag des Δ-Hubes ist für geringe Schichtdicken direkt der Dicke proportional. Diese Doppelschicht ließe sich im sichtbaren Spektralbereich auf Grund des dort monotonen Verlaufes des Brechungsindex und des geringen Unterschiedes dieser Indizes nur mit beträchtlichen Schwierigkeiten analysieren [20].

Interessant ist das Wellenlängen-Dicken-Verhältnis im Infrarotbereich von annähernd $10^4 : 1$ bei dieser Schichtcharakterisierung. Das bedeutet aber auch, daß die üblicherweise diskutierte "Eindringtiefe" von $d \cong 1/4\pi k\tilde{v}$ für den Reflexionsvorgang nicht charakteristisch ist, sondern eine viel geringere "Wechselwirkungsdicke", die höchstens bei einigen Moleküllagen anzunehmen ist. Anders läßt sich die Konsistenz von Experiment und Rechnung nach den Fresnel Gleichungen für dieses Wellenlängen/Dickenverhältnis nicht erklären.

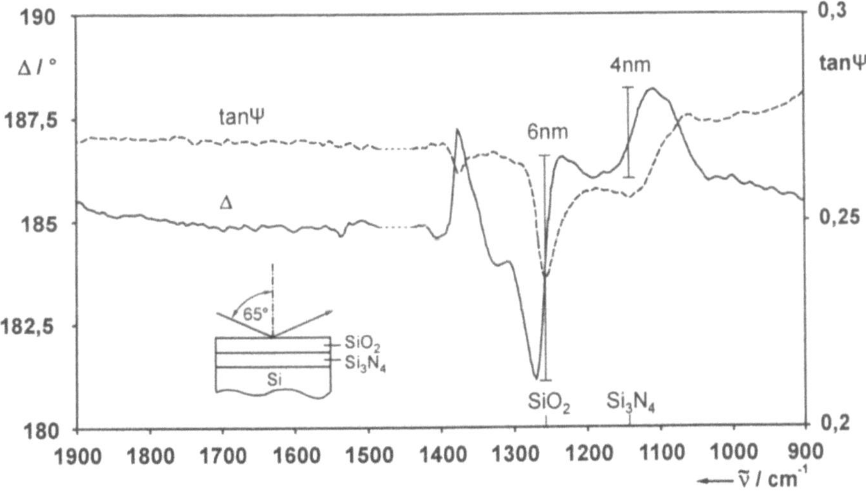

Abb. 2.10. tanψ- und Δ-Spektrum einer Doppelschicht aus SiO_2 und Si_3N_4 auf Silizium, Einfallswinkel 65°, Auflösung 4 cm^{-1}, Schichtdicken: $d(SiO_2) = 6$ nm, $d(Si_3N_4) = 4$ nm

Abb. 2.9a. tanψ- und Δ-Spektrum einer Fullerenschicht (C_{60}) auf Aluminium, Einfallswinkel 65°, Auflösung 4 cm^{-1}, Dicke 810 nm, Die Absorption in der Schicht kann als tanψ-Maximum oder Minimum beobachtet werden. **b.** tanψ- und Δ-Spektrum nach Abb. 2–9a im Bereich von 1200–500 cm^{-1} **c.** n- und k-Spektrum der Fullerenschicht nach Abb. 2.9b

2.4 Merkmale der ellipsometrischen Meßmethode

Die Ellipsometrie liefert stets zwei unabhängige Ergebnisse, wie den Brechungsindex (n) und Absorptionsindex (k) oder n und die Schichtdicke d. Die Messung von k ist jedoch für Werte von $k \leqslant 0,01$ problematisch (für eine Reflexion), so daß die Transmissionsmessung geeigneter sein kann. n ist unabhängig vom k-Wert immer meßbar. Große k-Werte lassen sich ellipsometrisch gut erfassen, insbesondere in dem Wertebereich, der der Transmissionsmessung nur schwer oder gar nicht zugänglich ist. n und k sind methodenunabhängige Größen, mit denen die Ergebnisse anderer Meßkonstellationen (Transmission, Reflexion für verschiedene Winkel) berechnet werden können.

Da das optische Verhalten des Oszillators, der einer Schwingungsbande zu Grunde liegt, primär durch die dielektrische Funktion ε beschrieben wird, ist nach (2) die Kenntnis von n und k notwendig. Insbesondere muß das n-Spektrum innerhalb der Absorptionsbande gemessen werden. Diese Messung ist ohne Einschränkungen nur mit Hilfe der Ellipsometrie möglich. Während der n-Verlauf für eine schwach absorbierende Bande näherungsweise als konstant angenommen werden kann, ist diese Vereinfachung für eine starke Absorption nicht möglich. Das n Spektrum muß dann direkt gemessen werden.

Bei der ellipsometrischen Messung werden verschiedene Polarisationsrichtungen aufeinander bezogen, so daß keine (Reflexions-) Standards zum Vergleich oder zur Eichung erforderlich sind. Die Auswertung der Messungen erfolgt separat für jede Wellenzahl ohne die Berücksichtigung benachbarter Wellenzahlbereiche, wie es bei der Kramers Kronig Analyse der Fall ist.

Es wird nur die gerichtete Reflexion gemessen. Streulicht von der Probe bleibt daher ohne direkten Einfluß auf das Meßergebnis. Ebenso beeinflußt die teilweise Beleuchtung einer unregelmäßig geformten Probe nur das Signal-Rauschverhältnis im Ergebnisspektrum. Die Oberflächen dürfen in gewissen Grenzen auch rauh sein.

Ellipsometrische Messungen können an Festkörpern, Flüssigkeiten und (gepreßten) Pulvern ausgeführt werden. Besonders geeignet ist die Ellipsometrie für kompakte nicht durchstrahlbare Proben (z.B. Metalle und Gesteine).

3 Optische Effekte in der Ellipsometrie

In der Optik – und damit besonders in der Ellipsometrie – gibt es spezielle Situationen an den Grenzflächen, die vom Einfallswinkel und der Materialkombination abhängen. Dazu zählt der Brewster Winkel, die Totalreflexion, das durch die Interferenz bedingte Reflexionsverhalten von Ein- und Mehrfachschichten usw. Die dadurch entstandenen Merkmale in den tan Ψ, Δ oder auch n, k-Spektren haben im vorhergehenden Kapitel bei der Interpretation der gemessenenen Spektren eine Rolle gespielt. Sie sollen in den folgenden

Abschnitten zusammenhängend dargestellt werden, da im ersten Kapitel nur die prinzipiellen Beziehungen für Reflexion und Transmission besprochen wurden.

3.1.1 Der Brewster Winkel, die inhomogene Welle

Die Abbildungen 3. 1a,b zeigen den Verlauf der Reflexion in Abhängigkeit von φ_0 für eine Grenzfläche zwischen Luft-Glas und Luft-Silizium. Für die parallele Polarisation besitzt die Reflexion bei absorptionsfreien Medien stets eine Nullstelle. Den dazu gehörenden Einfallswinkel bezeichnet man als den Brewster Winkel φ_B (19). Verwendet man für die parallele Polarisation die aus (4) folgende Beziehung:

$$r_p = \tan(\varphi_0 - \varphi_1)/\tan(\varphi_0 + \varphi_1) \text{ so folgt } r_p = 0 \text{ für } \varphi_0 + \varphi_1 = \pi/2.$$

Mit dem Snellius'schen Gesetz (3) ergibt sich für diesen Fall der so definierte Brewster Winkel φ_B zu [2]:

$$\tan \varphi_B = \frac{n_1}{n_0} \tag{19}$$

Im absorbierenden Medium wird die elektromagnetische Welle inhomogen, d.h. die Ebenen gleicher Amplitude und gleicher Phase haben unterschiedliche Richtungen für $\varphi_0 > 0°$. Die Ebenen gleicher Amplitude sind stets parallel zur Grenzfläche (Abb. 3.2) und die Ebenen gleicher Phase, charakterisiert durch die Normale dieser Phasenebenen, bilden, einen Winkel φ mit dem Lot zur Grenzfläche. Es glit:

$$\tan\varphi = \frac{n_0\sin\varphi_0}{Re(\hat{n}_1\cos\varphi_1)} = \frac{n_0\sin\varphi_0}{Re\sqrt{\hat{n}_1^2 - (n_0\sin\varphi_0)^2}} \tag{20}$$

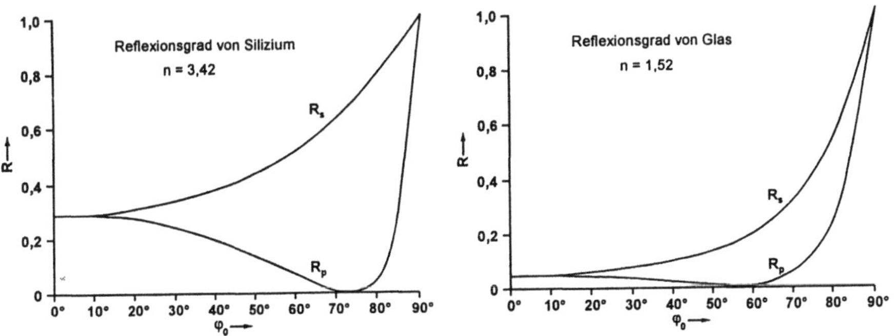

Abb. 3.1. Verlauf des Reflexionsvermögens von Glas und Silizium in Abhängigkeit vom Einfallswinkel für die senkrechte und parallele Polarisation

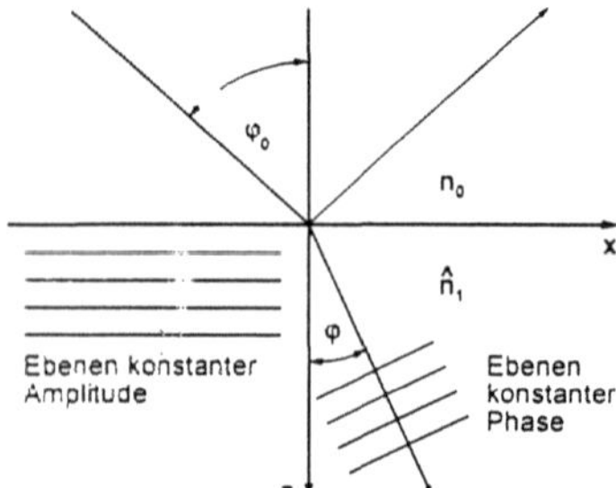

Abb. 3.2. Charakterisierung der inhomogenen Welle, die in einem absorbierenden Medium entsteht

Re = Realteil des Arguments

Diese Beziehung geht für verschwindende Absorption in das Snellius'sche Brechnungsgesetz über ($\varphi = \varphi_1$).

Der Absorptionskoeffizient α in (9) nimmt für schrägen Einfall die allgemeine Form an:

$$\alpha = 4\pi \tilde{v}\, Im(\hat{n}_1 \cos\varphi_1) = 4\pi \tilde{v}\, Im(\sqrt{\hat{n}_1^2 - n_0^2 \sin^2\varphi_0})$$

Im = Imaginärteil des Arguments

α ist somit winkelabhängig und geht für $\varphi_0 = 0°$ in $4\pi \tilde{v} k$ über (9).

3.1.2 Die Totalreflexion

Tritt der Lichtstrahl an der Mediengrenze vom dichteren Medium (n_0) in ein dünneres (n_1) (d.h. $n_0 > n_1$) ein, so wird der Strahl vom Lot weggebrochen ($\varphi_1 > \varphi_0$). Da aber φ_1 nicht größer als 90° werden kann, wird das Licht für den nach (3) zugeordneten Winkel φ_c oder größere Werte ($\varphi_0 \geqslant \varphi_c$) total reflektiert.

$$\sin\varphi_c = \frac{n_1}{n_0} \tag{21}$$

Dieser Grenzwinkel heißt kritischer Winkel der Totalreflexion. Das Reflexionsvermögen ist dann R = 1 für beide Polarisationsrichtungen, aber deren Phasen sind unterschiedlich. Die Differenz der Phasen $\Delta = \delta_p - \delta_s$ beträgt für $\varphi_0 \geqslant \varphi_c$ [3]:

$$\tan(\Delta/2) = \frac{\cos_0\varphi(\sin^2\varphi_0 - (n_1/n_0)^2)^{1/2}}{\sin^2\varphi_0}$$

Ein in Totalreflexion benutztes Prisma kann als Retarder in der Ellipsometeranordnung verwendet werden. Der Vorteil eines solchen Retarders besteht in der fast konstanten Phasendifferenz über einen großen Wellenzahl-bereich. Das optisch dünnere an das Totalreflexions-Prisma angrenzende Medium ist nicht feldfrei. Es existiert vielmehr im zweiten Medium (Index 1) ein evaneszentes elektrisches Feld mit der Eindringtiefe

$$z = \frac{\lambda_1}{2\pi} \frac{n_1/n_0}{(\sin^2\varphi_0 - (n_1/n_0)^2)^{1/2}}$$

ohne daß Energie in dieses Medium übertragen wird [3]. Bei ausreichender Winkeldistanz von φ_0 zum kritischen Winkel φ_c kann die Eindringtiefe zu $z \approx \lambda_1/2\pi$ abgeschätzt werden.

Die Situation der Totalreflexion ändert sich, wenn das zweite Medium Absorption aufweist, so daß n_1 komplex wird. Dann ist nach (4) das Reflexions-vermögen kleiner als eins, und es wird Strahlungsenergie im zweiten Medium absorbiert. Zusätzlich werden die Phasen der elektromagnetischen Welle verändert. Ψ im absorbierenden Medium ist dann kleiner als 45°.

Dieser Zustand der abgeschwächten Totalreflexion (attenuated total re-flection-ATR-) ist von besonderem meßtechnischen Interesse, deren Anwen-dung zur eigenständigen Meßmethode, der ATR-Spektroskopie geführt hat [21,22].

3.2 Reflexion und Transmission von Schichten

3.2.1 Reflexion und Transmission der Einzelschicht

Die Reflexion und Transmission von Schichten spielt in der Infrarot-Spektros-kopie eine wichtige Rolle. Messungen der Transmission von Flüssigkeiten in Küvetten, die Untersuchung freistehender Filme oder von Filmen auf einem Substrat fallen in diese Kategorie. Generell führt der Brechungsindexunter-schied an den Grenzflächen zu Vielfachreflexionen in der Schicht, deren Ein-zelbeiträge durch Addition berücksichtigt werden müssen (Abb. 3.3).

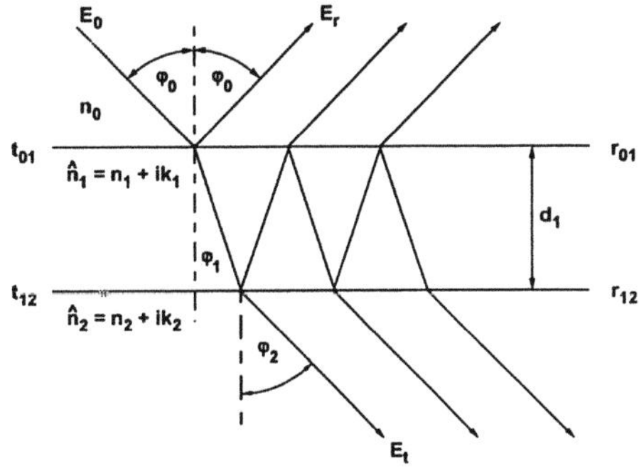

Abb. 3.3. Vielfachreflexionen in einer Schicht, E_0, E_r, E_t-Feldstärke der einfallen-den, reflektierten und transmittierten Strah-lung, φ_0-Einfallswinkel, d_1-Schichtdicke, $n_0, \hat{n}_1, \hat{n}_2$-Brechungsindizes, t_{01}, t_{12}-Ampli-tudentransmission, r_{01}, r_{12}-Amplitudenref-lexion

Die elektrische Feldstärke (Amplitude) des an einer Schicht reflektierten Lichtes ergibt sich mit den Fresnel Amplituden nach (4) aus der Summe:

$$E_r = E_0(r_{01} + t_{01}t_{10}\exp(i\delta) + t_{01}t_{10}r_{10}r_{12}\exp(i2\delta) + \ldots)$$

$$= E_0\left[r_{01} + t_{01}t_{10}r_{12}\exp(i\delta)\left(\frac{1}{1 - r_{10}r_{12}\exp(i\delta)}\right)\right]$$

$r_{01}, r_{12}, t_{01}, t_{12}$ = elektrische Feldstärke (Amlituden) nach der Reflexion, bzw. Transmission an den Grenzflächen

Diese Formel läßt sich zur Airy Formel für die Reflexion zusammenfassen, wenn die Beziehung $-r_{10}r_{01} + t_{01}t_{10} = 1$ berücksichtigt wird. Die Reihenfolge der Indizes 01 oder 10 ist wegen der unterschiedlichen Phasen bei gleichem Betrag von r von Bedeutung.

$$r = \frac{E_r}{E_0} = \frac{r_{01} + r_{12}\exp(i\delta)}{1 + r_{01}r_{12}\exp(i\delta)} \tag{22}$$

mit

$$\delta = 4\pi\tilde{v}d(\hat{n}\cos\varphi_1) = \delta' + i\delta'' = 4\pi\tilde{v}d(\hat{n}^2 - n_0^2\sin^2\varphi_0)^{1/2}$$

Für $\varphi_0 > 0°$ ergeben sich für die s- und p-Polarisation im Zusammenhang mit den Fresnel Gleichungen (4) unterschiedliche Reflexionen bezüglich Betrag und Phase.

Nach dem gleichen Verfahren berechnet sich die Feldstärke für die Transmission zu:

$$t = \frac{E_t}{E_0} = \frac{t_{01}t_{12}e^{(i\delta/2)}}{1 + r_{01}r_{12}e^{(i\delta)}} \tag{23}$$

Die Intensitäten der reflektierten, bzw. transmittierten Strahlung ergeben sich aus

$$R = rr^*, \quad T = tt^*f_{02} \tag{24a}$$

mit

$$f_{02} = \frac{Re(n_0\cos\varphi_0)}{Re(n_2\cos\varphi_2)} \tag{24b}$$

f_{02} berücksichtigt die unterschiedlichen optischen Strahlungsquerschnitte für die einfallende und transmittierte Strahlung in den verschiedenen Medien.

Die Beziehungen (17, 18 und 19) beschreiben die Interferenzen, die an einer Schicht beobachtet werden. Die Sichtbarkeit ist eine Funktion der Reflexion an den Grenzflächen (r_{01}, r_{12}) und der Absorption in der Schicht in Abhängigkeit von δ''. δ' beschreibt die Lage der Maxima und Minima der Interferenzen.

Die Interferenzen können verschwinden, wenn aus Gründen des Meßprozesses, wie geringe spektrale Auflösung in Bezug zum Abstand der Interferenzen, Verwendung eines Bereiches von Einfallswinkeln (Öffnungswinkel), usw. über die Interferenzen gemittelt wird. In diesem Fall sind die

Teilbeträge der Intensitäten an Stelle der Amplituden zu summieren, da es sich um eine inkohärente Überlagerung der Teilstrahlen handelt:

$$R = R_{01} + T_{01}^2 R_{12} e^{-2\delta''}(1 + R_{01}R_{12}e^{-2\delta''} + ...)$$

$$R = R_{01} + \frac{T_{01}^2 R_{12} e^{-2\delta''}}{1 - R_{01}R_{12}e^{-2\delta''}} \tag{25}$$

Für T gilt entsprechend:

$$T = T_{01}T_{12}e^{-\delta''}(1 + R_{01}R_{12}e^{-2\delta''} + ...)$$

$$T = \frac{T_{01}T_{12}e^{-\delta''}}{1 - R_{01}R_{12}e^{-2\delta''}} \tag{26}$$

$$\delta'' = 4\pi \tilde{\nu} d \, \mathrm{Im}(\hat{n}_1^2 - n_0^2 \sin^2\varphi_0)^{1/2}$$

3.2.2 Das Mehrschichtsystem

Für die Berechnung von Mehrschichtstrukturen wird die Summierung der Amplituden der Teilstrahlen unübersichtlich und sehr aufwendig. Es haben sich daher andere Verfahren, z.B. nach Wolter [23] oder Abeles [15] durchgesetzt. Hier soll die Matrixmethode nach Abeles behandelt werden, die z.B. in [3] übersichtlich dargestellt ist.

Jeder Schicht des Systems (Abb. 3.4) wird eine 2×2 Matrix zugeordnet, die anschließend miteinander multipliziert werden. Für die s-Polarisation gilt:

$$M = \begin{bmatrix} \cos\delta & -i/p \, \sin\delta \\ -ip \, \sin\delta & \cos\delta \end{bmatrix} \tag{27}$$

$$\delta = 2\pi \tilde{\nu}(\hat{n} \cos\varphi) z = 2\pi \tilde{\nu}z(\hat{n}^2 - (n_0 \sin\varphi_0)^2)^{1/2}$$

$$p = (\hat{n} \cos\varphi) = (\hat{n}^2 - (n_0 \sin\varphi_0)^2)^{1/2}$$

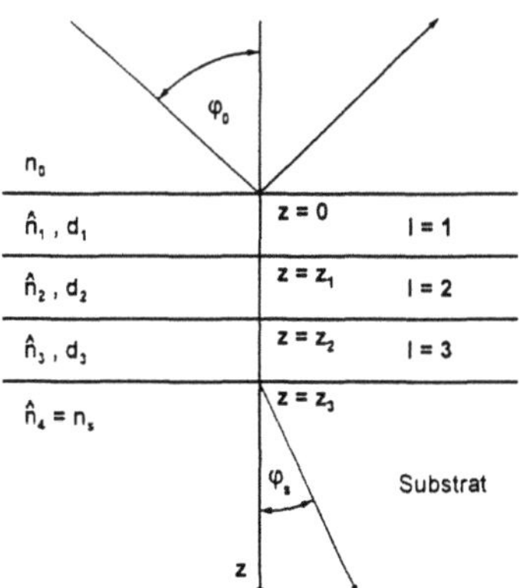

Abb. 3.4. Charakterisierung eines Schichtstapels

Die Matrix für die p-Polarisation erhält man, indem p durch q ersetzt wird. Für q gilt:

$$q = \frac{\cos\varphi}{\hat{n}} = \frac{(\hat{n}^2 - (n_0 \sin\varphi_0)^2)^{1/2}}{\hat{n}^2}$$

Die so berechneten Matrizen sind zur Ergebnismatrix zu multiplizieren.

$$M = M_1(z_1) * M_2(z_2 - z_1) * M_3(z_3 - z_2) \ldots M_l(z_l - z_{l-1})$$

$$d_1 = z_1, d_2 = z_2 - z_1, \quad d_l = z_l - z_{l-1}$$

Aus der Ergebnismatrix M lassen sich nun die reflektierten und transmittierten Amplituden r und t berechnen.

$$M = \begin{bmatrix} m_{11} & m_{12} \\ m_{21} & m_{22} \end{bmatrix}$$

Für die *s*-Polarisation gilt:

$$r = \frac{(m_{11} + m_{12} p_{sb}) p_0 - (m_{21} + m_{22} p_{sb})}{(m_{11} + m_{12} p_{sb}) p_0 + (m_{21} + m_{22} p_{sb})} \tag{28a}$$

$$t = \frac{2p_0}{(m_{11} + m_{12} p_{sb}) p_0 + (m_{21} + m_{22} p_{sb})} \tag{28b}$$

p_0, p_{sb} = p für das Einfallsmedium, bzw. Substrat

Die Terme für die p-Polarisation ergeben sich aus (28a) und (28b), indem p durch q ersetzt wird.

Die Intensitäten werden nach (24a,b) berechnet, wobei das Medium 2 durch das Substrat zu ersetzen ist.

Das Einfallsmedium n_0 ist in dieser Darstellung reell, alle anderen Brechungsindizes können komplex sein, d.h. es werden absorbierende Schichten berechnet.

3.3 Der Modelloszillator

Infrarotspektren bestehen aus einer Vielzahl von Absorptionsbanden, die auf die Schwingungen der Atome im Molekül oder Kristall zurückzuführen sind. Diese Schwingungen lassen sich im Idealfall durch einen harmonischen Oszillator beschreiben, aus dessen Merkmalen Oszillatorenstärke, Dämpfungskonstante und Frequenz das $\hat{\varepsilon}$—Spektrum berechnet werden kann. Für den Einzeloszillator gilt die nachfolgende Beziehung, wobei eine vereinfachte Schreibweise gewählt wird [4,24].

$$\varepsilon_1 = \varepsilon_\infty + \frac{F(\tilde{v}_0^2 - \tilde{v}^2)}{(\tilde{v}_0^2 - \tilde{v}^2)^2 + (\Gamma\tilde{v})^2}$$

$$\varepsilon_2 = \frac{F(\Gamma\tilde{v})}{(\tilde{v}_0^2 - \tilde{v}^2)^2 + (\Gamma\tilde{v})^2} \tag{29}$$

F steht für die Oszillatorenstärke, Γ beschreibt die Dämpfung und $\tilde{v}_0$ ist die der Oszillatorfrequenz entsprechende Wellenzahl. ε_∞ ist der Realteil der dielektrischen Funktion für sehr große Wellenzahlen. Ein reales Spektrum ergibt sich aus der Summe der $\hat{\varepsilon}$-Anteile der Einzeloszillatoren.

Mit geeignet gewählten Parametern in (29) lassen sich spezielle Effekte, die z.B. im Zusammenhang mit Schichten auftreten, für einen diskreten Oszillator berechnen. Prinzipielle Zusammenhänge können auf diese Weise besser verständlich gemacht werden.

Generell ist es sinnvoll, zwischen einem starken und einem schwachen Oszillator zu unterscheiden. Erster ähnelt z.B. der SiO-Schwingung im Quarzglas und entspricht in seiner Auswirkung einer Reststrahlenbande. Ein möglicher Parametersatz hierfür ist:

$$F = 2 \cdot 10^5\,\mathrm{cm}^{-2}, \quad \Gamma = 15\,\mathrm{cm}^{-1}, \quad \varepsilon_\infty = 2{,}1, \quad \tilde{v}_0 = 1000\,\mathrm{cm}^{-1}.$$

Die Abb. 3.5a zeigt den $\hat{\varepsilon}$ und $\hat{n}$ Verlauf dieses Oszillators mit der Markierung typischer Positionen. Charakteristisch ist ein unsymmetrisches k-Spektrum, eine starke anomale Dispersion im n-Spektrum und damit verknüpft, ein Gebiet mit $n < 1$. Gerade dieses Gebiet verursacht interessante Merkmale in den Reflexions- und $\tan\Psi$, Δ-Spektren von Schichten, die im Zusammenhang mit dem Berreman Effekt und der Anregung von Oberflächenwellen im Kapitel 3.4 ausführlich beschrieben werden.

Der Typ des schwachen Oszillators kann durch den Parametersatz $F = 800\,\mathrm{cm}^{-2}$, $\Gamma = 10\,\mathrm{cm}^{-1}$, $\varepsilon_\infty = 1{,}8$ und $\tilde{v}_0 = 1000\,\mathrm{cm}^{-1}$ dargestellt werden. Seine $\hat{\varepsilon}$ und $\hat{n}$ Spektren sind in der Abb. 3.5b dargestellt. Diesem Oszillator entspricht die Absorptionsbande einer Substanz, deren Spektrum mit einer Schichtdicke von ca. 40 µm optimal gemessen werden kann.

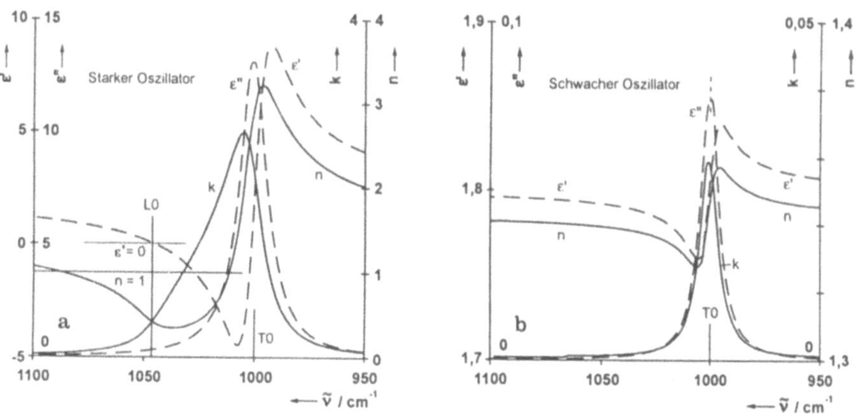

Abb. 3.5a. Typischer Verlauf der Spektren des starken Oszillators: Die Oszillatorfrequenz ist als TO-Mode (TO) und die Position für $\varepsilon' = 0$ als LO-Mode (LO) markiert. **b.** Typischer Verlauf der Spektren des schwachen Oszillators, Die Oszillatorfrequenz ist als TO-Mode (TO) gekennzeichnet

3.4 Spezielle Schichteffekte

Die Interferenzoptik absorbierender Schichten ist mit besonderen Merkmalen verbunden, deren Kenntnis zur Interpretation gemessener Spektren wichtig ist. Im folgenden sollen der Berreman Effekt und die Anregung von Oberflächenwellen und ihre Abhängigkeit von den Schichtendaten behandelt werden. Für beide, in der praktischen Arbeit sehr wichtigen, Erscheinungen reicht die übliche geometrisch optische Betrachtungsweise nicht mehr aus.

3.4.1 Der Berreman Effekt

Der Berreman Effekt ist dadurch gekennzeichnet, daß in der Nähe der TO-Mode eines starken Oszillators für eine dünne absorbierende Schicht ein Reflexionsminimum der p-Komponente beobachtet wird, während die TO-Mode selbst minimal oder gar nicht sichtbar ist. Die Abb. 3.6a zeigt das Reflexionsminimum für den Modelloszillator nach (29) mit den Daten für den starken Oszillator, den Einfallswinkel 75°, die Dickenfolge 1; 10; 100 nm und ein Metallsubstrat. Das Reflexionsminimum und die entsprechenden typischen Strukturen für die ellipsometrischen Parameter im $\tan\Psi, \Delta$-Spektrum in Abb. 3.6b werden in der unmittelbaren Nähe der Wellenzahlposition für $\varepsilon' = 0$ (n = k) beobachtet. In der Literatur findet man daher auch die Bezeichnung longitudinale optische Mode – LO-Mode –, weil diese in Festkörpern z.B. mit Elektronenstrahlen an der Stelle $\varepsilon' = 0$ angeregt werden kann. Mit transversaler elektromagnetischer Strahlung läßt sich aber keine longitudinale Mode anregen.

Die Ursache für den Berreman Effekt besteht in der Einkopplung einer gedämpften Wellenleitung. so daß die Wechselwirkungslänge in der Schicht im Vergleich zum senkrechten Durchgang wesentlich vergrößert wird. Die Einkoppelbedingung in Form einer bestimmten Phase bei der internen Reflexion ist in der Nähe von $\varepsilon' = 0$ erfüllt [4]. Die maximale Absorption in der Schicht wird für die Berreman Dicke nach Grosse und Harbecke [18] erreicht. Ein Vergleich mit den n, k-Spektren des Oszillators zeigt, daß das Reflexionsminimum an einer Stelle im Spektrum beobachtet wird, die keinerlei markante Strukturen im n- und k-Verlauf aufweist.

Die Tiefe des Reflexionsminimums hängt neben dem Einfallswinkel und der Schichtdicke von Reflexionsvermögen an der Schicht/Substratgrenzfläche ab. Ein größeres Reflexionsvermögen an dieser Grenzfläche ergibt auf Grund der Vielfachreflexionen eine größere laterale Wechselwirkungslänge in der Schicht. Daher ist der Berreman Effekt auf einem Metallsubstrat besser zu beobachten als auf einem Halbleiter. Auf einem nicht absorbierenden Substrat, z.B. Silizium, kann der Berreman Effekt als Reflexionsminimum oder Reflexionsmaximum beobachtet werden, je nachdem ob der Einfallswinkel kleiner oder größer als der Brewster Winkel ist. Während die TO-Mode in der Berreman Situation als Extremwert der Reflexion auf einem Metallsubstrat nicht zu

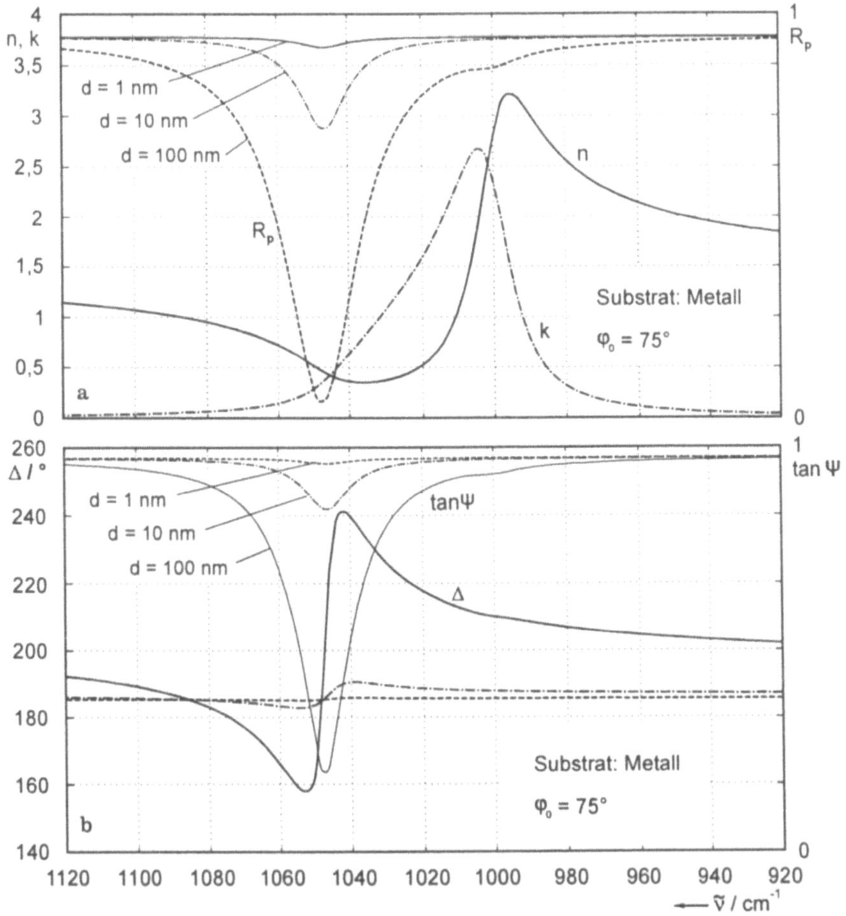

Abb. 3.6a. Reflexionsspektren (R_p) des Berreman Effektes für die Schichtdicken (d = 1; 10; 100 nm), Einfallswinkel 75°, Metallsubstrat, n, k-optische Konstanten des Schichtmaterials **b.** tanψ- und Δ-Spektren für den Berreman Effekt mit den Daten der Abb. 3.6a

sehen ist, beobachtet man diese auf einem Halbleitersubstrat sowohl für die p- wie auch für die s-Komponenten im Reflexionsspektrum, wenn auch weniger intensiv als R_p.

In Abb 3.7a ist das Reflexionsvermögen der p-Komponente für den Einfallswinkel 65° ($\varphi_0 < \varphi_B$) und die Dickenfolge 1; 10; 100 nm für ein Siliziumsubstrat dargestellt. Die zugehörigen tanΨ, Δ-Spektren sind in Abb. 3–7b wiedergegeben. Zur besseren Übersicht ist die Wellenzahl- und Dickenabhängigkeit (1; 10; 100 nm) in einem größeren Bereich dargestellt. Ein Einfallswinkel größer als der Brewster Winkel führt zum Vertauschen der Maxima und Minima der p-Komponente und einer entsprechenden Veränderung im tanΨ,

Δ-Spektrum. R_s besitzt stets ein Reflexionsmaximum in der Nähe der Oszillatorfrequenz, aber keine Struktur bei $\varepsilon = 0$.

3.4.2 Die Anregung von Oberflächenwellen

Oberflächenwellen breiten sich als evaneszente elektromagnetische Wellen parallel zur Grenzfläche zweier unterschiedlicher Medien aus. Die dazu senkrecht orientierte elektrische Feldstärke nimmt exponentiell mit dem Abstand von der Grenzfläche ab (quergedämpfte Welle). Diese Oberflächenwellen könen nur unter bestimmten Bedingungen beobachtet werden [4, 25].

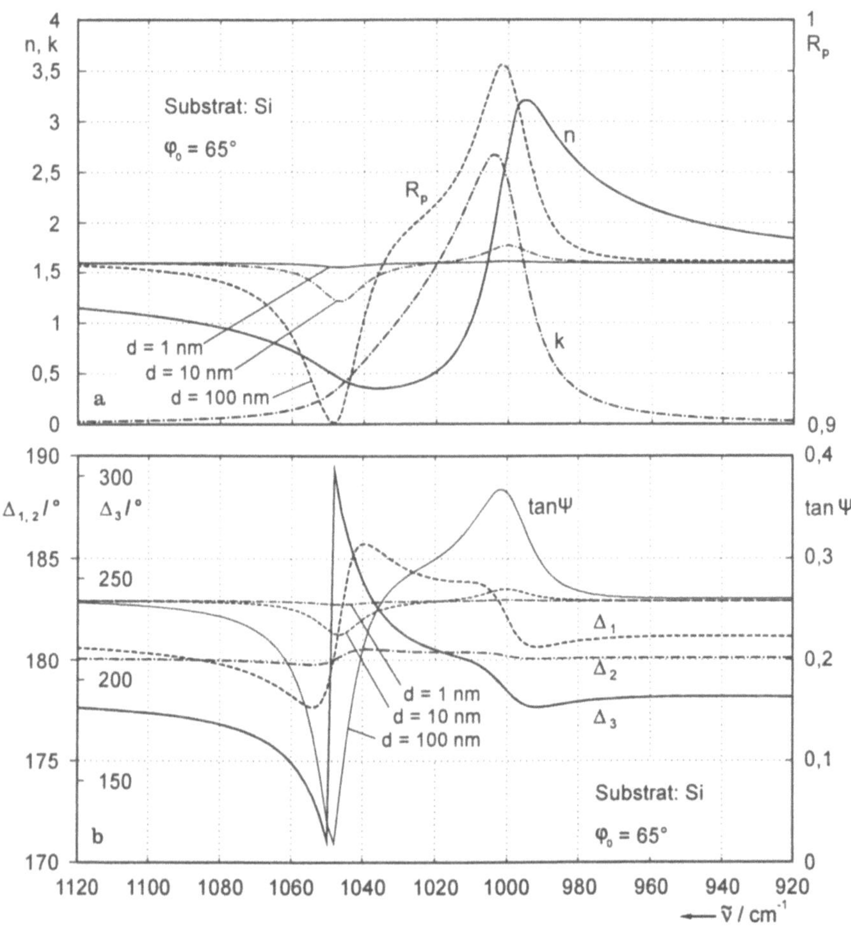

Abb. 3.7a. Reflexionsspektren (R_p) des Berreman Effektes einer Schicht auf einem Silizium-Substrat, Schichtdicken (d = 1; 10; 100 nm), Einfallswinkel 65°, n, k-optische Konstanten des Schichtmaterials **b.** tanψ und Δ-Spektren für den Berreman Effekt mit den Daten der Abb. 3.7a

a) Für die dielektrischen Funktionen der beteiligten Medien a und b gilt: $\varepsilon_a\varepsilon_b < 0$ und $\varepsilon_a + \varepsilon_b < 0$, d.h. eines der beiden Medien muß ein negatives ε besitzen.

b) Die elektromagnetische Welle muß über eine ATR-Geometrie mit einem Luftspalt (z.B. Otto-Anordnung [26]) Abb. 3.8 eingekoppelt werden. Für die Einkopplung gilt die Bedingung:

$$(n_0\sin\varphi_0)^2 = \frac{\varepsilon_a\varepsilon_b}{\varepsilon_a + \varepsilon_b}$$

c) Für den Luftspalt gibt es eine optimale Dicke

Diese Bedingungen können von einer Schicht passender Dicke (Pkt. c) auf einem Metall als Substrat erfüllt werden, wenn die optischen Eigenschaften des Schichtmaterials einem starken Oszillator entsprechen (Reststrahlenbande). Es gibt dann einen Wellenzahlbereich im Spektrum mit $n < 1$, so daß die ATR-Geometrie gegenüber dem Vormedium Luft realisiert ist. Die Schichtdicke entspricht dem Spalt zum Vormedium in der Otto-Anordnung (Abb. 3.8). Es wird somit eine Oberflächenwelle an der Grenzfläche Substrat/Schicht eingekoppelt, die sich als Reflexionsminimum der parallelen Komponente beobachten läßt. In der Ellipsometrie zeigen die tan Ψ, Δ-Spektren ebenfalls typische Strukturen. Die Wellenzahlposition des Reflexionsminimums liegt in der Nähe von $n \leqslant 1$ des Schichtmaterials (Pkt. b)

Die Abb. 3.9 zeigt die für den starken Oszillator berechnete Dickenabhängigkeit im Reflexionsminimum des Berreman Effektes, bzw. der Oberflächenwellen für den Einfallswinkel von 80° und eine Dickenfolge mit der Ordinate $1 - R_p$, um die beiden Effekte deutlicher hervorzuheben.

An den Linien konstanter Wellenzahl ist die typische Dickenabhängigkeit des Berreman Effektes und der Oberflächenwellenanregung mit den zugehörigen Wellenzahlverschiebungen gegenüber der Oszillatorfrequenz (TO-Mode) zu erkennen.

Bei der Untersuchung von Schichten aus stark absorbierendem Material können je nach Dicke und Meßbedingungen (R_p, R_s oder eine Kombination

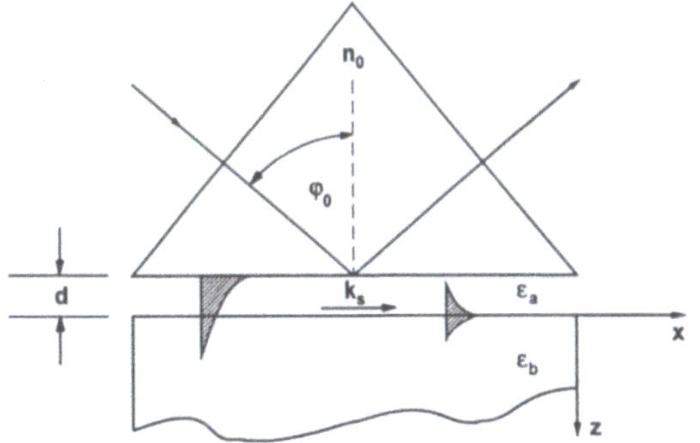

Abb. 3.8. Otto Anordnung zur Anregung von Oberflächenwellen: φ_0-Einfallswinkel, n_0-Brechungsindex des ATR-Prismas, d-Dicke des Luftspaltes, k_s-Wellenvektor, ε_a, ε_b-dielektrische Funktionen der Medien a und b, x, z-Koordinaten

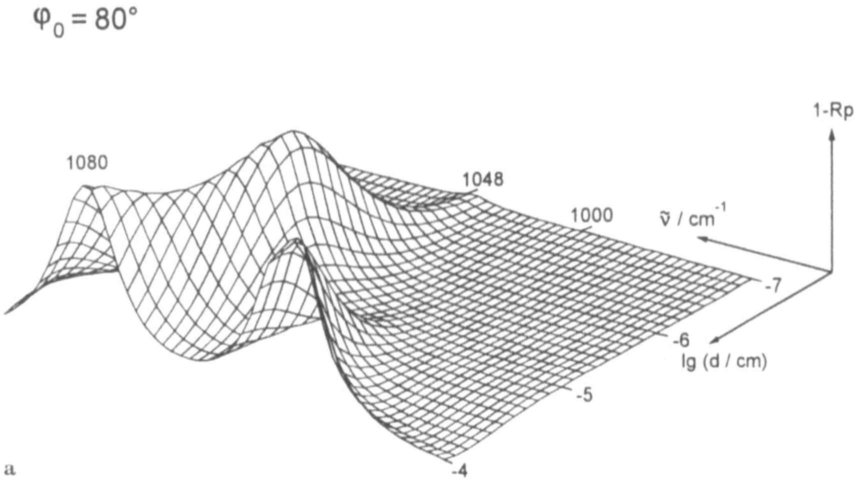

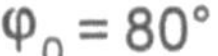

Abb. 3.9. Gemeinsame Darstellung der Schichtdickenabhängigkeit des Berreman Effektes und der Oberflächenwellenanregung, berechnet für einen starken Oszillator auf einem Metallsubstrat, Ordinate (zur besseren Übersicht) $1-R_p$, Einfallswinkel 80°, d-Schichtdicke, Parameter lg(d)

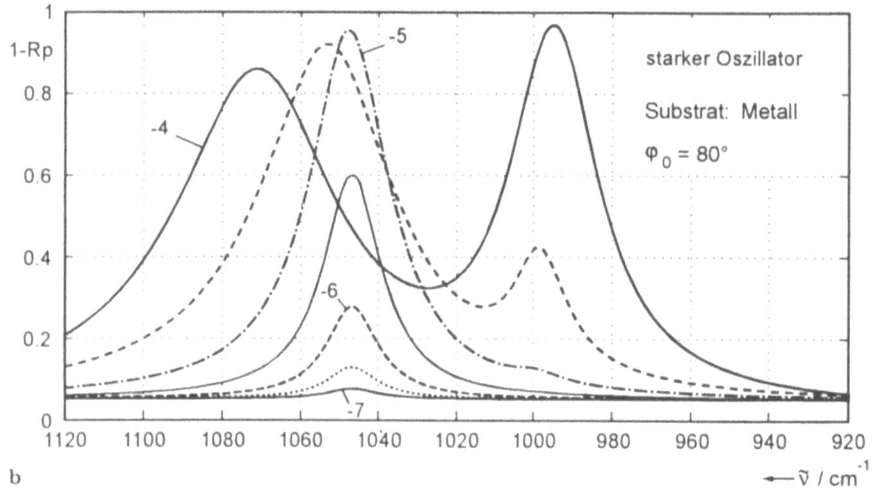

beider Komponenten, wenn mit teilpolarisierter Strahlung gearbeitet wird) Frequenzverschiebungen und scheinbar neue Banden im Reflexionsspektrum beobachtet werden. Diese Merkmale sind reine interferenzoptische Effekte, die sich aus den Fresnel Gleichungen ableiten lassen. Ähnlich wie beim Berreman Effekt besitzen die tan Ψ, Δ-Spektren für die Oberflächenwellenanregung typische Strukturen.

3.5 Charakterisierung polarisierter Strahlung

3.5.1 Stokes Parameter und elliptisch polarisierte Strahlung

Die Reflexion linear polarisierter Strahlung an einer Probe führt im allgemeinen auf Grund der unterschiedlichen Reflexion der s- und p-Komponenten zu elliptisch polarisierter Strahlung. Die Spitze des elektrischen Vektors beschreibt dann eine Ellipse, die durch ihre Achsenlage χ und Achsenverhältnis γ charakterisiert wird (Abb.3.10). Das Messen dieser beiden Parameter begründet den historisch entstandenen Namen Ellipsometrie für diese Meßmethode. Inzwischen haben sich aber Ψ und Δ oder auch die Stokes Parameter zur Beschreibung elliptisch polarisierter Strahlung durchgesetzt [5].

Die Verknüpfung zwischen χ,γ und Ψ,Δ sind aus Abb.3.11 zu ersehen. Es gilt mit $\tan \gamma = a/b$ und $\tan \Psi = a_1/a_2$

$$\tan 2\chi = -\tan 2\Psi \cos\Delta$$

$$\tan\gamma = \sin 2\Psi \tan \Delta$$

Eine andere und allgemeinere Beschreibung polarisierter Strahlung erfolgt durch die Stokes Parameter, die auch teil- und unpolarisierte Strahlung einschließen. Für die Stokes Parameter gelten die Beziehungen (Abb.3.10):

$$s_0 = a_1^2 + a_2^2$$

$$s_1 = a_1^2 - a_2^2 = s_0\cos 2\gamma\cos 2\chi = -s_0\cos 2\psi$$

$$s_2 = 2a_1a_2\cos\Delta = s_0\cos 2\gamma\sin 2\chi = s_0\sin 2\psi\cos\Delta$$

$$s_3 = a_1a_2\sin\Delta = s_0\sin 2\gamma = s_0\sin 2\psi\sin\Delta \tag{30a}$$

$$s_0^2 = s_1^2 + s_2^2 + s_3^2 \tag{30b}$$

s_0 entspricht der Strahlungsintensität.

Der Zusammenhang zwischen den Stokes Parametern γ,χ und Ψ,Δ läßt sich übersichtlich mit Hilfe der Poincare' Sphäre darstellen (Abb.3.11).

Passiert polarisierte Strahlung eine optische Anordnung, so ändert sich der Polarisationszustand. Diese Veränderung läßt sich berechnen, indem die

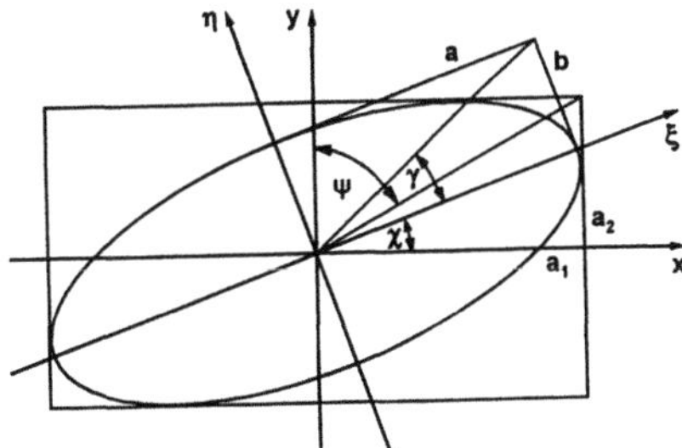

Abb. 3.10. Verknüpfung von charakteristischen Parametern der Polarisationsellipse mit den Stokes Parametern

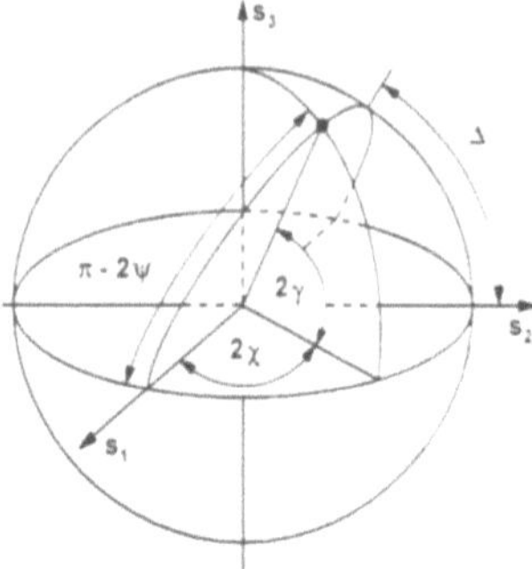

Abb. 3.11. Die Poincare' Kugel zur räumlichen Darstellung der Stokes Parameter

Stokes Parameter zu einer 1-Spaltenmatrix geordnet werden und diese 4×1 Matrix mit der 4×4 Müller-Matrix $-M-$, die die optische Anordnung charakterisiert, multipliziert wird [5].

$$s_{neu} = M s_{alt}$$

Die Müller Matrix läßt sich aus den Daten der optischen Anordnung (z.B. Polarisator, Spiegel) herleiten. Bezüglich der Einzelheiten sei aber auf die Spezialliteratur verwiesen [4,5].

3.5.2 Teilpolarisierte Strahlung

Die elektromagnetische Strahlung kann alle Zustände annehmen, die zwischen unpolarisiert und vollständig polarisiert liegen. Bisher wurde von vollständig polarisierter Strahlung ausgegangen. Auch elliptische polarisiertes Licht ist vollständig polarisiert. Für total polarisierte Strahlung gilt insbesondere die Beziehung (30b).

Enthält nun das Licht auch unpolarisierte Anteile, so gilt für den Stokes Parameter s_0, der die Gesamtintensität kennzeichnet, der Zusammenhang:

$$s_0 = s_{0u} + s_{0p} = s_{0u} + \sqrt{s_1^2 + s_2^2 + s_3^2}$$

$s_{ou} =$ Intensität des unpolarisierten Anteils
$s_{op} =$ Intensität des polarisierten Anteils

Der Polarisationsgrad ist somit definiert als:

$$P = \frac{s_{0p}}{s_0} = \frac{\sqrt{s_1^2 + s_2^2 + s_3^2}}{s_0} \leqslant 1 \tag{31a}$$

Unter Verwendung der Gleichungen (30a) läßt sich der Polarisationsgrad als Funktion von Ψ und Δ darstellen

$$P = \sqrt{\cos^2 2\psi + \sin^2 2\psi(\cos^2\Delta + \sin^2\Delta)}$$

$$(31b)$$

Der Ausdruck (31b) ist identisch eins.

Der reale Meßprozeß führt aber zu einer Mittelung über $\cos\Delta$ und $\sin\Delta$, so daß von der Summe

$$\overline{(\cos\Delta)}^2 + \overline{(\sin\Delta)}^2$$

ausgegangen werden muß. Die Summe der Quadrate dieser Mittelwerte variiert zwischen Null und Eins. Der Polarisationsgrad nach (31b) kann daher Werte zwischen $0 \leqslant P \leqslant 1$ annehmen.

Es ist von besonderem praktischen Interesse den mit der Phase verknüpften Anteil als Polarisationsgrad der Phase zu definieren:

$$P_{Ph} = \sqrt{\overline{(\cos\Delta)}^2 + \overline{(\sin\Delta)}^2} = \sqrt{\frac{s_2^2 + s_3^2}{s_0^2 - s_1^2}}$$

$$(32)$$

P_{Ph} ist identisch mit dem Betrag des Kohärenzgrades nach Born und Wolf [3].

P_{Ph} ist eine wichtige Größe zur Beurteilung der Probe und der Qualität der Messung. So ist z.B. der Reflex von der Rückseite eines Halbleiter — Wafers depolarisiert. Δ kann daher als phasenbestimmter Wert ohne Einfluß des Rückreflexes berechnet werden. Der Anteil des Rückreflexes am intensitätsbestimmten Wert für $\tan\Psi$ kann auf Grund von P_{Ph} charakterisiert werden [27].

4 Literaturverzeichnis

1. Beattie JR, Conn GKT (1955) Phil. Mag. 46:222, Beattie JR (1955) 46: 235
2. Bergmann L, Schaefer Cl (1966) Lehrbuch der Experimental-Physik, Matossi, F., Optik, Bd. 3, Walter de Gruyter, Berlin
3. Born M, Wolf E (1964) Principles of Optics, Pergamon Press, Oxford
4. Röseler A (1990) Infrared Spectroscopic Ellipsometry, Akademie-Verlag, Berlin
5. Azzam RMA, Bashara NM (1977) Ellipsometry and Polarized Light, North-Holland Publ. Comp., Amsterdam,
6. Röseler A, Molgedey W (1984) Infrared Phys. 24:1
7. Dignam, MJ, Baker, MD (1981) Appl. Spectr. 35:186
8. Leonard A.Th, Loomis J, Harding KG, Scott M (1982) Optical Engineering 21:971
   Leonard Th.A, Stubbs J, Loomis JS (1982) Optical Thin Films, Spie 325: 149
9. Canillas A, Pascual E, Drevillon B (1993) Rev. Sci. Instrum. 64: 2153
10. Röseler A (1981) Infrared Physics. 21: 349
11. Röseler A (1982) Optik 60:237 Röseler, A (1982) Optik 61:117
12. Dittmar G, Offermann V, Pohlen M, Grosse P (1993) Thin Solid Films 233: 234: 346
13. Aspnes DE (1985) Handbuch of Optical Constants of Solids, Ed. Palik, ED. (1985) Academic Press Inc., New York, 89
14. Röseler A, Korte H (1995) J. Mol. Structure 349: 321
15. Abeles F (1950) Ann. de Physique 5:596 Abeles, F (1950): Ann. de Physique 5: 706

16. Reinberg AR (1972) Appl. Opt. 11: 1273
17. Berreman DW (1963) Phys. Rev. 130: 2193 Berreman DW Proc. Int. Conf. on Lattice Dynamics Copenhagen, Ed. Wallis, RF (1963), Pergamon, Oxford
18. Harbecke B, Heinz B, Grosse P (1985) Appl. Phys. A 38: 263
19. Wang KA, Rao AM, Eklund PC, Dresselhaus MS, Dresselhaus G (1993) Phys. Rev. B 48: 11375
20. Weidner M, Röseler A, Eichler M (1993) Thin Solid Films 234: 337
21. Harrick NJ (1967) International Reflexion Spectroscopy, Wiley-Intersience, New York
22. Mirabella FM (1985) Appl. Spectroscopy. Rev. 21: 45
23. Wolter H (1956) Encyclopedia of Physics, Ed. Flügge, S, Vol 24, Springer Verlag, Berlin,
24. Korte H, Röseler A (1995) Infrared and Raman Spectroscopy, Ed. Schrader, B, VCH Weinheim
25. Zhizhin GN, Vinogradov EA, Moskalova MA, Yakovlev VA (1982/83) App. Spectroscop. Rev. 18.171
26. Otto A (1965) Z. Physik 185: 233 Otto A (1968): Z. Physik 216: 398

Gewinnung medizinisch-diagnostischer Proben

Wolfgang Vogt

Institut für Laboratoriumsmedizin, Deutsches Herzzentrum München des Freistaates Bayern – Klinik an des Technischen Universität München – , Lothstr. 11, D-80335 München

1	Allgemeines	132
1.1	Untersuchungsmaterialien	132
1.2	Stör- und Einflußgrößen	134
1.2.1	Statistische Signifikanz – Klinische Relevanz	134
1.2.2	Klinisch relevante Kurzzeiteffekte	135
1.2.2.1	Episodische Schwankungen und circadiane Rhythmen	135
1.2.2.2	Sportliche Aktivitäten oder Schwerarbeit	137
1.2.2.3	Dehydrierung oder Hyperhydrierung	137
1.2.2.4	Durch die Körperlage hervorgerufene Veränderungen	137
1.2.2.5	Nahrungsaufnahme	138
1.2.2.6	Iatrogene Einflüsse	138
1.2.2.6.1	Therapeutische Maßnahmen	138
1.2.2.6.2	Diagnostische Maßnahmen und Funktionsteste	139
1.2.2.6.3	Stressoren	139
1.2.2.6.4	Vorher abgelaufene diagnostische Maßnahmen	139
1.2.3	Eliminationsmöglichkeiten	139
2	Die Untersuchungsmaterialien und ihre Gewinnung	140
2.1	Blut	140
2.1.1	Zielmaterial	141
2.1.1.1	EDTA-Blut	141
2.1.1.2	Citratblut	141
2.1.1.3	Serum	141
2.1.1.4	Citratplasma	141
2.1.1.5	EDTA-Plasma	141
2.1.1.6	Heparinplasma	142
2.1.1.7	Sonderbedingungen	142
2.1.1.7.1	Für Blutglukosebestimmung	142
2.1.1.7.2	Für Laktatbestimmung	142
2.1.1.7.3	Für Blutgasbestimmung	142
2.1.1.7.4	Andre	142
2.1.2	Fehlermöglichkeiten	142
2.1.3	Materialgewinnung	144
2.1.3.1	Venöse Blutabnahme	144
2.1.3.2	Kapillarblutentnahme	145
2.2	Ausscheidungen	145
2.2.1	Urin	145
2.2.1.1	Spontanurin	145
2.2.1.1.1	Mittelstrahlurin	145
2.2.1.1.2	Punktions- und Katheterurin	145
2.2.1.3	Sammelurin	146
2.2.2	Stuhl	147

2.2.2.1   Spontanproben für qualitative Untersuchungen 147
2.2.2.2   Sammelstuhl für quantitative Untersuchungen 147
2.3   Sonstige Flüssigkeiten 148
2.3.1   Punktate 148
2.3.1.1   Liquor cerebrospinalis 148
2.3.1.2   Pleurapunktat 148
2.3.1.3   Perikardpunktat 149
2.3.1.4   Peritonealpunktat 149
2.3.1.5   Fruchtwasser 149
2.3.1.6   Zystenflüssigkeit 149
2.3.1.7   Gelenkpunktat 149
2.3.2   Sekrete 149
2.3.2.1   Speichel 149
2.3.2.2   Nasensekret 150
2.3.2.3   Tränenflüssigkeit 150
2.3.2.4   Magensekret 150
2.3.2.5   Duodenalsekret 150
2.3.2.6   Galle 150
2.3.2.7   Milch 151
2.3.2.8   Schweiß 151
2.3.3   Bronchoalveoläre Lavage 151
2.4   Funktionsteste 151

3   Probenidentifikation und besondere Kennzeichnung 151

4   Aufbewahrung nicht-prozessierter Proben 152

5   Rechtliche Fragen im Zusammenhang mit der Probennahme . . . 152
5.1   Vornahme von Eingriffen zur Gewinnung von Untersuchungsmaterial 152
5.2   Entnahme von Probenmaterial und Einwilligung des Patienten . . 152
5.3   Weiterverwendung von Restmaterial 153

6   Literatur 153

1 Allgemeines

Die fachgerechte Gewinnung von Untersuchungsmaterial ist für die Zuverlässigkeit von Untersuchungsbefunden von essentieller Bedeutung. Vergleichbar dem Fundament eines Gebäudes ist alle weitere Bemühung sinnlos, wenn an dieser Stelle fehlerhaft vorgegangen wird.

Der vorliegende Beitrag beschränkt sich auf die Untersuchungsmaterialien und ihre Gewinnung, die in klinisch-chemischen Instituten untersucht werden, er klammert bewußt die besonderen Bedingungen aus, die für die Anzüchtung und den Nachweis von Mikroorganismen (Bakterien, Viren, Pilze) erforderlich sind.

1.1 Untersuchungsmaterialien

Viele verschiedene Materialien werden in klinisch-chemischen Laboratorien untersucht (s. Tabelle. 1). Allerdings unterscheiden sie sich deutlich hinsichtlich ihrer Häufigkeit.

Tabelle 1. Untersuchungsmaterialien

Blut
  Vollblut
    EDTA-Blut
    Citratblut
  Serum
  Plasma
    Citratplasma
    EDTA-Plasma
    Heparinplasma
  Sonderbedingungen
    Blutglukose
    Laktat
    Blutgase
    Andre

Ausscheidungen
  Urin
    Spontanurin
    Sammelurin
  Stuhl
    Spontanproben
    Sammelstuhl

Sonstige Flüssigkeiten
  Punktate
    Liquor cerebrospinalis
    Pleurapunktat
    Perikardpunktat
    Peritonealpunktat
    Fruchtwasser
    Zystenflüssigkeit
    Gelenkpunktat
  Sekrete
    Speichel
    Nasensekret
    Tränenflüssigkeit
    Magensekret
    Duodenalsekret
    Galle
    Milch
    Schweiß
  Bronchoalveoläre Lavage

Venöses Blut ist das am meisten verwendete Material (85%). Kapillarblut wird in der Erwachsenenmedizin nahezu ausschließlich für die Bestimmung der Glukose verwendet, das gilt auch weitgehend für Proben pädiatrischer Patienten. Urinproben sind mit etwa 12% wesentlich weniger häufig, ein Viertel davon als Sammelurin für quantitative Bestimmungen. Stuhl und sonstige Flüssigkeiten betragen anteilig zusammen nur etwa 3%.

Weitere Materialien sind Gewebeproben, Mageninhalt oder Hautanhangsgebilde wie Haare für toxikologische Untersuchungen [1].

1.2 Stör- und Einflußgrößen

Bei der Probennahme kann das zu untersuchende Körpermaterial durch verschiedene Einflüsse in seiner Zusammensetzung verändert werden, nämlich:

1) den Zustand des Patienten und
2) die Probennahme.

In-vivo-Einflüsse (Einflußgrößen) werden von in-vitro-Effekten (Störgrößen) unterschieden. Bezüglich ihrer Art gibt es krankheitsverursachte, physiologische, iatrogene und durch die Probenmanipulation bewirkte Einflüsse.

Besonders intensiv befaßte man sich mit Einflüssen auf klinisch-chemische Meßgrößen in den 60iger und frühen 70iger Jahren, wohl als Konsequenz des Problems der Definition von Referenzbereichen. Viele dieser Einflüsse sind aber eher marginal. Obwohl diese Erkenntnisse seit mehr als zwei Jahrzehnten existieren und seit vielen Jahren im Studentenunterricht vermittelt werden, besteht bei den Ärzten der bettenführenden Abteilungen immer noch ein deutliches Wissensdefizit.

Die Ergebnisse von Laboratoriumsuntersuchungen werden stärker durch in-vivo-und in-vitro-Einflüsse verändert als durch analytische, durch das Laboratorium zu verantwortende Fehler. Deshalb müssen jene bereits während der Planung und Anforderung von Laboruntersuchungen bedacht werden, um sie so weit wie möglich vermeiden zu können [2]. Ein wesentlicher Schritt zur Vermeidung ist die Standardisierung von Probennahmebedingungen.

Sind die Einflüsse nicht ausschaltbar, müssen sie bei der Interpretation berücksichtigt werden.

Im folgenden werden nur Kurzzeiteinflüsse diskutiert, also solche, die im engeren zeitlichen Zusammenhang mit der Probennahme stehen.

1.2.1 Statistische Signifikanz – Klinische Relevanz

Viele der in der Literatur angegebenen *statistisch signifikanten* Kurzzeiteinflüsse sind in der täglichen Routine ohne Belang. Die Frage ist nämlich in der Klinik nicht, ob unter bestimmten, unterschiedlichen Bedingungen statistisch nachweisbar Effekte beobachtet werden können, sondern ob diese *klinisch relevant* sind.

Zur Beurteilung der individuellen Situation eines Patienten sind Angaben über das Ausmaß der Wirkung von Einflußgrößen auf klinisch-chemische Meßgrößen nötig. Solche Informationen kann man allerdings kaum in diesen Publikationen finden. Darüber hinaus wurden die meisten Ergebnisse dieser Art bei gesunden Versuchspersonen erhoben. Es ist aber nicht erlaubt, Schlüsse von der Reaktion eines homöostatisch balancierten Organismus auf die Situation eines kranken, dysbalancierten zu übertragen.

Ein weiterer Nachteil vieler Arbeiten auf diesem Sektor ist die Angabe relativer Abweichungen. So beschreiben Freer und Statland [3] relative Abweichungen in Höhe von 50% der Aktivität der γ-GT bei freiwilligen Versuchspersonen nach akutem Alkoholgenuß. Der zunächst sehr eindrucksvolle Anstieg der Enzymaktivitäten im Serum relativiert sich jedoch, wenn man von den relativen auf die absoluten Werte zurückrechnet (Anstieg der γ-GT-Aktivität lediglich von 2 auf 3 U/l). Die obere Referenzbereichsgrenze dürfte bei der verwendeten Reaktionstemperatur etwa 40 U/l betragen haben. Eine solche Veränderung ist natürlich diagnostisch ohne jeden Zweifel irrelevant.

Zunächst muß also beantwortet werden, was klinische Relevanz bedeutet. Leider fehlen bis heute klar definierte Kriterien für den Begriff der klinischen Relevanz. Wenn die Erkrankung selbst der bei weitem größte Einflußfaktor ist, dann ist der Beitrag der anderen Stör- und Einflußgrößen vernachlässigbar. Wenn die Einflüsse der Erkrankung unter Beobachtung quantitativ den störenden Einflüssen sehr ähnlich sind, dann hingegen wird das Problem außerordentlich groß. In-vivo-und in-vitro-Einflüsse verbreitern die Zone der diagnostischen Unsicherheit.

Um das Bemühen der gern zitierten klinischen Erfahrung zu vermeiden, kommt man trotz der vorhin ausgeführten Probleme nicht umhin, sich doch auf relative Abweichungen zurückzuziehen. In vielen Fällen muß man einen Anstieg oder Abfall um mehr als 20%, bezogen auf den Ausgangswert, als klinisch relevant bezeichnen. Einige Beispiele sollen das erläutern.

Für vier klinisch-chemische Serum-Meßgrößen (Kreatinin, Gesamtkalzium, Gesamteiweiß und Natrium) ist die gesamte Meßwertverteilung eines 2-Jahres-Intervalls in einem großen Universitätskrankenhaus gezeigt [4] (Abb. 1a–d). Jeder Bereich ist in drei Unterbereiche gegliedert, nämlich den üblichen Referenzbereich klinisch nicht kranker Personen, in einen Bereich "obere Referenzbereichsgrenze +20%" bzw. "untere Referenzbereichsgrenze −20%" und in einen Bereich außerhalb dieser Grenzen. Für Kreatinin, bestimmt mit der nicht spezifischen Pikratmethode, ist die obere 20%- Zone zwischen 1,2 und 1,4 mg/dl. Sie bewegt sich somit innerhalb der diagnostischen Grauzone und ist deshalb sicherlich noch nicht klinisch relevant. Für Kalzium bedeutet hingegen ein Anstieg oder Abfall um 20% bei Ergebnissen im Grenzbereich eine Hypo- bzw. Hyperkalzämie mit 1,8 bzw. 3,1 mmol/l.

Bei Gesamtprotein führt ein Anstieg von 20% bei 8 g/dl zu einem Wert von 9,6 g/dl, der im Beobachtungszeitraum nicht gemessen wurde.

Das eindrucksvollste Beispiel ist Natrium. Innerhalb der angebenen Zeitperiode wurde niemals ein Wert unter 106 oder über 186 mmol/l gemessen.

Eine Veränderung von ± 20% an einer Entscheidungsgrenze ist demnach meist klinisch relevant.

1.2.2 Klinisch relevante Kurzzeiteffekte

1.2.2.1 Episodische Schwankungen und circadiane Rhythmen

Viele Meßgrößen zeigen Kurzzeitveränderungen, die entweder episodisch (zufällig oder an den Schlaf-Wach-Rhythmus gebunden) oder als circadiane Rhythmen auftreten.

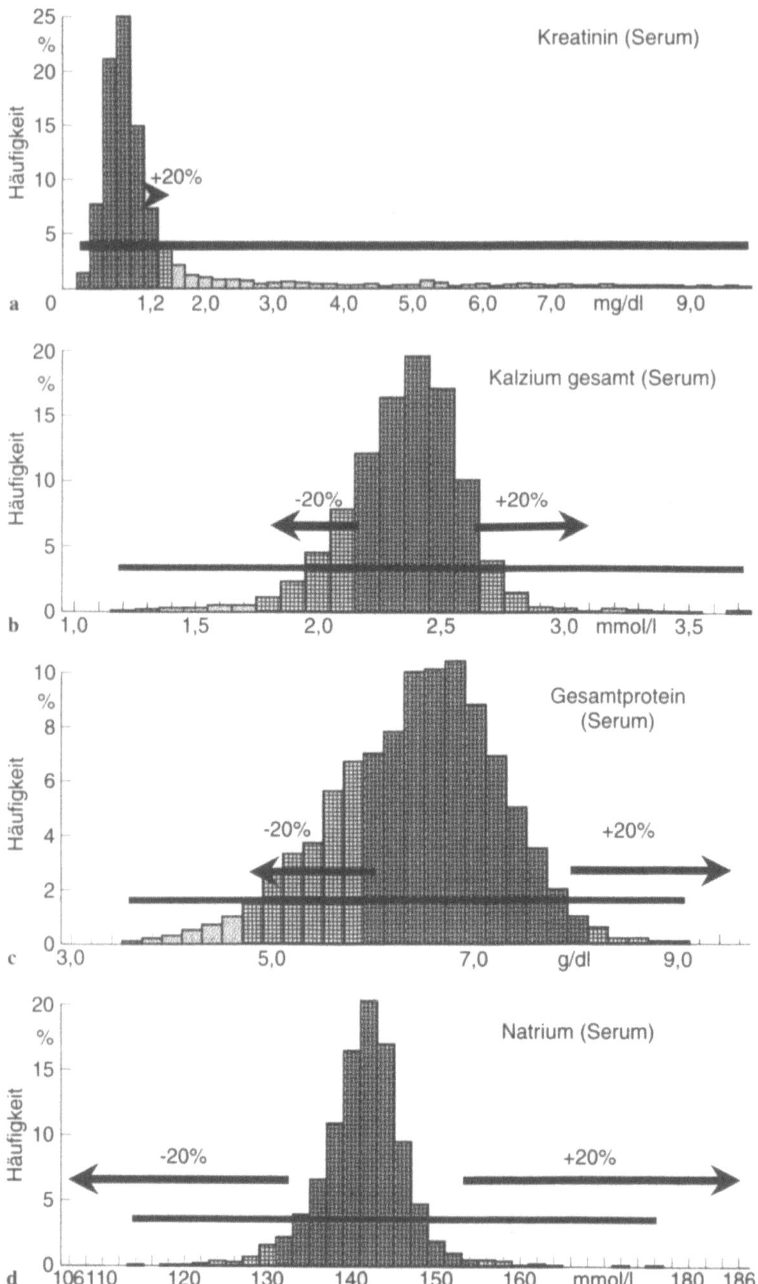

Abb. 1a – d. Häufigkeitsverteilungen der in einem 2-Jahresintervall in einem grossen Universitätsklinikum gemessenen Serum-Meßwertkonzentrationen (Datenbasis in[4]) von Kreatinin, Gesamtkalzium, Gesamtprotein und Natrium. Die Pfeile kennzeichnen den Bereich obere bzw. untere Referenzbereichsgrenze ± 20%. Die durchgezogene Linie gibt den gesamten, im genannten Intervall gemessenen Bereich an

Die Serumeisenkonzentration zeigt starke Veränderungen innerhalb eines Tages und von Tag zu Tag [5]. Bei gesunden Probanden können Konzentrationen zwischen 75 und 270 µg/dl beobachtet werden. Damit wird auch der sehr begrenzte Wert der Eisenbestimmung als diagnostische Kenngröße deutlich.

Am bekanntesten ist sicher der circadiane Rhythmus von Cortisol. Er wird zusätzlich noch von episodischen Sekretionen überlagert.

Die Antwort auf die orale Applikation von 100 g Glukose hängt stark von der Tageszeit ab [6]. Die Ausgangswerte zwischen Morgen- und Nachmittagsprobennahme sind vergleichbar. Beim Zwei-Stunden-Wert zeigen sich jedoch große Differenzen. Von den zehn untersuchten Probanden hatten am Vormittag nur zwei eine verminderte Glukosetoleranz, während am Nachmittag neun Probanden derartige Veränderungen zeigten.

1.2.2.2 Sportliche Aktivitäten oder Schwerarbeit

Sportliche Aktivitäten oder Schwerarbeit kurz vor der Blutabnahme führen zu Veränderungen verschiedener Parameter.

Starke körperliche Beanspruchung kann Ursache von Lang- und Kurzzeiteinflüssen sein. Sportliche Aktivitäten führen zur Hämokonzentration durch Wasserverlust (Schwitzen) und Shift von Wasser und filtrierbaren Bestandteilen vom intravasalen in das interstitielle Kompartiment. Langdauernde Aktivitäten führen hingegen zu einer ausgeprägten Hämodilution [7]. Der Effekt hängt von Stärke und Dauer der Aktivität ab. Nach einem Langstreckenlauf kann immer Hämolyse beobachtet werden, die zu einer Verminderung der Haptoglobin-Serumkonzentration führt [7]. Nach einer ausgeprägten physischen Anstrengung steigen die Leukozytenzahlen auf das Doppelte des Ausgangswertes. Werte bis 30 G/l wurden beobachtet [7].

Einen Tag nach einem einstündigen Handballspiel waren die muskulären Enzyme CK, GOT und LDH deutlich erhöht [8].

1.2.2.3 Dehydrierung oder Hyperhydrierung

Dehydrierung oder Hyperhydrierung können als physiologische oder als pathologische Einflußgrößen betrachtet werden.

Die Aldosteronserumkonzentration und die Plasmareninaktivität reagieren stark auf Hydratationszustand und Orthostase.

1.2.2.4 Durch die Körperlage hervorgerufene Veränderungen

Durch die Körperlage hervorgerufene Veränderungen werden häufig unterschätzt. Änderungen der Körperlage beeinflussen deutlich die Konzentration von Zellen, Lipiden, Proteinen und all denjenigen Substanzen, die an Proteine gebunden sind wie Kalzium, Hormone oder Arzneimittel. Der Konzentrationsanstieg ist bei Patienten mit Odemen oder Ödemneigung noch ausgeprägter [9] (Abb. 2). Änderungen der Gesamteiweißkonzentration bis zu 20% können

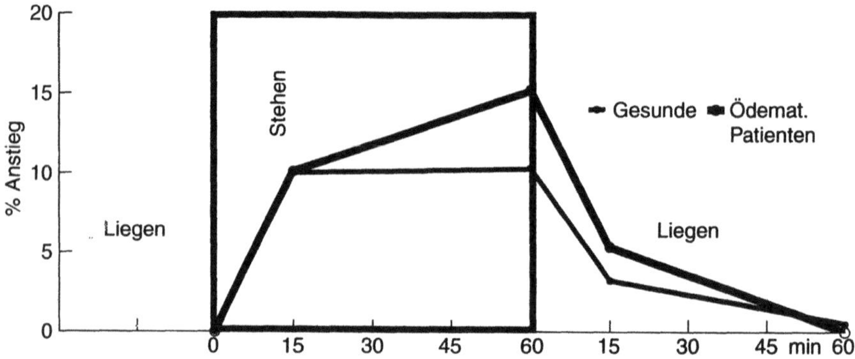

Abb. 2. Einfluss der Änderung der Körperlage auf die Serumeiweisskonzentration bei gesunden Versuchspersonen und Patienten mit Ödemneigung (nach[7])

beobachtet werden. Die Veränderungen sind aber bei den einzelnen Individuen sehr unterschiedlich (7–20%). Nach 15 Minuten Liegen sind die Konzentrationen wieder deutlich abgefallen. Nach einer Stunde Liegen haben sie im Mittel wieder den Ausgangswert erreicht.

Bei zehn gesunden Laboranten wurde um 17 Uhr Blut nach der Arbeit abgenommen [10]. Nach einer Stunde Liegen erfolgte eine zweite Blutabnahme. Die Hämoglobinkonzentration fiel im Mittel um 7% von 13,6 g/dl auf 12,6 g/dl. Der Grund hierfür ist die Dilution aller nicht filtrierbaren Bestandteile durch eine Retransfusion des Plasmawassers aus dem interstitiellen Raum.

Da die individuelle Reaktion eines Patienten nicht vorhersagbar ist, muß man grundsätzlich mit durch Körperlage bedingten Veränderungen in Höhe von 20% oder gegebenenfalls auch mehr rechnen.

1.2.2.5 Nahrungsaufnahme

Nahrungsaufnahme kurz vor der Blutentnahme kann Lipämie und so meßbare Trübung verursachen. Glukose, Eisen und anorganisches Phosphat steigen an.

1.2.2.6 Iatrogene Einflüsse

Iatrogene Einflüsse können in-vivo und in-vitro wirksam werden.

1.2.2.6.1 Therapeutische Maßnahmen

Therapeutische Maßnahmen (konservativ, chirurgisch oder radiotherapeutisch) können klinisch-chemische Meßgrößen außerordentlich verändern und ihre Interpretation unmöglich machen.

Eine Vielzahl von Arzneimitteln interferiert direkt mit den analytischen Methoden oder indirekt über den Patienten [11,12].

Chirurgische Eingriffe führen üblicherweise zu einem Anstieg von Muskelenzymen, einer Erhöhung der Serum-Aldosteronkonzentration und einem Abfall des Cholesterins.

Zellnekrosen nach Radiotherapie bei Tumoren führen zu einer Erhöhung der Serum-Harnsäurekonzentration.

1.2.2.6.2 Diagnostische Maßnahmen und Funktionsteste
Diagnostische Maßnahmen und Funktionsteste können die Meßgrößen direkt oder indirekt beeinflussen.

Bereits die Wahl des Untersuchungsmaterials kann Konsequenzen haben. Bekanntlich ist die Glukosekonzentration in Kapillar- und arteriellem Blut nach Glukosebelastung höher als in venösem Blut.

1.2.2.6.3 Stressoren
Schmerz ist ein sehr effektiver Stressor. Direkt nach dem Legen einer Plastikverweilkanüle für einen endokrinologischen Funktionstest ist die Cortisolserumkonzentration bei allen Patienten, verglichen mit der Abnahme 15 Minuten später, höher als der Ausgangswert.

1.2.2.6.4 Vorher abgelaufene diagnostische Maßnahmen
Röntgenkontrastmittel können die Messung von Gesamtprotein in-vitro stören oder die Ausscheidung von Harnsäure vergleichbar der Wirkung von Probenecid in-vivo verstärken.

Bestimmte *endokrinologische Funktionsteste* können nicht sofort wiederholt werden. So müssen z.B. zwei Wochen zwischen zwei TRH-Tests liegen.

1.2.3 Eliminationsmöglichkeiten

Auch nach der Selektion hinsichtlich der klinischen Relevanz bleibt noch eine relativ große Anzahl von in-vivo- und in-vitro-Effekten übrig, die notwendigerweise nach Möglichkeit eliminiert oder zumindest durch Standardisierung der Bedingungen bei der Probengewinnung minimiert werden müssen.

Die Situation ist für die drei verschiedenen Arten von Patienten (stationäre, ambulante und Notfallpatienten) sehr unterschiedlich.

Stationäre Patienten leben unter eher uniformen Bedingungen, die bis zu einem gewissen Grad manipuliert werden können. Der für den Patienten direkt verantwortliche Arzt kann relativ leicht informiert und gegebenenfalls in seinem Verhalten beeinflußt werden.

Im Gegensatz hierzu leben die *ambulanten Patienten* ihr eigenes Leben. Ein niedergelassener Laborarzt hat nur wenig Möglichkeiten, die einsendenden Kollegen zu beeinflussen. Restriktive Maßnahmen wären zwar auch dort möglich, sind aber aus leicht einsehbaren Gründen wohl nicht zu empfehlen.

Beim aktuellen *Notfall* kann selbstverständlich nur die Probennahmetechnik optimiert werden, alle anderen Bedingungen sind vorgegeben.

Episodische Schwankungen können bei allen Arten von Patienten nicht eliminiert werden. Im Gegensatz hierzu ist es jedoch möglich, bei regelmäßig wiederkehrenden Veränderungen wie *circadianen Rhythmen* die Probennahme daran zu orientieren und immer zur selben Tageszeit abzunehmen. *Starke körperliche Beanspruchung* vor der Probennahme kann bei hospitalisierten Patienten vermieden werden, aber nahezu nicht bei ambulanten und nicht bei Notfallpatienten. Der *Hydratationszustand* und die *Körperlage* können bei stationären Patienten kontrolliert werden, nicht so bei ambulanten und Notfallpatienten. Blutabnahme am *nüchternen Patienten* kann sowohl bei stationären als auch bei ambulanten Patienten eingehalten werden. Inwieweit übermäßige *Alkoholzufuhr* bei ambulanten Patienten kontrolliert werden kann, bleibt offen, da es selbst im Krankenhaus nicht einfach ist, entsprechende Abstinenz zu erreichen.

Für endokrinologische Diagnostik ist es häufig unabdingbar, eine spezifische *Therapie* vor der Diagnostik *abzusetzen*. Die Diagnose einer arteriellen Hypertonie unter Therapie ergibt zwangsläufig diagnostisch fragliche Ergebnisse. Störende, *diagnostische, vorher durchgeführte Maßnahmen* können später nicht mehr revidiert werden. Diese Einflüsse können nur dadurch vermieden werden, daß ein klares Programm hinsichtlich der einzelnen diagnostischen Schritte besteht.

Ein Weg, die Kenntnis über Stör- und Einflußgrößen in der täglichen Praxis an den Arzt am Krankenbett heranzutragen, ist sicherlich dessen *ständige Information*. Unglücklicherweise geht nämlich die Information in einem Krankenhaus innerhalb von 4-6 Monaten verloren.

Der zweite Weg ist die *Ablehnung von Untersuchungsmaterial*, das erkennbar nicht unter korrekten Bedingungen gewonnen wurde.

2 Die Untersuchungsmaterialien und ihre Gewinnung [13,14]

2.1 Blut

Blut ist als einfach zugängliches Untersuchungsmaterial und wegen der Tatsache, daß es als Verteilsystem extrazellulärer Bestandteile ein Spiegelbild der Stoffwechselvorgänge im Organismus darstellt, das am häufigsten untersuchte Material. Die Untersuchung der weitaus meisten Meßgrößen erfolgt aus dem zellfreien Überstand nach Zentrifugation. Deshalb muß für diese Zwecke das Blut entweder vollständig gerinnen (Erzeugung von Serum) oder durch Zusätze ungerinnbar gemacht werden (Erzeugung von Plasma).

Die venöse Blutabnahme ist die Abnahme der Wahl. Blut aus Arterien hämolysiert wesentlich leichter. Zudem ist die Punktionstechnik aufwendiger und für den Patienten belastender sowie risikoreicher. Wird für Untersuchungen von Meßgrößen mit großer arterio-venöser Differenz (z.B. Blutglukose,

Blutgase) arterielles Blut benötigt, so wird kapillär nach Hyperämisierung abgenommen, da Kapillarblut nahezu arterielle Verhältnisse bietet.

2.1.1 Zielmaterial

2.1.1.1 EDTA-Blut

Für hämatologische Untersuchungen (z.B. kleines Blutbild, morphologische Differenzierung des peripheren Blutes) wird Vollblut verwendet. Die Gerinnung wird durch Zugabe von K-EDTA (1–2 mg/ml Blut) gehemmt. Mehrstündiges Stehen führt zu Artefaktbildung bei den Leukozyten.

2.1.1.2 Citratblut

Citratblut (3,8-proz. wässrige Tri-Na-Citratlösung + Vollblut, 1 + 4, V/V) wird für die Untersuchung der Blutkörperchensenkungsgeschwindigkeit eingesetzt.

2.1.1.3 Serum

Für nahezu alle klinisch-chemischen Untersuchungen eignet sich Serum als Untersuchungsmaterial. Vor der Zentrifugation muß das Blut vollständig gerinnen, da sonst Hämolyse eintritt. Die Gerinnung wird in Kunststoffgefäßen durch Zugabe oberflächenaktiver Substanzen gefördert (z.B. Kaolin). Der Gerinnungsvorgang dauert etwa 20 bis 60 min.

Da der Proteingehalt des Serums geringer ist als der des Plasmas, ist grundsätzlich die Konzentration aller Meßgrößen höher. Dies ist aber klinisch nicht relevant. Dieser Effekt wird bei den Meßgrößen noch verstärkt, die während des Gerinnungsvorgangs aus Thrombozyen oder Erythrozyten freigesetzt werden (saure Phosphatase, Hämoglobin, LDH kalium).

2.1.1.4 Citratplasma

Citratplasma (3,8-proz. wässrige Tri-Na-Citratlösung + Vollblut, 1 + 9, V/V) wird für Untersuchungen des Gerinnungssystems verwendet, bei EDTA-bedingten Pseudothrombozytopenien auch für die Thrombozytenbestimmung mit anschließender Volumenkorrektur.

2.1.1.5 EDTA-Plasma

Es gelten die gleichen Vorgaben wie für EDTA-Blut (s.2.1.1.1.). Zur Bestimmung von Ammoniak muß dessen in-vitro-Freisetzung zusätzlich durch sofortige Kühlung des Probenmaterials verhindert werden.

2.1.1.6 Heparinplasma

Zusatz von Li-Heparinat oder seltener NH_4-Heparinat (12–30 IE/ml Vollblut) hemmt die Gerinnung. Der Vorteil ist, daß nicht vor der Zentrifugation erst die vollständige Gerinnung abgewartet werden muß. Dies ist besonders für Eiluntersuchungen wichtig. Allerdings können einige Untersuchungen aus diesem Material nicht durchgeführt werden (z.B. saure Phosphataseaktivität, Serumproteinelektrophorese, NH_4 bei Verwendung von NH_4-Heparinat, Li bei Verwendung von Li-Heparinat).

2.1.1.7 Sonderbedingungen

Für einige Bestimmungen müssen zur Hemmung von in-vitro-Reaktionen besondere Zusätze verwendet werden.

2.1.1.7.1 Für Blutglukosebestimmung

Um die Glykolyse im Reagenzglas zu blockieren, werden als Zusätze Perchlorsäure (1ml $HClO_4$ + 0.1 ml Vollblut, Proteinfällung) oder Natriumfluorid (2–3 mg/ml Vollblut) verwendet.

2.1.1.7.2 Für Laktatbestimmung

Zur Verhinderung des Laktatabbaus wird Natriumfluorid (2–3 mg/ml Vollblut) zugegeben.

2.1.1.7.3 Für Blutgasbestimmung

Zur Verhinderung der Gerinnung wird Li-Heparinat verwendet. Da die Umgebungsluft die Meßergebnisse verfälschen würde, muß in gasdichten Spritzen oder Glaskapillaren abgenommen werden.

2.1.1.7.4 Andre

Für einzelne Meßgrößen müssen besondere Maßnahmen getroffen werden. Sollen zum Beispiel bei der Thrombusbildung in vivo freigewordene Thrombozytenbestandteile im Plasma bestimmt werden, muß deren Freisetzung nach der Blutabnahme verhindert werden.

2.1.2 Fehlermöglichkeiten

Abhängig von *Dauer und Ausmaß der venösen Stauung* können Veränderungen beobachtet werden, die denen bei Orthostase gleichen. Eine sich über fünf Minuten hinziehende Stauung, sicherlich realistisch bei Blutentnahme in mehrere Röhrchen, führt zu einem Anstieg bei den nicht filtrierbaren Bestandteilen (z.B. Zellen, Makromolekülen) im Mittel um etwa 8%, bei einzelnen Probanden jedoch bis zu 20% [15] (Abb. 3).

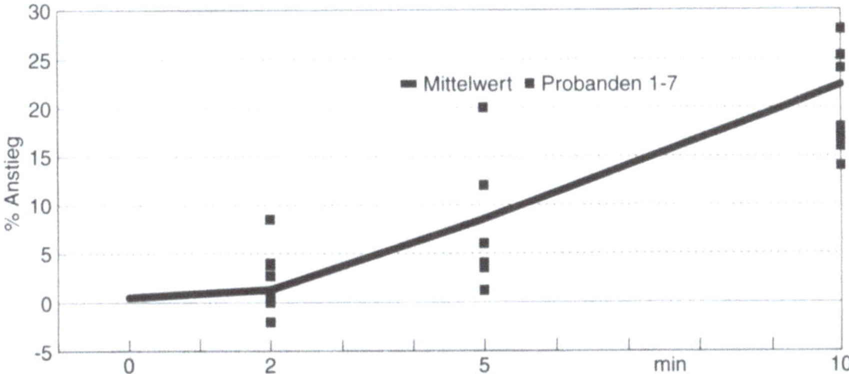

Abb. 3. Einfluß der Dauer venöser Stauung auf die Serumeiweißkonzentration (nach[11])

Die in-vitro-Effekte beginnen an der Spitze der Kanüle. Hohe *Fließge-schwindigkeiten, Turbulenzen und Schaumbildung,* hervorgerufen durch maximale Aspiration, können zu Hämolyse und folglich zu einer Erhöhung von LDH, GOT und Kalium führen. Rauhe Oberflächen des Kanülenlumens verstärken diesen Effekt.

Auch der *Punktionsort* beeinflußt die Konzentration nicht filtrierbarer Bestandteile [16]. Die Gesamtproteinkonzentration ohne Stauung betrug 6,8 g/dl. Nach einer lediglich drei Minuten dauernden Stauung war der Wert auf 7,7 g/dl-angestiegen Die Punktion efolgte in der Ellenbeuge. Dies entspricht einem Anstieg von 13% Nach der gleichen Zeit war die Konzentration an einer Handrückenvene nur 7,3 g/dl (Anstieg um 8%). Der Grund hierfür ist die im Vergleich zur Hand wesentlich größere Muskelmasse des Unterarms. Deshalb kann im Unterarmbereich ein Flüssigkeitsshift mit entsprechender Hämokonzentration wesentlich leichter stattfinden.

Wird das Lumen der Vene bei der Punktion nicht sofort getroffen und wird länger gesucht, so wird durch die dabei aspirierte Gewebsthrombokinase der Gerinnungsvorgang im Probenmaterial gestartet. Dadurch werden die Gerinnungsuntersuchungen unverwertbar verfälscht.

Klinisch implausible Hyperkaliämien können mitunter nur mit kriminalistischer Akribie abgeklärt werden (Abb. 4). Der klinisch nicht erklärbare Anstieg der Kaliumkonzentration auf etwa 7 mmol/l war dadurch verursacht worden, daß auf Station das Blut mit einer Spritze abgenommen und dann in falscher Reihenfolge in kleine Probengefäße gegeben worden war. Ein Tropfen der K-EDTA-Lösung war so aus dem Hämatologieröhrchen in das Plasmaröhrchen transferiert worden und hatte die Kaliumkonzentration verändert.

Bei der Blutabnahme für die Glukosebestimmung mit Glaskapillaren besteht die Möglichkeit der *Kontaminierung* mit Glukose von den Fingern der

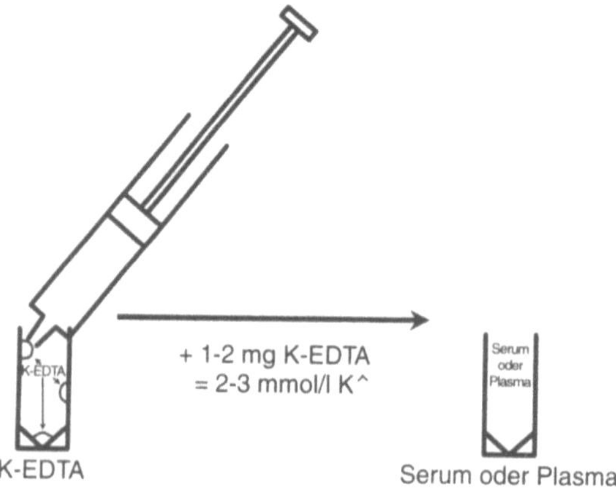

Abb. 4. Transfer von K-EDTA in ein Plasmaröhrchen als Ursache erhöhter Kaliumkonzentration im Serum

abnehmenden Person. Eine so geringe Menge wie 1 µl einer 20-proz. Glukoselösung (z.B. von einer zuvor vorbereiteten Infusion) führt zu einer um 200 mg/dl falsch erhöhten Blutglukosekonzentration).

2.1.3 Materialgewinnung

2.1.3.1 Venöse Blutabnahme

Wenn nicht anders bestimmt, soll die Blutabnahme zwischen 7 und 9 Uhr stattfinden. Die letzten drei Tage vor der Blutabnahme soll keine starke körperliche Beanspruchung stattfinden. Die Blutabnahme erfolgt aus einer nur kurz gestauten Vene der regio cubiti ohne vorhergehendes Armbad und ohne Öffnen und Schließen der Faust (Pumpen) bei nüchternen, stationären Patienten, die mehr als 15 Minuten lagen, bzw. bei nüchternen, ambulanten Patienten, die mehr als 15 Minuten vor der Blutabnahme saßen.

Der Außendurchmesser der Kanüle sollte $\geq 0{,}9$ mm sein, wenn man aspiriert, oder $\geq 1{,}1$ mm, wenn das Blut frei fließen soll. Die Aspiration hat mit Gefühl zu erfolgen. Am besten sind Probenröhrchen aus Einwegmaterial geeignet.

Probennahmegeräte und -gefäße müssen frei von jeder Kontamination sein.

Ist bei Neu- oder Frühgeborenen oder bei Säuglingen die Kubitalvene schlecht auffindbar, können die Schädelvenen punktiert werden.

Das Blut muß in der folgenden *Reihenfolge* abgenommen werden: Serum, Citratplasma, Heparinplasma, zuletzt EDTA-Blut.

Die Abnahmen mit gerinnungshemmendem Zusatz (z.B. für hämatologische und hämostaseologische Untersuchungen) müssen direkt in die hierfür vorgesehenen Probengefäße erfolgen. Nach der Blutabnahme muß sofort vorsichtig, aber gründlich durch Hin- und Herkippen gemischt werden (nicht schütteln!). Blut und die zur Gerinnungshemmung verwendeten Lösungen (z.B. Citratlösung) müssen genau im festgelegten Verhältnis stehen.

Blutabnahmegefäße müssen mit Ausnahme von solchen mit definiertem Volumen mindestens bis zur Hälfte gefüllt sein, damit sie fachgerecht und hämolysefrei zentrifugiert und abgesert werden können.

2.1.3.2 Kapillarblutentnahme

Die Kapillarblutentnahme ist für erwachsene Patienten nur für die Glukosebestimmung von Bedeutung. Die Punktionsstelle sollte nicht gequetscht werden. Der Ort der Abnahme (Finger, Ohrläppchen oder bei Neugeborenen und Säuglingen die Fußsohle) sollte auch bei weiteren Abnahmen beibehalten werden. Die Verwendung von Einmallanzetten erlaubt eine Punktionstiefe von 3 bis 4 mm. Der erste Tropfen muß abgewischt werden. Die Glaskapillaren müssen luftblasenfrei gefüllt werden. Eine Kontamination der Glaskapillaren an der Außenseite ist unter allen Umständen zu vermeiden. Wenn Additive (z.B. Perchlorsäure o.ä.) verwendet werden, muß das Plastikmaterial wasserdampfdicht sein, um Verdunstungsverluste bei der Lagerung der Abnahmegefässe zu vermeiden.

Für die Bestimmung von TSH und Phenylalanin bei Neugeborenen wird das Kapillarblut auf Filterpapier aufgebracht und getrocknet versandt.

2.2 Ausscheidungen

2.2.1 Urin

2.2.1.1 Spontanurin

Wegen der hohen Konzentration aller Bestandteile ist der Morgenurin für qualitative Untersuchungen am besten geeignet.

2.2.1.1.1 Mittelstrahlurin

Nach sorgfältiger Reinigung des Genitalbereichs (mit nicht-desodorierender Seife, wenn mikrobiologische Untersuchungen folgen) wird die erste Urinportion verworfen, die mittlere in einem sauberen Gefäß aufgefangen und die letzte hinwiederum verworfen. Dieses Vorgehen stellt sicher, daß die Verhältnisse in etwa denen des Urins in der Harnblase entsprechen und Verunreinigungen durch die Harnröhre vermieden werden.

2.2.1.1.2 Punktions- und Katheterurin

Für mikrobiologische Untersuchungen oder wenn die Mittelstrahltechnik nicht durchführbar ist, sollte Urin durch suprapubische, transkutane Blasenpunktion gewonnen werden. Die gut gefüllte Harnblase wird durch Einstich einer 10 cm langen Kanüle (Durchmesser 1 mm) in der Mittellinie 2 cm oberhalb der Symphyse üblicherweise ohne Lokalanästhesie punktiert, der Urin in eine 20 ml-Spritze aspiriert und die Nadel rasch wieder zurückgezogen. Anschließend soll der Patient die Blase vollständig entleeren. Schwangerschaft, größere gynäkologische Tumoren und ausgedehnte Narbenbereiche im Unterbauch stellen relative Kontraindikationen dar.

Die Gewinnung von Urin über Blasenkatheter ist wegen des Risikos eines Harnweginfekts nicht mehr zu empfehlen.

2.2.1.2 Sammelurin

Fehlermöglichkeiten Die Beschäftigung mit *Urinsammeln* auf Station gilt allgemein als schmutzige Arbeit und wird deshalb gerne an die jüngsten und unerfahrensten Mitarbeiter deligiert. Das richtige Sammeln von Urin stellt ein Problem dar, beginnend mit der Information des Patienten, was er mit der ersten Portion zu tun hat, bis hin zu der Schwierigkeit vieler Patienten, wirklich allen Urin zu sammeln. Das Histogramm in Abb. 5 zeigt zwei Peaks. Der erste korreliert gut mit der vollausgezogenen Linie (Häufigkeitsverteilung von 24-Stunden-Urin-Proben einer gesunden Population). Mit ziemlicher Sicherheit entspricht der zweite Peak einer ca. 36-Stunden-Sammelperiode. Das bedeutet, daß ein nicht unerheblicher Anteil der Patienten die Blase vor der Urinsammlung nicht entleert hatte.

Wegen der dargestellten Schwierigkeiten sollte man, wenn möglich, die interessierenden, diagnostischen Meßgrößen im Blut bestimmen. Ohne Zweifel bedeutet aber die Untersuchung hormoneller Parameter in Sammelurin eine bessere Abschätzung deren Sekretionsrate. Die große Unsicherheit hinsichtlich der korrekten Sammelmenge neutralisiert jedoch diesen Vorteil.

Materialgewinnung Im allgemeinen werden quantitative Bestimmungen aus 24 h-Urin durchgeführt. Medikamente müssen, soweit irgend möglich, mindestens drei Tage vor der Sammelperiode abgesetzt werden. In Einzelfällen, bei

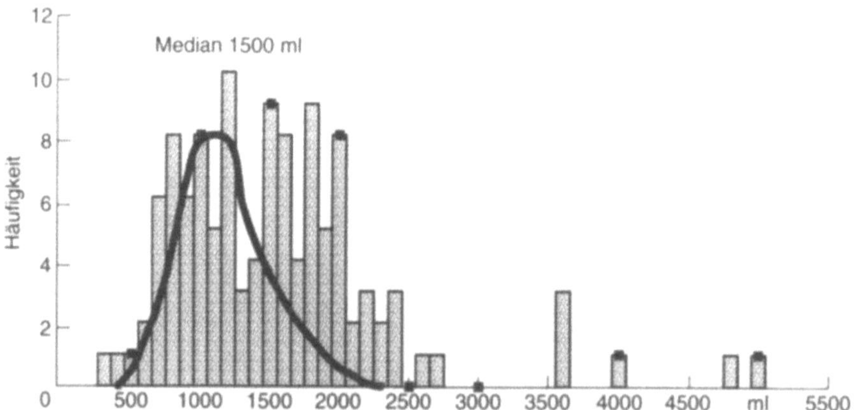

Abb. 5. Häufigkeitsverteilung angeblicher 24-Stundenurinsammelmengen (Säulen) und Verteilungskurve eines Kollektivs gesunder Versuchspersonen (durchgezogene Kurve). Die ausgefüllten Quadrate kennzeichnen die runden Volumina (1000, 1500,... ml)

denen die Einhaltung dieser Vorschrift nicht vertretbar ist, ist zu überlegen, ob die Untersuchung zu diesem Zeitpunkt überhaupt sinnvoll ist, da mehrdeutige Ergebnisse erfahrungsgemäß nicht hilfreich sind.

Bei der Sammlung für Spurenelementbestimmungen müssen stets neue Plastiksammelgefäße verwendet werden.

Besondere Diätvorschriften gelten z.B. für die Untersuchung von VMA, Metanephrinen und 5-HIES. Ab zwei Tagen vor der Sammlung muß auf den Genuß von Bananen, Walnüssen und Avocados verzichtet werden.

Durchführung der Sammlung von 24-h-Urin
Wenn man Urin verwenden will, muß der Patient von erfahrenem Personal instruiert werden.

Am Morgen des Sammeltages wird zur festgelegten Zeit (z.B. 7.00 Uhr) die Blase entleert und dieser Urin verworfen. Danach wird über 24 h der gesamte Urin einschließlich des Morgenurins am nächsten Tag (in diesem Beispiel 7.00 Uhr) in einer lichtdichten 2 l-Flasche gesammelt. Sind Zusätze erforderlich (z.B. Säurezusatz bei der Untersuchung von Vanillinmandelsäure, Metanephrinen und 5-Hydoxyindolessigsäure), sind diese vor Beginn der Sammlung in das Urinsammelgefäß zu geben. Während der Sammelperiode zur Abklärung eines Phäochromozytoms sind starke körperliche Belastungen zu vermeiden (z.B. Sport bei ambulanten Patienten).

Als Zusätze zur Sammlung werden z.B. für die Bestimmung der Vanillinmandelsäure (VMA) und Metanephrine oder der 5-Hydroxyindolessigsäure (5-HIES) 40 ml 25-proz. Salzsäure (Vorsicht ätzend!) verwendet.

Bei Kleinkindern ist die erforderliche Menge an Zusatz auf das zu erwartende Urinvolumen umzurechnen.

Bestimmung der Urinmenge Die Menge des Sammelurins ist im Meßzylinder auf 10 ml genau zu bestimmen und der untersuchenden Stelle mitzuteilen. Man kann die Urinmenge auch durch Wägen und Korrektur über die Dichte bestimmen.

2.2.2 Stuhl

2.2.2.1 Spontanproben für qualitative Untersuchungen

Spontanstuhlproben werden üblicherweise mit einem im Schraub- oder Eindrückstopfen fest verankerten Plastikstuhllöffel entnommen (ca. 1g) und in einem Stuhlröhrchen transportiert.

Für den qualitativen Nachweis von Blut im Stuhl sind die entsprechenden Abnahmehinweise der Testhersteller zu beachten.

2.2.2.2 Sammelstuhl für quantitative Untersuchungen

Klinisch-chemische Stuhluntersuchungen sind in der Regel aufwendig und verständlicherweise unangenehm. Auch das Sammeln stellt in verschiedener

Hinsicht ein Problem dar. So ist im Gegensatz zur Sammlung von 24 h-Urin eine willentliche, vollständige Entleerung des Darmes und somit eine Bilanzierung bekanntlich nicht möglich. Desweiteren bereitet die technische Durchführung der Sammlung Schwierigkeiten. Am ehesten eignet sich als Primärbehälter ein kräftiger Plastiksack, der in einem Plastikeimer mit dicht schließendem Deckel aufbewahrt wird.

2.3 Sonstige Flüssigkeiten

2.3.1 Punktate

Üblicherweise werden die gleichen Zusätze wie bei der Gewinnung von Venenblut verwendet (also z.B. K-EDTA, wenn Zellen gezählt oder differenziert werden sollen, Na-Citrat für Untersuchung von Gerinnungsmeßgrößen). Dies gilt jedoch nicht für Liquor.

2.3.1.1 Liquor cerebrospinalis

Da die zellulären Bestandteile durch Stehen verändert oder lysiert werden, muß die Untersuchung so rasch wie möglich durchgeführt werden. Für die Basisuntersuchung (Zellzahl, gegebenenfalls morphologische Differenzierung, Gesamteiweiß und Glukose) müssen mindestens 4 ml Liquor abgenommen werden. Sind weitergehende Untersuchungen des Liquors (z.B. immunologische Untersuchungen) erforderlich, werden zusätzlich 6 ml Liquor benötigt.

Materialgewinnung Die Lumbalpunktion erfolgt üblicherweise am Patienten in Linksseitenlage zwischen den Dornfortsätzen des 3. und 4. Lendenwirbels mit einer Spinalnadel mit Mandrin (Durchmesser 0,9 mm, Länge 75–90 mm) gegebenenfalls unter Lokalanästhesie. Dabei muß die Lendenwirbelsäule stark kyphosiert sein. Das Entnahmevolumen beträgt etwa 10 ml.

Bei etwa einem Drittel der Patienten stellt sich innerhalb von zwei bis drei Tagen nach der Punktion ein Meningismus (Kopfschmerzen, Nackensteifigkeit, Nausea) ein. Eine diagnostische Liquorpunktion ist nicht kurzfristig wiederholbar, da durch die Punktion eine leichte Blutung in den Liquorraum erzeugt worden sein kann, die die Untersuchungsergebnisse verfälscht.

Kontraindikation für die Lumbalpunktion ist Verdacht auf erhöhten intrakraniellen Druck oder Rückenmarkskompression.

2.3.1.2 Pleurapunktat

Die Pleurapunktion (Thorakozentese) erfolgt unter sterilen Kautelen nach Infiltrationsanästhesie im Interkostalraum unterhalb der Perkussionsgrenze im Bereich der hinteren Axillarlinie direkt am oberen Rand einer Rippe, da am unteren Rand die Interkostalgefäße und- nerven verlaufen. Für die Punktion wird eine Kanüle (Durchmesser 1,8 mm, Länge 80 mm) verwendet.

2.3.1.3 Perikardpunktat

Die Perikardpunktion (Perikardiozentese) wird üblicherweise am halbsitzenden Patienten über den inferioren Zugang unter streng aseptischen Bedingungen durchgeführt. Nach Infiltrationsanästhesie wird eine Kanüle (Durchmesser 1,8 mm, Länge 160 mm) vom Zwischenraum zwischen Processus xyphoideus und Rippenbogenansatz in Richtung linker Schulter vorgeschoben. Zur Kontrolle, ob das Epikard erreicht ist, wird die Kanüle an ein EKG-Gerät angeschlossen.

2.3.1.4 Peritonealpunktat

Aszites wird unter aseptischen Bedingungen nach Infiltrationsanästhesie durch Punktion über die Bauchwand am Übergang vom inneren zum mittleren Drittel der Verbindungslinie zwischen Spina iliaca anterior superior und Nabel gewonnen. Die Punktion erfolgt mit einer Kanüle (Durchmesser 1 mm, Länge 75–90 mm) am besten am Patienten in Seitenlage.

2.3.1.5 Fruchtwasser

Amnionflüssigkeit wird durch Amniozentese gewonnen. Diese kann durch die Bauchdecken unter sonographischer Kontrolle oder transvaginal durch Punktion des hinteren Scheidengewölbes bzw. durch den Cervixkanal erfolgen.

Die Amniozentese ist zu etwa 1% mit dem Risiko eines Aborts behaftet.

2.3.1.6 Zystenflüssigkeit

Zysten werden gegebenenfalls nach Infiltrationsanästhesie mit einer Kanüle punktiert und der Zysteninhalt aspiriert.

2.3.1.7 Gelenkpunktat

Materialgewinnung Gelenkpunktionen erfolgen unter Lokalanästhesie und unter streng aseptischen Bedingungen zur Vermeidung von Infektionskomplikationen mit einer Injektionskanüle (Durchmesser 0,9 mm) bei großen Gelenken oder einer entsprechend dünneren Nadel bei kleinen Gelenken und einer 10 ml-Spritze, die Na-Heparinat als Antikoagulans enthält.

2.3.2 Sekrete

2.3.2.1 Speichel

Speichel kann entweder von einer der drei großen Speicheldrüsen (Gl. parotis, Gl. sublingualis, Gl. submandibularis) oder als Mischspeichel gesammelt werden. Beim Drüsenspeichel wird entweder direkt über der Öffnung des

Ausführungsganges abgesaugt oder dieser kanüliert. Die Sekretion wird durch
Applikation von 1 ml 5-proz. Zitronensäure sublingual stimuliert.

Mischspeichel kann durch Kauen einer Watterolle mit oder ohne Zi-
tronensäure-Präparierung gesammelt werden. Die vollgesaugte Watterolle
wird anschließend in einem Einhängegefäß zentrifugiert.

2.3.2.2 Nasensekret

Nasensekret wird mit einer in die Nase eingeführten Watterolle aufgesaugt und
wie Speichel weiterbehandelt.

2.3.2.3 Tränenflüssigkeit

Tränenflüssigkeit wird mit einer Glaskapillare gewonnen, die vorsichtig lateral
in den Bindehautsack eingeführt wird. Gegebenenfalls muß oberflächlich die
Conjunktiva anästhesiert werden. Weniger geeignet ist die Sammlung mit
einem Wattebausch im inneren Augenwinkel nach Reizung der Tränense-
kretion.

2.3.2.4 Magensekret

Magensekret wird über eine Magensonde (16–20 Ch) am Patienten in Linksseitenlage gewonnen. Die Sonde wird unter Schlucken über die Nase eingeführt.

2.3.2.5 Duodenalsekret

Duodenalsekret wird über eine Duodenalsonde gewonnen. Das Vorgehen ist
dem bei Magensondierung analog. Der Magenausgang wird für die Dauer der
Untersuchung durch einen Ballon verschlossen. Die Spitze der Sonde liegt in
der Mitte des distalen Drittels des Duodenums. Während der Aspiration liegt
der Patient auf dem Rücken oder auf der rechten Seite.

2.3.2.6 Galle

Das Vorgehen entspricht dem zur Gewinnung von Duodenalsekret. Nach
Absaugen des Duodenalinhalts werden 50–100 ml gesättigte $MgSO_4$-Lösung
zur Stimulation des Gallenflusses in das Duodenum eingebracht und nach
etwa einer Minute wieder durch Aspiration entfernt. Das Duodenalsekret wird
solange verworfen, bis wässrige "A"-Galle (5–20ml) erscheint. Nach etwa 1 bis
3 min wird dunkelgelbbraune "B"-Galle (30–75ml) sezerniert. Beide werden
getrennt gesammelt.

Bei abdominellen Eingriffen kann introperativ die Gallenblase direkt punktiert werden.

2.3.2.7 Milch

Muttermilch wird durch Abpumpen in ein Auffanggefäß gewonnen.

2.3.2.8 Schweiß

Die Schweißproduktion wird durch Pilocarpin-Iontophorese stimuliert. 0,4-proz. Pilocarpinlösung wird bei 4mA für 5 min in die Haut transportiert. Der gebildete Schweiß (0,15 – 1,5 ml) wird mit Filterpapier (Whatman No. 41, Schleicher & Schüll # 589/6) aufgesaugt (ca. 30 min). Die produzierte Menge wird durch Wägen bestimmt.

2.3.3 Bronchoalveoläre Lavage

Wie der Name erkennen läßt, werden bei der bronchoalveolären Lavage über das Fiberbronchoskop mehrfach 20 bis 60 ml Spülflüssigkeit (sterile, isotone Kochsalzlösung) in den durch das Bronchoskop verschlossenen Bronchus der 3. bis 4. Generation instilliert. Bezogen auf die Oberfläche der so gewaschenen Anteile dominieren die Alveolen mit ca. 95%. Die Gesamtmenge der eingebrachten Flüssigkeit liegt etwa bei 150 bis 400 ml. Die Flüssigkeit wird sofort wieder aspiriert. Etwa die Hälfte bis drei Viertel werden zurückgewonnen. Das Material wird in einem Gefäß gesammelt und sofort weiterverarbeitet.

2.4 Funktionsteste

Grundsätzlich sind die Ergebnisse von Funktionstesten nur dann vergleichbar und interpretierbar, wenn standardisierte Prozeduren befolgt werden. Die Vorbereitung des Patienten, die Art des Materials, die Sammelzeit, die Art und Dosis des Stimulus oder Suppressors und die Bedingungen für den Transport müssen definiert sein. Aufkleber sollen an die anfordernde Station geschickt werden, die Art des Tests, Art des Materials und Tageszeit für die Probennahme neben den üblichen Patientenidentifikationsdaten enthalten.

3 Probenidentifikation und besondere Kennzeichnung

Jedes Probengefäß ist grundsätzlich mit Patientennummer, Name, Vorname und Geburtsdatum des Patienten zu identifizieren.

Nicht korrekt identifiziertes Material kann aus rechtlichen Gründen nicht bearbeitet werden.

Bekannt infektiöses Material ist unbedingt auffällig als solches zu kennzeichnen, da gegebenenfalls Analyse und Entsorgung unter Beachtung besonderer Vorsichtsmaßnahmen erfolgen müssen.

4 Aufbewahrung nicht-prozessierter Proben

Blut soll, sofern nicht anders festgelegt, sofort nach der Gewinnung dem Labor zugeführt werden, da beim Stehen Umverteilungsvorgänge zwischen Zellen und Plasma stattfinden und sich somit die Konzentrationen im Plasma ändern. Ebenso muß Spontanurin so rasch wie möglich ins Laboratorium gebracht werden, da bei längerem Stehen Bakterienwachstum begünstigt wird und Lyse bei zellulären Bestandteilen und Zylindern auftritt.

5 Rechtliche Fragen im Zusammenhang mit der Probennahme [17,18]

5.1 Vornahme von Eingriffen zur Gewinnung von Untersuchungsmaterial [19]

Grundsätzlich handelt es sich bei Eingriffen zur Gewinnung von Probenmaterial um eine ärztliche Aufgabe. Die Durchführung von Blutentnahmen außerhalb der ärztlichen Verantwortung ist nur in Notfällen vertretbar, wenn ein Arzt nicht erreichbar ist.

Werden Blutentnahmen an Krankenpflegepersonel delegiert, so kann das nur ad personam erfolgen. Der Arzt hat sich im Einzelfall von der Qualifikation der Krankenpflegeperson für diese Aufgabe zu überzeugen. Dies muß durch den leitenden Abteilungsarzt schriftlich bestätigt werden. Die Anerkennung einer erfolgreich durchlaufenen Weiterbildung in der Intensivpflege ersetzt diese Bestätigung. Die Durchführungsverantwortung liegt beim hierzu ermächtigten Krankenpflegepersonal. Der Arzt bleibt aber weiterhin zur Überwachung und Beaufsichtigung verpflichtet, er trägt die Anordnungsverantwortung.

5.2 Entnahme von Probenmaterial und Einwilligung des Patienten

Die Entnahme von Probenmaterial am Patienten ist nur nach seiner Einwilligung möglich. Ist diese nicht wirksam, z.B. wegen nicht ausreichender Aufklärung, handelt es sich bei der Probennahme um eine rechtswidrige Körperverletzung. Eine nicht wirksame Einwilligung liegt z.B. auch dann vor, wenn bereits vor der Probennahme die Absicht bestand, das Material über diagnostische oder therapeutische Zwecke hinaus zu verwenden.

Üblicherweise muß der Patient seine Einwilligung nicht zu jeder einzelnen geplanten Laboratoriumsuntersuchung geben, es reicht die Zustimmung zur Blutentnahme für Labordiagnostik aus. Soll jedoch eine Untersuchung auf HIV durchgeführt werden, muß hierzu gesondert die Einwilligung gegeben werden [20]. Ein Verstoß dagegen kann straf-und zivilrechtliche Folgen haben.

5.3 Weiterverwendung von Restmaterial [16]

Nach der Trennung vom Körper wird das Untersuchungsmaterial zu einer Sache und somit eigentumsfähig. Dabei ist rechtlich unklar, ob das Eigentum am Untersuchungsmaterial an den untersuchenden Arzt übergeht oder nicht. Es ist allerdings davon auszugehen, daß der Patient das Probenmaterial nicht zurückhaben will. Sofern nach der Untersuchung noch Restmaterial übriggeblieben ist, steht es wohl dem Untersucher zur weiteren Verwendung zur Verfügung; man kann davon ausgehen, daß stillschweigendes Einverständnis des Patienten dazu vorliegt. Bisher gibt es aber in Deutschland diesbezüglich noch keine Gerichtsurteile. Grundsätzlich ist aber jede Nutzung des Probenmaterials daraufhin zu überprüfen, ob das Persönlichkeitsrecht des Patienten dadurch verletzt wird. Das bedeutet zunächst, daß bezüglich weitergehender Erkenntnisse aus dem Material die ärztliche Schweigepflicht und der Datenschutz zu beachten sind (Anonymisierung!). Dies ist sicherlich kein besonderes Problem bei der Weiterverwendung von Restmaterial für Qualitätskontrollzwecke oder ähnliches. Wird das Material jedoch z.B. für Klonierungsversuche verwendet, liegt eine Verletzung des Persönlichkeitsrechts zumindest nahe. Ebenso ist der Verkauf an industrielle Unternehmen bedenklich. Allerdings ist die Weitergabe gegen ein geringes Entgelt vermutlich zulässig.

6 Literatur

1. Geldmacher-von Mallinckrodt M (1976) Einfache Untersuchungen auf Gifte im klinisch-chemischen Laboratorium Klinische Chemie in Einzeldarstellungen (Serien-Hrsg. H. Breuer, H. Büttner, G. Hillmann, D. Stamm) Bd. 2 Thieme, 22
2. Wisser H (1989) Einflussgrössen und Störfaktoren, In: H. Greiling, A.M. Gressner (Hrsg.), Lehrbuch der Klinischen Chemie und Pathobiochemie, Schattauer, 38
3. Freer DE, Statland BE (1977) The effects of ethanol (0.75 g/kg body weight) on the activities of selected enzymes in sera of health young adults: 1. Intermediate-term effects. Clin. Chem. 23: 830–4
4. Porth AJ (1976) Untersuchungen und Verfahren zur Plausibilitätskontrolle im computer-unterstützten klinischchemischen Laboratorium, Dissertation, Medizinische Informatik und Biomathematik, Hannover
5. Statland BE, Winkel P (1977) Effects of preanalytical factors on the intraindividual variation of analytes in the blood of healthy subjects. CRC Crit Rev Clin Lab Sci 8: 105–144
6. Lestradet H, Deschamps I, Giron B (1974) In: Chronobiological aspects of Endocrinology J. Aschoff, F. Ceresa, F. Halberg (Hrsg.) Schattauer, 239
7. Röcker L, Heyduck B (1986) Hämatologische Veränderungen bei körperlichen Leistungen GIT Lab Med 7: 405–9
8. King St. W, Statland BE, Savory J (1976) The effect of short burst of exercise on activity values of enzymes in sera of healthy young men. Clin Chim Acta 72: 211–8
9. Fawcett K, Wynn V (1960) J clin Pathol, 13, 304, zitiert in: F.H. Kreutz, Auswirkungen der Probennnahme auf klinisch-chemische Untersuchungsergebnisse, In: Lang H, Rick W, Róka L (Hrsg.) Optimierung der Diagnostik, Springer, 1973, 149
10. Rick W (1973) Wie läßt sich der Beitrag der Klinischen Chemie zur Diagnostik optimieren? Anregungen des Klinischen Chemikers, In: Lang H, Rick W, Róka L (Hrsg.) Optimierung der Diagnostik, Springer, 11
11. Young DS (1990) Effects of drugs on clinical laboratory tests, AACC Press

12. Sonntag O (1985) Arzneimittelinterferenzen Thieme
13. Ford MJ, Munro JF (1983) Invasive Techniken in der klinischen Praxis Enke
14. Vander Salm TJ, Cutler BC, Brownell H Wheeler (Hrsg.) (1991) Invasive Techniken am Krankenbett VCH
15. Page JH, Moinuddin J (1962) Circulation, 25, 651, zitiert in: F.H. Kreutz, Auswirkungen der Probennahme auf klinisch-chemische Untersuchungsergebnisse, In: Lang H, Rick W, Róka L, (Hrsg.) Optimierung der Diagnostik, Springer, 1973, 149
16. McNair P, Nielsen, St. L, Christiansen C, Axelson Ch. (1979) Gross errors made by routine blood sampling from two sites using a tourniquet applied at different positions, Clin Chim Acta 98: 113–8
17. Deutsch E, (1988) Rechtsgrundsätze zur Weitergabe von Patientenuntersuchungsmaterial und der Verwendung von menschlichen Genen, Dt. Ges. f. Klin. Chemie-Mitteilungen, 75–8
18. Taupitz J. (1993) Menschliche Körpersubstanzen: nutzbar nach eigenem Belieben des Arztes? Dt Ärztebl, 90: B786–90.
19. Injektionen, Infusionen und Blutentnahmen durch das Krankenpflegepersonal (1980) Aktuelle Stellungnahme der Deutschen Krankenhausgesellschaft, Dt Arztebl, 1709–10.
20. Gemeinsame Empfehlungen und Hinweise der Bundesärztekammer und der Deutschen Krankenhausgesellschaft zur HIV-Infektion (1988)

Arbeitsschutz bei der Untersuchung biologischer Proben

S. L. Braun

Deutsches Herzzentrum München, Institut für Klinische Chemie und
Laboratoriumsmedizin, Lothster. 11, D-80335 München

1   Einleitung   155
2   Begriffe   156
2.1 Gefährliche Arbeiten   156
2.1.1 Gefahrstoffe   156
2.1.2 Gefährliche Apparaturen   157
2.1.3 Biologische Agenzien   157
2.1.4 Biologische Agenzien mit Gefährdungspotential   158
2.2 Anwendungsbereiche   158
2.3 Rechtsgrundlagen   158
3   Infektionswege   160
3.1 Infektionen durch Haut- oder Schleimhautkontakt   160
3.2 Infektionen durch Verletzungen   160
3.3 Schmierinfektionen   161
3.4 Infektionen durch Aerosole   161
4   Maßnahmen zum Arbeitsschutz   162
4.1 Gruppeneinteilung der biologischen Agenzien   162
4.2 Organisatorische Schutzmaßnahmen   163
4.2.1 Organisationsplan   163
4.2.2 Sonderorganisationsformen bei gentechnischen Arbeiten   164
4.2.3 Umgang mit Gefahrstoffen   164
4.2.4 Umgang mit Abfällen   165
4.3 Technische Schutzmaßnahmen   167
4.3.1 Maßnahmen außerhalb des Laboratoriums   167
4.3.2 Bauliche Maßnahmen und Sicherheitseinrichtungen im Labor   169
4.4 Persönliche Schutzmaßnahmen   172
4.4.1 Arbeits- und Schutzkleidung   172
4.4.2 Händedesinfektion   173
4.4.3 Arbeitsmedizinische Vorsorge   173
5   Literatur   174

1 Einleitung

Biologisches Untersuchungsmaterial, insbesondere Blut, Stellt ein Risiko für
die Gesundheit von Beschäftigten durch das potentielle Vorhandensein ver-
mehrungsfähiger pathogener Mikroorganismen dar. Die Gefährdung bei der

Untersuchung biologischer Proben beginnt bereits bei der Probennahme, die in vielen Fällen außerhalb des Laboratoriums stattfindet, begleitet alle Arbeitsschritte innerhalb des Laboratoriums und endet erst mit der sicheren Entsorgung. Ziel des Arbeitsschutzes ist die Vermeidung einer Gesundheitsgefährdung der Beschäftigen beim Umgang mit biologischen Agenzien. Ein umfassendes Sicherheitssystem muß selbstverständlich auch eine Verbreitung von schädlichen Mikroorganismen außerhalb des Laboratoriums verhindern, um eine Gefährdung der Allgemeinheit auszuschließen.

Zusätzlich zum Risiko einer Infektion können sich, wie in allen Laboratorien, Gefahren aus den verwendeten Untersuchungsmethoden und den dabei erforderlichen Reagenzien und Apparaturen ergeben.

Das Arbeiten in Laboratorien und vor allem auch in Produktionsbereichen, die biologische Agenzien verwenden, ist durch Unfallverhütungsvorschriften und Richtlinien der Berufsgenossenschaften und staatlichen Unfallversicherungsverbände geregelt. Eine Übersicht über die einschlägigen Vorschriften, Richtlinien und Merkblätter bieten die von den Spitzenverbänden der Träger der gesetzlichen Unfallversicherung herausgegebenen Schriftenverzeichnisse, wie z.B. das vom Bundesverband der Unfallversicherungsträger der öffentlichen Hand e.V. − BAGUV- (2). Vorschriften nützen jedoch erst dann, wenn sie sinnvoll in die Praxis umgesetzt werden. Dazu gehört das nötige Gefahrenbewußtsein, das trotz des hohen Sicherheitsstandards im technischen Arbeitsschutz durch Information und Motivation ständig geschult werden muß.

Dieses Kapitel kann nur eine auf das Wesentliche beschränkte Darstellung des Arbeitsschutzes bei der Untersuchung biologischer Proben sein. Für weitergehende Informationen wird auf die einschlägige Fachliteratur, wie beispielsweise die Merkblattreihe "Sichere Biotechnologie", herausgegeben von der Berufsgenossenschaft der chemischen Industrie (3), verwiesen.

2 Begriffe

2.1 Gefährliche Arbeiten

2.1.1 Gefahrstoffe

Die Gefahrstoffverordnung stuft die im Chemikaliengesetz genannten Stoffe hinsichtlich ihrer Gefährlichkeitsmerkmale (Tabelle 1) ein. Laborchemikalien sind auf den Etiketten mit Gefahrensymbolen und − bezeichnungen sowie den entsprechenden Sicherheitsratschlägen gekennzeichnet. Zu den Gefahrstoffen im Sinne der Gefahrstoffverordnung (GefStoffV) in Verbindung mit dem §19 Abs.2 des Chemikaliengesetzes (ChemG) gehören dazu auch Stoffe, Zubereitungen und Erzeugnisse, die erfahrungsgemäß Krankheitserreger übertragen können. Unbekannte oder nicht eindeutig charakterisierte Substanzen

Tabelle 1. Gefährlichkeitsmerkmale nach §3a Chemikaliengesetz

1) explosionsgefährlich
2) brandfördernd
3) hochentzündlich
4) leichtentzündlich
5) entzündlich
6) sehr giftig
7) giftig
8) mindergiftig
9) ätzend
10) reizend
11) sensibilisierend
12) krebserzeugend
13) fruchtschädigend
14) erbgutverändernd
15) sonstige chronisch schädigende Eigenschaften
16) umweltgefährlich

sind aus Vorsorgegründen grundsätzlich als gefährlich zu betrachten. Der Unternehmer muß sich vor Aufnahme der Arbeiten mit biologischen Agenzien jeweils vergewissern, wie deren Gefährdungspotential zu beurteilen ist und welche Sicherheitsmaßnahmen einzuhalten sind (Unfallverhütungsvorschrift, Abschnitt 31 Biotechnologie §3 Abs. 1).

2.1.2 Gefährliche Apparaturen

Laborapparaturen bestehen häufig aus Glas. Bei allen Vorteilen, die dieses Material beispielsweise für chemische Arbeiten bietet, birgt es durch seine Zerbrechlichkeit viele Gefahren. Verletzungen durch Glasbruch sind deshalb nicht selten. Zusätzliche Gefahren entstehen beim Erhitzen von Apparaturen sowie insbesondere bei Arbeiten unter Druck und mit Vakuum.

2.1.3 Biologische Agenzien

Biologisches Material umfaßt Körpergewebe, Körperflüssigkeiten oder Ausscheidungen von Menschen oder Tieren sowie Zellkulturen und Kulturen von Mikroorganismen.

Biologische Agenzien im Sinne der Biotechnologie sind einerseits natürliche Organismen, wie Viren, Bakterien, Pilze und Parasiten, deren genetisches Material unter natürlichen Bedingungen durch Kreuzen, natürliche Rekombination oder Mutation entsteht. Andererseits können biologische Agenzien gentechnisch veränderte Organismen sein, deren genetisches Material so verändert wurde, wie es unter natürlichen Bedingungen durch Kreuzen oder natürliche Rekombination nicht vorkommt.

2.1.4 Biologische Agenzien mit Gefährdungspotential

Bei biologischen Agenzien mit Gefährdungspotential ist erwiesen oder es besteht der begründete Verdacht, daß sie bei Menschen oder Tieren Gesundheitsschäden bewirken können.

2.2 Anwendungsbereiche

Untersuchungen mit biologischen Materialien führen zum Zweck der Diagnostik, Forschung, Entwicklung und Produktion beispielsweise mikrobiologische und gentechnische Laboratorien der Industrie, Laboratorien in Krankenhäusern oder Laborarztpraxen, Blutspendedienste, Medizinaluntersuchungsämter, Hygiene-Institute, rechtsmedizinische und Pathologie-Institute sowie veterinärmedizinische Einrichtungen durch. In all diesen Bereichen wird mit Proben und Materialien hantiert, deren Infektiosität nicht immer sicher einzuschätzen ist und die deshalb grundsätzlich als potentiell infektiös anzusehen sind.

Ausserhalb des medizinischen Bereichs werden biologische Agenzien in erster Linie zur Produktion von Lebensmitteln, Arzneimitteln oder Chemikalien (Enzyme, Vitamine etc.), und im Entsorgungsbereich zur Kompostierung und Abwasserbehandlung eingesetzt. Die Prozesse werden laufend durch Untersuchungen gezogener Proben kontrolliert. Dabei gibt es einerseits eine Reihe herkömmlicher biotechnischer Verfahren, wie die Herstellung von Lebensmitteln mittels biologischer Agenzien (beispielsweise Joghurt, Käse, Bier, Wein), deren infektiologische Unbedenklichkeit sich durch teilweise jahrtausendealte Anwendung erwiesen hat.

Andererseits ist in den letzten Jahren eine enorme Zunahme neuer Verfahren bei der biotechnologischen Forschung und der Nutzung von Mikroorganismen zur industriellen Produktion vielfältiger Produkte, wie z.B. von Impfstoffen, zu verzeichnen. Dies erfordert besondere Maßnahmen für den Arbeitsschutz, die dem Risikopotential der eingesetzten biologischen Agenzien angemessen sind.

Gentechnische Arbeiten sind die Erzeugung, Verwendung, Vermehrung, Lagerung, innerbetrieblicher Transport, Zerstörung und Entsorgung gentechnisch veränderter Organismen. Nach dem Gentechnikgesetz sind gentechnisch veränderte Organismen solche, deren genetisches Material in einer Weise verändert wurde, wie sie unter natürlichen Bedingungen durch Kreuzen oder natürliche Rekombination nicht vorkommt.

2.3 Rechtsgrundlagen

Die Fürsorgepflicht ist die zwar sehr allgemein gehaltene, dafür aber umfassendste Rechtsgrundlage für die Arbeitsgestaltung (4) im Betrieb. Der

Arbeitgeber ist verpflichtet, Arbeitnehmer vor Gefahren für Leben und Gesundheit im Zusammenhang mit der Erbringung der Arbeitsleistung zu bewahren und die Beschäftigen über die jeweils geltenden Schutzvorschriften zu informieren. Der Schutz kann jedoch nur soweit reichen, wie es die Natur des Betriebes gestattet, weil ein absolut gefahrloser Betrieb nicht in allen Fällen erreichbar ist. Die *Arbeitsstättenverordnung* enthält in den meisten Anforderungen nur allgemein formulierte Grundsätze und Ziele. Deshalb werden vom Bundesminister für Arbeit und Sozialordnung unter Hinzuziehung mit den Spitzenverbänden der Arbeitnehmer und Arbeitgeber detaillierte *Arbeitsstätten-Richtlinien* herausgegeben, die die allgemein anerkannten sicherheitstechnischen, arbeitsmedizinischen und hygienischen Regeln darlegen. Tabelle 2 gibt einen Überblick über die wichtigsten Vorschriften beim Arbeitsschutz.

Tabelle 2. Die wichtiqsten Vorschriften

Abfallgesetz (AbfG)
Arbeitsstättenverordnung (ArbStättV)
Bundes-Immissionsschutzgesetz (BImSchG)
Bundesseuchengesetz
Chemikaliengesetz (ChemG)
DIN-Normen: insbesondere DIN-Taschenbuch 222 "Medizinische Mikrobiologie und Immunologie" (5)
DIN 12950: Laboreinrichtungen - Sicherheitswerkbänke für mikrobiologische und biotechnologische Arbeiten
DIN 1946: Raumlufttechnik (VDI-Lüftungsregeln)
Druckbehälterverordnung (DruckbehV) mit Technischen Regeln Druckbehälter (TRB) und Technischen Regeln Druckgase (TRG)
EG-Rahmenrichtlinien: u.a. Schutz gegen Gefährdung durch chemische, physikalische und biologische Arbeitsstoffe
Gefahrstoffverordnung (GefStoffV)
Gentechnikgesetz (GenTG)
Gerätesicherheitsgesetz
Lebensmittelhygieneverordnungen
Pflanzenschutzgesetz (PflSchG)
Richtlinien für Laboratorien (ZH1/119)
Strahlenschutzverordnung (StrlSchV)
Tierkörperbeseitigungsgesetz (TierKBG)
Tierschutzgesetz
Tierseuchengesetz (TierSG)
UVV "Allgemeine Vorschriften" (VBG1)
UVV "Arbeitsmedizinische Vorsorge" (VBG100)
UVV "Biotechnologie" (VBG102)
UVV "Elektrische Anlagen und Betriebsmittel" (VBG4)
UVV "Erste Hilfe" (VBG109)
UVV "Gesundheitsdienst" (VBG103)
UVV "Kraftbetriebene Arbeitsmittel" (VBG5)
UVV "Zentrifugen" (VBG7z)
Wasserhaushaltsgesetz (WHG)

UVV = Unfallverhütungsvorschrift.

3 Infektionswege

Infektionsquellen in biologischen Untersuchungsmaterialien (Tabelle 3) sind vermehrungsfähige pathogene Mikroorganismen, die jedoch nicht nur im Untersuchungsgut selbst und in beimpften Kulturmaterialien, sondern auch in freigestzten Aerosolen und auf kontaminierten Oberflächen vorkommen können (5).

3.1 Infektionen durch Haut- oder Schleimhautkontakt

Die Hornschicht der Haut bildet eine physiologische Barriere gegen zahlreiche schädigende Einflüsse. Diese Barrierefunktion kann jedoch vermindert werden, insbesondere durch oberflächenaktive Substanzen, organische Lösungsmittel, längeren Wasserkontakt mit Aufquellen- und nachfolgendem Austrocknen der Haut. Trockene, rauhe Hände sind bereits ein erster Hinweis auf die nicht mehr ausreichende Schutzfunktion der Haut. Ekzeme sind Eintrittspforten für Krankheitserreger, Beschäftigte mit diesen Hautschäden sind in besonderem Maße gefährdet.

Schleimhautkontakt mit erregerhaltigem Material kann beim nicht zulässigen Pipettieren mit dem Mund, beim Verspritzen von erregerhaltigem Material, beispielsweise beim Öffnen von Gefäßen mit Gummistopfen, vorkommen. Durch Pipettierhilfen und Schutzbrillen können diese Gefahren in der Regel vermieden werden.

3.2 Infektionen durch Verletzungen

Akzidentelle Infektionen sind in erster Linie nach Stichverletzungen mit kontaminierten Spritzen und Kanülen, bei Gefäßbruch sowie beim Umgang mit Versuchstieren durch Biß- oder Kratzwunden zu befürchten. Wegen der Schwere der Erkrankung und der geringen Therapiemöglichkeiten sind sind

Tabelle 3.

Infektionen sind möglich auf direktem Weg durch
- Hautkontakt mit erregerhaltigem Material
- Inhalation infektiöser Aerosole
- Verschlucken erregerhaltigen Materials
- Eindringen pathogener biologischer Agenzien in bestehende oder verletzungsbedingte Hautläsionen

Indirekte Infektionsmöglichkeiten entstehen durch
- Verschmieren von pathogenen Mikroorganismen
- Niederschlag von infektiösen Aerosolen auf Oberflächen

---

vor allem das Hepatitis B Virus, das Hepatitis C Virus und das Humane-Immunschwäche-Virus (HIV) problematisch. Das Risiko, eine Hepatits B nach einer Nadelstichverletzung mit HBV-kontaminiertem Blut zu erleiden wird zwischen 6 und 30% geschätzt (6). Im Vergleich dazu liegt das Risiko, HIV nach einer Nadelstichverletzung zu erlangen unter 1 Prozent (7).

3.3 Schmierinfektionen

Das Problem von Schmierinfektionen ergibt sich bei unsachgemäßer Handhabung von Untersuchungsmaterialien, insbesondere beim Öffnen von Probengefäßen, und bei Undichtigkeit oder Bruch von Gefäßen. Nicht immer ist ausgetretenes Material sichtbar, so daß mit Schmierinfektionen jederzeit gerechnet werden muß. Beim Tragen von Schutzhandschuhen muß besonderes Augenmerk auf die Vermeidung von Schmierinfektionen gerichtet sein, da durch den Handschuh das Gefühl für eine Benetzung der Hand mit erregerhaltigem Material fehlt. So ist zwar zunächst der Handschuhträger selbst geschützt, kann aber alle möglichen Oberflächen, z.B. Telefonhörer oder Tastaturen, beim Anfassen kontaminieren.

3.4 Infektionen durch Aerosole

Aerosole entstehen durch Abreißen kleiner Tröpfchen an der Grenzfläche zwischen Flüssigkeit und Luft bei schlagartigen Druckänderungen. Damit gelangen sie in die Raumluft und können in die Atemwege inhaliert werden oder sich auf Oberflächen niederschlagen. Eine Verhinderung der Aerosolbildung (Tabelle 4) ist trotz aller Vorsichtsmaßnahmen nicht immer möglich. Deshalb gelten für Arbeiten mit Mikroorganismen, die eine hohe aerogene Infektiosität besitzen (z.B. Mykobacterium tuberculosis), besondere Schutzmaßnahmen, d.h. Benützung einer Sicherheitswerkbank nach DIN 12 950 Teil 10.

Tabelle 4.

Laborarbeiten mit Aerosolbildung	Verhinderungsmöglichkeit:
Öffnen von Gefäßen	Schraubverschlüsse
Umgießen von Flüssigkeiten	Blasenbildung vermeiden
Pipettieren	ohne Druck ablaufen lassen
Zerkleinern, Homogenisieren	geschlossene Systeme
Schütteln	dichter Verschluß
Zentrifugieren	dichter Deckel, Filter

Tabelle 5. Wesentliche Maßnahmen zum Arbeitsschutz:

- Information
- Verantwortlichkeiten festlegen
- Gefahrenbereiche abgrenzen
- geeignete Bauweise und Ausrüstung
- geeignete Arbeitstechniken
- wirksame persönliche Schutzausrüstung

4 Maßnahmen zum Arbeitsschutz

Grundlage für sicheres Arbeiten (Tabelle 5) ist die Kenntnis der im jeweiligen Laboratorium oder Produktionsbereich vorherrschenden Gefahren. Durch ausreichende Information, z.B. durch gute Ausbildung, mündliche Unterweisung, Literatur und Betriebsanweisungen, kann eine positive Einstellung zu Sicherheitsfragen vermittelt werden.

Schutzmaßnahmen müssen für jedes Laboratorium und jeden Betrieb verbindlich festgelegt und den Beschäftigten bekanntgemacht werden. Bescheidwissen alleine reicht jedoch nicht aus. Ganz besonders wichtig ist, die Überzeugung zu vermitteln, daß:

Arbeitsschutz:

- eine selbstverständliche Notwendigkeit ist
- im Interesse der eigenen Gesundheit liegt
- wesentlicher Bestandteil der guten Laborpraxis (GLP) ist.

Wichtige Beiträge zur Überzeugung und besseren Motivation der Mitarbeiter sind:

- vorbildliches Verhalten der Vorgesetzten
- regelmäßige Informationsgespräche und Berücksichtigung von Vorschlägen und Erfahrungen der Mitarbeiter
- Anerkennung der persönlichen Leistung.

4.1 Gruppeneinteilung der biologischen Agenzien und der Laboratorien nach dem Gefährdungspotential

Arbeiten mit biologischen Agenzien sind mit einem unterschiedlichen Risiko für den Bearbeiter sowie für die Allgemeinheit behaftet und erfordern deshalb dementsprechend angepaßte Sicherheitsmaßnahmen. Die DIN 58 956 Teil 1 ordnet in Anlehnung an internationale Standards das Risiko in vier Gruppen ein:

Risiko-Gruppe 1   Geringes individuelles und allgemeines Risiko
Risiko-Gruppe 2   Mäßiges individuelles und geringes allgemeines Risiko
Risiko-Gruppe 3   Hohes individuelles und geringes allgemeines Risiko
Risiko-Gruppe 4   Hohes individuelles und allgemeines Risiko

Die Eingruppierung ist immer auch unter dem Aspekt der Beachtung der erforderlichen Hygieneregeln zu sehen. Im Beiblatt 1 zu DIN 58 956 Teil 1 sind wichtige Mikroorganismen im Hinblick auf ihre Zugehörigkeit zu Risikogruppen aufgeführt. In der Regel sind die Laboratoriumsarbeiten in medizinisch-mikrobiologischen Laboratorien der Risiko-Gruppe 2 zuzuordnen.

In Anlehnung an die Klassifizierung anhand der Gefährlichkeit von Mikroorganismen werden such Laboratorien in vier Typen gegliedert. Ein mikrobiologisches Laboratorium Typ 2 ist beispielsweise eine Arbeitsstätte, in der Arbeiten mit vermehrungsfähigen Erregern der Risiko-Gruppe 2 durchgeführt werden. Räume, in denen mit biologischen Agenzien unterschiedlichen Gefährdungspotentials umgegangen wird, sind nach der höchsten erforderlichen Sicherheitsstufe auszulegen.

Gefährdungsermittlung

Vor Beginn der Arbeiten muß das Gefährdungspotential biologischer Agenzien hinsichtlich ihrer Unbedenklichkeit bzw. ihres Risikos beurteilt werden. Insbesondere bei gentechnischen Arbeiten ist im Rahmen des Anmelde- und Genehmigungsverfahrens eine Sicherheitseinstufung, die zunächst vom Antragsteller vorgenommen wird, erforderlich. Die zuständige Genehmigungsbehörde legt diese Selbsteinstufung einem Expertengremium der "Zentralen Kommission für die Biologische Sicherheit" zur Überprüfung vor und ist gehalten, deren Empfehlungen zu berücksichtigen.

4.2 Organisatorische Schutzmaßnahmen

4.2.1 Organisationsplan

Ein Organisationsplan soll alle Beschäftigen aktuell, umfassend und systematisch informieren über:

1) Typ des Laboratoriums und
   Klassifikation nach dem Gefährdungspotential
2) Zuständigkeiten und Verantwortung
   Beauftragter für Hygiene,
   Beauftragter für biologische Sicherheit
   Projektleiter

3) Abgrenzung der Arbeitsstätten, Zutrittsvoraussetzungen
4) Angaben zur Sicherheit
    Gefahrenhinweise,
    Risikoverminderung,
    Schulung,
    Notfallanweisungen,
    Flucht- und Rettungsplan,
    Hygieneplan,
    Arbeitsplatzordnung
5) Angaben zur Durchführung der Untersuchungen
    Präanalytik,
    Arbeitsmethoden
6) Entsorgung
7) Dokumentation, Qualitätsprüfung

4.2.2 Sonderorganisationsformen bei gentechnischen Arbeiten

Projektleiter

Bei gentechnischen Arbeiten ist ein sachkundiger Projektleiter erforderlich. Er führt die unmittelbare Planung, Leitung und Beaufsichtigung der Arbeiten durch und ist verantwortlich für die Einhaltung der einschlägigen Vorschriften, die ausreichende Qualifikation und Schulung der Beschäftigten.

Beauftragter für biologische Sicherheit

Neben dem Projekleiter ist für gentechnische Anlagen und Arbeiten ein Beauftragter für die biologische Sicherheit zu bestellen. Er hat eine überwachende und beratende Funktion. Festgestellte Mängel hat er dem Projektleiter zu berichten und Maßnahmen zur Beseitigung vorzuschlagen. Er trägt keine unmittelbare Verantwortung für die Einhaltung der notwendigen Sicherheitsvorkehrungen – diese liegt beim Betreiber und Projektleiter.

4.2.3 Umgang mit Gefahrstoffen

Desinfektion

Ziel einer Desinfektion ist die Reduzierung vorhandener Mikroorganismen und Viren auf eine ungefährliche Anzahl oder deren Inaktivierung, so daß keine Infektionsgefahr mehr besteht. Es stehen mechanische, physikalische oder chemische Desinfektionsverfahren zur Verfügung. Die Auswahl richtet sich im Einzelfall nach dem Desinfektionsgut.

    Beim Umgang mit Krankheitserregern sind alle Arbeitsplätze täglich zu desinfizieren. Durch Wechsel des Desinfektionsmittels kann der Anreicherung von resistenten Keimen vorgebeugt werden.

Tabelle 6. Grundregeln guter Laborpraxis

Allgemeine Regeln:
Fenster und Türen während der Arbeit geschlossen halten
In Arbeitsräumen nicht trinken, essen, rauchen oder schminken
Schutzkleidung tragen
Pipettierhilfen benutzen, Mundpipettieren ist untersagt
Aerosolbildung möglichst vermeiden
Vor Verlassen des Arbeitsbereiches Hände desinfizieren
Arbeitsplätze aufgeräumt und sauber halten
Regelmäßige Unterrichtung und Überwachung

Zusätzliche Grundregeln beim Umgang mit Krankheitserregern:
Tägliche Desinfektion aller Arbeitsplätze und -geräte
Schutzkleidung nicht außerhalb der Arbeitsbereiche tragen
Sicherheitswerkbänke benutzen
Erregerhaltigen Abfall sammeln und durch Autoklavieren oder Desinfektion
unschädlich machen
Bei Kontamination sofort den betreffenden Bereich sperren und desinfizieren
Impfungen durchführen und Immunität überprüfen
Zugangsbeschränkung zu Hochrisiko-Arbeitsbereichen

Hersteller und Handelsnamen von Desinfektionsmitteln sowie deren Wirkstoffbasis, Einwirkungszeit und Konzentrationsangaben sind einer von der Deutschen Gesellschaft für Mikrobiologie und Hygiene (DGHM) herausgegebenen Desinfektionsmittelliste zu entnehmen (8). Es sind möglichst umweltverträgliche Mittel zu verwenden, vor allem aber keine schlecht abbaubaren Organohalogenverbindungen.

Sterilisation

Bei der Sterilisation werden Krankheitserreger durch physikalische und chemische Verfahren vollständig inaktiviert, kontaminierte Gegenstände also keimfrei gemacht. Die Sterilisation kann mit gesättigtem Dampf unter Druck in Autoklaven, mit erhitzter, filtrierter Luft in einer geschlossenen Kammer, mit Gasen, wie z.B. Ethylenoxid, oder ionisierenden Strahlen erfolgen. Für wärmeempfindliche Güter eignen sich die Strahlensterilisation oder die Gassterilisation. Diese Verfahren erfordern jedoch besondere Schutzmaßnahmen. Werden bei Sterilisation unter Druck dicht verschlossene Gefäße eingestellt, müssen sie den auftretenden Drucken standhalten. Sterilisierbeutel müssen die erforderlichen Temperaturen vertragen.

4.2.4 Umgang mit Abfällen

Nach dem Abfallgesetz sind an die Entsorgung von Abfällen, die Erreger übertragbarer Krankheiten enthalten oder hervorbringen können, zusätzliche Anforderungen zu stellen. In der Richtlinie des Bundesgesundheitsamtes

"Anforderungen der Hygiene an die Abfallentsorgung" (9) werden die Abfälle in die Risikogruppen A, B und C eingeteilt (Tabelle 7). Das von der "Länder-Arbeitsgemeinschaft Abfall" herausgegebene Merkblatt (10) definiert darüber hinaus noch zusätzlich die Gruppen D (besondere Anforderungen aus umwelthygienischer Sicht, z.B. für Chemikalienabfälle und Altmedikamente und E (besondere Anforderungen aus ethischer Sicht, z.B. bei Organabfällen).

Zu den Abfällen der Gruppe C zählen grundsätzlich mikrobiologische Kulturen, die in Institutionen für Hygiene, Mikrobiologie und Virologie sowie in der Labormedizin und in Arztpraxen mit entsprechender Tätigkeit anfallen. Hier sind die Abfälle auch dann der Gruppe C zuzuordnen, wenn es sich um Erreger von Krankheiten handelt, die nicht in Tabelle 8 aufgeführt sind. Maßgebend für die Einstufung derartiger Abfälle in Gruppe C ist in diesen Fällen das Ausmaß der Kontamination.

Es ist zu beachten, daß in der Tabelle 8 Virushepatitiden, HIV und Salmonellosen nicht aufgeführt sind. Da Hepatitis-Antigen-Träger, HIV-positive Personen oder Ausscheider von Salmonellen zum überwiegenden Teil nicht stationär behandelt werden, ist die Möglichkeit, daß Haushaltsabfälle mit diesen Krankheitserregern kontaminiert sind, ungleich höher.

Tabelle 7. Einteilung der Abfälle in die Gruppen A, B und C: Definition

Gruppe A:
    Abfälle, an deren Entsorgung aus infektionspräventiver und
    umwelthygienischer Sicht keine besonderen Anforderungen zu
    stellen sind: ·

    –Hausmüll und hausmüllähnliche Abfälle
    –Desinfizierte Abfälle der Gruppe C
    –Küchen- und Kantinenabfälle.

Gruppe B:
    Abfälle, an deren Entsorgung aus infektionspräventiver und
    umwelthygienischer Sicht innerhalb der Einrichtungen des
    Gesundheitsdienstes besondere Anforderungen zu stellen sind:

    –Mit Blut, Sekreten und Exkrementen behaftete Abfälle wie
    Wundverbände, Wäsche und Einwegartikel einschließlich Sprit-
    zen, Kanülen und Skalpelle.

Gruppe C:
    Abfälle, an deren Entsorgung aus infektionspräventiver und
    umwelthygienischer Sicht innerhalb und außerhalb des
    Gesundheitsdienstes besondere Anforderungen zu stellen sind
    (sog. infektiöse, ansteckungsgefährliche oder stark
    ansteckungsgefährliche Abfälle):

    –Abfälle, die aufgrund § 10a Bundesseuchengesetz behandelt werden
    müssen. Dies ist gegeben, wenn die Abfälle mit Erregern
    meldepflichtiger übertragbarer Krankheiten behaftet sind und
    dadurch eine Verbreitung der Krankheit zu befürchten ist.
    –Versuchstiere ...
    –Streu und Exkremente ...

Die Desinfektion von Abfällen ist nur für Gruppe C erforderlich (11). Dabei kommen nur thermische Verfahren in Betracht. Desinfizierte Abfälle der Gruppe C können wie Hausmüll entsorgt werden; sie gehören nicht auf eine Sondermülldeponie.

Bei der Beseitigung von Abfällen der Gruppen A und B sind keine besonderen Maßnahmen erforderlich. Bei der Verwertung von Abfällen dieser Gruppen kann in Abhängigkeit von der Kontamination und dem Verwertungsverfahren eine Desinfektion erforderlich werden.

4.3 Technische Schutzmaßnahmen

Technische Schutzmaßnahmen müssen gewährleistet sein, wenn nach dem Stand der Technik biologische Sicherheitsmaßnahmen, d.h. Einsatz von biologischen Agenzien mit möglichst niedrigem Gefährdungspotential oder Inaktivierung von Krankheitserregern, nicht möglich sind.

4.3.1 Maßnahmen außerhalb des Laboratoriums

Probennahme

Anstelle der früher verwendeten offenen Kanülen und Spritzen stehen heute für die Gewinnung von venösen und arteriellen Blutproben Sicherheits-Blutentnahme-Systeme zur Verfügung, die eine tropffreie Entnahme mit mehreren

Tabelle 8. Liste von Infektionskrankheiten, bei denen der Abfall der Gruppe C zugeordnet werden soll:

Brucellose
Cholera
Diphtherie
Creutzfeld-Jakob-Krankheit
Lepra
Maul- und Klauenseuche
Meningitiden
Milzbrand
Paratyphus A, B und C
Pest
Pocken
Poliomyelitis
Q-Fieber
Rotz
Tollwut
Tuberkulose (aktive Form)
Tularämie
Typhus
Virusbedingtes hämorrhagisches Fieber
Windpocken

Probengefäßen ermöglichen. Die Probengefäße sind auch als Zentrifugenröhrchen und zum Teil als Primärgefäße an Analysengeräten einsetzbar.

Problematischer ist die Entnahme von Kapillarblut, wobei ein Kontakt mit Blut direkt an der Punktionsstelle oder an offenen Kapillaren möglich ist. Das Ansaugen von Blut in die Kapillare mit Schlauch und Mundstück ist, ebenso wie das Pipettieren mit dem Mund, unzulässig. Für ein gefahrloses Ansaugen müssen ausreichend Pipettierhilfen zur Verfügung stehen.

Mit Blut kontaminierte Lanzetten und Nadeln werden in Behältnissen entsorgt, die nicht durchstochen werden können.

Eine besondere Infektionsgefährdung besteht auch, wenn bei der Probenentnahme Aerosole entstehen können, z.B. durch Auslösen eines Hustenreflexes während der Abnahme eines Rachenabstriches.

Probentransport und Lagerung

Der Transport ordnungsgemäß verschlossener Probengefäße stellt innerhalb von Gebäuden in der Regel keine besonderen Probleme. Rohrpostsysteme, die für den Transport von Blutproben genützt werden, müssen entsprechend ausgelegte Beschleunigungs- und Bremsleistungen aufweisen, Einsätze verhindern einen Bruch der Probengefäße. Die Rohrpostbüchsen müssen selbstverständlich desinfizierbar sein.

Für den Versand von medizinischem und biologischem Untersuchungsgut existiert eine eigene DIN-Norm über die Anforderungen an die Verpackung (DIN 55 155 Teil1). Darin ist festgelegt, daß für das Untersuchungsgut ein flüssigkeitsdichtes, formstabiles, sterilisierbares, dauerhaft beschriftbares und etikettierbares Probengefäß (Innenverpackung) zu verwenden ist. Der Verschluß muß sicher gegen unbeabsichtigtes Öffnen sein. Das Probengefäß wird in ein Schutzgefäß (Außenverpackung) gesteckt. Dieses dient zum Schutz des Probengefäßes vor Öffnung, Beschädigung oder Zerstörung durch die üblichen mechanischen Belastungen während des Transports und zum Schutz der Umwelt für den Fall des Undichtwerdens des Probengefäßes. Das Schutzgefäß enthält aufsaugende Materialien, die austretende Flüssigkeiten aufnehmen können. Die Versandhülle faßt das Schutzgefäß mit dem Probengefäß versandgerecht zusammen und dient als Träger der postalischen Angaben. Sie muß mit dem in Abb 1 dargestellten Symbol gekennzeichnet sein.

Gentechnisch veränderte Organismen (GVO) sowie Organismen ab Risiko-gruppe 2 müssen in verschlossenen, gegen Bruch geschützten und gekenn-zeichneten Behältern gelagert werden und können in solchen Behältern auch innerbetrieblich transportiert werden (d.h. Transport zwischen verschiedenen Laborräumen einer gentechnischen Anlage, bei dem öffentliche Verkehrswege nicht berührt werden). Beim außerbetrieblichen Transport von GVO sind die Vorschriften der Gefahrgutverordnung Straße bzw. die Vorschriften der verschiedenen Verkehrsträger (Post, Bahn, Schiff, Flugzeug) zu beachten.

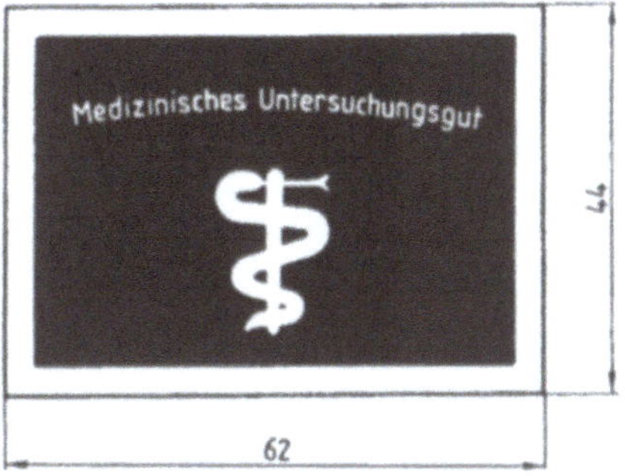

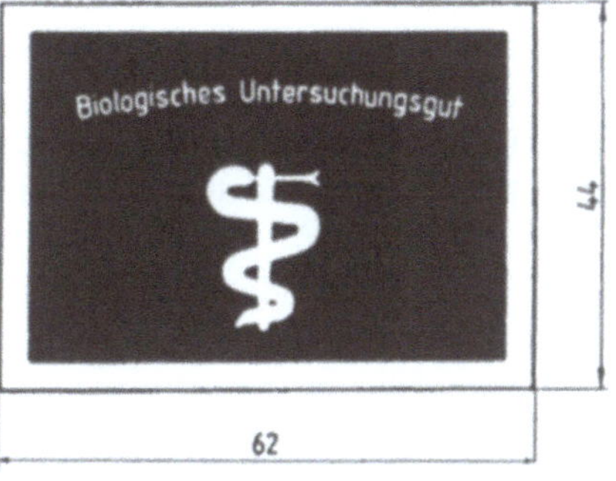

Abb. 1. Symbole zur Kennzeichnung von Versandhüllen für medizinisches und biologisches Untersuchungsgut

4.3.2 Bauliche Maßnahmen und Sicherheitseinrichtungen im Labor

Kennzeichnung mit dem Sicherheitszeichen "Warnung vor Biogefährdung"

Zur Abgrenzung der biologischen Gefahrenbereiche nach außen müssen Laboratorien vom Typ 4 an der Eingangstür und Laboratorien vom Typ 2 und Typ 3 an den Türen der Arbeitsräume, in denen mit infektiösem Material gearbeitet wird, mit dem Sicherheitskennzeichen "Warnung vor Biogefährdung" (DIN 58 956 – W16) gekennzeichnet sein (Abb. 2).

Zweck dieses Sicherheitszeichens ist die einheitliche Kennzeichnung aller Laboratorien in denen bakteriologische, mykologische, virologische oder parasitologische Arbeiten durchgeführt werden. Das Sicherheitskennzeichen gilt ferner zur Kennzeichnung, der Schutzkleidung, von Räumen, Sicherheitswerkbänken, Schränken, Abfallbehältern und allen anderen Behältnissen, insbesondere auch Versandverpackungen, in denen vermehrungsfähige pathogene und/oder potentiell pathogene Mikroorganismen aufbewahrt werden.

Oberflächen

Alle Oberflächen, d.h. Arbeitsflächen, Fußbodenbeläge, Wand- und Deckenanstriche in Räumen, in denen mit infektiösem Material gearbeitet wird, müssen

Abb. 2. Sicherheitszeichen "Warnung vor Biogefährdung" nach DIN 58956–W16

leicht zu reinigen, erforderlichenfalls zu desinfizieren und zu dekontaminieren, fugenarm und übersichtlich sein. Die Fußböden müssen in Laboratorien vom Typ 3 und 4 fugenlos und mit übergangslosen Fußleisten ausgeführt sein. Die Oberflächenmaterialien müssen beständig gegen die verwendeten Stoffe und Reinigungsmittel sein.

Installationen

Im Ausgangsbereich müssen Desinfektionsmittelspender, Handwaschbecken mit Armaturen, die ohne Hände bedienbar sind, Waschmitteldirektspender und Einmalhandtuchspender angebracht sein.

Be- und Entlüftung, Absaugeinrichtungen

Wärmelasten und Gefahrstoffe sollen durch geeignete Anordnung der Zuluft-Durchlässe und Abzüge auf kürzestem Wege aus dem Raum abgeführt werden. In Räumen der Sicherheitsstufen 1 und 2 muß die Lüftung den Anforderungen der Arbeitsstättenverordnung genügen. Bei Risikogruppe 3 ist mit gerichteter Zuluft zu belüften, ein Unterdruck von 30–50 Pascal herzustellen, sowie die Abluft über ein Hochleistungs-Schwebstoff-Filter zu führen. Für Räume der Risikogruppe 4 ist ein gesondertes Belüftungssystem erforderlich.

Sicherheitswerkbänke

Sicherheitswerkbänke als Arbeitsschutzeinrichtungen sollen sowohl den Experimentator als auch die Umwelt vor Schadstoffen schützen. Für den Umgang mit biologischen Agenzien sind in Abhängigkeit vom Gefährdungspotential Sicherheitswerkbänke der Klasse 1, 2 oder 3 erforderlich (Tab. 9). Die Sicherheitswerkbänke müssen der DIN 12950 Teil 10 genügen. Durch die Konstruktion der Sicherheitswerkbänke ist sichergestellt, daß bei sachgerechtem Betrieb eine Gefährdung der Beschäftigten und der Umwelt vermieden wird. Zum sachgerechten Betrieb gehören insbesondere periodische Prüfungen der Sicherheitswerkbänke, z.B. nach 1000 Betriebsstunden, vor allem aber vor

Tabelle 9.

Sicherheitsstufe Sicherheitswerkbank	L1 Klasse 1	L2 Klasse 2	L3 Klasse 2	L4 Klasse 3
Personenschutz	+	+	+	vollständig
Produktschutz		+	+	+
Schutz der Umgebung	+	+	+	+
Frontseite im Betrieb	z.T.offen	z.T.offen	z.T.offen	geschlossen
Arbeitsöffnung	+	+	+	Schleuse
Manipulatoren				+
Zuluft-Filter		+	+	+
Anzahl Abluft-Filter	1	1	1	2
eigenes Fortluftsystem				+

Erstinbetriebnahme, nach jedem Ortswechsel, nach jedem Eingriff an den Filtern sowie den Meß-, Steuer- und Regeleinrichtungen (12).

Autoklaven

Für Anlagen der Sicherheitsstufen 1 und 2 muß ein Autoklav im gleichen Gebäude, ab Stufe 3 im Labor verfügbar sein. Autoklaven, d.h. Druckbehälter, die zur Sterilisation von kontaminierten Gegenständen eingesetzt werden, müssen so beschaffen sein, daß sie dem zu erwartenden Betriebsdruck, sowie chemischen und thermischen Belastungen standhalten. Im allgemeinen gelten für die sichere Handhabung von Autoklaven die gleichen Vorsichtsmaßnahmen wie beim Umgang mit Druckgasen in Stahlflaschen, d.h. sie unterliegen der Druckbehälter- oder der Dampfkesselverordnung.

Zentrifugen

Das Zentrifugieren von infektiösem Material birgt einerseits mechanische Gefahren durch die Energie der bewegten Teile und andererseits Infektionsgefahren bei Gefäßbruch sowie insbesondere durch Aerosolbildung. Die sicherheitstechnischen Grundanforderungen an Laborzentrifugen sind in DIN 58 970 Teil 1 und in DIN-VDE 0411 Teil 112 (13) beschrieben. Berücksichtigt werden beispielsweise die Standfestigkeit, vor allem bei Unwucht, der Schutz vor herausgeschleuderten Teilen und die Prüfung der Wirksamkeit von Bioabdichtungen.

Zur Verhinderung der Aerosolbildung sind Röhrchen zu verwenden, die während der Zentrifugation verschlossen bleiben.

Mechanisierte Analysensysteme

Bei Verwendung von geschlossenen Primärgefäßen (siehe oben "Probennahme" und "Zentrifugen") sind die Infektionsgefahren deutlich verringert.

Zum Teil können diese Probengefäße direkt an den Analysengeräten eingesetzt werden, wobei die Probennehmernadel die Verschlußkappe durchstechen muß. Allerdings ist deren Einsatz nicht an allen Analysengeräten möglich, so daß weiterhin Probengefäße geöffnet werden müssen und infektiöse Agenzien durch Aerosolbildung und Oberflächenkontamination verbreitet werden können. Probennehmernadeln beinhalten allerdings auch die Gefahr, trotz automatischer Reinigungszyklen, an ihrer Oberfläche kontaminiert zu werden. Wenn dann die Geräteabdeckung geöffnet oder entfernt ist, in erster Linie im Rahmen von Wartungs- oder Reparaturarbeiten, kann dabei infektiöses Material übertragen werden. Im Routinebetrieb sollten deshalb bewegte Teile an Analysengeräten, wie Probennehmernadeln, immer abgedeckt sein.

4.4 Persönliche Schutzmaßnahmen

4.4.1 Arbeits- und Schutzkleidung

Bei Arbeiten in Laboratorien muß selbstverständlich eine geeignete Arbeitskleidung, z.B. ein ausreichend langer Laborkittel, getragen werden. In Abhängigkeit von der Sicherheitsstufe des Laborbereiches ist eine zusätzliche Schutzkleidung, z.B. Mundschutz, Augenschutz und Handschuhe, erforderlich (Tabelle 10). Die Schutzkleidung soll verhindern, daß die Kleidung (auch die Arbeitskleidung) der Beschäftigten mit Krankheitskeimen verschmutzt wird und hierdurch unkontrollierte Gefahren entstehen. Der Arbeitgeber ist verpflichtet, bei entsprechenden Tätigkeiten geeignete Schutzkleidung unentgeltlich und ausreichend zur Verfügung zu stellen (14, 15). Die Schutzkleidung ist geeignet, wenn sie an der Vorderseite des Rumpfes geschlossen ist und das Knie bedeckt, desinfizierbar ist (sofern nicht Einwegkleidung), elektrostatische Aufladungen nicht begünstigt und keine Gefährdung durch deren Brenn- oder Schmelzverhalten zu erwarten ist. In ausreichender Stückzahl ist die Schutzkleidung zur Verfügung gestellt, wenn sie je nach Bedarf, mindestens aber zweimal in der Woche gewechselt werden kann. Offen getragene Kittel erfüllen im allgemeinen die Anforderungen an Schutzkleidung nicht. Die Verpflichtung

Tabelle 10.

Schutzkleidung (3) Sicherheitsstufe	L1	L2	L3	L4
Augenschutz			ggf	ggf
Kopfbedeckung			ggf	ja
Mundschutz		ggf	ja	ja
Schutzkittel	ggf	ja	ja	ja
Handschuhe	ggf	ja	ja	ja
Bes.Schuhe		ggf	ja	ja

der Beschäftigten zum Tragen der zur Verfügung gestellten Schutzkleidung ergibt sich aus §14 UVV "Allgemeine Vorschriften".

Schutzkleidung darf nicht außerhalb des Laboratoriums getragen werden. Bei Sicherheitsstufe 4 ist beim Betreten und Verlassen des Laborbereichs jeweils ein vollständiger Wechsel der Kleidung unablässig. Eine getrennte Aufbewahrungsmöglichkeit für Arbeitskleidung, Schutzausrütung und Strassenkleidung ist erforderlich. Kontaminierte Laborkleidung ist wie Krankenhauswäsche getrennt von anderer Wäsche zu sammeln und in geeigneten Wäschereien zu waschen oder vor der Wäsche im Laboratorium zu dekontaminieren.

4.4.2 Händedesinfektion

Nach dem Umgang mit potentiell infektiösem Material und vor dem Verlassen des Laboratoriums müssen die Hände zuerst desinfiziert und dann gewaschen werden. Dazu müssen an den Waschbecken Direktspender mit Händedesinfektionsmitteln zur Verfügung stehen. Bei Kontakt mit infektiösem Material reicht alleiniges Waschen mit Wasser und Seife bei weitem nicht aus, um Krankheitserreger von der Haut zu entfernen. Geeignete Händedesinfektionsmittel müssen beim Bundesgesundheitsamt zugelassen sein. Es ist nicht in jedem Falle eine breite Wirksamkeit gegen alle Arten von Bakterien und Viren erforderlich. Jedoch sollte unbedingt auf eine Wirksamkeit gegen Hepatitis- und HI-Viren geachtet werden.

4.4.3 Arbeitsmedizinische Vorsorge

Die Unfallverhütungsvorschrift "Arbeitsmedizinische Vorsorge" regelt, daß Beschäftigte, die bei ihrer Tätigkeit chemischen, physikalischen oder biologischen Einwirkungen ausgesetzt sind oder gefährdende Tätigkeiten ausüben (diese sind im Einzelnen aufgeführt), arbeitsmedizinischen Vorsorgeuntersuchungen unterzogen werden müssen. Fristen für Nachuntersuchungen werden dabei ebenfalls genannt. Arbeitsmedizinische Untersuchungen sind danach bei bestimmten Tätigkeiten entweder generell vorzunehmen (z.B. gentechnische Arbeiten der Sicherheitsstufen 2, 3 oder 4) oder nur dann, wenn durch Art und/oder Dauer der mit der jeweiligen Tätigkeit verbundenen Belastung das Risiko einer Gesundheitsgefährdung des Beschäftigten besteht. Ein derartiges Risiko ist in der Regel nicht anzunehmen, wenn die jeweilige Tätigkeit nur kurzfristig und nicht auf Dauer angelegt ausgeübt wird. Bei gentechnischen Arbeiten der Sicherheitsstufe 2 mit Organismen, die nicht humanpathogen sind, kann die zuständige Behörde auf Antrag eine Befreiung von den Vorsorgeuntersuchungen zulassen.

5 Literatur

1. Druckschriftenverzeichnis, Ausgabe Oktober 1993, hgg. vom Bundesverband der Unfallversicherungsträger der öffentlichen Hand e.V. -BAGUV-Fockensteinstraße 1, 81539 München, Bestell-Nr. GUV 40.0
2. Schriften zum Arbeitsschutz und zur Unfallverhütung, Merkblatt M 069, Ausgabe Oktober 1992, hgg. von der Berufsgenossenschaft für Gesundheitsdienst und Wohlfahrtspflege, Pappelalle 35/37, 22089 Hamburg
3. Berufsgenossenschaft der chemischen Industrie: Merkblatt B 002 "Sichere Biotechnologie. Ausstattung und organisatorische Maßnahmen: Laboratorien" 1/92
4. Natzel, B Die Arbeitsgestaltung im Arbeitsrecht. in: Taschenbuch der Arbeitsgestaltung, hgg. vom Institut für angewandte Arbeitswissenschaft e.V., Bachem Verlag, Köln 1977, 238–249
5. DIN-Taschenbuch 222 "Medizinische Mikrobiologie und Immunologie", Beuth Verlag, Berlin. 1992
6. Buesching WJ, Neff JC, Sharma HM (1989) Infectious hazards in the clinical laboratory: a program to protect laboratory personnel, Clinics in Laboratory Medicine 9: 351–361
7. Marcus R and the CDC Cooperative Needlestick Surveillance Group: (1988) Surveillance of health care workers exposed to blood from patients infected with the human immunodeficiency virus, New Engl. J. Medicine 319: 1118–1123
8. VII. Liste der von der DGHM als wirksam befundenen Desinfektionsmittel, mhp-Verlag-GmbH, Wiesbaden (1989)
9. Kommission für Krankenhaushygiene und Infektionsprävention: Anforderungen der Hygiene an die Abfallentsorgung. Bundesgesundhbl. 26: 24–25 (1983)
10. Länder-Arbeitsgemeinschaft-Abfall: Merkblatt über die Vermeidung und die Entsorgung von Abfällen aus öffentlichen und privaten Einrichtungen des Gesundheitsdienstes. Staatsanzeiger für das Land Hessen 4.11.1991, 2449–2455
11. Peters J (1992) Abfälle aus Einrichtungen des Gesundheitsdienstes – Einteilung in Risikogruppen und Entsorgung. Bundesgesundhbl. 35: 27–29
12. Lüderitz P (1994) Arbeitsanleitung für die periodische Prüfung von Sicherheitswerkbänken Klasse 2 am Aufstellungsort. LaborMedizin 17: Heft 3 Sonderteil Arbeitsschutz XV–XIX
13. DIN-VDE-Taschenbuch 188 "Laborgeräte und Laboreinrichtungen (außer Glasgefäßen) vde-verlag Beuth, Berlin 1993
14. Bundes-Angestelltentarifvertrag (BAT) Bund, Länder, Gemeinden, Fassung vom 24.4.1994
15. Bayerischer Gemeindeunfallversicherungsverband: Unfallverhütungsvorschrift Gesundheitsdienst (GUV 8.1) vom September 1982 mit Durchführungsanweisungen vom Januar 1986

II. Methoden

Transmissions-Elektronenmikroskopie (TEM)

Johannes Heydenreich

Max-Planck-Institut für Mikrostrukturphysik, Weinberg 2, D-06120 Halle/Saale

1 Einführung 177
2 Konventionelle Transmissions-Elektronenmikroskopie 179
3 Hochauflösungs-Elektronenmikroskopie 186
4 Analytische Transmissions-Elektronenmikroskopie 197
5 Schlußfolgerungen und Ausblick 210
6 Literatur 213

1 Einführung

Innerhalb der physikalischen Methoden zur Aufklärung von Festkörperstrukturen im Submikrometer- und Nanometerbereich ist seit Jahrzehnten die Elektronenmikroskopie, insbesondere die TEM, mit ständig wachsender Bedeutung im Blickpunkt des Interesses. Während Beugungsmethoden (Röntgenbeugung, Elektronenbeugung, Neutronenbeugung) und spektroskopische Verfahren üblicherweise gemittelte (integrale) Aussagen über ausgedehnte Festkörperbereiche liefern, gestatten elektronische Abbildungsverfahren die direkte bildmäßige Erfassung atomarer und molekularer Strukturen. Die Abgrenzung zur Rastertunnelmikroskopie ist dadurch gegeben, daß diese nur auf Festkörperoberflächen angewandt werden kann. Zur bildmäßigen Erfassung atomarer Strukturen im Festkörpervolumen ist nach wie vor der Einsatz der bereits in den dreißiger Jahren entwickelten TEM [1] notwendig. Nach umfangreichen Weiterentwicklungen in der Elektronenoptik (und nach Verbesserungen in der mechanischen und elektronischen Stabilisierung der Geräte) steht eine leistungsfähige Gerätetechnik zur Verfügung.

Die Möglichkeiten und Grenzen der TEM sollen in dieser Übersicht in 3 Abschnitten dargelegt werden: 1) Konventionelle TEM für den Routine-Betrieb, 2) Hochauflösungs-EM für die Abbildung atomarer und molekularer Strukturen, 3) Analytische TEM für die lokale Erfassung der Elementspezifik ("lokale chemische Analyse"). Im folgenden werden zunächst einige allgemein zutreffende Voraussetzungen genannt.

Die TEM erfordert hinreichend dünne Objekte. Für die Erzielung einer guten Bildqualität liegen die zulässigen Dicken im konventionellen Bereich bei etwa 100 nm und in der Hochauflösungs-EM zwischen 1 und 10 nm. Die in der Mehrzahl der Fälle zu untersuchenden massiven, meist kristallinen Objekte werden durch Anwendung geeigneter Präparationsmethoden [2], z.B. der chemischen oder der elektrochemischen Abdünnung, der Ionenstrahl-Ätzung oder auch der Ultradünnschnitt-Technik zu elektronentransparenten Folien abgedünnt. Als besonderer Trend in der Präparationstechnik ist die zunehmende Nutzung der Querschnittspräparation [3–5], insbesondere für die Untersuchung innerer Grenzflächen (Interfaces), zu nennen.

Die Begrenzung für die Abbildbarkeit von Objektdetails ist durch die Wechselbeziehung zwischen erreichbarem Bildkontrast, erzielbarer Auflösung und nicht zu vermeidender Strahlenschädigung gegeben. Hinsichtlich des auftretenden Bildkontrastes werden je nach den gewählten Abbildungsmethoden (konventionelle TEM, Hochauflösungs-EM) unterschiedliche Effekte erzielt, weshalb erst in den (Abschnitten 2 und 3) darauf eingegangen werden soll.

Was die Auflösung betrifft, so hat die elektronenmikroskopische Gerätetechnik international inzwischen einen so hohen Stand erreicht, daß die in der Praxis erzielbaren Auflösungswerte der theoretischen Auflösungsgrenze entsprechen. Diese ist (im sogenannten Scherzer-Fokus) durch die Wellenlänge λ der zur Abbildung benutzten Elektronen und durch die Öffnungsfehlerkonstante $C_{\ddot{o}}$ der verwendeten Objektivlinse durch die folgende einfache Beziehung gegeben [6]:

$$\delta_{theor} = A \sqrt[4]{\lambda^3 C_{\ddot{o}}} \tag{1}$$

Für die Ableitung dieser Beziehung wurde angenommen, daß mit einer optimalen Objektivapertur in der Größe von etwa 10^{-2} gearbeitet wird, daß außer dem Öffnungsfehler keine weiteren elektronenoptischen Abbildungsfehler wirksam sind und daß eine hinreichende mechanische Stabilität vorhanden ist. Der Farbfehler wird z.B. durch eine extreme Stabilisierung der Beschleunigungsspannung und des Objektivlinsenstromes auf Werte von etwa 10^{-6} ausreichend klein gehalten, und ein evtl. vorhandener Astigmatismus wird durch Einsatz elliptischer Korrekturfelder mit Hilfe eines Stigmators beseitigt. In Gl. (1) hängt der Vorfaktor A von der Richtungsverteilung der im Objekt gestreuten Elektronen ab, die ihrerseits durch die Art des untersuchten Objekts gegeben ist; mögliche Werte für A liegen zwischen 0,4 und 0,8. Aus Gründen einer einfachen elektronischen Stabilisierung werden für den konventionellen Mikroskopierbetrieb Elektronenmikroskope mit Beschleunigungsspannungen von 100–200 kV eingesetzt, wobei die Wellenlänge für 100-kV-Elektronen 3,7 pm beträgt. Mit den zur Zeit durchgängig benutzten magnetischen Elektronenlinsen werden (im Bereich von 100 kV Beschleunigungsspannung) Öffnungsfehlerkonstanten von 0,7–1 mm erreicht. Die genannten Werte in Gl. (1) eingesetzt, ergeben für den konventionellen Mikroskopierbetrieb eine theoretische Auflösungsgrenze von etwa 0,3 nm. Unter den Bedingungen der später noch zu beschreibenden Hochauflösungs-EM läßt sich dieser Wert noch merklich unterbieten.

Die neben Auflösung und Bildkontrast für die Grenzen des Abbildungsprozesses wichtige Strahlenschädigung betrifft strahlbedingte Objektveränderungen, wie das Aufbrechen von Bindungen, die Verrückung und Umordnung von Atomen, chemische Reaktionen, Massenverlust, Verlust an Kristallinität u.a. Sie ist vor allem von der Bestrahlungsdosis abhängig, und es ist davon auszugehen, daß die für den Abbildungsprozeß notwendige Strahlendosis umso höher ist, je kleinere Objektdetails abzubilden sind. Der Zusammenhang zwischen erreichbarer Auflösung (δ), Bildkontrast (K) und der für die Strahlenschädigung des Objekts verantwortlichen Zahl n_{el} der pro Flächeneinheit einfallenden Elektronen wird durch eine bereits 1948 von Rose [7] vorgeschlagene Beziehung in einfacher Weise wiedergegeben:

$$K\delta > 5/\sqrt{n_{el}} \tag{2}$$

Für einen der praktischen Arbeit entsprechenden minimalen Kontrastwert von 5% und eine erzielbare Auflösung von 0,3 nm ist die Zahl der für den Abbildungsprozeß benötigten Elektronen (n_{el}) größer als 10^5 e/nm^2. Andererseits liegen die Schädigungsdosen (siehe z.B. [8]) für lebende Objekte bei 10^{-4}... 1 e/nm^2, für Biomoleküle bei 10^3...10^5 e/nm^2 und für anorganische Substanzen bei 10^6...10^{11} e/nm^2. Berücksichtigt man den Trend zur Hochauflösungs-Elektronenmikroskopie, so ist ersichtlich, daß selbst für anorganische Materialien mit Strahlenschädigungseffekten [9] zu rechnen ist. Einige Voraussetzungen für ein objektschonendes Arbeiten sollen genannt werden: Zunächst geht es um eine geeignete Wahl der Beschleunigungsspannung, durch welche sowohl die bei hohen Spannungen (in kristallinen Materialien) auftretenden Verrückungsschädigungen wie auch die bei niedrigen Spannungen (in organischen Objekten) auftretenden Ionisierungsschädigungen vermieden werden. Für das Arbeiten mit minimalen Elektronendosen sind wirkungsvolle Detektoren (z.B. Bildverstärker, "Bildplatten") notwendig. Schließlich ist auch das für organische Objekte wichtige Mikroskopieren bei tiefen Temperaturen (Kryo-Elektronenmikroskopic [10]) zu nennen.

2 Konventionelle Transmissions-Elektronenmikroskopie

Der Bildkontrast in der TEM ist–abgesehen von den Einflüssen des elektronenoptischen Systems–im wesentlichen durch den Prozeß der Streuung bzw. Beugung der abbildenden Elektronen im Festkörper gegeben, d.h. durch eine Phasenschiebung der Elektronenwelle bei der Wechselwirkung mit dem Festkörper. Sofern es sich nicht um Bildkontraste und Objektdetails im Hochauflösungsbereich handelt, sondern um sogenannte Flächenkontraste, kann die Entstehung–bei amorphen Objekten – in vereinfachter Weise auf der Grundlage der Teilchennatur der Elektronen erklärt werden, im wesentlichen dadurch, daß die Zahl der in den einzelnen Bildbereichen zur Bildebene gelangenden Elektronen für die Kontrastdeutung herangezogen wird. In der Praxis lassen sich durch Benutzung der gleichzeitig als Objektivaperturblende wirkenden Kontrastblende – angeordnet in der hinteren Brennebene des Objektivs – die in größere Winkel gestreuten Elektronen eliminieren. Unabhängig von der Wirkung der Kontrastblende werden wegen des Einflusses des stets vorhandenen Öffnungsfehlers der Objektivlinse die in größere Winkel gestreuten Elektronen ohnehin nicht exakt in der Bildebene fokussiert und können so nur zu einem diffusen Streuuntergrund beitragen. Beim amorphen Objekt, durch welches eine Streuung der Elektronen in alle Winkelbereiche – vornehmlich in Vorwärtsrichtung – bewirkt wird, spricht man in diesem Zusammenhang vom Streuabsorptionskontrast. Im kristallinen Objekt erfolgt wegen der Wellennatur der Elektronen eine Beugung in definierte, durch die Kristallorientierung vorgegebene Richtungen. Die Kontrastart, bei der die in merkliche Winkel gebeugten Elektronenbündel durch die Kontrastblende von der Bildebene ferngehalten werden, wird als Beugungskontrast bezeichnet.

Für die Erklärung des Streuabsorptionskontrastes wird von der elastischen Elektron-Atomkern-Streuung für das Einzelatom ausgegangen und in vereinfachender Weise angenommen, daß die Gesamtzahl der gestreuten Elektronen von der Bildebene ferngehalten wird. Die quantenmechanisch durchzuführenden Berechnungen bezüglich der elastischen Elektron-Atomkern-Streuung haben die abschirmende Wirkung durch die Elektronen der Atomhülle zu berücksichtigen. Geht man von einer von Moliére [11] angegebenen Streuformel aus, die auf der Annahme einer Elektronendichteverteilung nach Thomas und Fermi aufgebaut ist, so erhält man über die Abschätzung der Gesamtzahl der gestreuten Elektronen den folgenden Ausdruck für die Intensität I_1 des einen Objektbereich konstanten Streuvermögens ohne Streuung durchsetzt habenden Elektronenbündels (bezogen auf die Intensität I_0 des einfallenden Strahlenbündels):

$$I_1/I_0 = \exp(-\sigma\rho t) \tag{3}$$

Hierbei bedeuten ρ die Dichte und t die Dicke des untersuchten Festkörpers. Das Produkt aus Dichte und Dicke des Objektes (ρt) wird in der Elektronenmikroskopie üblicherweise als Massendicke bezeichnet, obwohl es – genau genommen – eine Massenbelegungsdichte ist. Gl. (3) besagt, daß die Intensität I_1 des ungestreuten Anteils des Strahlenbündels exponentiell mit der durchstrahlten Massendicke (ρt) abfällt. Der Streuquerschnitt σ hängt von der Kernladungszahl, von der Atommasse des untersuchten Objekts und von der gewählten Beschleunigungsspannung ab. Als Definition des Bildkontrastes K wird die Beziehung.

$$K = (I_0 - I_1)/I_0 = 1 - (I_1/I_0) \tag{4}$$

benutzt. Gl. (3) kann als Analogon zum Lambert-Beerschen Absorptionsgesetz in der Lichtoptik angesehen werden, wobei statt der Dichte ρ des Objektes die Konzentration der absorbierenden Zentren und statt des Streuquerschnittes σ eine von der Absorptionskonstanten abhängige Größe einzusetzen wäre. Der

dem lichtmikroskopischen Absorptionskontrast ähnliche Streuabsorptionskontrast entsteht aber–das soll nochmals betont werden–durch Streuung der
Strahlelektronen im Festkörper und durch das Fernhalten der in ausreichende
Winkel gestreuten Elektronen von der Bildebene. Die Entstehung von Bild-
kontrasten durch Streuabsorption wurde bereits 1936 von Boersch [12] nachgewiesen.

Als Beispiel für den an einem amorphen Objekt erzielten Streuabsorptionskontrast ist in Abb. 1 ein Bildausschnitt aus einer verformten Polystyrenfolie
wiedergegeben, in der zur Erhöhung der Schlagzähigkeit Kautschukteilchen
(hellerer Bildkontrast) eingelagert sind. Bei der Dehnung dieses Materials entstehen lokalisierte Deformationszonen (fibrillenartige Vordurchbruchsstruk-
turen, sogenannte Crazes), die in der Abbildung gut zu erkennen sind.

Beim Beugungskontrast kristalliner Objekt, der im wesentlichen bei der
Abbildung von Kristalldefekten eine Rolle spielt, ist davon auszugehen, daß
durch den Wechselwirkungsprozeß zwischen Elektronenstrahlung und geord-
netem Kristallgitter eine Beugung der zur Abbildung benutzten Elektronenwelle gemäß der Braggschen Gleichung $2\,d\,\sin\theta = n\,\lambda$ in definierte Richtungen
erfolgt. Hierbei bedeuten d den jeweils zu betrachtenden Netzebenenabstand
im Kristallgitter, θ den Braggwinkel, n die Ordnung der Beugung und λ– wie
bekannt–die Wellenlänge der zur Objektbestrahlung benutzten Elektronen. Je
nach Orientierung des Festkörpers zum einfallenden Elektronenbündel werden
gemäß der Braggschen Gleichung mehr oder weniger Elektronen in definierte
Richtungen gebeugt und durch die Wirkung der Kontrastblende von der Bildebene ferngehalten. Abbildung 2 zeigt das Grundprinzip der erstmalig von
Hirsch und Mitarbeitern [13] und von Bollmann [14] angewandten Technik
des Beugungskontrastes. Die in der Objektebene befindliche Objektfolie (O)

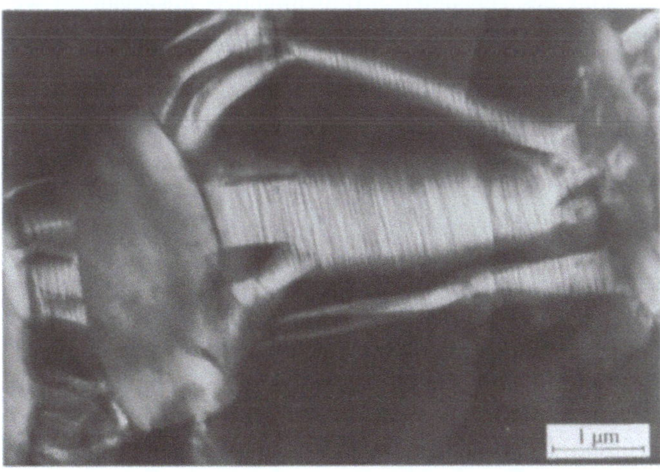

Abb. 1. Crazes in schlagzähem Polystyrol, initiiert an Kautschuk-Teilchen (Aufn. G. Michler)

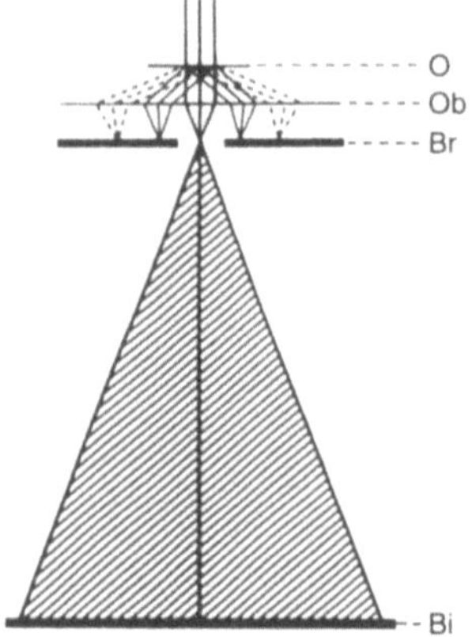

Abb. 2. Strahlengang für die elektronenmikroskopische Hellfeld-Abbildung im Beugungskontrast (O-Objektebene, Ob-Objektivebene, Br-Brennebene des Objektivs, Bi-Bildebene)

bewirkt, daß es an der Ausgangsseite des Festkörpers neben dem Bündel der ungebeugten Elektronen in definierte Richtungen gebeugte Elektronenbündel gibt. Durch die Objektivlinse (Ob) werden die von verschiedenen Objektpunkten jeweils in gleiche Richtung ausgehenden Elektronen in der hinteren Brennebene (Br) in einem Punkt fokussiert, so daß in dieser Ebene das Beugungsdiagramm des Objekts entsteht. Zur Bildebene (Bi) können nur die die Kontrastblendenöffnung passierenden ungebeugten Elektronen gelangen, so daß dort ein Hellfeldbild des kristallinen Objekts entsteht. Für die Berechnung des Beugungskontrastes ist deshalb die Intensität des Bündels der durchgehenden Elektronen (I_d) zu berechnen. Da die Intensität des ungebeugt durch den Kristall hindurchgehenden Bündels (I_d) mit der Intensität I_o des einfallenden Strahlenbündels und der Intensität I_g des gebeugten Strahlenbündels durch die einfache Beziehung $I_d = I_o - I_g$ zusammenhängt, kann auch von der Berechnung der Intensität des gebeugten Strahlenbündels ausgegangen werden. Aus der Theorie der Elektronenbeugung (s.z.B. [15]) folgt, daß die Intensität I_g des gebeugten Elektronenbündels nach Durchgang durch einen von Kristallbaufehlern freien Kristall der Dicke t im dynamischen Fall durch die einfache Proportionalitätsbeziehung

$$I_g \sim (\sin^2 \pi\, t\, \bar{s})/(\pi \bar{s})^2 \tag{5}$$

gegeben ist, wobei

$$\bar{s} = \sqrt{(1/\xi_g)^2 + s^2} \tag{6}$$

ist, und zwar mit s als Anregungsfehler, eine Größe, die die Abweichung des auf Grund der speziellen Einstrahlbedingungen zu betrachtenden Gitterpunkts von der Ewaldschen Kugel erfaßt. Die Spezifik der zu durchstrahlenden Kristallfolie wird dabei durch den Extinktionsabstand ξ_g – auch charakteristische Dicke genannt – erfaßt, eine für eine bestimmte beugende Substanz, eine bestimmte Bragg-Reflexion und eine vorgegebene Elektronen-Wellenlänge zu

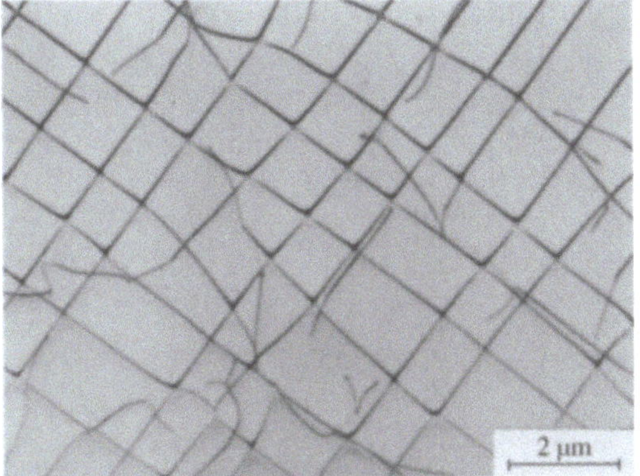

Abb. 3. Versetzungsnetzwerk in einem P-diffundierten Bereich eines Silicium-Einkristalls

errechnende Größe in der Größenordnung einiger 10-nm, die im wesentlichen umgekehrt proportional zur Strukturamplitude ist.

Rechnet man mit einem konstanten vorgegebenen Anregungsfehler s und damit mit konstantem $\bar{s}$, so ergibt sich aus G1. (5) eine bei Änderung der Kristalldicke t vorhandene periodische Intensitätsmodulation, die im Sinne der Ewaldschen Pendellösung zu deuten ist. Geht man andererseits von einer konstanten Kristalldicke aus und berücksichtigt, daß die durchstrahlbaren Kristallfolien meist mehr oder weniger verbogen sind, d.h., daß von Ort zu Ort mit einer Änderung des Anregungsfehlers s gerechnet werden muß, so ist wiederum gemäß G1. (5) mit einer periodischen Intensitätsmodulation zu rechnen. Es entstehen die bekannten Extinktionskonturen, d.h. Interferenzschlieren gleicher Neigung. Der Einfluß von Kristallbaufehlern, insbesondere von Versetzungen, die ja im Endeffekt eine Verformung bzw. Verbiegung der an sie angrenzenden Kristallbereiche hervorrufen, könnte in erster Näherung in Form lokaler Änderungen des Anregungsfehlers gedeutet werden, so daß sich Bildkontraste ergeben, ohne daß eine eigentliche Gitterauflösung vorliegt. Ein Beispiel hierfür ist in Abb. 3 gegeben, die ein durch Phosphordiffusion erzeugtes Versetzungsnetzwerk in einem Silizium-Einkristall zeigt.

Die für die Interpretation der Abbildung von Kristallbaufehlern heranzuziehende dynamische Theorie des Beugungskontrastes wurde – aufbauend auf einem Planwellenformalismus – von Howie und Whelan bereits Anfang der 60er Jahre [16, 17] entwickelt. Vorstellungen zur Behandlung der dynamischen Theorie des Beugungskontrastes auf der Grundlage des Formalismus von Blochwellen bzw. von modifizierten Blochwellen wurden von Wilkens [18, 19] angegeben.

Bei der rechnerischen Behandlung des Beugungskontrastes wird einfacherweise von der sogenannten Säulenapproximation ausgegangen, d.h. für die Berechnung der Amplituden (ϕ_d, ϕ_g) bzw. der Intensitäten (I_d, I_g) des durchgehenden bzw. gebeugten Elektronenbündels an der Kristallaustrittsseite werden nur die innerhalb einer Säule von atomaren Dimensionen im Kristall vorhandenen Atome als streuende Bausteine betrachtet. Ferner wird der Zweistrahlfall vorausgesetzt, d.h., es wird angenommen, daß es außer dem ungebeugten Strahlenbündel nur noch ein weiteres (in definierte Richtung) gebeugtes Elektronenbündel gibt. Für den von Howie und Whelan vorgeschlagenen Planwellenformalismus erhält man ein System simultaner Differentialgleichungen, das die Änderungen der Amplituden der durchgehenden (ϕ_d) und der gebeugten Wellen (ϕ_g) mit der Kristalltiefe (z) beim Durchgang der Elektronen durch die Kristallfolie in der betrachteten approximierten Kristallfolie erfaßt:

$$\frac{d\phi_d}{dz} = -\frac{\pi}{\xi'_o}\phi_d + \pi\left(\frac{i}{\xi_g} - \frac{1}{\xi'_g}\right)\phi_g$$

$$\frac{d\phi_g}{dz} = \pi\left(\frac{i}{\xi_g} - \frac{1}{\xi'_g}\right)\phi_d + \left[-\frac{\pi}{\xi'_o} + 2\pi i(s + \beta'_g)\right]\phi_g \tag{7}$$

Neben der bekannten Extinktionslänge ξ_g und der Abweichung s von der idealen Bragg-Lage enthält Gl. (7) zusätzlich auch den Einfluß von Absorptionswirkungen. Über die Betrachtung eines komplexen Gitterpotentials wurden von Hashimoto et al. [20] die die anomale Absorption kennzeichnende Größe ξ'_g und der Hauptabsorptionskoeffizient ξ'_o in das Gleichungssystem eingeführt. Durch den Term β'_g wird die jeweils vorliegende lokale Gitterverzerrung erfaßt, d.h. hierdurch werden die dem Gitter durch Kristallbaufehler aufgezwungenen Deformationen repräsentiert. Es gilt

$$\beta'_g = g\frac{dR}{dz} \tag{8}$$

Hierin bedeuten $\mathbf{g}$ den der gewählten Beugungsbedingung entsprechenden reziproken Gittervektor und $\mathbf{R}$ den die Kristallstörung charakterisierenden Verschiebungsfeldvektor.

Je nach Kompliziertheit des durch den Kristalldefekt erzeugten Verschiebungsfeldes ist der zur numerischen Lösung des Differentialgleichungssystems notwendige Rechenaufwand sehr unterschiedlich. Für Planardefekte, z.B. Stapelfehler, läßt sich für Gln. (7, 8) in den meisten Fällen eine Lösung in analytisch geschlossener Form erzielen, während für die Berechnung des Bildkontrastes von Versetzungen numerische Lösungen im Vordergrund stehen. Für die numerisch auszuführende Integration des Differentialgleichungssystems (7) wird üblicherweise das Runge-Kutta-Verfahren angewandt, wobei zu beachten ist, daß wegen der komplexen Natur der Differentialgleichungen ein System von vier gekoppelten Differentialgleichungen zu integrieren ist. Zu berücksichtigen ist hierbei die Bedingung, daß die Amplitude der einfallenden Welle an der Strahleintrittsseite gleich 1 ist und die Amplitude der gebeugten Welle dort Null ist. Zur Berechnung des Bildkontrastes eines Kristalldefektes muß man die den Rechnungen zugrunde liegende Kristallsäule über den den Defekt enthaltenden Kristallbereich verschieben und so Punkt für Punkt (durch Quadrierung der Amplituden) die Intensitäten der einfallenden und der gebeugten Welle an der Kristallaustrittsfläche berechnen. Die ersten Computersimulationen von Beugungskontrast-Abbildungen wurden von Head [21] durchgeführt.

Für die Interpretation der Beugungskontrast-Abbildung von Kristalldefekten ist die hinreichend genaue Kenntnis des jeweils wirksamen Verschiebungsvektors **R** notwendig. Aus elastizitätstheoretischen Betrachtungen sind die Verschiebungsvektoren für eine Vielzahl von Typen von Kristalldefekten bekannt. Als einfaches Beispiel soll hier nur das Verschiebungsfeld einer Schraubenversetzung angegeben werden, das durch den folgenden Ausdruck zu erfassen ist:

$$\mathbf{R} = \frac{\mathbf{b}}{2\pi} \arctan\left(\frac{z-y}{x}\right) \tag{9}$$

(b-Burgers-Vektor, y-Tiefenlage der Versetzung in der Kristallfolie, gemessen von der Kristalleintrittsseite, x-lateraler Abstand der Versetzung von der jeweils betrachteten Kristallsäule entsprechend der Säulenapproximation). Zur Bestimmung der Richtung des Burgers-Vektors einer Versetzung kann die Abhängigkeit des Beugungskontrastes vom wirksamen Beugungsreflex, d.h. vom Beugungsvektor **g**, herangezogen werden. Eine Auslöschung des Beugungskontrastes is ja für den Fall zu erwarten, daß die in G1. (8) gegebene Größe β'_g verschwindet. Bei der Schraubenversetzung ist das bereits der Fall, wenn das Produkt aus Beugungsvektor und Burgers-Vektor gleich Null ist ($\mathbf{g}\,\mathbf{b} = 0$), d.h. wenn Beugungsvektor und Burgers-Vektor senkrecht aufeinander stehen.

Als Anwendungsbeispiel für Beugungskontrast-Untersuchungen von Versetzungen sei auf Abb. 3 verwiesen. Die nach vorstehender Prozedur durchgeführte Versetzungsanalyse hat für das abgebildete Netzwerk 60°-Versetzungen vom Burgersvektor-Typ a/2 <110> ergeben. Abbildung 4 zeigt als Beispiel für einen Planardefekt einen Stapelfehler in einer Silicium-Kristallfolie. Die den Defekt am linken und am rechten Ende begrenzenden Partialversetzungen sind gut sichtbar, desgleichen auch die parallel zur Schnittlinie der Stapelfehlerebene mit der Folienober- bzw. Unterseite verlaufenden Streifenstrukturen. Abbildung. 5 zeigt orthogonale Zwillingslamellen in einem YBCO Einkristall [22]. Fragen der Wechselwirkungsprozesse der Lamellen untereinander standen bei diesen Untersuchungen im Blickpunkt des Interesses.

Wesentlich für den Anwendungsbereich der Beugungskontrast-Abbildung ist die in der Praxis erzielbare Auflösung der Defektabbildungen [23], die ja im wesentlichen durch die Ausdehnung der mit den Defekten verbundenen Gitterverzerrungsfelder gegeben ist. Bei Versetzungsbildern betragen die in der Abbildung erzielbaren Profilbreiten üblicherweise wenige 10 nm. Mit Hilfe der sogenannten Weak Beam Technik [24], bei der unter Nutzung spezieller Einstrahlbedingungen jeweils nur mit einem schwach angeregten Strahlenbündel gearbeitet wird, kann man–je nach zu untersuchender Substanz und je nach vorliegenden Abbildungsbedingungen–in der Defektabbildung Profilbreiten von einigen nm erzielen.

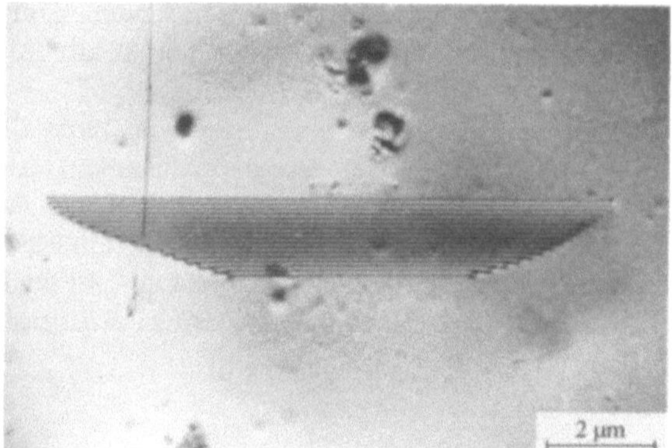

Abb. 4. Stapelfehler in mono-kristallinem Silicium

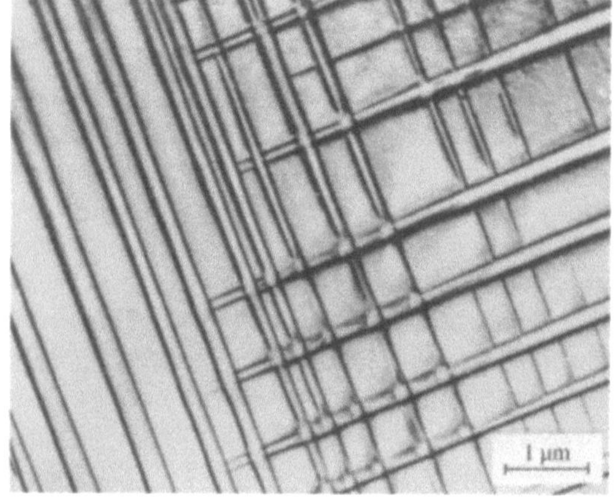

Abb. 5. Orthogonale Zwillingslamel-len in einem YBCO-Einkristall

3 Hochauflösungs-Elektronenmikroskopie

Mit der stetigen Weiterentwicklung der elektronenoptischen Gerätetechnik sind die notwendigen Voraussetzungen für das Arbeiten im Hochauflösungs-Bereich geschaffen worden. Eine neue Generation von Elektronenmikroskopen steht hierfür zur Verfügung, und zwar die im Spannungsbereich von 300–400 kV arbeitenden Mittelspannungs-Elektronenmikroskope (s. z.B. [25, 26]). Durch einen Kompromiß zwischen der bei diesen Spannungen technisch gerade noch möglichen ausreichenden Stabilisierung der Beschleunigungs-spannung einerseits und der gegenüber 100-bzw. 200-kV-Geräten erzielbaren Verringerung der Elektronenwellenlänge andererseits ($\lambda_{400kV} = 1{,}6$ pm) lassen sich gemäß Gl. (1) Auflösungswerte von 0,15–0,20 nm erzielen, die in kristal-linen Materialien–zumindest in solchen mit nicht zu geringen Gitterkonstan-ten–die direkte Abbildung atomarer und molekularer Strukturen erlauben.

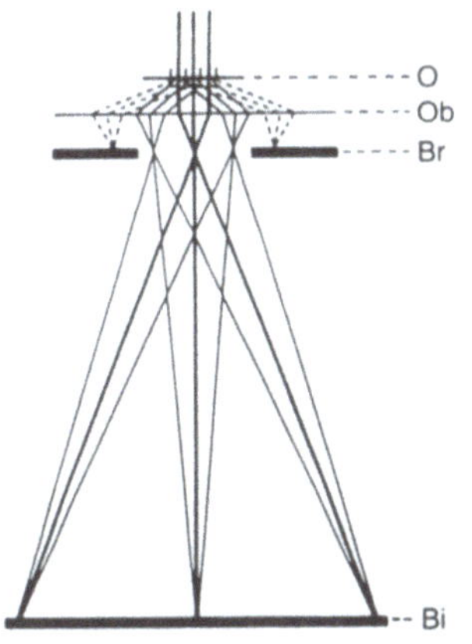

Abb. 6. Strahlengang für die elektronenmikroskopische Hochauflösungs-Abbildung

Inzwischen gibt es an wenigen Stellen elektronisch hochstabilisierte Höchstspannungs-Elektronenmikroskope im Spannungsbereich von 1 MV bis 1,3 MV [27], mit denen eine Auflösung von 0,1 nm erzielt wird.

Im Gegensatz zur konventionellen Elektronenmikroskopie im Streuabsorptionskontrast bzw. im Beugungskontrast, bei der im Hellfeldfall nur das ungebeugte Elektronenbündel zur Bilderzeugung benutzt wird (s. Abb. 1), handelt es sich bei der Hochauflösungs-TEM (siehe Strahlengang in Abb. 6) um Abbildungen, die durch Interferenz des ungebeugten mit den gebeugten Strahlenbündeln in der Bildebene entstehen. Dabei ist es wichtig, daß die zu untersuchenden (extrem dünnen) Objekte als Phasenobjekte angesehen werden können, so daß der eigentliche Wechselwirkungsprozeß zwischen Elektronenstrahlung und Objekt in einer Phasenschiebung der abbildenden Elektronenwelle besteht. Unter der Voraussetzung, daß das Kriterium für eine Linearität der optischen Übertragung und die Bedingungen für eine Kleinwinkel-Näherung erfüllt sind, kann der Abbildungsprozeß als zweifache Fourier-Transformation aufgefaßt werden (s. z.B. [28–30]), und zwar als Fourieranalyse auf dem Weg von der Objektebene bis zur Objektivbrennebene, in der das Beugungsbild entsteht, und als Fouriersynthese auf dem Weg von der Objektivbrennebene bis zur Bildebene. Dabei sind die Einflüsse der Fehler der Abbildungsoptik geeignet zu berücksichtigen.

Die Wellenfunktion in der Objektebene ist im Falle eines reinen Phasenobjektes – bei Vereinfachung durch Beschränkung auf nur eine räumliche Koordinate x – gegeben durch:

$$\Psi_o(x) = \exp(-i\eta(x)) \tag{10}$$

Dabei ist $\eta(x)$ die Phasenschiebung der abbildenden Elektronenwelle, erzeugt durch die Wechselwirkung zwischen Elektronenstrahlung und Objekt. Die

Wellenfunktion in der Beugungsebene (Koordinate:u) ergibt sich durch Fourier-Transformation zu:

$$\Psi_d(u) = \int \Psi_o(x) \exp(2\pi i u x)\, dx \tag{11}$$

Eine Berücksichtigung der unzulänglichkeiten der Abbildungsoptik erfolgt durch Multiplikation von $\Psi_d(u)$ mit der Aperturfunktion $A(u)$ und der Kontrastübertragungsfunktion $C(u)$ zu:

$$\Psi'_d(u) = \Psi_d(u) A(u) C(u) \tag{12}$$

Gemäß Definition ist die Aperturfunktion Null für den abgedeckten Bereich der Blendenebene und 1 für den Durchlaßbereich. Die Kontrastübertragungsfunktion ist für schwache Phasenobjekte und axiale Beleuchtung darstellbar durch [31]:

$$C(u) = \exp(-i\chi) \tag{13}$$

Dabei ist χ die durch Unzulänglichkeiten der Abbildungsoptik gegebene Phasenschiebung, die nach Scherzer folgenden Wert hat:

$$\chi = \frac{\pi}{2}[C_\ddot{o}\lambda^2 u^4 - 2\Delta f \lambda u^2] \tag{14}$$

Hier sind $C_\ddot{o}$ die Öffnungsfehlerkonstante der Objektivlinse und Δf der jeweilige Defokussierungwert. u ist – wie oben schon angedeutet – die Koordinate in der Beugungsebene, die auch als Raumfrequenz bezeichnet wird und über den Ausdruck $\alpha = u\lambda$ in Beziehung zum Streuwinkel α steht. Die Wellenfunktion in der Bildebene ergibt sich dann zu:

$$\Psi_i(x) = \int \Psi'_d(u) \exp(-2\pi i x u/M)\, du \tag{15}$$

(M-Vergrößerung). Daraus erhält man in einfacher Weise die Intensitätsverteilung in der Bildebene:

$$I(x) = \Psi_i(x)\Psi_i^*(x) \tag{16}$$

Für die objektgetreue Abbildung der in der Hochauflösungs-TEM gegebenen Phasenobjekte ist zu fordern, daß $\sin\chi = 1$ bzw. -1 für alle Raumfrequenzen u ist. Raumfrequenzen, die durch ein $|\sin\chi(u)|$ kleiner 1 übertragen werden (der in der Praxis übliche Fall) tragen nur zu einem reduzierten Kontrast bei.

Abbildung 7 zeigt die für die Kontrastentstehung wichtigen $\sin\chi$-Werte als Funktion der Raumfrequenz u bzw. des abbildbaren Objektabstandes x für den sogenannten Scherzer-Fokus, und zwar in a) für ein konventionelles 100 kV-Elektronenmikroskop ($C_\ddot{o} = 0{,}7$ mm) und in b) für ein Mittelspannungs-Elektronenmikroskop bei 400 kV Beschleunigungsspannung ($C_\ddot{o} = 1$ mm). Der Scherzer-Fokus ist dadurch gekennzeichnet, daß er eine $\sin\chi$-Funktion mit einem breiten Übertragungsintervall gleichen Vorzeichens ermöglicht, wobei

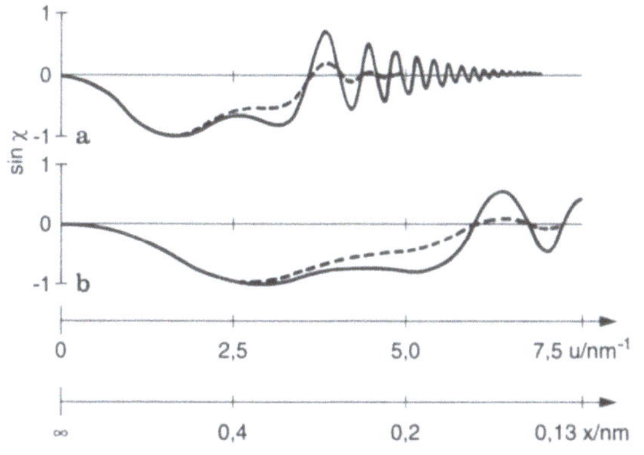

Abb. 7a, b. Phasenkontrast-Übertragungsfunktionen (sin χ) **a)** für 100 kV ($C_ö = 0{,}7$ mm, Scherzer-Fokus: 62 nm) (Fokussierungsunschärfe: 5 nm). **b)** für 400 kV ($C_ö = 1$ mm, Scherzer-Fokus: 48 nm) (Fokussierungsunschärfe: 5 nm)

der Abszissenwert des ersten Nulldurchgangs als theoretische Auflösungsgrenze (s. Gl. (1)) interpretiert werden kann. Für höhere Raumfrequenzen ergeben sich Oszillationen der Phasenkontrast-Übertragungsfunktion, die entsprechende Kontrastumkehrungen bewirken; die zugehörigen Abbildungen sind dann nicht mehr in direkter Weise interpretierbar. Der Defokussierungswert für den Scherzer-Fokus ergibt sich aus einer Kurvendiskussion von Gl. (14) zu:

$$\Delta_s = \sqrt{\frac{4}{3}C_ö \lambda} \qquad (17)$$

Die erzielbaren Phasenkontrast-Übertragungsfunktionen hängen weiterhin stark von der Fokussierungsunschärfe δ_{def} ab, deren Ansteigen (ausgezogene Kurven: $\delta_{def} = 5$ nm, gestrichelte Kurven: $\delta_{def} = 10$ nm) zu entsprechenden Dämpfungseffekten führt. Die Größe δ_{def} ist durch Spannungsinstabilitäten $\Delta U/U$, durch Strominstabilitäten $\Delta I/I$ und durch die Energieunschärfe des Elektronenstrahls $\Delta E/E$ gemäß folgender Beziehung gegeben:

$$\delta_{def} = C_f \sqrt{\left(\frac{\Delta U}{U}\right)^2 + \left(\frac{2\Delta I}{I}\right)^2 + \left(\frac{\Delta E}{E}\right)^2} \qquad (18)$$

(C_f – Farbfehlerkonstante). Typische Werte für Spannungsfluktuationen· bzw. für Stromfluktuationen sind 10^{-6} (teilweise auch einige 10^{-7}). Der durch den Übergang von der konventionellen TEM (100 kV) zur Mittelspannungs-EM (400 kV) gegebene Gewinn an Auflösung und Kontrastübertragung ist–wie die Darstellungen zeigen – erheblich. Entsprechende Verbesserungen ergeben sich auch im Fall des sogenannten aberrationsfreien Fokus [32], der nur auf ideale kristalline Objekte mit definierten diskreten Raumfrequenzen (Beugungsreflexe) anzuwenden ist, und hier die Bedingung erfüllt, daß alle Raumfrequenzen, die übertragen werden müssen, keine oder die gleiche Phasenschiebung durch das elektronenoptische System erfahren. Die für solche Strukturabbildungen erzielbaren Auflösungswerte können wesentlich besser sein als die mit Hilfe des Scherzer-Fokus erzielbaren Punktauflösungen. Als allgemeines formuliertes

Abbildungskriterium ist schließlich das KPF-Konzept (Kinematical Phase Focus) zu nennen, bei dem durch Wahl geeigneter Fokussierungsbedingungen die Phasen der kinematischen Strukturamplituden während des Abbildungsprozesses erhalten werden [33].

Ein Beispiel zum Vergleich der Bedingungen von Scherzer-Fokus und aberrationsfreiem Fokus soll an Hand von Abb. 8 gegeben werden, wo Defokussierungswert und Streuwinkel bzw.–davon abgeleitet–die erzielbare Auflösung zueinander in Beziehung gesetzt werden. Die schwarzen Bereiche entsprechen solchen Bedingungen, in denen die Beziehung $\sin^2 \chi > 0,5$ erfüllt ist. Das heißt, es sind damit die Bereiche guter Abbildungsbedingungen verdeutlicht. Die Darstellung gilt für ein Mikroskop mit einer Beschleunigungsspannung von 400 kV, einer Öffnungsfehlerkonstanten von 1 mm und einer Fokussierungsunschärfe von 2 nm. Im Scherzer-Fokus, der unter diesen Bedingungen bei einer Unterfokussierung von 48 nm gegeben ist, ergibt sich in diesem Fall ein nutzbarer Übertragungsbereich für Objektstrukturen von 1,8 Å bis zu 6 Å. Für die Benutzung eines idealen Silicium-Kristalls in $<110>$-Orientierung als Objekt kann ein aberrationsfreier Fokus von -22 nm angegeben werden. Unter diesen Bedingungen werden Informationen von allen wichtigen, zur Bildentstehung benötigten folgenden Beugungsreflexen ohne wesentliche Einschränkung übertragen: (111): 3,14 Å, (220): 1,91 Å, (113): 1,64 Å und (004): 1,36 Å.

Die für die Hochauflösungs-Abbildung üblicherweise eingesetzten Techniken sind in Abb. 9 schematisch anhand der benutzten Aperturblendenpositionen und Aperturblendengrößen in der Beugungsebene dargestellt. Angewandt werden die auf Menter [34] zurückgehende Netzebenenabbildung (a), in welcher außer dem ungebeugten nur ein gebeugtes Elektronenbündel für die Abbildung benutzt wird, die Hellfeld-Kristallgitterabbildung (b), in welcher neben dem Primärstrahl mehrere gebeugte Strahlen wirksam sind [35], und die Dunkelfeld-Kristallgitterabbildung (c), in welcher–bei ausgeblendetem

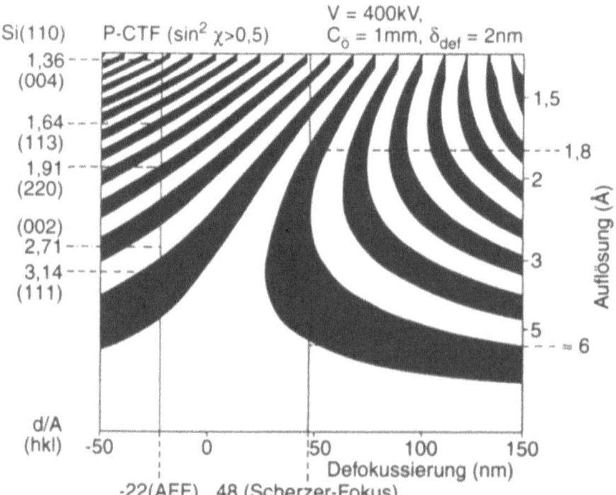

Abb. 8. Darstellung zum Vergleich der Abbildungsbedingungen im Scherzer-Fokus und im aberrationsfreien Fokus (AFF)

Primärstrahl – nur gebeugte Strahlenbündel zum Bildaufbau genutzt werden. Der zuletztgenannte Abbildungstyp ist durch eine geringere Defokussierungsabhängigkeit der Abbildung und durch eine kontrastreiche Erfassung von Kristalldefekten gekennzeichnet. Beim Typ d) werden sowohl das ungebeugte Strahlenbündel wie auch die gebeugten Strahlenbündel von der Bildebene ferngehalten, so daß die Abbildung nur durch die Wirksamkeit des durch ungeordnete Strukturen hervorgerufenen Streuuntergrundes erzielt wird. Diese – nur unter speziellen Bedingungen einzusetzende – Technik erlaubt die Abbildung unregelmäßig angeordneter schwerer Atome in einer kristallinen Matrix leichter Atome (z.B. Thorium in Graphit) [36].

Einige Beispiele zur Kristallgitter-Abbildung sollen deren Möglichkeiten aufzeigen: Als komplexe Strukturen wurden Hochtemperatur-Supraleiter-Schichten vom Typ $Bi_2Sr_2Ca_{n-1}Cu_nO_{4+2n+\delta}$ auf (001) $SrTiO_3$-Substraten untersucht. Wie die schematischen Darstellungen in Abb. 10 zeigen [37], unterscheiden sich die Elementarzellen dieser Substanz für $n = 1$, $n = 2$ und $n = 3$ dadurch, daß in einer Halbzelle jeweils 1, 2 oder 3 Cu-Schichten eingelagert sind. Die durch Gleichspannungs-Sputtern hergestellten Schichten waren supraleitend mit kritischen Temperaturen um $90\,K$. In Abb. 11 ist die Aufnahme einer regelmäßigen geordneten Struktur wiedergegeben [38]. Charakteristisch ist das Auftreten von Stapeln mit den Phasen $n = 2$ und $n = 3$, die sich häufig abwechseln. Als typischen Defektbereich zeigt die Abbildung eine Übergangsregion, die durch das Zusammentreffen von Lagen mit unterschiedlichem n zustandegekommen ist. Im weitesten Sinne könnte man hier von einem "chemischen Stapelfehler" sprechen. – Dem Gebiet der Grenzflächen-Untersuchungen ist die Abb. 12 zugeordnet. Sie betrifft die Phasengrenzfläche zwischen einer CeO_2-Pufferschicht und einem (Al_2O_3) Saphir-R-Substrat

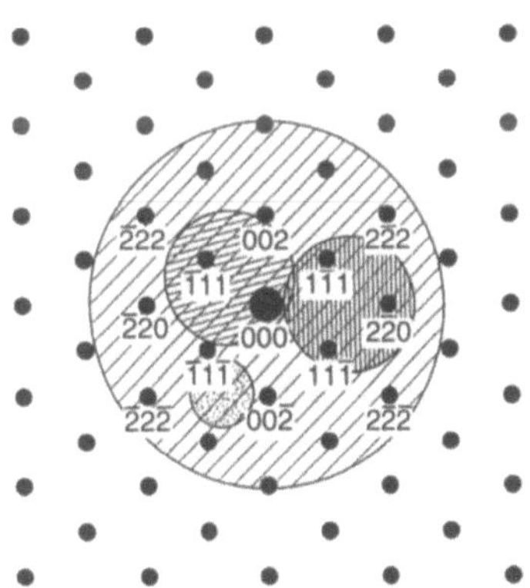

Abb. 9. Blendenanordnungen in der Objektivbrennebene für die Erzielung unterschiedlicher Abbildungstypen (Beispiel: (110) kfz-Struktur)

[39]. Die Phasengrenze selbst ist atomar eben; sie enthält aber in mittleren Abständen von etwa 4 nm Fehlpassungsversetzungen. Pufferschichten der genannten Art sind bei der Aufbringung von Hochtemperatur-Supraleiter-Schichten auf Saphir-Substraten von Vorteil. – Die atomare Struktur einer speziellen Bikristall-Korngrenze in Germanium ($\Sigma 29(520)/[001]$) ist in Abb. 13 (oben: original, unten: gefiltert) abgebildet [40]. Der durch die Filterprozedur

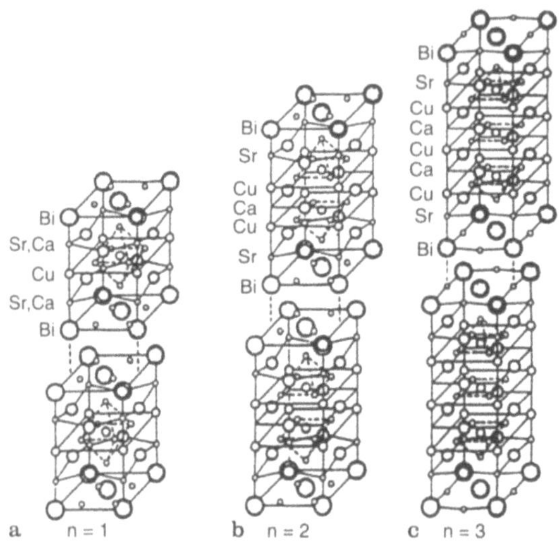

Abb. 10. Strukturmodelle für den Hochtemperatur-Supraleiter $Bi_2Sr_2Ca_{n-1}Cu_nO_{4+2n+\delta}$ (nach O. Eibl)

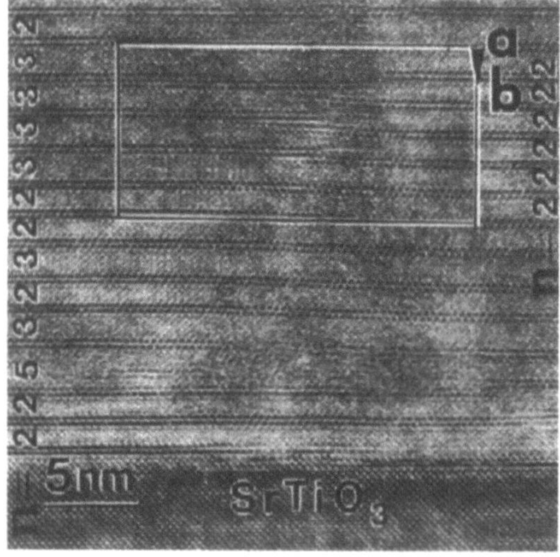

Abb. 11. HREM-Aufnahme einer gesputterten Schicht des Hochtemperatur-Supraleiters $Bi_2Sr_2\,Ca_{n-1}Cu_nO_{4+2n+\delta}$

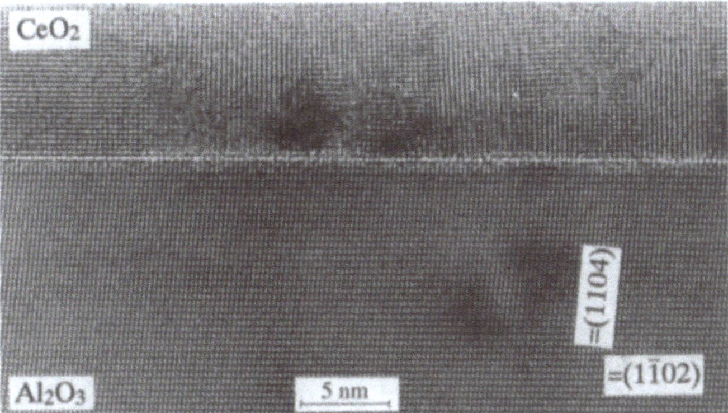

Abb. 12. HREM-Abbildung der Grenzfläche CeO_2-Pufferschicht/Saphir-R-Substrat

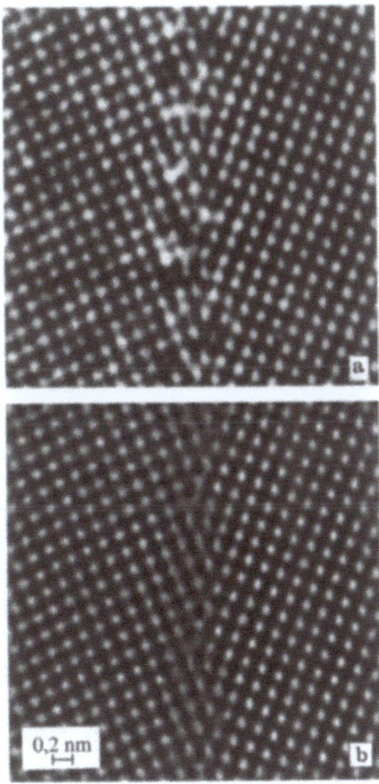

Abb. 13a, b. Kristallgitter-Abbildung einer $\Sigma 29$ (520)/[001]-Korngrenze in Germanium: a) Original-Aufnahme, b) gefilterte Abbildung

erzielte höhere Informationsgehalt ist offensichtlich. Die in diesem Zusammenhang durchgeführten Untersuchungen haben ergeben, daß die elektrischen Wirkungen von Korngrenzen dieser Art nicht intrinsischer sondern (durch Defekte bzw. Fremdphasen verursachter) extrinsischer Natur sind.

Für eine zuverlässige Bildinterpretation ist die Anwendung von Methoden der Bildverarbeitung bzw. der Bildmodellierung (Computersimulation des Abbildungsprozesses) in vielen Fällen unverzichtbar (s. z.B. [41–44]. Probleme der Bildrestaurierung, der Kontrastverstärkung (z. B. durch Nutzung der vorstehend angewandten Filtertechnik), der Bildanalyse und der (dreidimensionalen) Bildrekonstruktion–um nur einige zu nennen–werden sowohl mit computertechnischen, d.h. mit digitalen, wie auch mit kohärent-optischen Methoden gelöst, wobei der Trend von off-line- zu on-line-Techniken geht. Wegen der Defokussierungsabhängigkeit des Bildkontrastes ist der Aussagegehalt einer einzigen Aufnahme häufig nicht ausreichend, und es sind entsprechende Fokussierungsserien auszuwerten.

Die optimale Wahl von Defokussierungswerten spielt auch beim "Chemical Mapping" eine Rolle, bei der man durch Interpretation von Hochauflösungs-Abbildungen geeigneten Fokussierungswerts Aussagen zur Elementspezifik bis in atomare Dimensionen, d.h. zur chemischen Analyse im Subnanometerbereich, erhält. Ourmazd und Mitarbeiter sind führend auf diesem Gebiet. Als Vorstufe zum "Chemical Mapping" erzielten sie bereits 1986 die inzwischen klassisch gewordene Kristallgitter Abbildung von $<100>$ InP, in welcher die dunklen Atomsäulen der schwereren Indiumatome größer und mit stärkerem Kontrast erscheinen als die leichteren Phosphor-Atome [45].

Die Wahl von Abbildungsbedingungen, durch welche nicht nur strukturelle, sondern auch chemische Änderungen erfaßt werden, ist z.B. bei der Untersuchung von aneinander grenzenden Schichtsystemen notwendig, die bei unterschiedlicher chemischer Zusammensetzung hinsichtlich ihrer Struktur identisch sind und sich auch hinsichtlich ihrer Gitterkonstanten nur geringfügig unterscheiden. Hierdurch wird es möglich, die Phasengrenze zwischen den Schichten kontrastreich abzubilden. Als Beispiel ist in Abb. 14 die unter geeigneten Defokussierungsbedingungen aufgenommene Hochauflösungs-Aufnahme einer AlAs/GaAs (MBE)-Struktur wiedergegeben, die aus wiederholten Schichten von AlAs, $Al_xGa_{1-x}As$ (x = 0,5) und GaAs besteht, wie es das Konzentrationsprofil des Aluminiumgehaltes im Bild unten zeigt. Obgleich die Gitterfehlpassung zwischen AlAs und GaAs nur etwa 0,2% beträgt, sind die Phasengrenzen – besonders an der Al-reichen Seite – klar erkennbar. Bei der Deutung der Abbildungsbedingungen ist–aufbauend auf Überlegungen von Ourmazd [46]–davon auszugehen, daß in der hier vorliegenden $<100>$-Orientierung für die Bildentstehung die (220)- und die (200)-Beugungsreflexe verantwortlich sind. Während die ersteren relativ unempfindlich gegenüber chemischen Änderungen sind, sind die (z.B. in Element-Halbleitern kinematisch verbotenen) (200)-Reflexe sehr empfindlich bezüglich der chemischen Natur der Atome. Aus der in Abb. 15 wiedergegebenen Dickenabhängigkeit der Intensitäten dieser Beugungsreflexe (berechnet für das benutzte 400 kV-Elektronenmikroskop) ergibt sich, daß im gewählten Dickenbereich von

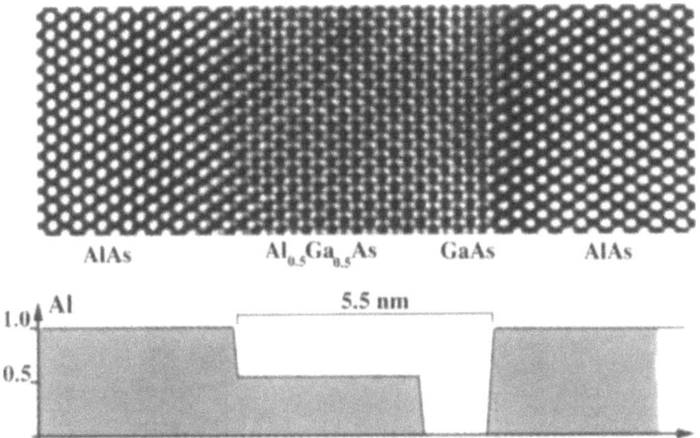

Abb. 14. HREM-Abbildung der Grenzflächen in einer AlAs/GaAs-Quantenwell-Struktur (System: AlAs/Al$_x$Ga$_{1-x}$As (x = 0,5)/GaAs)

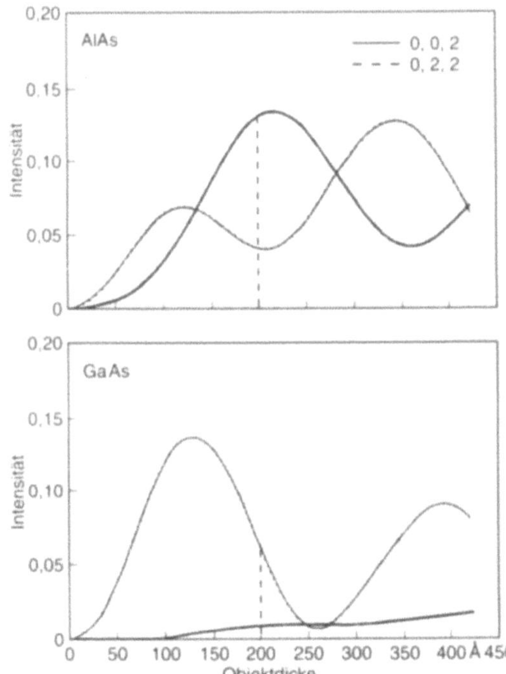

Abb. 15. Dickenabhängigkeit der Beugungsintensität für AlAs und GaAs

etwa 200 Å der GaAs-Bereich im wesentlichen durch die (220)-Reflexe und der AlAs-Bereich durch die (200)-Reflexe abgebildet wird, wobei die Übertragungsstärke für diese Reflexe noch durch geeignete Defokussierung beeinflußt werden kann. Die mit dem (002)-Reflex erzeugten Strukturen im AlAs zeigen

Atome bzw. Atomsäulen, die lateral einen größeren Abstand voneinander
besitzen als die mit dem (022)-Reflex abgebildeten Atomsäulen im GaAs,
wodurch eine klare Unterscheidung der einzelnen Bereiche möglich ist.

Für die quantitative Auswertung beim "chemical lattice imaging" [47]
wird eine Mustererkennungsprozedur angewandt, bei der die Intensitätsverteilung innerhalb einer Einheitszelle des Kristallgitters als ein multi-dimen-
sionaler Vektor dargestellt wird. Die Winkelposition des Vektors läßt sich in
Beziehung zur chemischen Zusammensetzung in diesem Bereich bringen.
Zunächst wird die Bildeinheitszelle in $n \times n$ (z.B. 30×30) Pixel unterteilt, in
denen die Intensität gemessen wird. Die $n \times n$ Intensitätswerte sind die Komponenten des multidimensionalen Vektors. In Abb. 16 sind–aufbauend auf
simulierten Kristallgitter-Abbildungen–für GaAs, AlAs und–dazwischen-
liegend–für AlGaAs die Bildeinheitszellen angedeutet mit offensichtlich unterschiedlichen Intensitätsverteilungen. Die Richtungen der zugeordneten multidimensionalen Vektoren sind links unten schematisch angedeutet. Im
allgemeinen Fall liegt der Vektor für die Mischverbindung nicht in der von
den beiden anderen Vektoren aufgespannten Ebene. Für die Bestimmung der
chemischen Zusammensetzung wird die Projektion dieses Vektors auf die
genannte Ebene benutzt.– Inzwischen gibt es eine weitere Auswerteprozedur,
die unter dem Namen QUANTITEM (quantitative TEM) von Ourmazd und
Mitarbeitern [48] bekannt gemacht worden ist. Bisher ist diese Technik vor
allem auf die Systeme Si/Ge und Si/SiO_2 angewandt worden. Das Ergebnis der
quantitativen Auswertung einer $Si/Ge_{0,25}Si_{0,75}/Si$-Quantenwell-Struktur ist in
Abb. 17 anschaulich wiedergegeben (Ge-Konzentration in vertikaler Richtung
aufgetragen).

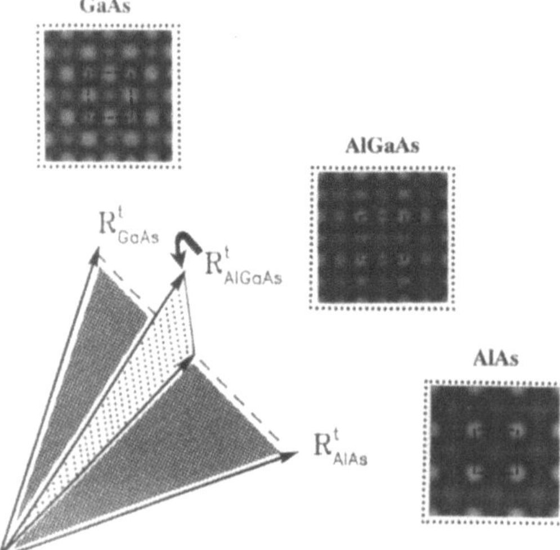

Abb. 16. Darstellung zur Mustererkennungsprozedur beim "chemical
lattice imaging" (nach A. Ourmazd)

Obwohl der Hochauflösungs-EM zugeordnet, zeigen die vorstehenden Beispiele, daß durch geeignete quantitative Auswertungen von Kristallgitter-Abbildungen zuverlässige Aussagen über chemische Spezies in Nanometer-bereichen erzielbar sind, die im weiteren Sinne auch der im folgenden Abschnitt zu behandelnden analytischen EM zuzuordnen sind.

4 Analytische Transmissions-Elektronenmikroskopie

Das Kennzeichen der analytischen TEM ist die kombinierte Anwendung von hochauflösenden TEM-Abbildungsverfahren, von spektroskopischen Techniken und von Methoden der Mikrobeugung mit dem Ziel, einander sich ergänzende Informationen über Morphologie, Elementspezifik (lokale chemische Analyse) und Gitterstruktur (bei kristallinen Materialien) vom gleichen elektronentransparenten Objektbereich mit Submikrometer- bzw. Nanometer-Abmessung zu erhalten (Übersichtsdarstellungen: [49–52]). Als Grundgerät wird ein Transmissions-Elektronenmikroskop, entweder ein übliches Transmissions-EM oder ein Raster-Transmissions-EM benutzt. Voraussetzung ist, daß das entsprechende elektronenoptische System die Ausbildung einer extrem fein fokussierten Elektronensonde (von wenigen Å Durchmesser) erlaubt. Für die Elementanalyse werden, dargestellt in Abb. 18, ein energiedispersives Röntgenspektrometer (EDS) und ein Elektronenspektrometer für Elektronen-Energieverlust-Messungen (EELS) in geeigneter Weise angebracht. Das EDS-System besteht aus einem speziellen Röntgenstrahl-Detektor (üblicherweise auf Silizium-oder Germanium-Basis), dem entsprechende Verstärker und ein Viel-kanal-Analysator nachgeschaltet sind. Als Elektronenspektrometer wird üblicherweise ein magnetisches Prisma mit geeignetem Detektor eingesetzt, wobei zunehmend die Technik der Parallelaufzeichnung von Meßwerten (Parallel-EELS, PEELS) genutzt wird. Um die für extreme spektroskopische

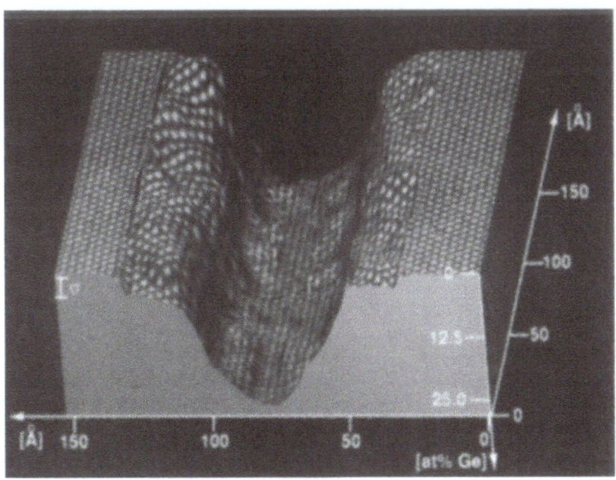

Abb. 17. $Si/Ge_{0,25}, Si_{0,75}/Si$-Quantenwell-Struktur: Darstellung der lokalen chemischen Zusammensetzung (Aufn. P. Schwander et al.)

Untersuchungen notwendigen hohen Stromdichten ($J = 10^4 - 10^5$ A/cm^2) in der Elektronensonde verfügbar zu haben, wird–soweit möglich–mit der Feldemissionskatode gearbeitet [53].

Grundlage der EDS-Technik (s. z.B. [54]) ist die Abhängigkeit der Wellenlänge bzw. der Energie der ausgelösten Röntgenstrahlen von der Ordnungszahl der entsprechenden zu analysierenden Atome (für die K-Linien nach dem Moseleyschen Gesetz). In Abb. 19 ist dieser Zusammenhang für die K_α-, L_α-

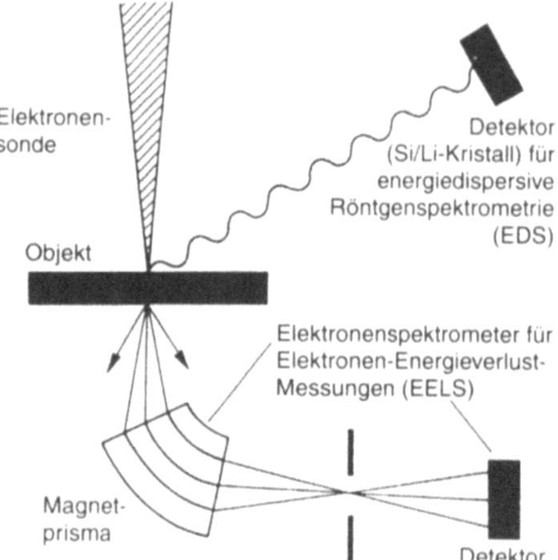

Abb. 18. Schematische Darstellung zur Spektrometeranordnung im analytischen Elektronen-mikroskop

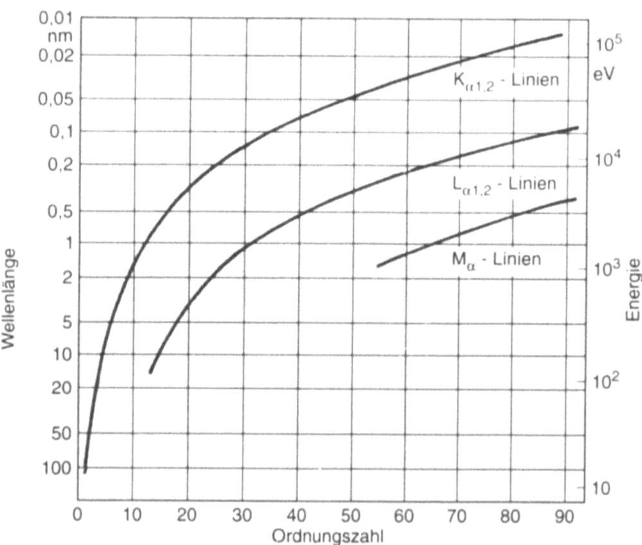

Abb. 19. Zusammenhang zwischen der Ordnungszahl der Elemente und der Wellenlänge bzw. der Energie der ausgelösten Röntgenstrahlung

und M_α-Linien dargestellt, wobei es wegen der Aufspaltung der Energieniveaus bei den K_α- und L_α-Linien mehrere eng benachbarte gibt. Die erzielbare räumliche Lokalisierung liegt bei der dünn präparierten Folie in der Größenordnung der Objektdicke oder noch darunter. Das ist gegenüber dem Einsatz der EDS-Technik bei der Untersuchung massiver Materialien, die ja mit dem einfachen Rasterelektronenmikroskop oder dem Elektronenstrahl-Mikroanalysator durchgeführt wird, ein wesentlicher Vorteil. Beim dünnen Präparat entfällt weitgehend die beim massiven Objekt ungünstige Situation der Elektronenstreuung im Umfeld des von der Elektronensonde getroffenen Bereichs, die zur Ausbildung einer "Anregungsbirne" mit Abmessungen im Mikrometerbereich führt. Als Nachweisempfindlichkeit (minimal nachweisbare Masse) können unter günstigen Bedingungen und bei Benutzung einer Feldemissionskatode 10^{-20} g erzielt werden.

Die quantitative Bestimmung der im untersuchten (dünnen) Objektbereich nachgewiesenen Elemente wird nach der folgenden Beziehung vorgenommen:

$$\frac{C_A}{C_B} = \frac{k_A}{k_B}\frac{I_A}{I_B} \tag{19}$$

Hierbei ist C_A/C_B das Konzentrationsverhältnis zweier Elemente A und B, das aus den gemessenen Nettointensitäten I_A und I_B unter Berücksichtigung der Empfindlichkeitsfaktoren k_A und k_B ermittelt wird. Letztere wurden experimentell von Cliff und Lorimer [55] bestimmt.

Ein als ALCHEMI (Atomic Location by Channelling Enhanced Microanalysis) bezeichnetes Spezialverfahren der Mikroanalyse [56] soll zumindest kurz erwähnt werden. Die Grundlage dieser Methode ist die Erfassung der Veränderung der Röntgenausbeute bei geeigneter Objektkippung. Man kann dadurch unter günstigen Bedingungen in Verbindungen oder Legierungen Informationen über die Lagepositionen einzelner Atomspezies erhalten.

Als Beispiel zum EDX-Einsatz in der TEM soll im folgenden der Nachweis für das Auftreten unterschiedlicher Spinell-Modifikationen ($MgTiO_3$ und Mg_2TiO_4) bei der Festkörperreaktion einer auf MgO aufgebrachten TiO_2-Schicht demonstriert werden [57]. Diese Festkörperreaktion läuft unter Dünnschichtbedingungen derart ab, daß sich auf dem MgO zunächst $MgTiO_3$ bildet. Durch eine Grenzflächenreaktion zwischen dem MgO und dem gebildeten $MgTiO_3$ ergibt sich (bei Temperaturen unter 1300°C) eine sich mit zunehmender Reaktionszeit zur Oberfläche ausdehnende Mg_2TiO_4-Zwischenschicht, die fortlaufend die darüberliegende $MgTiO_3$-Schicht konsumiert. In Abb. 20 sind die EDX-Spektren und zugehörigen Beugungsdiagramme für den $MgTiO_3$-Schichtbereich (a, b) und für den Mg_2TiO_4-Schichtbereich (c, d) wiedergegeben.

Der Elektronen-Energieverlust-Analyse liegen folgende Prozesse zugrunde: Beim Durchgang hochenergetischer Elektronen (z.B. im Energiebereich von 100 keV) durch die zu untersuchende Objektfolie treten infolge der durch Wechselwirkung verursachten unelastischen Streueffekte Energieverluste auf,

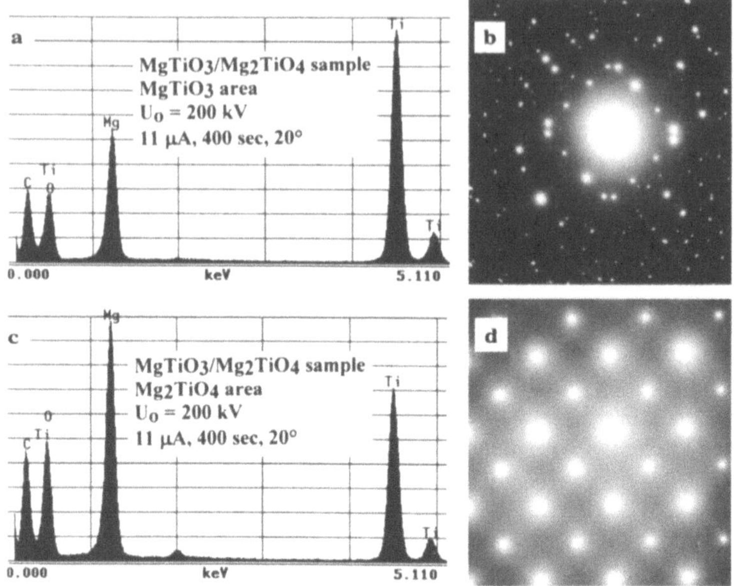

Abb. 20a–d. EDX-Spektren und Feinbereichs-Beugungsdiagramme eines $MgTiO_3$- **(a, b)** und eines Mg_2TiO_4-Probenbereiches **(c, d)** (für Details: s. Text)

deren Analyse im durchgehenden Elektronenstrahl vielseitige analytische Aussagen über das Objekt gestattet. Im Vergleich zur energiedispersiven Röntgen-Analyse, bei der das Sekundärereignis der Rückkehr eines angeregten (ionisierten) Atoms in den Grundzustand für die Analyse benutzt wird, basiert die EELS auf der Ausnutzung eines Primärereignisses.

Der für die Materialanalyse wichtigste Prozeß ist in diesem Zusammenhang die Anregung von Atomen in inneren Schalen der Elektronenhülle, da die Ionisierungsenergie eine charakteristische Eigenschaft eines jeden Elements ist. Die durch Anregung innerer Schalen im Bereich von einigen 100 eV auftretenden Energieverluste bewirken im Elektronen-Energieverlust-Spektrum das Auftreten von Ionisationskanten. Für die Analyse ausgenutzt werden hier die K-Kanten (für die Elemente Li-Si), die L_{23}-Kanten (für die Elemente Al-Sr) und die M_{45}-Kanten (für die Elemente Rb-Os) [58].

Die quantitative Auswertung beruht auf der Messung der Intensität I_K der jeweiligen Ionisationskante, die gemäß der Proportionalitätsbeziehung

$$I_K \sim N\sigma(w, \beta) \tag{20}$$

mit der Anzahl n der zum Aufbau der Ionisationskante beitragenden Atome und mit dem partiellen Wirkungsquerschnitt σ (abhängig von der gewählten Fensterbreite w und vom zulässigen Streuwinkel β) verknüpft ist. Bei der Auswertung von I_K ist der jeweilige Spektrenuntergrund geeignet zu

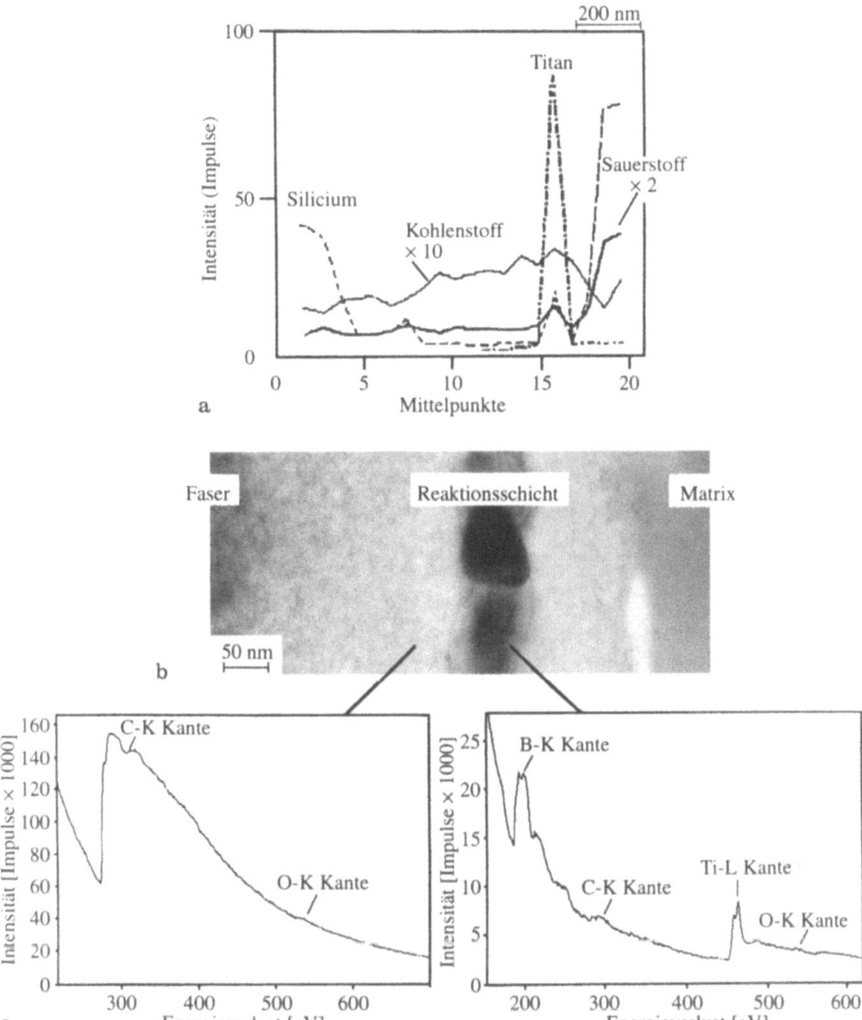

Abb.21a–c. Grenzbereich zwischen Faser und Matrix in einem SiC (Nicalon)-Faser-verstärkten Duran-Glas: **a)** EDX-Linienprofil, **b)** TEM-Abbildung, **c)** EELS-Spektren

subtrahieren. Unter Zugrundelegung von Gl. (20) läßt sich nach einem Auswerteverfahren von Egerton [59] die relative Konzentration zweier Elemente ermitteln.

Ein Beispiel für den kombinierten Einsatz der EDX- und der EELS-Technik soll an Hand der Charakterisierung einer kohlenstoffhaltigen Reaktionsschicht im Verbundsystem SiC (Nicalon)-Faser/Duranglas-Matrix in Abb. 21 gegeben werden [60]. Die STEM-Abbildung in der Mitte zeigt links den Faserbereich, rechts den Matrix-Bereich und dazwischen die Reaktionsschicht mit einem Band eingebetteter Kristallite nahe der Matrix-Seite. Ein typisches EDX-Spektrum für einen solchen Bereich (im Bild oben angeordnet) zeigt an der Stelle der Kristallite lokal erhöhte Werte von Titan, Silicium und Sauerstoff. Die unter der Abbildung angeordneten EELS-Spektren (links: aufgenommen neben dem Kristallitband, rechts: aufgenommen im Kristallitband) zeigen an der Stelle des Kristallitbandes neben Ti auch Bor, wobei die quantitative Auswertung ein Verhältnis von 1:1 ergibt und dadurch ein Hinweis auf Titanborid (TiB) gegeben ist. Offensichtlich ist während der Herstellung des Verbundes über einen Sol-Gel-Prozeß folgende Reaktion abgelaufen: $4\ TiO_2 + 2B_2O_3 + 7\ SiC = 4\ TiB + 7\ SiO_2 + 7\ C$. Das TiO_2 stammt aus dem Sol-Gel-Prozeß und das B_2O_3 aus dem Duran-Glas. Auf die Anwesenheit von SiO_2 deuten die mit EDX nachgewiesenen lokal erhöhten Si- und O-Werte hin.

Zusätzliche Informationen über die chemische Bindung, die Elektronenstruktur und die atomare Umgebung können aus der Feinstruktur der Ionisationskante gewonnen werden. Aus der kantennahen Feinstruktur (Bereich zwischen Energie der Ionisationskante und etwa 30 eV darüber), die unter der Kurzbezeichnung ELNES (Energy Loss Near Edge Structure) bekannt ist, lassen sich Aussagen zur chemischen Bindung ableiten. Die kantenferne Feinstruktur, die in Analogie zum Terminus EXAFS in der Röntgentechnik (Extended X-Ray Absorption Fine Structure) als EXELFS (Extended Electron Loss Fine Structure) bezeichnet wird und die im Energiebereich zwischen 50 eV und einigen 100 eV hinter der Ionisationskante liegt, ist durch atomare Nachbarschaftsbeziehungen geprägt.

In Abb. 22 sind als Beispiele für die kantennahe Feinstruktur die Si-L_{23}-ELNES-Spektren für Silizium-Verbindungen angegeben, wie sie für die

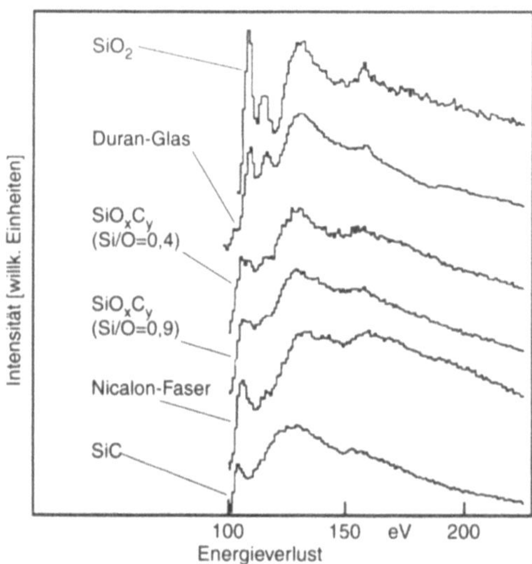

Abb. 22. Si-L_{23}-ELNES-Spektren (kantennahe Feinstruktur) für ausgewählte Silizium-Verbindungen

Aufklärung der Reaktionsschichten in Verbundsystemen der vorstehend genannten Art (Si (Nicalon)-Faser/Duranglas-Matrix) [60] von Interesse sind.

Neben der Anregung innerer Schalen wird auch die Plasmonen-Anregung für die EELS ausgenutzt. Bei der Plasmonen-Anregung, die auf einer Wechselwirkung mit den Valenz- und Leitungs-Elektronen des Objekts beruht, ergeben sich kollektive Oszillationen der Valenzelektronen. Die von der Dicke des Untersuchungsobjekts stark abhängenden Plasmonen-Peaks, im Spektrum auftretend im Bereich von 10–20 eV, enthalten auch Informationen über die chemische Zusammensetzung des Objekts. Aus der Verschiebung von Plasmonen-Peaks lassen sich Aussagen über den Bindungszustand eines entsprechenden zu analysierenden Elements gewinnen.

Bisher erzielte Grenzwerte der Elektronen-Energieverlust-Spektroskopie für räumliche Auflösung und Nachweisempfindlichkeit liegen (bei Verwendung von Feldemissionskatoden) im Bereich von 1 nm und 10^{-21} g. Vergleichende Darstellungen der Möglichkeiten und der Grenzen der EDX- und der EELS-Technik sind z.B. in [61, 62] gegeben.

Auf der definierten Auswertung von Elektronen-Energieverlusten beruht auch die inzwischen gut etablierte Z-Kontrast-Technik [63, 64], wobei Z für die Ordnungszahl des Untersuchungsmaterials steht. Gearbeitet wird dabei mit einer Anordnung (s. Abb. 23), in der von einem Ringdetektor das Dunkelfeldsignal (A) elastisch gestreuter Elektronen (mit großen Streuwinkeln) abgenommen wird, das proportional zum Produkt t $Z^{3/2}$ ist (t-Objektdicke). Andererseits werden mit Hilfe eines nachgeschalteten Spektrometers (z.B. Magnetprisma) die elastisch gestreuten Elektronen (mit kleineren Streuwinkeln) ausgefiltert, so daß auf einem Detektor ein Hellfeld-Signal mit nur unelastisch gestreuten Elektronen (B) registriert werden kann, das proportional zum Produkt t $Z^{1/2}$ ist. Das Quotientenbild C = A/B ist damit proportional zur

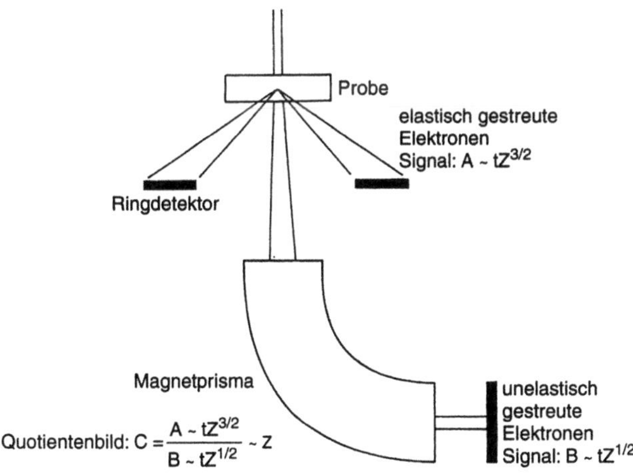

Abb. 23. Zur Z-Kontrast-Abbildungstechnik (nach A.V. Crewe et al.)

Ordnungszahl Z, so daß eine günstige Methode zur Darstellung des Material-
kontrastes gegeben ist. Die Möglichkeit der definierten Nutzung entweder von
elastisch gestreuten oder von unelastisch gestreutenen Elektronen (definierten
Energieverlusts) wird in der Energiefilter-EM ausgenutzt, die vorzugsweise im
biologisch-medizinischen Bereich zur Untersuchung unkontrastierter Präpa-
rate eingesetzt wird.

Im weiteren Sinne wird die Z-Kontrast-Abbildungstechnik in vorderster
Front der analytischen EM genutzt, und zwar im wesentlichen zur gekoppelten Abbildung und Spektroskopie atomarer Bereiche, wie in Untersuchungen
von Pennycook und Mitarbeitern [65] gezeigt werden konnte. Es erfolgt dabei
die Erfassung hochlokalisierter, inkohärent gestreuter Elektronen mit einem
Ringdetektor in einem STEM. Die erzielbaren Objektinformationen betreffen
dabei im wesentlichen die Amplituden bzw. Intensitäten. Parallel dazu wird
mit einer Å-Sonde ein interessierender Objektbereich ausgewählt. Die dort
inkohärent erzeugten, unelastisch gestreuten Elektronen werden mit einem
axial angeordneten Elektronenspektrometer analysiert. Im Ergebnis ist eine
extreme Mikroanalyse im Bereich von 2–3 Å möglich. Als Beispiel für diese
Untersuchungstechnik ist in Abb. 24 die von Jesson et al. [66] erzielte Abbildung eines Silizium-Germanium-Supergitters wiedergegeben: Neben der elektronenoptischen Aufnahme rechts ist in der Mitte die computersimulierte
Abbildung angeordnet. Links ist der atomare Aufbau des Schichtsystems schematisch wiedergegeben. Die durch offene Kreise dargestellen Germanium-
Atomsäulen, die durch gefüllte Kreise markierten Silizium-Atomsäulen, die
durch gefüllte Kreise markierten Silizium-Atomsäulen und die schattiert
markierten Legierungssäulen sind in der Abbildung klar zu erkennen.

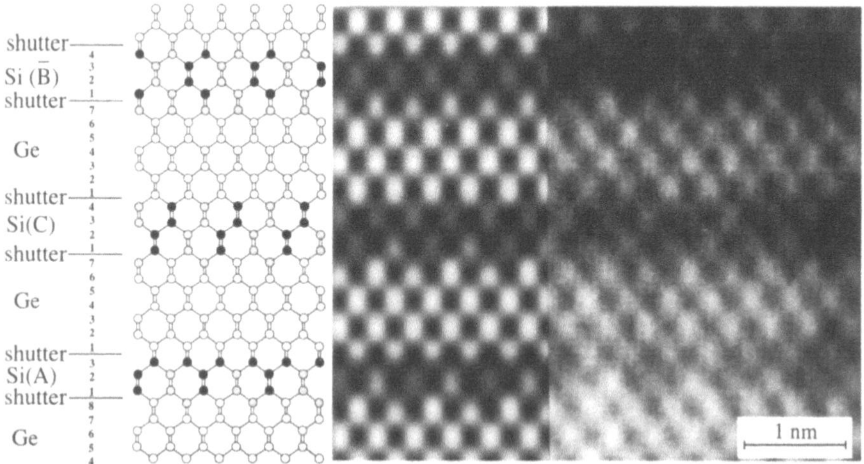

Abb. 24. Z-Kontrast-STEM-Abbildung eines $(Si_4Ge_8)_{24}$-Supergitters (links: schematische Darstellung, Mitte: computersimulierte Abbildung, rechts: STEM-Abbildung) (Aufn. D.E. Jesson et al.)

Neben der Nutzung spektroskopischer Verfahren für die Mikroanalyse in Nanometerbereichen ist die Bestimmung der Gitterstruktur kristalliner Materialien durch Mikrobeugung ein weiteres wichtiges Anliegen der analytischen Elektronenmikroskopie. Eingesetzte Methoden, auf diesem Gebiet sind die Feinbereichsbeugung [67, 68], die Feinstrahlbeugung [69] oder spezielle "rocking beam" Techniken [70, 71]. Durch Anwendung extrem fein fokussierter Elektronensonden aus Feldemissions-Quellen ist es möglich, eine sogenannte Nano-Elektronenbeugung zu betreiben, mit der Beugungsbilder aus Objektbereichen von einigen 0,1 nm Ausdehnung erzielt werden können, d.h., es sind Beugungseffekte von einzelnen Einheitszellen des Kristallgitters erfaßbar [72].

Die seit einigen Jahren wichtigste Methode der Mikrobeugung ist die Beugung im konvergenten Bündel (CBD: convergent beam diffraction), bei der mit Hilfe eines konvergenten Elektronenbündels eine Elektronensonde mit Nanometer- bzw. Subnanometer-Abmessung erzielt wird. Im engeren Sinne wird gegenwärtig der Terminus "Mikrobeugung" für die Beugung im konvergenten Bündel benutzt, die ursprünglich bereits 1939 von Kossel und Möllenstedt [73] vorgeschlagen wurde. In Verbindung mit der Verfügbarkeit von Nanometer-Elektronensonden ist die Methode wieder aufgegriffen worden und wird nunmehr mit zunehmender Häufigkeit genutzt (siehe z.B. Steeds [74]).

Im Gegensatz zur konventionellen Elektronenbeugung eines einkristallinen Materials, das wegen der kleinen Bestrahlungsapertur der einfallenden Elektronen ein Punktdiagramm ist, erhält man bei der Beugung im konvergenten Bündel gemäß Abb. 25 einzelne Beugungsscheibchen, solange die Bestrahlungsapertur kleiner als der Beugungswinkel ist. Die Größe der Beugungsscheibchen ist dabei durch die Bestrahlungsapertur gegeben. Diese Art eines CBD-Diagramms wird auch als Kossel-Möllenstedt-Diagramm bezeichnet. Wenn die Bestrahlungsapertur größer als der Beugungswinkel ist, kommt es zu einer Überlappung der Beugungsscheibchen, und es entsteht ein sogenanntes Kossel-Diagramm. Aus dem weiten Bereich der Verschiedenen CBD-Techniken sollen im folgenden nur einige, und zwar die auf der Interpretation von Kossel-Möllenstedt-Diagrammen basierenden, erklärt werden.

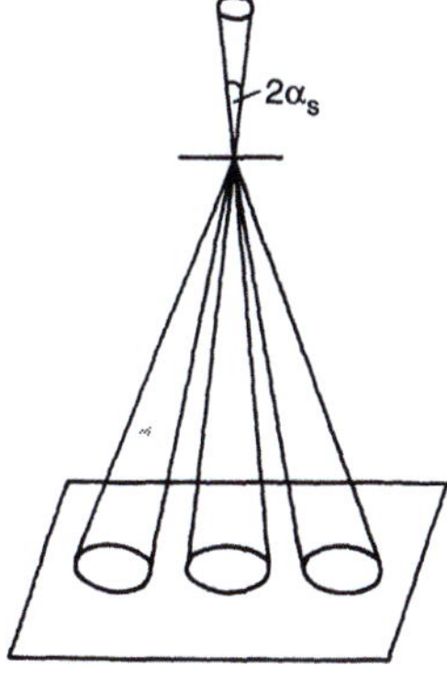

Abb. 25. Strahlengang bei der Beugung im konvergenten Bündel (Kossel-Möllenstedt-Diagramm)

Der wesentliche Vorteil der Beugung im konvergenten Bündel, verglichen mit der konventionellen Elekronenbeugung, liegt in der Tatsache, daß Beugungseffekte nachgewiesen werden können, die der Wirkung von Laue-Zonen höherer Ordnung (HOLZ: High-Order Laue Zone) entsprechen. Es ist dadurch möglich, Informationen aus der dritten Dimension, d.h. in Richtung des einfallenden Elektronenstrahls, zu erhalten. Laue-Zonen höherer Ordnung (HOLZs) beziehen sich auf reziproke Gitterebenen oberhalb der Laue-Zone nullter Ordnung (ZOLZ: Zero-Order Laue Zone). In Abb. 26 sind die Laue-Zonen erster Ordnung (FOLZ: First-Order Laue Zone) und zweiter Ordnung (SOLZ: Second-Order Laue Zone) angegeben. Entsprechend der Ewaldschen Konstruktion ergeben sich Beugungsintensitäten von den reziproken Gitterpunkten, die von der Ewald-Kugel geschnitten werden. Wegen der relativ großen Streuwinkel für HOLZ-Reflexe werden sie in der konventionellen Elektronenbeugung, wo im wesentlichen mit einem parallelen Elektronenbündel gearbeitet wird, kaum angeregt. Es erscheinen so nur die ZOLZ-Reflexe im Beugungsbild. Im Gegensatz dazu werden bei der Beugung im konvergenten Bündel wegen der nun wirksamen beträchtlichen Bestrahlungsapertur auch die Beugungsintensitäten von HOLZ-Reflexen sichtbar,

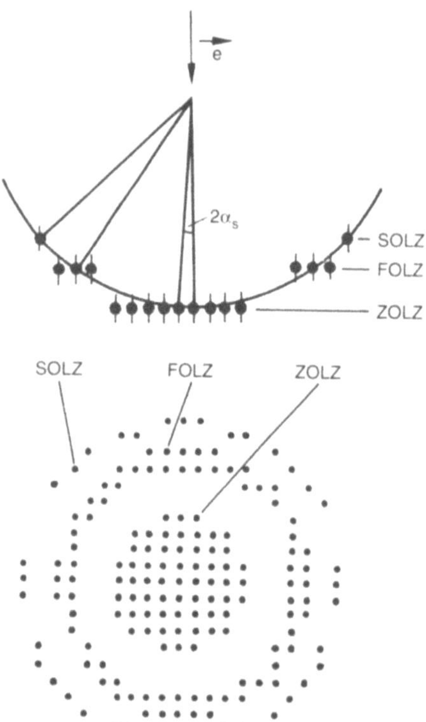

Abb. 26. Prinzip der Beugung im konvergenten Bündel (für Details: siehe Text)

deren Beugungsvektoren eine Komponente antiparallel zur Richtung des Elektronenstrahls haben. Das so entstehende Beugungsbild mit ZOLZ-, FOLZ- und SOLZ-Reflexen ist im unteren Teil von Abb. 26 schematisch dargestellt. Die FOLZ- und SOLZ-Reflexionen sind ringförmig angeordnet. Um dreidimensionale kristallographische Informationen zu erhalten, ist eine entsprechende Messung der Durchmesser der FOLZ- und SOLZ-Ringe notwendig. Aus dieser Messung kann der Abstand der reziproken Gitterebenen in der Richtung des Elektronenstrahls mittels einfacher geometrischer Relationen (siehe z.B. [74]) ermittelt werden. Abbildung 27 zeigt das CBD-Diagramm einer symmetrisch bestrahlten Zonenachsenfigur (ZAP: Zone Axis Pattern) eines ⟨111⟩ orientierten Silicium-Kristalls. Die Beugungsscheibchen der Laue-Zone nullter Ordnung sind gut zu erkennen. Der HOLZ-Ring der Laue-Zone erster Ordnung ist ebenfalls ausgeprägt sichtbar.

Die Beugungsscheibchen der Laue-Zone nullter Ordnung, insbesondere das Scheibchen des ungebeugten Strahls, zeigen Linienstrukturen, deren Interpretation eine Quelle weiterer wichtiger kristallographischer Informationen ist. Aus der konventionellen Elektronenbeugung ist bekannt, daß dickere Proben Anlaß zu sogenannten Kikuchi-Linien oder Kikuchi-Bändern geben, welche Aussagen über die Kristallorientierung, die Kristallperfektion und über weitere Parameter geben. Diese Kikuchi-Linien werden durch unelastische Streuprozesse hervorgerufen, durch welche Elektronen in relativ große Winkelbereiche abgelenkt und dann an geeignet orientierten Gitterebenen elastisch gebeugt werden. Unter den Bedingungen der Beugung im konvergenten Bündel werden Kikuchi-Linien ohne die Wirkung unelastischer Streuprozesse gebildet; d.h., sie entstehen auch bei dünnen Proben. Der Grund dafür ist der große

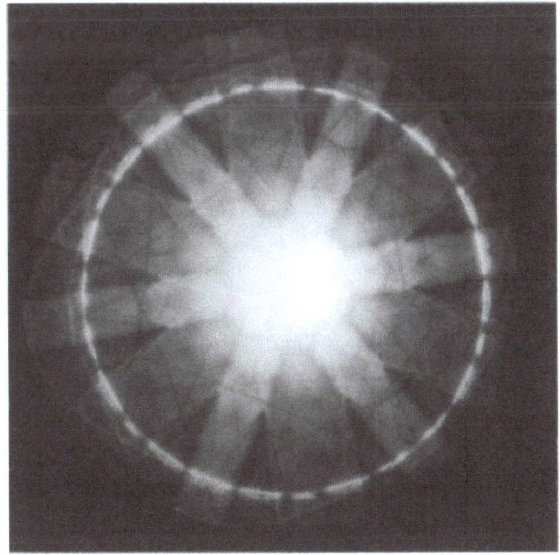

Abb. 27. CBD-Diagramm eines ⟨111⟩-orientierten Si-Kristalls (Zonenachsen-Diagramm)

Winkelbereich der einfallenden Elektronen bei der Beugung im konvergenten Bündel, so daß diese immer Gitterebenen in geeigneten Beugungsbedingungen antreffen. Störende Effekte für Kikuchi-Linien, wie Spannungen, Verzerrungen oder die Anwesenheit von Kristalldefekten, können durch Auswahl perfekter Kristallbereiche mittels der Nanometer-Sonde des konvergenten Bündels vermieden werden.

Die übliche Betrachtung der Kikuchi-Linien bezieht sich auf solche, die in der Laue-Zone nullter Ordnung entstehen. In der Beugung im konvergenten Bündel sind auch Kikuchi-Linien zu berücksichtigen, die durch unelastische Streuung von Gitterebenen aus höheren Laue-Zonen entstehen; diese erscheinen außerhalb der Beugungsmaxima. Weiterhin entstehen Linienstrukturen durch elastische Streuung der einfallenden Elektronen an den Netzebenen der Laue-Zonen höherer Ordnung; diese werden als HOLZ-Linien bezeichnet, und üblicherweise werden nur die im primären Beugungsscheibchen entstehenden Defektlinien interpretiert. In Abb. 28 sind nach Williams [75] verschiedene Typen von Linienstrukturen für den Fall eines $\langle 111 \rangle$ orientierten kubisch-flächenzentrierten Gitters schematisch wiedergegeben: konventionelle Kikuchi-Linien (unelastische Streuung) aus der Laue-Zone nullter Ordnung (ausgezogene Linien), HOLZ-Linien (elastische Streuung von Laue-Zonen höherer Ordnung) (gestrichelte Linien) und HOLZ-Linien von der unelastischen Streuung (punktierte Linien). Abbildung 29 zeigt die Anordnung der HOLZ-Linien im primären Beugungsscheibchen für den Fall einer $\langle 111 \rangle$ Silicium-Zonenachsen-Figur.

Die HOLZ-Linien enthalten die komplette Information über die Kristallsymmetrie; sie sind sehr empfindlich gegenüber Gitterparameter-Variationen und Symmetrie-Änderungen (und auch gegenüber Änderungen der

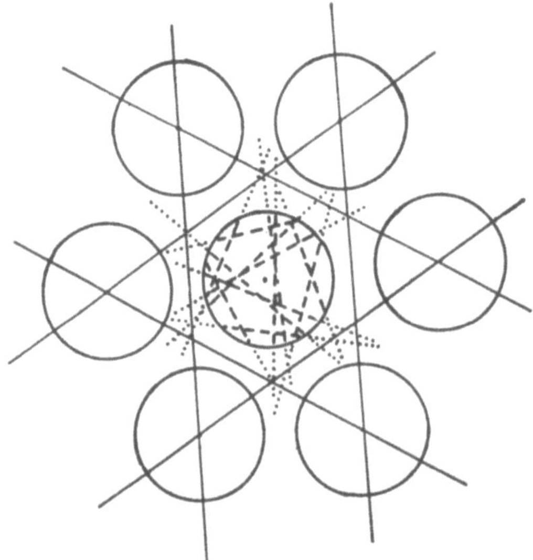

Abb. 28. Schematische Darstellung von Linienstrukturen bei der Beugung im konvergenten Bündel: Kikuchi-Linien (unelastische Streuung) – ausgezogene Linien, HOLZ-Linien (elastische Streuung) – gestrichelte Linien, HOLZ-Kikuchi-Linien (unelastische Streuung) – punktierte Linien (nach D.B. Williams)

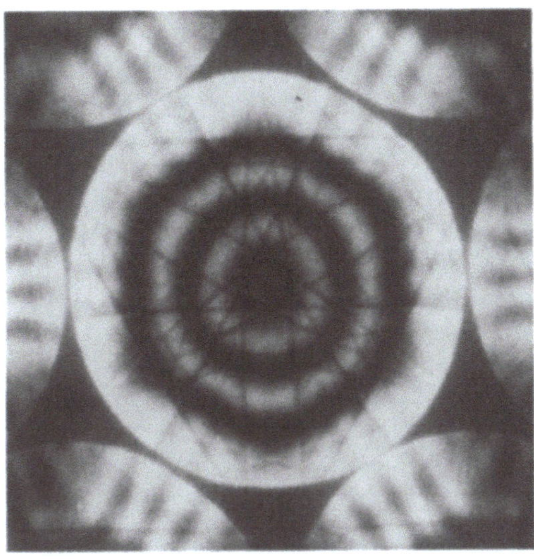

Abb. 29. HOLZ-Linien-Anordnung im primären Beugungsscheibchen einer ~ <111>-Silicium-Zonenachsen-Figur

Beschleunigungsspannung). Die Analyse der HOLZ-Linien ist eine der wichtigsten Aufgaben innerhalb des Verfahrens der Beugung im konvergenten Bündel [76, 77]. Üblicherweise wird eine interessierende HOLZ-Linien-Anordnung, ausgehend von einem Modell, durch Computersimulation erzeugt und mit dem experimentell erzielten Beugungsdiagramm verglichen.

Als Beispiel für die Auswertung von HOLZ-Linien zur Messung von Gitterverzerrungen ist in Abb. 30 die HOLZ-Linien-Anordnung für eine Aluminium-Matrix, in der SiC-Partikel eingelagert sind, wiedergegeben [78]. Der linke Bildteil betrifft die experimentell erzielte Beugungsaufnahme längs der <114>-Zonenachse, und rechts ist eine computersimulierte Darstellung wiedergegeben. Die Verzerrungen haben sich während des Abkühlprozesses infolge der Unterschiede in den thermischen Ausdehnungskoeffizienten ergeben. Die Übereinstimmung der experimentell erzielten mit der computersimulierten Aufnahme wurde erzielt unter der Annahme eines trigonal verzerrten Gitters mit $\Delta a/a = 2{,}5 \cdot 10^{-3}$ und $\Delta\gamma/\gamma = 10^{-3}$.

HOLZ-Linien-Untersuchungen zur Erfassung der Änderungen von Gitterparametern [79] können mit einer Genauigkeit von $5 \cdot 10^{-4}$ nm durchgeführt werden. Es können neben Gitterverzerrungen [80] Änderungen der chemischen Zusammensetzung und auch die Wirkung von Kristalldefekten [81] (Versetzungen: [82], Stapelfehler: [83], Korngrenzen: [84]) nachgewiesen werden. Weiterhin können aus der Symmetrie von HOLZ-Figuren Punktgruppen und Raumgruppen in kristallinen Materialien bestimmt werden [85]. Das Vorgehen hierbei kann nur kurz skizziert werden: Zunächst werden aus der Symmetrie des Beugungsdiagramms, insbesondere der HOLZ-Linien-Anordnung, mögliche Punktgruppen ausgewählt, vorwiegend unter Benutzung von

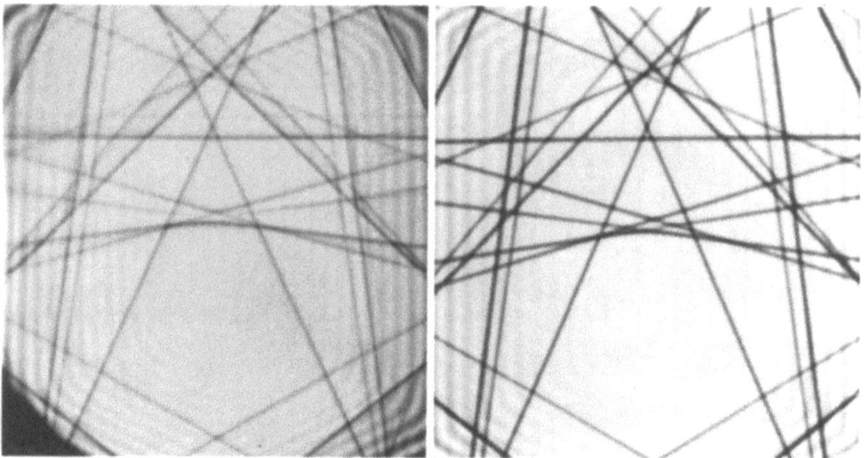

Abb. 30. Messung von Gitterverzerrungen in einer Al-Matrix mit eingelagerten SiC-Partikeln: HOLZ-Linien-Abbildung längs der ⟨114⟩-Zonenachse: links-experimentell erzieltes Beugungsdiagramm, rechts-computersimuliertes Diagramm unter der Annahme einer trigonalen Gitterverzerrung mit $\Delta a/a = 2,5 \cdot 10^{-3}$ und $\Delta\gamma/\gamma = 10^{-3}$ (Aufn. C. Deininger et al.)

Tabellenwerten, die von Buxton et al. [86] erarbeitet wurden. Aus dem HOLZ-Ring-Durchmesser wird der Gitterabstand in Strahlrichtung ermittelt, so daß das Kristallsystem bestimmt werden kann. Das Auftreten von Doppel-Beugungseffekten kann dann für die Bestimmung der Raumgruppe genutzt werden. Eine der hierfür am häufigsten angewandten Methoden ist die Interpretation von sogenannten Null-Intensitäts-Linien (Gjønnes-Moodie Linien [87]), die in verbotenen Reflexionen durch die Wirkung dynamischer Effekte auftreten.

Schließlich sollte auf weitere Methoden der Beugung im konvergenten Bündel hingewiesen werden [88], von denen die Hohlkegel-Technik (hollow cone [89] und die Weitwinkel-CBD (LACBED: Large Angle Convergent Beam Electron Diffraction [90]) genannt werden sollen.

5 Schlußfolgerungen und Ausblick

Hochauflösungs-TEM und analytische TEM sind als die aktuellsten Teilgebiete der Transmissions-Elektronenmikroskopie eng miteinander verknüpft und befinden sich nach wie vor in stetiger Weiterentwicklung. Die Ursache hierfür ist das fortwährende Streben, kombinierte Aussagen über die Struktur und die Chemie von Nanometer- und Subnanometerbereichen zu erzielen bis hin zur Abbildung und chemischen Identifizierung einzelner Atome bzw. Moleküle.

Für das in der Hochauflösungs-TEM angestrebte Ziel der Subangström-Elektronenmikroskopie wird nicht nur von der Nutzung elektronisch und mechanisch hochstabilisierter Höchstspannungs-Elektronenmikroskope mit Beschleunigungsspannungen im Bereich von 1 MeV (zugehörige Elektronen-wellenlänge: 0,9 pm) ausgegangen, sondern als aussichtsreiche Parallelwege werden auch die konsequente Korrektur des Öffnungsfehlers der Objektivlinse mittels nichtrotationssymmetrischer Korrektursysteme [91] und der Einsatz von Methoden der Elektronenholographie [92] vorfolgt.

Der in der analytischen TEM wichtige Nachweis chemischer Spezies mit einer Lokalisierung bis in atomare Dimensionen erfordert einserseits Angström-Elektronensonden mit hinreichender Stromdichte; andererseits werden hochempfindliche Detektoren für den EDX- und für den EELS-Betrieb vorausgesetzt.

Die neben der Hochauflösungs-EM und der analytischen EM zunehmend an Bedeutung gewinnende in situ EM (s. z.B. Mori [93]) – bisher im Rahmen dieses Übersichtsartikels nicht erwähnt–soll im folgenden zumindest kurz erläutert werden: Dem Terminus "in situ " – frei übersetzt: "an Ort und Stelle" oder "in der natürlichen Lage" – entsprechend, ist das Ziel der in situ TEM die Beobachtung der Mikrostruktur bzw. Defektstruktur von Materialien während der Einwirkung äußerer Einflüsse (z.B. mechanische oder thermische Objektbehandlung, Strahlenbeeinflussung, Umgebungsreaktionen), d.h. der bildmäßige Nachweis dynamischer Prozesse. Zu diesem Zweck werden geeignete Einrichtungen (für Deformation, Heizung, Kühlung, Gasreaktion etc.) in der Objektkammer von Transmissions-Elektronenmikroskopen benutzt. Voraussetzung für eine sinnvolle Anwendung dieser Untersuchungstechnik ist es, daß die – in der Mehrzahl der Fälle als abgedünnte Kristallfolien vorliegenden – Objekte eine Mindestdicke derart besitzen, daß die durch Objektbehandlung ausgelösten Festkörper-Mikroprozesse repräsentative für das Verhalten massiver Festkörper sind. Um dies zu gewährleisten, sind einige μm dicke Objekte notwendig, für deren Durchstrahlung Höchstspannungs-Elektronen-mikroskope (typische Beschleunigungsspannung: 1000 kV) notwendig sind.

Ein Beispiel für die Untersuchung von Festkörperreaktionen bei der in-situ-Temperung ist für das System MgO-Substratkristall/TiO_2-Aufdampf-schicht in Abb. 31 gegeben [57]. Die abgebildete Temper-Serie zeigt die Aus-bildung von Spinell-Schichten, die durch in situ Elektronenbeugung und durch ex situ Röntgenspektroskopie/EDX/gemäß Abbildung 20 identifiziert werden konnten. Die Veränderung der Lage der Phasengrenzen ist klar zu erkennen.

Die Möglichkeiten von in situ TEM-Untersuchungen unter Nutzung eines Ultrahochvakuum-Hochauflösungs-Elektronenmikroskops [94] sind beispiel-haft in Abb. 32 angedeutet. Bei den Abbildungen handelt es sich um Profilbil-der von reversiblen Phasenübergängen von CdTe (100)-Oberflächen in $<110>$-Orientierung. Die Aufnahmen zeigen in a) die Cd-reiche 2×1

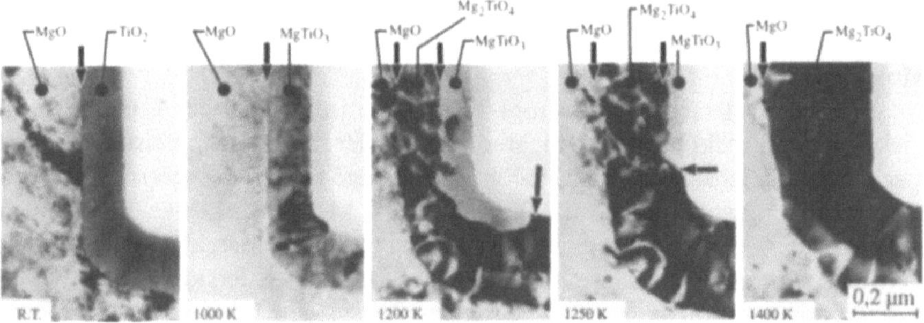

Abb. 31. Serie von TEM-Hellfeld-Aufnahmen eines in situ Experiments im Höchstspannungs-Elektronenmikroskop zur Aufklärung der Sequenz der Bildung von Spinell-Phasen in einer MgO/TiO₂-Querschnittsprobe unter spannungsfreien Bedingungen

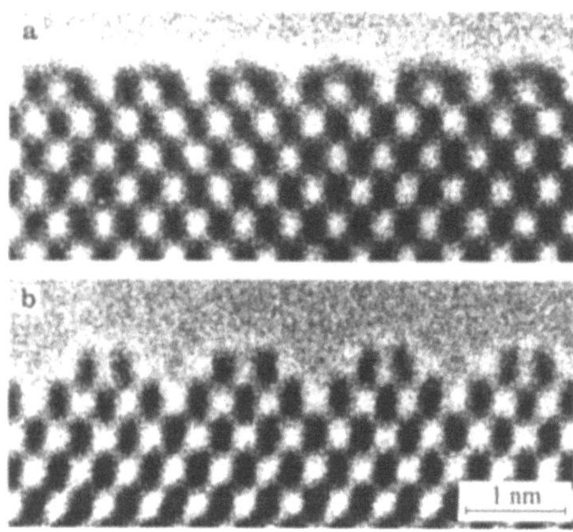

Abb. 32. Profilabbildungen zum Nachweis reversibler Phasenübergänge in einer CdTe(100)-Oberfläche in [110]-Projektion: a) Cd-reiche 2×1 Rekonstruktion bei 140°C, b) Te-reiche 3×1 Rekonstruktion bei 240°C (Aufn. D.J. Smith)

Rekonstruktion bei 140°C und in b) die Te-reiche 3×1 Rekonstruktion bei 340°C.

Im Einsatz der Transmissions-Elektronenmikroskopie deutet sich (der auch aus vorstehendem Bildbeispiel sichtbare) Trend an, daß die einzelnen Aspekte der TEM – Hochauflösungs-EM, analytische EM und in situ EM – zunehmend in ihrer Kombination genutzt werden. Die so angewandte TEM erweist sich als komplexe Methode der Festkörpercharakterisierung bzw. Festkörperanalyse auf atomarem Niveau, der eine Schlüsselrolle bei der Aufklärung von Struktur-Eigenschafts-Beziehungen zukommt.

Den in den Bildunterschriften genannten auswärtigen Wissenschaftlern wird für die freundliche Überlassung elektronenmikroskopischer Abbildungen herzlich gedankt. Die Mehrzahl der wiedergegebenen EM-Aufnahmen und mitgeteilten Ergebnisse wurden von Kollegen bzw. Gästen des Max-Planck-Instituts für Mikrostrukturphysik beigesteuert. Der Autor bedankt sich dafür herzlich bei folgenden Mitarbeitern: Dr. D. Hesse, Dr. R. Hillebrand, Dr. G. Kästner, Dr. M. Reiche, Dr. S. Ruvimov, Dr. R. Schneider, Dr. P. Werner, Dr. J. Woltersdorf und Dr. N. D. Zakharov.

6 Literatur

1. Ruska E (1979) Die frühe Entwicklung der Elektronenlinsen und der Elektronenmikroskopie, Leipzig, Johann Ambrosius Barth
2. Anderson R, Tracy B, and Bravman J (1992) Specimen Preparation for TEM of Materials, Pittsburgh, Materials Research Society
3. Cullen GW et al. (1982) J. Cryst. Growth 56, 281
4. Newcomb SB, Baxter CS, and Bithel EG (1988) Inst. Phys. Conf. Ser. 93 (1), 43
5. De Veirman AEM, Hakkens FJG, and Dirks AG (1993) Ultramicroscopy 51, 306
6. Ruska E (1966) Advances in Optical and Electron Microsc. 1, 115
7. Rose A (1948) Advances in Electronics 1, 131
8. Scherzer O (1978) Proc. 9th Int. Congr. Electr. Microsc., Toronto, Vol. III, p.123
9. Valdrè U (1985) Ultramicroscopy 17, 405
10. Iwatsuki M et al. (1988) Inst. Phys. Conf. Ser. 93 (1), 161
11. Molière G (1947) Z. Naturforsch. 2a, 133
12. Boersch H (1936) Ann. Phys. 26, 63
13. Hirsch PB, Horne RW, and Whelan MJ (1956) Phil. Mag. 1, 677
14. Bollmann W (1956) Phys. Rev. 103, 1588
15. Pinsker ZG (1953) Electron Diffraction, London, Butterworths Sci. Publ.
16. Howie A, and Whelan MJ (1961) Proc. Roy. Soc. A263, 217
17. Howie A, and Whelan MJ (1962) Proc. Roy. Soc. A267, 206
18. Wilkens, M (1964) phys. stat. sol. 6, 939
19. Wilkens M (1966) phys. stat. sol. 13, 529
20. Hashimoto H, Howie A, and Whelan MJ (1962) Proc. Roy. Soc. A269, 80
21. Head AK (1967) Austr. J. Phys. 20, 557
22. Rosova A, Kästner G, and Hesse D (1994) private communication
23. Sarikaya M, and Howe JM (1992) Ultramicroscopy 47, 145
24. Cockayne DJH, Ray IL, and Whelan MJ (1969) Phil. Mag. 20, 1265
25. Cowley JM, and Smith DJ (1987) Acta Cryst. A43, 737
26. Otten MT, and Coene WMJ (1993) Ultramicroscopy 48, 77
27. Phillipp F et al. (1994) Ultramicroscopy 56, 1
28. Hanßen KJ (1971) Advances in Optical and Electron Microsc. 4, 1
29. Cowley JM (1978) Diffraction Physics, Amsterdam, North-Holland Publ. Co.
30. Hillebrand R, Neumann W, Heydenreich J (1979) Ultramicroscopy 4, 305
31. Scherzer O (1949) J. Appl. Phys. 20, 20
32. Hashimoto H et al. (1977) J. Phys. Soc. Japan 42, 1072
33. Hillebrand R, and Scheerschmidt K (1989) Ultramicroscopy 27, 375
34. Menter JW (1956) Proc. Roy. Soc. A 236 119
35. Izui K, Foruno S, and Otsu H (1977) J. Electron Microsc. 26, 129
36. Hashimoto H (1971) Jap. J. Appl. Phys. 10, 1115
37. Eibl O (1990) Physica C 168, 215
38. Zakharov ND et al. (1995) Physica C, to be published
39. Kästner G et al. (1995) Physica C, to be published
40. Ruvimov S et al. (1995) Interface Science, to be published
41. Saxton W (1978) Computer Techniques for Image Processing in Electron Microscopy, New York, Academic Press
42. Hawkes PW (1980) Computer Processing of Electron Microscope Images, in: Topics in Current Physics, Vol. 13
43. Haberäcker P (1987) Digitale Bildverarbeitung, München, Carl Hanser Verlag

44. Hytch MJ, and Stobbs WM (1994) Ultramicroscopy 53, 191
45. Ourmazd A, Rentschler JR, and Taylor DW (1986) Phys. Rev. Lett. 57, 3073
46. Ourmazd A et al. (1987) Appl. Phys. Lett. 50, 1417
47. Ourmazd A et al. (1990) Ultramicroscopy 34, 237
48. Schwander P et al. (1993) Phys. Rev. Lett. 71, 4150
49. Williams DB (1993) Practical Analytical Electron Microscopy in Materials Science, Mahwah NJ, Philips Electronic Instrum. Inc.
50. Joy DC, Romig jr. AD, and Goldstein JI (eds.) (1986) Principles of Analytical Electron Microscopy, New York/London, Plenum Press
51. Bauer HD (1986) Analytische Transmissionselektronenmikroskopie, Berlin, Akademie-Verlag
52. Heydenreich J, and Rechner W (1987) Mikrochim. Acta I, 93
53. Honda T et al. (1994) Ultramicroscopy 54, 132
54. Yacobi BG, Holt DB, and Kazmerski LL (eds.) (1994) Microanalysis of Solids, New York/London, Plenum Press
55. Cliff G, and Lorimer GW (1975) J. Microscopy 103, 203
56. Spence JCH, and Tafto J (1983) J. Microscopy 130, 147
57. Hesse D, and Heydenreich J (1994) Fresenius J. Anal. Chem. 349, 117
58. Ahn CC et al. (1983) EELS Atlas, Tempe/Warrandale, Arizona State Univ., Gatan Inc.
59. Egerton RF (1978) Ultramicroscopy 3, 243
60. Scheider R, and Woltersdorf J (1994) Surface and Interface Analysis 22, 263
61. Leapman RD, and Hunt JA (1991) Microsc. Microanal. Microstruct. 2, 231
62. Müllejans H, and Bruley J (1993) Journal de Physique IV (C7) 3, 2083
63. Crewe AV, Langmore JP, and Isaacson MS (1975), in: Physical Aspects of Electron Microscopy and Microanalysis (Siegel BM and Beaman DR, eds.) p. 47, New York, Wiley
64. Ottensmeyer FP, and Andrew JW (1980) J. Ultrastruct. Res. 72, 336
65. Pennycook SJ, and Jesson DE (1990) Phys. Rev. Lett. 64, 938
66. Jesson DE, Pennycook SJ, and Baribeau J-M (1991) Phys. Rev. Lett. 66, 750
67. Boersch H (1936) Ann. Phys. 27, 75
68. Le Poole JB (1947) Philips Techn. Rundsch. 9, 33
69. Riecke WD (1969) Z. Angew. Phys. 27, 155
70. Van Oostrum KJ, Leenhouts A, and Jore A (1973) Appl. Phys. Lett. 23, 283
71. Geiss RH (1975) Appl. Phys. Lett. 27, 174
72. Cowley JM (1981) Ultramicroscopy 7, 19
73. Kossel W, and Möllenstedt G (1939) 36, 113
74. Steeds JW (1979 in: Introduction to Analytical Electron Microscopy (Hren JJ, Goldstein JI, and Joy DC, eds.) p. 387, New York, Plenum Press
75. see /49/p. 133
76. Steeds JW (1981) in: Quantitative Microanalysis with High Spatial Resolution (Lorimer GW, Jacobs MH, and Doig IP, eds.) p. 210, London, The Metals Soc.
77. Steeds JW, and Vincent R (1992) Ultramicroscopy 47, 162
78. Deininger C, Necker G, and Mayer J (1994) Ultramicroscopy 54, 15
79. Ecob RC et al. (1981) Philos. Mag. A44, 1117
80. Preston AR, and Cherns D (1985) Inst. Phys. Conf. Ser. 78, 41
81. Schapink FW, Forghany SKE, and Buxton BF (1983) Acta Cryst. A39, 805
82. Carpenter RW, and Spence JCH (1982) Acta Cryst. A38, 55
83. Johnson AWS (1972) Acta Cryst. A28, 89
84. Forghany SKE, and Schapink FW (1982) Proc. 10th Int. Congr. Electr. Microsc., Hamburg, Vol. I, p. 643
85. Steeds JW, and Vincent R (1983) J. Appl. Cryst. 16, 317
86. Buxton BF et al. (1976) Philos. Trans. Roy. Soc. London 281, 171
87. Gjønnes G., and Moodie AF (1965) Acta Cryst. 19, 65
88. Tanaka M, and Terauchi M (1985) Convergent-Beam Electron Diffraction, Tokyo, JEOL Ltd.
89. Kondo Y., Ito T, and Harada Y (1984) Jap. J. Appl. Phys. 23, L178
90. Eades JA (1980) Inst. Phys. Conf. Ser. 52, 9
91. Rose H (1990) Optik 85, 19
92. Lichte H (1993) Proc. SPIE 2108, 200
93. Mori A, Komatsu M, and Fujita H (1993) Ultramicroscopy 51, 31
94. Smith DJ et al. (1993) Ultramicroscopy 49, 26

Übersichtsliteratur (Auswahl)

Reimer L (1985) Scanning Electron Microscopy: Physics of Image Formation and Microanalysis, Springer Verlag, Berlin

Egerton RF (1986) Electron Energy-Loss Spectroscopy in the Electron Microscope, Plenum Press, New York/London

Gonser U (ed.) (1986) Microscopic Methods in Solids, Springer Verlag, Berlin

Joy DC, Romig jr. AD, and Goldstein JI (eds.) (1986) Principles of Analytical Electron Microscopy, Plenum Press, New York/London

Newbury DE (ed.) (1986) Advanced Scanning Electron Microscopy and X-Ray Microanalysis, Plenum Press, New York/London

Bethge H, and Heydenreich J (eds.) (1987) Electron Microscopy in Solid State Physics, Elsevier, Amsterdam

Williams DB (1987) Practical Analytical Electron Microscopy in Materials Science, Philips Electronic Instruments, Mahwah

Goodhew PJ (1988) Electron Microscopy and Analysis, 2nd Ed., Taylor & Francis, London

Buseck PR, Cowley JM, and Eyring L (eds.) (1988) High Resolution Transmission Electron Microscopy and Associated Techniques, Oxford Univ. Press, New York

Duke PJ, and Michette AG (eds.) (1990) Modern Microscopies, Plenum Press, New York/London

Fuchs E, Oppolzer H, and Rehme H (1990) Particle Beam Microanalysis, VCH Verlagsges., Weinheim

Lyman CE et al. (eds.) (1990) Scanning Electron Microscopy, X-Ray Microscopy and Analytical Electron Microscopy, Plenum Press, New York/London

Eberhardt JP (1991) Structural and Chemical Analysis of Materials, Wiley & Sons, Chichester

Murr LE (1991) Electron and Ion Microscopy and Microanalysis: Principles and Applications, Marc Dekker, New York

Russ JC (1991) Computer-Assisted Microscopy: The Measurement and Analysis of Images, Plenum Press, New York/London

Reimer L (1993) Transmission Electron Microscopy: Physics of Image Formation and Microanalysis, 3rd Ed., Springer Verlag, Berlin

Loretto MH (1994) Electron Beam Analysis of Materials, 2nd Ed., Chapman & Hall, London

Horiuchi S (1994) Fundamentals of High-Resolution Transmission Electron Microscopy, Elsevier, Amsterdam

III. Anwendungen

Analytik von Hochleistungskeramik

J.A.C. Broekaert[1] und R.P.H. Garten[2†]

[1]Universität Dortmund, Fachbereich Chemie, D-44221 Dortmund
[2]Max-Planck-Institut für Metallforschung, Institut für Werkstoffwissenschaft,
Seestr. 92. D-70174 Stuttgart

1	Einleitung	220
1.1	Struktur- und Funktionskeramik	223
1.2	Verbundwerkstoffe	224
2	Keramische Matrices	224
2.1	Keramiken und ihre Basisstoffe	225
2.1.1	Al_2O_3-Keramik	225
2.1.2	AlN-Keramik	226
2.1.3	TiO_2-Keramik	226
2.1.4	MgO-Keramik	226
2.1.5	Si_3N_4-Keramik	226
2.1.6	SiO_2-Keramik	227
2.1.7	SiC-Keramik	227
2.1.8	Y_2O_3-Keramik	227
2.1.9	ZrO_2-Keramik	228
2.1.10	Verschiedene	228
2.2	Keramische Werkstoffe	228
2.2.1	Herstellungsverfahren	228
2.2.2	Eigenschaften	229
3	Analytik der Basisstoffe	230
3.1	Präzisionsanalysen	230
3.2	Bulkanalysen	231
3.2.1	Aufschlußverfahren	231
3.2.1.1	Fluoraufschluß	233
3.2.1.2	Aktuelle Aufgaben	235
3.2.2	Matrixabtrennung	235
3.2.3	Bestimmungsmethoden	236
3.2.3.1	Verbundverfahren	237
3.2.3.2	Direktverfahren	239
3.3	Mikroverteilungsanalyse	244
4	Analyse von kompakten Keramiken	245
4.1	Bulkanalyse	246
4.1.1	Aufschlußmethoden	246
4.1.2	Verbundverfahren	246
4.1.3	Direktverfahren	247
4.2	Mikroverteilungsanalyse	250
5	Literatur	252

1 Einleitung

Keramiken sind Werkstoffe, die zu 20–30% aus kristallinen Körnern bestehen, die in einer glasartigen Zwischenphase eingebettet sind. Sie werden in der Regel bei Raumtemperatur aus einer Rohmasse von oxischen Materialien, Nitriden, Carbiden oder Boriden als pulverförmigen Ausgangsstoffen geformt und erhalten ihre typischen Werkstoffeigenschaften durch eine Temperaturbehandlung meist über 800°C. Dieser keramische Werkstoff ist als Gebrauchskeramik seit langem bekannt, z.B. als Porzellan [1]. Typische Eigenschaften der Keramik als Werkstoff sind die hohe Temperatur- und Korrosionsbeständigkeit, die Härte und die elektrisch isolierenden sowie die wärmeisolierenden Eigenschaften. In den letzten Jahrzehnten gibt es eine grosse Nachfrage nach Werkstoffen, die diese Eigenschaften in extrem hohem Maße besitzen. Diese sogenannten Hochleistungskeramiken sollen dann z.B. extrem niedrige elektrische Leitfähigkeiten für die Verwendung als Substrate in der Mikroelektronik besitzen, in anderen Fällen gegen sehr hohe Temperaturen beständig sein, z.B. für Motorenteile oder für Fusionsreaktoren, oder sie sollen eine extreme Beständigkeit gegen Auslaugen durch Körperflüssigkeiten aufweisen, wie es für Implantatmaterialien gefordert wird. Die Einstellung dieser Eigenschaften ist stark von der Herstellung des Gefüges sowie von den Verunreinigungen und deren Verteilung im Werkstoff abhängig. So müssen Hochleistungskeramiken unter sehr streng definierten Bedingungen aus wohldefinierten Ausgangssubstanzen hergestellt werden, deren Zusammensetzung, Beschaffenheit und Mikrostruktur gut bekannt sind. Die Produktionsprozesse der Keramiken, die heute von Bedeutung sind, sind meist empirisch optimiert worden. So waren die Werkstoffeigenschaften eher Zufallsergebnisse der gewählten Arbeitsbedingungen und hingen sehr stark von den mechanischen, morphologischen und chemischen Eigenschaften der Ausgangsmaterialien ab. Die heutige Aufgabe besteht darin, neue keramische Werkstoffe mit maßgeschneiderten Eigenschaften, wie einer noch besseren thermischen Stabilität oder verbesserten elektrischen und mechanischen Eigenschaften zu entwickeln. Dies setzt voraus, daß die Abhängigkeit dieser Eigenschaften sowohl von der chemischen Zusammensetzung der Ausgangsstoffe und Endprodukte, als auch von der Mikrostruktur dieser Werkstoffe grundlegend untersucht wird. Darüberhinaus ist eine optimierung der Herstellungsprozesse erforderlich [2]. Um diese Ziele zu erreichen, sind Untersuchungen auf dem Gebiet der Mineralogie, der Materialwissenschaften, der Werkstofftechnologie und der Werkstoffprüfung erforderlich, und, wie für die Werkstoffentwicklung insgesamt [3], ist eine verfeinerte Analytik unverzichtbar. Deshalb setzt die Entwicklung neuer keramischer Werkstoffe nicht nur eine interdisziplinäre Zusammenarbeit zwischen Werkstoffwissenschaftlern, Werkstoffherstellern, Ingenieuren und Analytikern voraus, sondern erfordert auch eine Zusammenarbeit zwischen Analytikern, die an der Weiterentwicklung der verschiedenen Methoden arbeiten. Neben diesen Entwicklungsarbeiten ist eine begleitende Analytik bei der Herstellung von Hochleistungskeramiken sowie die Produktkontrolle der Werkstoffe sehr wichtig.

Die Anwendungen keramischer Materialien und Nutzung ihrer Eigenschaften hängen nicht nur von den Ausgangsstoffen, deren Stöchiometrie und den Mengen der zugegebenen Hilfstoffe ab, sondern auch von den Spurenverunreinigungen, die zum Teil in sehr niedrigen Konzentrationen noch anwesend sind, sowie deren Verteilung im Gefüge. Diese können als Verunreinigungen der Ausgangsstoffe in den Werkstoff gelangen, sie können aber auch als Verunreinigungen während des Herstellungsprozesses eingeschleppt werden oder als gezielte Dotierung dem Werkstoff zugegeben werden (siehe Abb. 1). Kenntnisse über Zusammenhänge zwischen den Eigenschaften keramischer Materialien und den darin enthaltenen Verunreinigungen liegen nur für höhere Konzentrationen vor. So sind für den sub-μg/g-Bereich bis jetzt solche Zusammenhänge nur in einigen wenigen Ausnahmefällen systematisch aufgedeckt worden. Besonders für die Dotierungen sind nicht nur die Elementkonzentrationen und ihre Verteilung, sondern auch die Bestimmungen der Spezies und deren Verteilung, insbesondere an Grenzflächen und Phasengrenzen wichtig. Bei den metallischen Werkstoffen liegt in dieser Hinsicht viel analytische Erfahrung vor.

Auch bei den keramischen Werkstoffen gibt es seit langem reichliche präparative Erfahrung mit silikatischen und oxidischen Materialien (Baustoffe, Gebrauchskeramik, Porzellan, Feuerfestmaterialien, etc. [1]), seit neuerem auch auf dem Gebiet der Hochleistungskeramik. Dies gilt sowohl für den Bereich der neuen keramischen Materialien, die z.B. als Substrate für die Mikroelektronik verwendet werden, etwa für Metall-Keramik-Verbundwerkstoffe (Cermets). Hier wird eine breite Palette von Werkstoffen für vielfältigen Einsatz entwickelt (siehe Tabelle 1.), bei der Konzentrationen von allen Elementen des periodischen Systems im Bereich der Neben- oder Spurenbestandteile relevant sein können. Die Frage nach zuverlässigen analytischen Daten setzt hier eine hochentwickelte analytische Methodologie und Strategie voraus. Die extremen Eigenschaften der Hochleistungskeramiken erschweren nämlich oft den Einsatz verfügbarer naßchemischer Analysen oder bewährter Direktmethoden. Diese bedürfen deswegen der Weiterentwicklung. Um eine hohe analytische Zuverlässigkeit zu gewährleisten, ist es erforderlich, mehrere analytische Verfahrensalternativen zur Verfügung zu halten. Dafür müssen zusätzlich neue Methoden erarbeitet werden. Besondere Bedeutung kommt hier den Direktverfahren zu, da sie Bestimmungen von Elementen bzw. deren Spezies direkt am Werkstoff und unter Umständen mit hoher Auflösung ermöglichen. Sie sind aber Relativverfahren und benötigen für quantitative Aussagen eine sorgfältige Kalibrierung, insbesondere wenn eine ortsaufgelöste Analytik erforderlich ist. Diese ist nur mit Hilfe von Standardproben möglich, die in der Regel zuerst mit naßchemischen Verfahren charakterisiert werden müssen. Solche Verfahren erfordern einen Aufschluß, teilweise nur der relevanten Zonen, wobei dann nach Abtrennung störender Substanzen mittels sogenannter Verbundverfahren die einzelnen Bestandteile in isolierter From mit instrumentellen

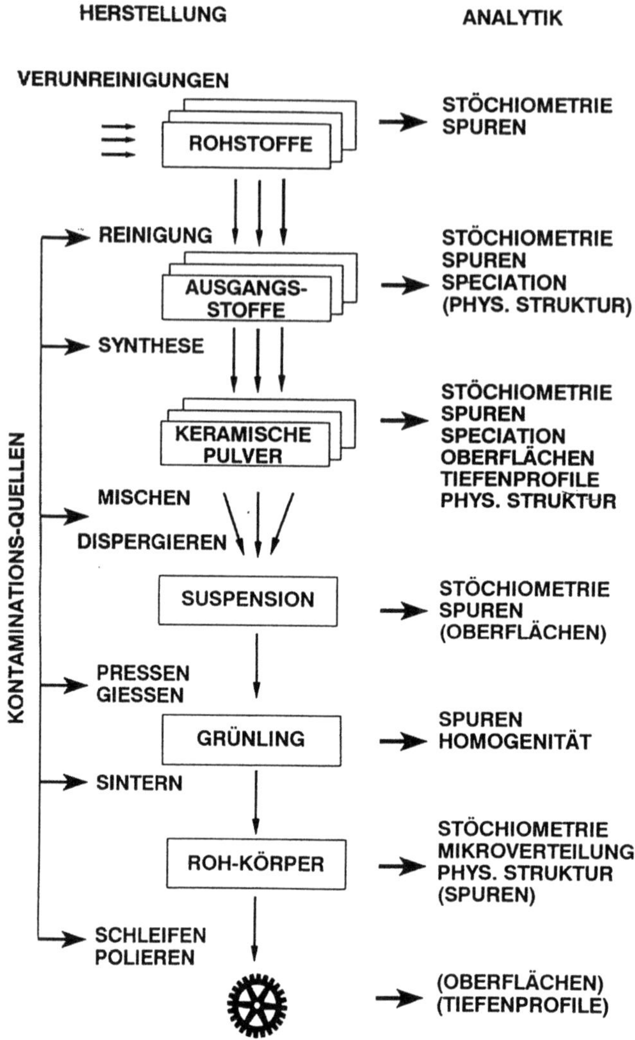

Abb. 1. Analytische Aufgaben bei der Entwicklung, Herstellung und Charakterisierung von Hochleistungskeramik

Methoden mit einem hohem absoluten Nachweisvermögen bestimmt werden können.

Bei den keramischen Materialien müssen auf verschiedenen Ebenen analytische Methoden verfügbar sein (Abb. 1): (1): Bulkanalyse der Ausgangsprodukte vor und nach der Aufreinigung sowie der Zusatzstoffe (z.B. Sinterhilfen, siehe Abschn. 2.2.1); (2): Oberflächen- und Tiefenprofilanalyse an Ausgangs- und Hilfsstoffen im Pulverform; (3): Bulkanalyse der kompakten

Tabelle 1. Einsatzbereiche einiger Hochleistungskeramiken in Wissenschaft und Technik und die Bedeutung ihrer analytischen Charakterisierung

Keramik	Anwendungsbereich	Einfluß der Bulkzusammensetzung (a) und von Ausscheidungen (b)	
		(a)	(b)
Al_2O_3	Biokeramik	Gewebeverträglichkeit	
Al_2O_3 (z.B. mit Cr)	Cermets (15–85% Metall)	Stabilität	
SiO_2, (Pb,La) $(Zr,Ti)O_3$	Optoelektronik, optik	Opt. Transparenz	
Al_2O_3, $BaTiO_3$, CdO/Ag AlN, BeO, MgO, Y_2O_3,ZrO_2	Elektronik, Elektrotechnik	Leitfähigkeit Halbleitereigenschaften	Leitfähigkeit
Ca-Ba-CuO, Ba(Sr)-Y(Ln)CuO[1]	Supraleiter	Leitfähigkeit (Stöchiometrie)	Leitfähigkeit
SiC, Si_3N_4	Kernfusion	Strahlenschäden, thermische Stabilität	Rißbildung
BeO, BC	Kernreaktoren	Strahlenschäden, thermische Stabilität	
Ferrite ($MO-Fe_2O_3$) Materialen	Magnetische	magnet. Eigensch.	Domänenbildung
AlN, Al_2O_3, Si_3N_4, ZrO_2	Maschinenbau	mechanische und thermische Stabilität	Rißbildung
AlN, Al_2O_3, Steatite	Wärmetechnik	thermische Stabilität	Rißbildung

[1] Ln = Lanthanide

Keramikwerkstoffe und (4): Mikroverteilungsanalyse an kompakten keramischen Werkstoffen. Diese Aufgaben hängen in ihrem Schwierigkeitsgrad eng mit der Beschaffenheit und der Zusammensetzung und somit auch mit der Herstellung der keramischen Werkstoffe zusammen. Hierzu ist eine Einteilung der heute wichtigsten Hochleistungskeramiken nach Strukturkeramiken, Funktionskeramiken und Verbundwerkstoffen hilfreich.

1.1 Struktur- und Funktionskeramik

Die Hochleistungskeramiken sind Werkstoffe, bei denen technisch entscheidende Eigenschaften speziell herausgebildet werden, so daß keramische Materialien vorliegen, die im speziellen Anwendungsfall von keinem anderen Werkstoff ersetzt werden können. Im ·Sinne dieser Definition erfüllen alle Hochleistungskeramiken technische Funktionen. Die Hochleistungskeramik gliedert sich in folgenden Bereiche, wobei von Fall zu Fall weitere Untergliederungen möglich sind [4]:

— Biokeramik: Implantatkeramik, Dentalkeramik,
— Chemokeramik: Chemotechnische Keramik und aktive Chemokeramik,
— Elektrokeramik: Passive (elektrisch isolierende) und aktive Elektrokeramik,
— Feuerfestkeramik: Konstruktions-Feuerfestkeramik und Isolier-Feuerfestkeramik,

— Mechanokeramik: Maschinen-Bauteilekeramik, Motoren-Bauteilekeramik, Schleif- und Schneidkeramik,
— Magnetokeramik,
— Optokeramik,
— Reaktorkeramik.

Besondere praktische Bedeutung kommt dabei zwei Teilgebieten zu: 1.) Die Mechanokeramik (Strukturkeramik, Ingenieurkeramik) weist einzigartige Eigenschaften gegenüber besonderer mechanischer Beanspruchung auf. So finden Abgasturbolader aus Siliziumcarbid Verwendung, und Prototypen von Dieselmotoren mit wesentlichen Bauteilen aus Keramik sind in der Erprobungsphase. Breiten Einsatz finden Schneidwerkzeuge aus Keramik, Keramik-Gasturbinen sowie Verschleißteile in der Antriebstechnik und im Maschinenbau [2]. 2.) Die Funktionskeramiken werden z.B. als aktive Elektrokeramik zur Herstellung von Bauteilen verwendet, die Schaltfunktionen realisieren, oder als passive Trägerbauteile für integrierte Schaltungen in der Elektronikindustrie eingesetzt.

1.2 Verbundwerkstoffe

Bei den Verbundwerkstoffen (Kompositen) wird der Werkstoff aus verschiedenen ineinander übergehenden und getrennt hergestellten Teilwerkstoffen zusammengesetzt mit dem Ziel, entweder die mechanischen Eigenschaften des Bauteils zu verbessern, die chemische Resistenz eines Bauteils zu steigern oder spezielle elektrische Eigenschaften zu realisieren. Zu diesem Zweck werden durch unterschiedliche Prozesse hergestellte Oberflächenbeschichtungen, die Einlagerung von Fasern oder die Herstellung von Multischichten ausgenutzt. Keramischen Beschichtungen kommt wegen der hohen chemischen Resistenz besondere Bedeutung zu, z.B. bei durch Plasmaspritzen hergestellten Schichten [5]. Aber auch die Einlagerung von keramischen Fasern [6] ist bei den keramischen und metallischen Werkstoffen, z.B. für die Raumfahrt, für eine verbesserte mechanische Stabilität und Hochtemperaturstabilität wichtig. Für die Qualität von Verbundwerkstoffen müssen die Qualität sowohl der Teilwerkstoffe als auch der Haftzonen charakterisiert werden. Dazu ist eine Analytik mit hoher Ortsauflösung erforderlich. Besondere Bedeutung kommt hier den Multischichtwerkstoffen zu, die heute für die Mikroelektronik eine wichtige Rolle spielen.

2 Keramische Matrices

Die verschiedenen Klassen von Hochleistungskeramiken sind nach deren Zusammensetzung und unter Angabe ihrer wichtigsten Anwendungsbereiche in Tabelle 1 aufgelistet. Sie werden aus pulverförmigen Basisstoffen hergestellt. Die Eigenschaften der kompakten keramischen Werkstoffe werden somit entscheidend von der Beschaffenheit und Zusammensetzung dieser Basisstoffe und durch den Ablauf der Herstellungsprozesse bestimmt [2, 7] (siehe Abb. 1). Da die zu bestimmenden Elemente und die geeigneten Methoden auch von den keramischen Matrices selbst und deren Herstellung abhängen, werden die wichtigsten Keramiken, ihre Basisstoffe und deren Herstellungsprozesse kurz dargestellt.

2.1 Keramiken und ihre Basisstoffe

2.1.1 Al_2O_3-Keramik

Keramiken auf der Basis von Al_2O_3 sind für eine Reihe von Anwendungen in der Technik wichtig. In der Elektrotechnik werden sie als Isolatoren gebraucht. Hier beeinflussen Spurenverunreinigungen und Nebenbestandteile an MgO, Fe_2O_3, Cr_2O_3 und TiO_2 die elektrische Leitfähigkeit. Dies gilt auch für sog. Cermets, die Metalle in Konzentrationen von 15–80% enthalten können. Diese Gehalte beeinflussen sowohl die elektrischen als auch die magnetischen Eigenschaften; z.B. hat Cr einen erheblichen Einfluß durch die Bildung von Mischkristallen von Al_2O_3 und Cr_2O_3. Die thermische Stabilität und die Farbe von Al_2O_3 hängen von den Konzentrationen an Spuren von Fe_2O_3, SiO_2 und Na_2O ab [8]. Al_2O_3 mit einer Reinheit von > 99,9% wird für die Herstellung von elektronischen Komponenten, von Isolatoren und von transparenten Rohren für Natriumdrucklampen verwendet. Keramiken auf der Basis von Al_2O_3 und Cu_2O werden für die Herstellung von Elektrokeramik mit negativen Temperaturkoeffizienten verwendet. Heute ist Al_2O_3 auch als Biokeramik und Implantatwerkstoff wichtig, wobei auslaugbare Spurenelemente die Biokompatibilität teilweise in noch unbekannter Weise beeinflussen. Al_2O_3-Keramiken werden vielfach für mechanisch hochbeanspruchte sehr harte Teile in Motoren und in der Hochtemperatur-Technik verwendet. Hier müssen Zusatzstoffe wie MgO und ZrO_2 in sehr genau definierten Konzentrationen verwendet werden. Zugabe von MgO führt zu einer erheblichen Abnahme der Sintertemperatur durch Bildung von $MgAl_2O_4$-Spinellen an den Korngrenzen [1], während ZrO_2 die Feststoffstruktur stabilisiert und dadurch die Schlagfestigkeit und die thermische Stabilität verbessert. Neben solchen Zusätzen sind auch die Korngrößen von entscheidender Bedeutung für die Sintertemperatur.

Für die Synthese von sehr feinkörnigem Al_2O_3 kann nach dem Bayer-Prozeß gearbeitet werden. Hier wird Bauxit durch NaoH bei hoher Temperatur und Druck angegriffen, das $Al(OH)_3$ wird gefällt und zu α-Al_2O_3 kalziniert. Sehr feines hochreines Al_2O_3 kann durch Entwässerung von $Al(OH)_3$ erhalten werden [9], das aus Isopropanol gefällt wurde. Die Sintertemperatur dieses Materials liegt unterhalb von 1700°C.

2.1.2 AlN-Keramik

AlN-Keramiken werden als feuerfeste und chemisch resistente Werkstoffe bei hoher Temperatur und als Bauteile in Motoren verwendet. Oxidische Verunreinigungen beeinflussen die Sintertemperaturen und Mg, Si, Ca, Ti, Cr, Mn, Fe, C, und O beeinflussen das Kristallwachstum [10] und die Transparenz. Wegen der hohen Wärmeleitfähigkeit bei hohem elektrischen Widerstand wird AlN auch als Substrat in der Mikroelektronik verwendet.

AlN-Pulver können im Plasmastrahl synthetisiert werden [11]. Sie können auch durch Ammonolyse von $(NH_4)_3AlF_6$ bei hoher Temperatur [12] und durch carbothermische Reduktion unter Stickstoffatmosphäre hergestellt werden.

2.1.3 TiO$_2$-Keramik

Aluminiumtitanat Al_2TiO_5 wird vorwiegend wegen seines niedrigen thermischen Ausdehnungskoeffizienten benutzt, Bariumtitanat ($BaTiO_3$) wird als Dielektrikum verwendet. Zusätze von CuO beeinflussen das Sinterverhalten. Wenn Ba und Ti durch Nb, Sb oder Ta ersetzt werden, erhält man eine Elektrokeramik, die als Widerstand verwendet werden kann. [(Pb, La) (Ti, Zr) O_3] wird in der optoelektronik verwendet. [(Pb, Zr, Ti) O_2] mit Zusätzen von Cr, Nb und Mn hat piezoelektrische Eigenschaften.

2.1.4 MgO-Keramik

MgO-Keramik wird als Isolator in der Elektrotechnik verwendet. Durch Zugabe von bis zu 2 Gew.% LiF kann das isostatische Pressen für die Herstellung der Grünkörper (s. 2.2.1) erheblich erleichtert werden. Steatit ($Mg_3Si_4O_{10}$ $(OH)_2$) wird als hochverdichtete Keramik verwendet, sowie für Einsatz bei hohen Temperaturen, teilweise auch unter Zusatz von BaO.

2.1.5 Si$_3$N$_4$-Keramik

Si_3N_4 ist wichtig als hochverdichteter, wärmebeständiger und korrosionsfester Werkstoff für die Reaktortechnologie. Die Bauteile werden oft durch heißisostatisches Pressen hergestellt. Y_2O_3, MgO und CeO_2 können als Preßhilfe [1] und Li_2O, K_2O und Na_2O zur Verbesserung der Elastizität bei hoher Temperatur [13] eingesetzt werden. Durch teilweisen Ersatz von Si in Si_3N_4 durch Al_2O_3 erhält man Werkstoffe (“Sialone”), die für Beschichtungen in Reaktoren für die Kernfusion verwendet werden. Hier müssen die Konzentrationen an Verunreinigungen besonders niedrig sein, um Strahlenschäden gering zu halten.

Si$_3$N$_4$-Pulver kann durch direkte Nitridierung von Silizium oder carbothermische Reduktion von hochreinem SiO$_2$ in Stickstoffatmosphäre [14] hergestellt werden. Bei der direkten Nitridierung hat die Anwesenheit von Fe, Ni und Co einen grossen Einfluß. Sehr feine und reine Pulver erhält man durch Reaktion von SiCl$_4$ oder SiH$_4$ mit NH$_3$ in der Gasphase [15] oder durch Pyrolyse von Polycarbosilanen [16].

2.1.6 SiO$_2$

Keramiken auf der Basis von SiO$_2$ existieren nicht. Allerdings ist hochreines SiO$_2$ von grosser Bedeutung für die Optik und die Elektronik. Spuren an Cr, Cu, Fe und Ni beeinflussen die Farbe, die Härte und die elektrische Eigenschaften. Für Anwendungen in der Fernmeldetechnik hängt die optische Transparenz und die Tendenz zur Entglasung wesentlich von den Konzentrationen an Al$_2$O$_3$, Na$_2$O, K$_2$O und Li$_2$O ab [17].

Hochreine Quartzpulver (B < 0,2 µg/g) werden durch Hydrolyse von SiF$_4$ [18] oder Auslaugen von Glasfasern mit hochreinen Säuren erhalten.

2.1.7 SiC-Keramik

SiC-Keramiken sind wichtig für Anwendungen bei hohen Temperaturen, als Beschichtung von Reaktoren für die Kernfusion, für Werkzeuge und Motorenbauteile. Durch Spuren von B, Al and Sb können die elektrischen und thermischen Eigenschaften stark beeinflußt werden [19]. So können Zusätze von 0,2 Gew.% CaO die Festigkeit bei 1400°C um 30 % herabsetzen [20]. Die Farbe variiert von grün (bei der Anwesenheit von N) nach blau oder schwarz (bei Zugabe von B und Al).

Die Synthese von SiC nach dem Acheson Prozeß basiert auf der Behandlung von Quartzsand mit Koks bei hoher Temperatur und einem anschliessenden Mahlvorgang [1]. Sehr feine und hochreine SiC-Pulver werden durch Reaktion von hochreinem elementaren Siliziumpulver mit C (kationische Verunreinigungen < 0,1%) [21], SiCl$_4$ und CH$_4$ oder durch thermische Zersetzung von Organosiliziumverbindungen (z.B. CH$_3$SiCl$_3$) hergestellt [16].

2.1.8 Y$_2$O$_3$-Keramik

Y$_2$O$_3$-Keramik findet Anwendung in der Elektronik, wobei Spurenverunreinigungen einen grossen Einfluß haben können. Durch Zugabe von Th und Zr können die Dichte und die Porosität beeinflußt werden. Si$_3$N$_4$/Y$_2$O$_3$-Keramiken werden im Hochtemperaturbereich verwendet. Ihre thermische Stabilität hängt stark vom Kohlenstoffgehalt ab [22].

2.1.9 ZrO₂-Keramik

ZrO_2-Keramik ist sehr druckbeständig und hat eine hohe thermische Stabilität, so daß es für Motorenbauteile verwendet wird. Durch Zugabe der Oxide von Ca, Mg, Y und Seltenen Erden kann die Volumenänderung beim Phasenübergang, der bei ca. 1000°C in ZrO_2 stattfindet, kompensiert werden, so daß diese Additive wichtig für die thermische Stabilität sind. ZrO_2-Keramiken werden auch in der Elektrotechnik eingesetzt. Hier beeinflussen Al_2O_3, Fe_2O_3 und Bi_2O_3 die sogenannte Kornleitfähigkeit und die Grenzflächenleitfähigkeit [23]. Da die elektrische Leitfähigkeit vom Partialdruck des Sauerstoffs im umgebenden Gas abhängt, wird ZrO_2 in Sauerstoffmeßsonden verwendet. Diese Leitfähigkeit wird auch von der Anwesenheit von Al und Si mitbeeinflußt.

Reine ZrO_2-Pulver werden aus $ZrOCl_2 \cdot 8H_2O$ oder $Zr(SO_4)_2 \cdot 4H_2O$ hergestellt, nach Reinigung durch Umkristallisieren und Fällung [24]. Gereinigtes $Zr(SO_4)_2 \cdot 4H_2O \cdot Y(NO_3)_2$ kann bei hoher Temperatur in Kerosin dispergiert, gefällt und anschliessend kalziniert werden [25]. In der Zitrat-Synthese [25] wird $ZrOCl_2 \cdot 8H_2O$ mit NH_4OH gefällt, das Zr komplexiert und bei hoher Temperatur hydrolysiert. Hochreine und feinkörnige ZrO_2-Pulver werden auch durch Hydrolyse und Kalzinieren von verschiedenen organometallischen Prekursoren [26] oder durch hydrothermale Spaltung von $Zr(SO_4)_2$ erhalten [27].

2.1.10 Verschiedene

Weitere Oxidkeramiken sind ebenfalls von technischer Bedeutung. Dazu gehören BeO (Substrat für integrierte Schaltungen und Moderator in Kernreaktoren), CdO/Ag Cermets (Elektrotechnik), Ferrite ($Mo \cdot Fe_2O_3$ mit M = Mn, Ni, Zn, Co, Fe und Mg) als Magnetokeramiken, ThO_2 (Reaktorbrennstoff) und $Ca \cdot Ba \cdot CuO$ wie auch $Ba(Sr)\text{-}Y(Ln^1)\text{-}CuO$ (Hochtemperatursupraleiter HTSC).

2.2 Keramische Werkstoffe

2.2.1 Herstellungsverfahren

Keramische Werkstoffe werden bei hoher Temperatur aus den Ausgangspulvern hergestellt. Dazu müssen die Ausgangsstoffe in der geeigneten Korngröße und bei ausreichender Reinheit vorliegen. Aus einer Formmasse werden die Grünkörper durch Pressen oder Gießen geformt. Daraus wird bei hoher Temperatur der Werkstoff selbst hergestellt, eventuell unterstützt durch die Verglasung einer der Komponenten. Am Werkstück treten dabei

---

[1] Ln = Lanthanide

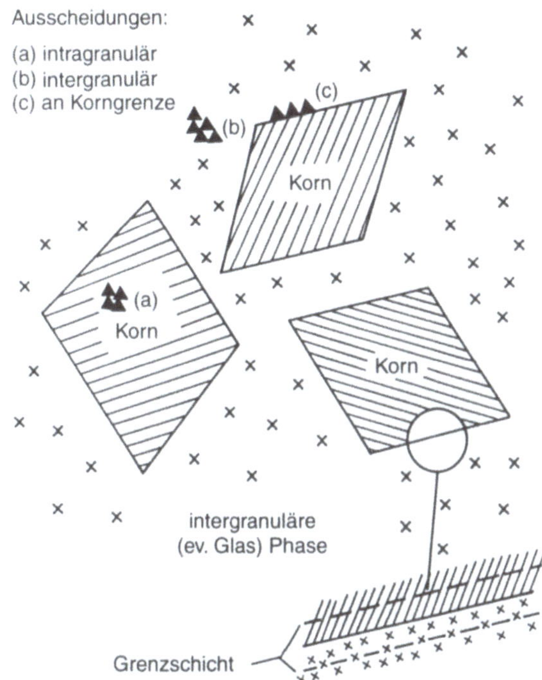

Abb. 2. Mikrostruktur einer Keramik (schematisch)

Volumen- und Formänderungen auf. Während dieses Vorganges können keine Zusatzstoffe mehr zugefügt werden, um die Werkstoffeigenschaften noch zu ändern, wie dies bei metalischen Werkstoffen, die in der Schmelze hergestellt werden, möglich ist. Deshalb ist bei der Keramikherstellung die Stöchiometrie und die Dosierung der Dotierungen in den Ausgangspulvern von ganz besonderer Bedeutung.

2.2.2 Eigenschaften

Die Eigenschaften der wichtigsten Hochleistungskeramiken sind in Tabelle 1 zusammengestellt. Die Beeinflussung etlicher dieser Eigenschaften durch die globalen Gehalte an Verunreinigungen bzw. deren Mikroverteilungen ist in einigen Fällen bekannt, in vielen Fällen kann sie erwartet werden [28, ferner 24,29]. Die besondere Bedeutung der Mikroverteilung ist offensichtlich, da die Ausscheidungen an inneren und äußeren Grenzflächen völlig andere Auswirkungen haben als gelöste Verunreinigungen in der glasartigen Zwischenphase bzw. im Inneren der Körner (Abb. 2). Diese Unterschiede sind sowohl für Strukturkeramiken wichtig, wenn man Eigenschaften wie die Schlagfestigkeit

betrachtet, als auch für Funktionskeramiken, wo z.B. die Korn- und die Grenzflächenleitfähigkeit sich erheblich unterscheiden können.

3 Analytik der Basisstoffe

Bei der analytischen Charakterisierung der Keramikpulver (vergl. Abb.1) ist
zunächst die hochgenaue Bestimmung der Hauptbestandteile im Bulk für die
genaue Stöchiometrie, aber auch die Bestimmung von Neben- und Spurenverunreinigungen und eventuell die Bestimmung der Spezies wichtig. Im Hinblick auf das Sinterverhalten und die spätere Mikroverteilung im gesinterten
Produkt müssen auch die oberflächen- und Tiefenverteilungen von Verunreinigungen auf den Körnern untersucht werden.

3.1 Präzisionsanalysen

Die Bestimung der Hauptbestandteile ist wegen der Bedeutung der
Stöchiometrie sowohl für Anwendungen als Funktionskeramik (z.B. Hochtemperatursupraleiter (HTSC)) als auch für die Stabilität von oxidischen, nitridi-
schen oder carbidischen Strukturkeramiken (z.B. Si_3N_4-Werkstoffen)
besonders wichtig. Sie muß im Gewichtsprozent-Bereich oft mit relativen
Präzisionen von weniger als 1%, bei Komponenten im 40–50 Gewichts-%
Bereich sogar mit 0,1% durchgeführt werden. Die metallischen Komponenten
können mit hoher Präzision und guter Genauigkeit durch Röntgenfluoreszenzanalyse (XRFA) bestimmt werden, falls geeignete Standardreferenzmaterialien
für die Kalibrierung zur Verfügung stehen, um die hier bedeutenden Matrix-
und Korngrößeneffekte [30] zu korrigieren. Die Haupt- und Nebenbestandteile in Materialien für HTSC (z.B. Y-Ba-Cu oxide) sind mit optischen
spektroskopischen Methoden wie z.B. der Plasmaspektrometrie auch bei besonderer Optimierung nur sehr schwer mit hinreichender Präzision zu bestimmen, um die für die Stöchiometrie noch signifikanten Unterschiede aufdecken
zu können. Solche Analysen werden durch die spektralen Interferenzen aus
den linienreichen Matrixspektren zusätzlich erschwert.
   Für die Bestimmung der Hauptkomponenten in Si_3N_4 sind klassische
Verfahren sehr wichtig. Die Bestimmung der leichten nichtmetallischen
Elemente durch Heißextraktionsverfahren [31] hat sich in der Analytik der
metallischen Pulver lange bewährt, ist aber bei keramischen Pulvern mit
neuartigen Problemen konfrontiert. Einerseits sind die Geräte und Einwaagen
nicht für die geforderten hohen Genauigkeiten zur Stöchiometriebestimmung
ausgelegt, andererseits sind für die refraktären Keramiken sehr hohe Temperaturen zur vollständigen Zersetzung erforderlich. Die Optimierung der Zuschl-
läge spielt hier eine wichtige Rolle. Der größte Störeinfluß bei der Bestimmung
von O, N, und H in den sehr feinen Pulvern (typisch $\leqslant 1\,\mu m$) geht aber von

Adsorption und Reaktion der Umgebungsatmosphäre mit den sehr großen spezifischen Oberflächen aus. So entstehen leicht systematische Fehler, die stark von der Vorbehandlung der Pulver abhängen [32]. Je nach Stärke der Bindung (Species) an der Oberfläche wirkt sich dieser Gehalt auch nach dem Sinterprozeß noch im Endprodukt aus. Auf der Basis der Trägergas-Heißextraktion ist die Bestimmung von Sauerstoff z.B. im %-Bereich noch mit einer Präzision von 2% möglich [33]. Es ist sogar durch kontrolliertes Ausheizen die getrennte Erfassung von Oberflächensauerstoff möglich. Dies ist sehr wichtig, da gerade der oberflächlich gebundene Sauerstoff für das Verdichtungsverhalten der keramischen Pulver an der Glasphase ausschlaggebend ist. Als unabhängiges Vergleichsverfahren kann hier nach Probenaufschluß z.B. Stickstoff durch modifizierte Kjeldahl-Verfahren bestimmt werden. Weiter spielen für die präzise Bestimmung der Hauptbestandteile [34] klassische Verfahren der Titrimetrie, Gravimetrie und der Spektralphotometrie nach wie vor eine wichtige Rolle, besonders für die Herstellung von Referenzmaterialien.

3.2 Bulkanalysen

Für die Analyse der pulverförmigen Ausgangsstoffe zur Herstellung von Hochleistungskeramiken gibt es eine Reihe bewährter, aber auch neuartiger Direktmethoden. Diese sind jedoch meist Relativverfahren, für die zur Kalibrierung Referenzmaterialien erforderlich sind, deren Gehalte gut bekannt sind, und deren Matrixzusammensetzungen denen der zu analysierenden Proben möglichst ähnlich sind. Wegen der Vielzahl von relevanten Matrices kommt der Charakterisierung dieser Referenzmaterialien große Bedeutung zu. Eine genaue Charakterisierung soll nach Aufschluß und ggf. Matrixabtrennung mit Methoden geschehen, die mit synthetischen Standardlösungen kalibriert werden können. Wegen der chemischen Resistenz keramischer Pulver kommt deshalb auch der Optimierung der Aufschlußverfahren besondere Bedeutung zu. Die wichtigsten Ziele sind hier die Vollständigkeit, die Minimierung der Kontaminationsquellen, aber auch die Entwicklung neuartiger Aufschlußverfahren für refraktäre Pulver. Auch die Neutronenaktivierungsanalyse (NAA) ist ein wichtiges Werkzeug für die Charakterisierung solcher refraktären Referenzmaterialien, weil sie ebenfalls mit synthetischen Standardlösungen kalibriert wird, außerdem zahlreiche Kontaminationsquellen völlig vermeidet, und häufig sogar ohne einen Probenaufschluß auskommt (instrumentelle NAA) [35].

3.2.1 Aufschlußverfahren

Für eine Reihe von keramischen Pulvern wurden vielseitig sowohl naßchemische Aufschlüsse wie auch Schmelzaufschlusse beschrieben. Eine Übersicht dieser Methoden für einige der wichtigen keramischen Matrices ist in Tabelle 2 dargestellt (verkürzt aus [35]).

Tabelle 2. Typische Verfahren und Bedingungen für den chemischen Aufschluss wichtiger kermischer Pulver
Säureaufschlüsse können mit hochreinen, durch "subboiling destillation" hergestellten Reagenzien und in Druckaufschlußgefässen aus Quarzglas oder fluorierten Polymeren durchgeführt werden

Matrix	Schmelze 500–1100°C; 1h 10-facher Überschuß		Druckaufschluß 220–250°C; 4–20 h 20–80-facher Überschuß	
Al_2O_3	$Na_2B_4O_7$ $Na_2S_2O_7$		$HCl + H_2SO_4$	gut
AlN	$Na_2CO_3 + K_2CO_3$	hohe Salzfracht,	HCl $+ HNO_3$	gut
Si_3N_4	$Na_2B_4O_7$	Kontaminations- gefahr,	HF $+ HNO_3$	gut
SiC	Na_2CO_3 $+ NaOH$ $+ KNO_3$	Elementverlust	HNO_3 $+ HF$ $+ H_2SO4$ $+ SO_3$	mangelhaft
ZrO_2	NH_4HSO_4		HF	gut

Für den Aufschluß von Al_2O_3 ist eine Behandlung mit HCl oder H_2SO_4 bei einer Temperatur bis 240°C unter Druck und bis zu 16 Stunden in Gefässen aus Quarzglas oder PTFE erforderlich. Der drucklose Aufschluß ist mit H_3PO_4 möglich, kann aber zu Problemen bei der Bestimmung mit der Atomabsorptionsspektrometrie (AAS) führen. Auch können Schmelzaufschlüsse mit Li_2CO_3/H_3BO_3 verwendet werden. Für AlN ist ein vollständiger Aufschluß durch Behandlung mit HCl bei hoher Temperatur und Druck möglich. Bei Verwendung von H_3PO_4 und Reduktion der Lösung mit $SnCl_2$ kann Stickstoff zu NH_3 umgesetzt werden, was seine hochgenaue Bestimmung ermöglicht [36]. Auch sind alkalische Schmelzaufschlüsse zweckmäßig. SiO_2 kann durch Behandlung mit HF, eventuell unter Zugabe von H_2SO_4 bzw. HNO_3, gelöst werden. Für die Zersetzung von SiC ist der Schmelzaufschluß mit $Na_2CO_3/NaNO_3$ geeignet, wobei der Schmelzkuchen mit HF/HNO_3 ausgelaugt wird. Si_3N_4 und Sialon können durch Einwirkung von HF/HNO_3 bei hoher Temperatur und hohem Druck wie auch durch einen Schmelzaufschluß mit Na_2CO_3, Na_2SO_4 [37] oder Li_2CO_3/H_3BO_3 aufgeschlossen werden [38]. ZrO_2 Pulver kann durch Behandlung mit HCl/HF oder H_2SO_4 [39] in geschlossenen PTFE-Hochdruckgefäßen gelöst werden. Auch kann der Schmelzaufschluß mit $Na_2B_4O_7$ in Platinschalen angewendet werden. NH_4HSO_4 als Schmelzfluß [40] hat den Vorteil, daß seine Schmelztemperatur bei etwa 440°C liegt, seine Sublimationstemperatur bereits bei 500°C. So kann ein Überschuß des Aufschlußmittels leicht verflüchtigt werden, ohne daß Verluste von relevanten Elementen auftreten. Dies ist für eine Herabsetzung der gesamten Salzfracht sehr wesentlich im Hinblick auf die nachgeschalteten Bestimmungsverfahren wie z.B. "inductively coupled plasma-mass spectrometry" (ICP-MS). NH_4HSO_4 sehr hoher Reinheit ist kommerziell erhältlich, es kann

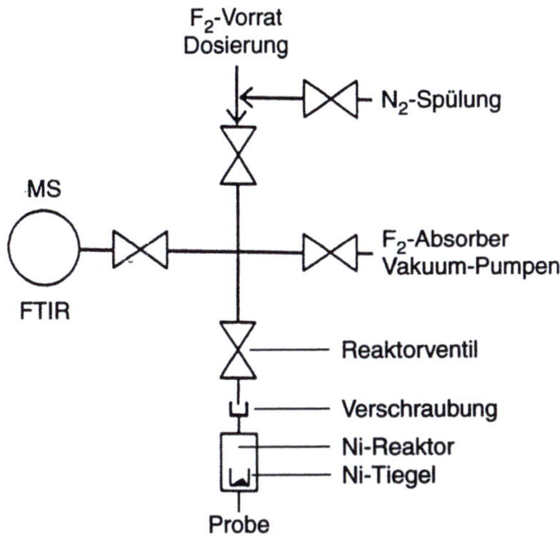

Abb. 3. Schematischer Aufbau einer Apparatur für den Aufschluß mit elementarem Fluor und integrierter Bestimmung der Fluoride mit der FT-IR bzw. Massenspektrometrie [37, 43]

auch sehr leicht hergestellt werden. Für andere Matrices, insbesondere im Bereich der Funktionskeramik, sind aber noch erhebliche Lücken durch Erforschung geeigneter Aufschlußverfahren zu schließen.

3.2.1.1 Fluoraufschluß

Mit elementarem Fluor als Aufschlußmittel gelingt der Aufschluß von zahlreichen refraktären keramischen Materialien. Wegen seines hohen Oxidationspotentials reagiert Fluor beim Erhitzen auf 400–600°C mit allen Materialien. Mit speziellen Reinigungstechniken [41] kann Fluor im Technikumsmaßstab in spektroskopischer Reinheit hergestellt werden. Für die sichere Handhabung dieses giftigen und hoch korrosiven Gases wurde eine Apparatur aus Monel und Edelstahl entwickelt, in der das Reinfluor aus Sicherheitsgründen unter Normaldruck aufbewahrt und gehandhabt wird, siehe Abb. 3 [42, 43]. Der Aufschlußreaktor (5–20 mL) ist aus Nickel hergestellt, das durch Fluorieren eine stabile NiF$_2$-Passivschicht ausbildet. In diesen Reaktor wird ein Tiegel aus Reinstnickel mit der Analysenprobe (5 bis 150 mg) eingeführt. 100 bis 200 mg Fluor werden unter Kühlen des Reaktors mittels flüssigem Stickstoff eindosiert. Die Aufschlußreaktion erfolgt durch Heizen auf 400–600°C für ca. 10 min. Nur innerhalb dieses Reaktors wird ein Maximaldruck von typisch 12 bar während der Aufschlußreaktion erreicht. Die fluorhaltigen Reaktionsgase werden über einen Fluor-Absorber auf TiO$_2$-Basis gereinigt und abgesaugt. Die Reaktionsbedingungen und Ausbeuten für den Aufschluß zeigt Tabelle 3, nach [43]. Die Aufschlußtemperaturen hängen stark von der Flüchtigkeit der Fluorierungsprodukte ab. Vor allem bei Siliciumcarbid, das sonst sehr schwierig aufzuschließen ist, treten keine Probleme auf. Sogar gesinterte Stücke werden glatt aufgeschlossen.

Tabelle 3. Bedingungen und Ausbeuten für den Aufschluss keramischer Pulver mit elementarem Fluor
4 mMol F_2 in 20 ml Reaktor aus Ni; F_2-Überschuß bezüglich der stöchiometrischen Verbrennungsprodukte; Ausbeuten nach 30 min Heizung [43]

Probe	F_2-Überschuß	Temperatur [°C]	Umsatz [%]
SiC	4X	350	100
Si_3N_4	5X	350	100
B_4C	4X	350	100
ZrO_2	12X	600	99
Al_2O_3	9X	750	95

Tabelle 4. Analytische Kenngrössen der Bestimmung von B und Si In keramischen Pulvern mit der ON-LINE Kopplung Fluor-Aufschluss/FTIR

Dynamischer Bereich	$50\,\mu g - 5\,mg$
Nachweisgrenze	$\sim 20\,\mu g$
Präzision (Hauptkomponente)	$< 0,2\%$ RSD
Richtigkeit (nach Labor-Vergleichsanalyse mit verschiedenen Methoden) Ta $Si_{2,6}$-Matrix	$< 1\%$
Al_2O_3 (ca. $200\,\mu g/g$ Si)	$< 5\%$
Gesamte Analysenzeit	10 Minuten

Die für die Keramik besonders wichtigen Nichtmetalle sowie einige Metalle der 4. bis 8. Nebengruppe bilden gasförmige Reaktionsprodukte bei der Fluorierung. Diese können in einem on-line angekoppelten Fourier-Transform Infrarot-Spektrometer (FTIR) in einer Gaszelle oder einem Massenspektrometer MS bestimmt werden. Haupt- und Nebenkomponenten, vor allem B, Si, P und S, wurden mit FTIR seit 3 Jahren in einem Prototyp routinemäßig bestimmt. Diese FTIR on-line Kopplung erwies sich als schnell, nachweisstark und zuverlässig. Als Beispiel sind die analytischen Kenngrößen für die Bestimmung von B und Si in keramischen Pulvern in Tabelle 4 angegeben.

Diejenigen Elemente, die nichtflüchtige Fluoride bilden, können separat im Aufschlußrückstand bestimmt werden. Diese umfassen die Hauptgruppenmetalle, die Lanthanoiden und etwa die Hälfte der Nebengruppenmetalle. Der Rückstand wird in verdünnten Mineralsäuren gelöst. Die Bestimmung erfolgt mit der optischen Emissionsspektrometrie mit dem ICP (ICP-OES), ICP-MS oder AAS. Ausbeutebestimmungen wurden mit radioaktiven Tracern durchgeführt. Hauptproblem für die Spurenanalyse ist auch bei dieser Aufschlußtechnik die Verringerung der verbliebenen Blindwerte aus dem Reaktor- und Tiegelmaterial [37].

3.2.1.2 Aktuelle Aufgaben

Insgesamt besteht die wichtigste Aufgabe für die meisten Aufschlußverfahren in der weiteren Verringerung von Kontaminationen und Analytverlusten für die Spurenanalyse. Günstig sind hier die Verwendung von gasförmigen und flüssigen Aufschlußmitteln (F_2, Säuren), die durch Destillation gereinigt werden können. Die wichtigen Aufschlußsäuren HCl, HNO_3, HF, H_2SO_4 können durch die sogenannte sub-boiling Destillation [45] bis zu sehr niedrigen Restgehalten aufgereinigt werden. So ist das einzige Element, das in so gereinigten Säuren noch in Gehalten über 1 pg/L vorhanden ist, das Eisen (höchste Gehalte in H_2SO_4: ca 7 pg/L; in 10 M HCl: ca. 1 pg/L). Für weiteren wichtigen Elemente, die in Hochleistungskeramiken bestimmt werden müssen, wie etwa Na, Mg, Al, K im sub-ppb-Bereich liegen die Konzentrationen in den so gereinigten Säuren bei max. 1 pg/L, für Cr, Ni, Zn unter 0,3 pg/L, für Cu, Ti, Ca unter 0,1 pg/L, und für Mn, Co, B unter 0,03 pg/L [45,46]. Trotz dieser insgesamt sehr niedrigen Gehalte müssen aber diese Blindwerte, insbesondere für Fe, durchaus aufmerksam beobachtet werden, da wegen der hohen Säureüberschüsse beim Aufschluß und der für die Bestimmung mit ICP-MS und ETAAS erforderlichen hohen Verdünnungen diese bei sehr reinen Keramiken bereits nur noch um den Faktor 10 unter den zu bestimmenden Gehalten liegen können.

Schwieriger ist in der Regel die Präparation hochreiner Reagenzien für den Schmelzaufschluß. Da auch diese festen Reagenzien in ca. 10-fachem Überschuß eingesetzt werden, ist deren Herstellung aus sehr reinen Ausgangsstoffen, auch die Aufreinigung durch Umkristallisieren oder neuerdings mittels kontinuierlich arbeitender Extraktionsverfahren eine wichtige Aufgabe. Ein ebenfalls großes Problem ist die Kontaminationsgefahr durch das Anlösen des relativ unreinen Tiegelmaterials durch die aggressive Schmelze.

3.2.2 Matrixabtrennung

Für die beschriebenen Materialien stehen eine ganze Reihe von Matrixabtrennungs- bzw. Spurenanreicherungsverfahren zur Verfügung, die auf den klassischen Prinzipien der Verteilung der Elemente bzw. ihrer Spezies über zwei nicht miteinander mischbaren Flüssigkeiten oder auf Adsorptions- und Ionenaustauschgleichgewichten beruhen. Für die Aluminiummatrix ist eine Übersicht der gängigsten Verfahren in Tabelle 5 wiedergegeben. Für aufgeschlossene Al_2O_3-Proben wurde gefunden, daß für die Bestimmung von Verunreinigungen bis in dem µg/g-Bereich eine Abtrennung der Al-Matrix durch Auskristallisieren von $AlCl_3 \cdot 6H_2O$ aus stark HCl-haltiger Lösung (6 M HCl) sehr hilfreich ist, die seit langem bekannt ist [47,48]. Für die Bestimmung mit ICP-MS ist dann zwar dar Al-Gehalt in den Lösungen ausreichend niedrig, aber es treten Störungen durch das schwer vollständig zu entfernende Cl auf. Deshalb ist hier die Abtrennung der Spuren durch Sorption ihrer

Tabelle 5. Einige Verfahren zur Matrixabtrennung und zur Anreicherung von Spurenelementen bei der Analyse von Al und Al_2O_3 (wie beschrieben in Ref. [59])

Probenart	Aufschluß	Matrixabtrennung	Reagenzien
Al	HCl/HNO_3	$AlCl_3$ Fällung	HCl-Gas
Al	HCl	$AlCl_3$ Fällung	HCl-Gas
Al	HCl	Flüssig-flüssig Verteilung	Carbaminat/ MIBK
Al	H_2SO_4	Flüssig-flüssig Verteilung	Carbaminat/ $CHCl_3$
Al_2O_3	H_3PO_4/H_2SO_4	Ionenaustausch	
Al	HCl/HF	Ionenaustausch	
Al_2O_3	Na_2CO_3/H_3BO_3	Mitfällung	$Zr(OH)_4$
Al_2O_3	HCl	Mitfällung	$Zr(OH)_4$
Al_2O_3	HCl	Mitfällung	MnO_2
Al	HCl/HNO_3	Mitfällung	Carbaminat/ Silicagel
Al	HCl	Mitfällung	Carbaminat/ Cu
Al	HCl	Mitfällung	Carbaminat/ Cellulose

Dithiokarbamate, z.B. mit $APDTC^2$ auf eine RP 18-Säule und anschliessende Festphasenextraktion mittels $CH_3OH{:}H_2O$ Gemischen viel geeigneter. Diese Aufarbeitung wird im geschlossenen System in on-line Kopplung mit der Hochdruckzerstäubung in das ICP-MS durchgeführt [49], so daß sie mit niedrigen Kontaminationsrisiken behaftet ist.

3.2.3 Bestimmungsmethoden

Bei der Analyse von keramischen Materialien und deren Ausgangspulvern wird man die Proben bevorzugt in Lösung bringen, da dann zahlreiche Methoden der Elementanalytik mit Lösungen eingesetzt werden können. Hier sind insbesondere Multielement-Methoden gefragt, da zahlreiche Elemente die Eigenschaften der Hochleistungskeramiken und deren Sinterverhalten bereits in Spurenkonzentrationen beeinflussen. Daher sind die Methoden der Atomspektrometrie (Übersicht in [50]) hier oft bevorzugt eingesetzt worden. Allerdings reicht wegen der Verdünnung der Probensubstanz durch den Lösungsvorgang und die Höchstgrenzen für die Probenkonzentration in den Analysenlösungen das Nachweisvermögen der Methoden nicht mehr aus, ferner werden spektrale Störungen durch Matrixbestandteile leicht zu Analysenfehlern führen. Dies ist sowohl bei den optischen als auch bei den massenspektrometrischen Methoden der Atomspektrometrie der Fall. Daher sind oft

---

^{2}APDTC = Aminopyrrolidindithiocarbamat

Verbundverfahren mit Matrixabtrennung und gleichzeitiger Anreicherung der zu bestimmenden Elemente erforderlich. Keramische Materialien lassen sich meist nur mit aufwendigen Aufschlußverfahren in Lösung bringen, so daß für die Routine ein grosser Bedarf an Direktverfahren (wie etwa der sogenannten Suspensionstechnik oder der XRFA, siehe Abschn. 3.2.3.2) zur Pulveranalytik besteht. Mit Sonderverfahren kann nach den Prinzipien der Verdampfungsanalyse sogar eine Differenzierung der verschiedenen Verbindungen der Elemente (Elementspeciation) durchgeführt werden.

3.2.3.1 Verbundverfahren

Als Bestimmungsmethoden nach Aufschluß und eventueller Matrixabtrennung können eine große Anzahl von Methoden der Elementanalytik eingesetzt werden. Bei den atomspektrometrischen Methoden kommt der AAS [51] und der Plasmaspektrometrie [52, 53], sowohl in der optischen Atomemission OES als auch in der MS eine grosse Bedeutung zu.

Die Flammen-AAS ist in ihrer Durchführung einfach; ihre Nachweisgrenzen liegen im Falle der üblichen kontinuierlichen Zerstäubung im $0,01-0,1\,\mu g/mL$-Bereich; die Probenkonzentration kann hier bis zu einigen $10\,g/L$ betragen. Durch Verwendung der Injektionsmethode kann mit höheren Salzkonzentrationen und mit kleineren Probenvolumina gearbeitet werden, so daß zum einen das relative und zum anderen das absolute Nachweisvermögen, das für Verbundverfahren bedeutsam ist, gesteigert werden kann [54]. Durch den Einsatz von Fließinjektionsverfahren, wie sie heute vielseitig in der Atomspektrometrie verwendet werden [55], kann sowohl die Analyse von Lösungen mit hoher Salzfracht, als auch die on-line Matrixabtrennung in Verbundverfahren leicht automatisiert werden. Mit Hilfe der Hochdruckzerstäubung [56] wird die Zerstäubungsausbeute optimiert. In Kombination damit kann die Trennung auf HPLC-Säulen oder Anreicherung durch Festphasenextraktion durchgeführt werden, wie bereits in Abschn. 3.2.2 beschrieben. Die AAS mit elektrothermischer Verdampfung (ETAAS) zeichnet sich im Vergleich zur Flammen-AAS durch höheres Nachweisvermögen aus. Allerdings ist sie in ihrer Optimierung und auch in der Vermeidung systematischer Fehler viel aufwendiger. Als Atomreservoirs werden vorwiegend Graphitöfen verwendet, daneben für die Bestimmung von Elementen, die refraktäre Carbide bilden, vereinzelt auch Wolfram- oder Tantalöfen. Bei der Graphitofen-AAS werden durch den Einsatz eines isothermen Ofens nach Frech [57] und die Verwendung einer L'vov-Plattform ideale Bedingungen zur Minimierung von Verdampfungsinterferenzen und systematischen Fehlern durch unvollständige Dissoziation des Analyten erreicht. Während bei der Flammen-AAS eine Untergrundkompensation nur zur Analyse von Lösungen mit hohem Salzgehalt benötigt wird, ist diese bei der AAS mit elektrothermischer Verdampfung meistens erforderlich. Die Möglichkeiten der Untergrundkorrektur mittels der Deuteriumlampe oder der Zeeman-AAS [58], u.U. mit zeitaufgelöster Erfassung der Signale, sind heute in den meisten AAS-Geräten vorhanden.

In der ICP-OES für die Analyse keramischer Materialien ist besonders die Optimierung der Betriebsbedingungen und die Vermeidung spektraler Interferenzen von großer Bedeutung. Die Matrixkonzentration kann für die meisten keramischen Matrizes 1 bis 2% betragen, wobei an Matrices mit linienarmen Atomemissionsspektren wie Al_2O_3 [59] und SiC [60] Nachweisgrenzen im µg/g-Bereich erreicht werden. Bei ZrO_2 ist eine Abtrennung der Zr-Matrix durch Extraktion der Zr-Komplexe mit Thenoyltrifluoroaceton in Xylol oder durch Fällung von $ZrOCl_2$ aus stark salzsaurer Lösung erforderlich, um bei der ICP-OES mit niedrigauflösenden Spektrometern noch die nachweisstärksten Emissionslinien verwenden zu können [61]. Dies ist von besonderer Bedeutung, weil es für moderne Spektrometer mit Diodenarray oder CCD-Detektoren das Nachweisvermögen begrenzen kann.

In der ICP-MS (vergl. [62]) treten viel weniger spektrale Interferenzen auf als in der OES, da die Spektren linienarm sind. Die maximal tolerierbare Salzkonzentration ist aber hier viel niedriger als bei der ICP-OES, sie darf z.B. bei Al_2O_3 400 µg/mL nicht überschreiten, da sonst Ablagerungen am Sampler und Skimmer entstehen, die zu Memory-Effekten und Verstopfungen führen [63]. Auch auf die in den Analysenlösungen vorhandenen Säuren muß geachtet werden. So führen HCl-Reste zur Bildung von $ArCl^+$ und ähnlichen Ionen, welche bei Quadrupolmassenspektrometern spektrale Interferenzen im niedrigen Massenbereich der ICP-MS verursachen. Für Elemente wie Mg, Fe u.a. schränken diese Interferenzen das Nachweisvermögen ein [64, 65]. Durch eine Kühlung der Zerstäuberkammer konnten die Intensitäten der Interferenzen sowie deren Rauschen stark herabgesetzt werden [66]. Im Falle von SiC konnte durch Abrauchen der beim Druckaufschluß verwendeten H_2SO_4 ebenfalls eine Reihe spektraler Interferenzen ausgeschaltet werden [64]. Mit Ausnahme weniger Elemente ist mit ICP-MS im Vergleich zur ICP-OES trotz der stärkeren Verdünnung das Nachweisvermögen in Bezug auf die festen Proben besonders für die schwereren Elemente um bis zu zwei Zehnerpotenzen günstiger. Durch Matrixabtrennung oder höhere spektrale Auflösung können bei der ICP-MS wie bei der OES die auf die Festsubstanz bezogenen Nachweisgrenzen verbessert werden. Die Matrixabtrennung auf der Basis klassischer Prinzipien [67], wie der Extraktion der Schwermetall-Komplexe mit Dithiokarbamaten und anderen Komplexliganden [68, 69] kann heute mittels HPLC oder Festphasenextraktion leicht im on-line Betrieb und mit minimalen Mengen an Extraktionsmitteln durchgeführt werden, wie es im Falle von Al_2O_3 gezeigt wurde [70]. Bei der direkten Kopplung der Hochdruckzerstäubung mit der ICP-MS muß das Aerosol desolvatiert werden, was mit einer Kombination von Peltierkühlung und konventioneller Kühlung gut gelingt [71]. Um dabei die Bildung von Kohlenstoffablagerungen am Brenner zu vermeiden, wurde dem mittleren Gasstrom des ICP Sauerstoff zugefügt. Im Elutionspeak können leicht mehrere Elemente nebeneinander bestimmt werden. So konnten mit der ICP-MS noch Lösungen analysiert werden, die bis zu 10 g/L Al_2O_3 enthalten, wobei die Nachweisgrenzen für Elemente wie Fe um bis zu zwei Größenodnungen bis in den sub-µg/g-Bereich verbessert wurden.

Allerdings bleiben spektrale Interferenzen der mit O und C gebildeten Argon-spezies bestehen, die im Massenbereich bis 80 das Nachweisvermögen für eine Reihe von Elementen beschränken.

Mit den meist in der ICP-MS verwendeten Quadrupol-MS kann nur Einheitsauflösung erreicht werden, so daß zwischen isobaren Ionen verschiedener Elemente nicht unterschieden werden kann. Durch die Verwendung von Sektorfeldgeräten, welche seit einigen Jahren für die ICP-MS verfügbar sind, wird eine spektrale Auflösung bis 7000 bei hinreichender Transmission realisiert. Für keramische Proben [72] können eine Reihe von spektralen Interferenzen, z.B. für Fe- und Cr-Isotope, mit diesen Geräten vermieden werden, so daß sich hier das Nachweisvermögen kaum noch von dem der anderen Elemente unterscheidet. Für die Werkstoffanalytik sind von einer Reihe von methodischen Neuentwicklungen zum ICP-MS verbesserte Möglichkeiten zu erwarten, sowohl auf dem Gebiet der Probenzuführung als auch bei den verwendeten Spektrometern. Besonders die on-line Matrixabtrennung und die dafür erforderlichen Kopplungen zwischen ICP-MS und Trennsystemen, wie sie mittels Direktzerstäubern (z.B. Hochdruckzerstäubung, "thermal spray" und "direct injection nebulization") möglich sind, eröffnen hier Möglichkeiten, deren analytische Güteziffern charakterisiert werden müssen. Neue Ansätze in der Massenspektrometrie (z.B. Flugzeit-MS, Ionenfallen; siehe z.B. [73]) bieten weitere attraktive Möglichkeiten für die Werkstoffanalytik.

3.2.3.2 Direktverfahren

Für die direkte Analyse keramischer Pulver hat sich in der Atomspektrometrie insbesondere das Arbeiten mit Suspensionen bewährt. Diese Technik wurde bereits 1982 durch Ebdon and Cave eingeführt [74] und für die direkte Analyse pulverisierter biologischer Materialien mittels AAS vorgeschlagen. Nur wenn die keramischen Pulver hinreichend kleine Korngrößen aufweisen, so daß eine Zerkleinerung vermieden werden kann, ist diese Technik aussichtsreich, da sonst starke Kontaminationen durch den Werkstoff des Mahlwerks unvermeidlich sind. Um die Möglichkeiten der Suspensionstechnik in der ICP-OES für die Analyse von keramischen Pulvern abschätzen zu können, wurden die Zerstäubung von Suspensionen und die Verdampfung der Teilchen im Plasma in Abhängigkeit von den Arbeitsbedingungen im analytischen ICP und von den Eigenschaften der zu analysierenden Pulver studiert [75].

Zur Zerstäubung wird bevorzugt der Babington-Zerstäuber eingesetzt. Um Verstopfungen durch gröbere Teilchen zu vermeiden, fliesst hier die zu zerstäubende Suspension durch ein breites Rohr in eine Rinne, wo durch einen senkrecht zum Flüssigkeitsspiegel austretenden Gasstrahl ein Aerosol erzeugt wird (Abb. 4). Mit den verwendeten Gasströmen (1–2 L/min) und Pumpraten (1–2 mL/min) beim Babington-Zerstäuber konnte mit Suspensionen gearbeitet werden, die 10 g/L Al_2O_3, SiC oder ZrO_2 enthalten, ohne daß Ablagerungen von Teilchen in den Pumpenschläuchen auftraten. Um Agglomerate von Teilchen zu zerstören, mußte aber die Suspension zuvor 10 Minuten im

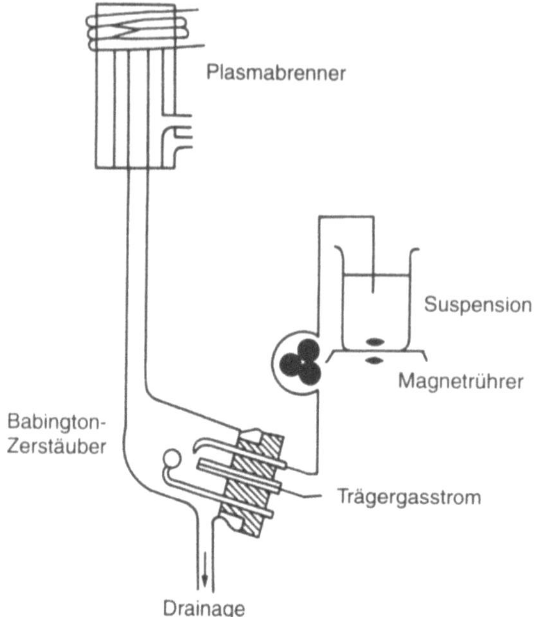

Abb. 4. ICP-OES mit Suspensionen

Ultraschallbad behandelt werden, und während des Ansaugens weiter mit einem Magnetrührer kontinuierlich homogenisiert werden. Die Zugabe von Netzmitteln zur Stabilisierung der Suspensionen erwies sich bei den untersuchten Pulvern als überflüssig. Rasterelektronenmikroskopische Aufnahmen von auf Nucleopore Filtern gesammelten Teilchen aus den Suspensionen einerseits und aus den daraus erzeugten Aerosolen andererseits zeigten, daß Teilchen größer als 15 µm im Aerosol nicht auftraten [75]. Dies stellt eine erste Begrenzung der Teilchengröße für die Analyse keramischer Pulver mit der Suspensionstechnik dar.

Nach der Trocknung besteht das Aerosol im wesentlichen aus den keramischen Teilchen des Pulvers selbst. Da diese durch die "viscosity drag forces" der Gasatome mitgeschleppt und in das ICP injiziert werden, wird ihre Injektionsgeschwindigkeit durch die der Gasatome (v_G) bestimmt. Diese kann aus der Gastemperatur an der betreffenden Stelle (T_G), der Injektionsgeschwindigkeit (v_i) und der Temperatur an der Injektionsstelle (T_i) berechnet werden: $v_G = v_i\,T_G/T_i$. Die Beschleunigung der Teilchen (d^2z/dt^2) als Ergebnis der "viscosity drag forces" beträgt:

$$d^2z/dt^2 = 3\pi\eta D(v_G - v)/m - g \tag{1}$$

η ist die Viskosität des heissen Gases, D ist der Durchmesser, m die Masse und v die Geschwindigkeit der festen Teilchen, g die Erdbeschleunigungskonstante. Die Temperaturzunahme dT_p eines Teilchens mit einer bestimmten

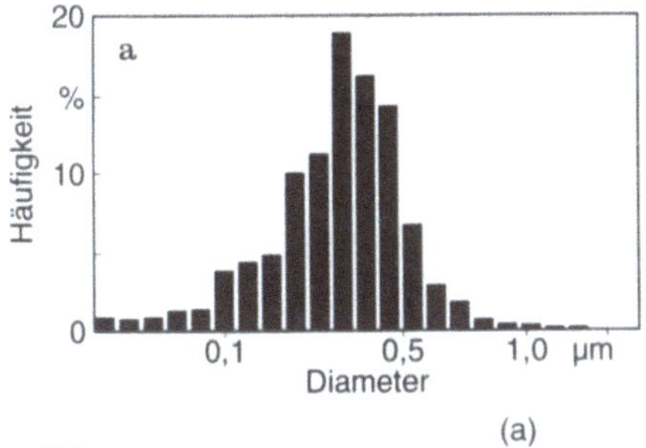

Abb. 5. Teilchengrößenverteilung für das Al_2O_3-Pulver AKP 30 (Sumitomo, Japan). A: aus rechnergesteuerten Analyse mit der Elektronenstrahlmikrosonde, mittlerer Durchmesser: 0,35 μm; B: aus Bestimmung mit Laserstreuung, mittlere Durchmesser: 0,59 μm, (a): integraler Massenanteil [63]

Temperatur an einer bestimmten Stelle innerhalb eines Zeitintervalls kann aus der Wärmeaufnahme aus dem umgebenden Gas berechnet werden [75]. Durch Integration über die Zeit wird die gesamte vom Teilchen aufgenommene Wärme q berechnet. Für ein Teilchen der Masse m mit den latenten Wärmen c_s und c_l in der festen bzw. der flüssigen Phase erhält man den verdampften Massenanteil f im Plasma aus $f = q/Q$ mit:

$$Q = m \left(\int_{293}^{T_m} C_s \, {}^*dT + C_m + \int_{T_m}^{T_d} C_l \, {}^*dT + C_d \right) \tag{2}$$

T_m ist die Schmelztemperatur, C_m die Schmelzwärme, T_d die Zersetzungstemperatur, C_d die Zersetzungswärme und C_s bzw. C_l sind die spezifischen Wärmen in der festen bzw. der flüssigen Phase. Für ein analytisches ICP mit einer Temperatur beim Injektionspunkt von etwa 6000 K wurde so für ein Al_2O_3-Teilchen mit 20 μm Durchmesser berechnet, daß innerhalb der analytischen Zone des Plasmas noch bis zu 50% verdampft werden können. Für ZrO_2 liegt der hierfür maximal zulässige Durchmesser bei 8 μm. Bei der Analyse von sehr refraktären Materialien mittels der ICP-Suspensionsmethode wird dann nicht die Zerstäubung, sondern die Verdampfung im ICP die maßgebliche Beschränkung darstellen.

Die Diskussion der Grenzen der ICP-Suspensionsmethode zeigt, daß die Teilchengröße und die Teilchengrößenverteilung des zu analysierenden Pulvers von grosser Bedeutung sind. Daher werden zuverlässige Methoden zur

Teilchengrößenbestimmung an Pulvern im Bereich von $0{,}2-5\,\mu\text{m}$ benötigt. Dazu wurde die Elektronenstrahlmikrosonde mit automatisierter Auswertung erfolgreich für die Aerosol- und Teilchencharakterisierung eingesetzt [76]. Es wurden Teilchenensembles auf Nuclepore-Filtern abgeschieden und mit dem Elektronenstrahl abgerastert. Aus der elementspezifischen Röntgenemission wurden die Durchmesser für eine große Anzahl von Teilchen automatisch bestimmt. Eine solche Teilchengrößenverteilung ist in Abb. 5 für ein Al_2O_3-Pulver dargestellt. Die mit der automatisierten Elektronenmikrosonde bestimmten Verteilungen stimmen mit denen der Laserstreuung gut überein.

Bei der Analyse von Al_2O_3-Pulver mit Korngrößen im μm-Bereich, das zur Herstellung von Hochleistungskeramiken verwendet wird, stimmten die Ergebnisse der ICP-Suspensionstechnik sogar im sub μg/g-Bereich mit denen der Bestimmung nach Druckaufschluß mit HCl und H_2SO_4 (vergl. Tab. 2) gut überein [59]. Bei der ICP-OES Suspensionstechnik treten Standardabweichungen im Bereich $1-3\,\%$ auf, die bereits ebenso hoch sind wie die Gesamtschwankungen aus Aufschlußverfahren und nachfolgender ICP-OES Bestimmung. Rauschanalysen mittels Fourier Transformation [77] zeigten, daß dies zum Teil auf einer Zunahme des sogenannten "Flicker-Rauschen" zurückzuführen ist.

Für die Analyse von SiC, das sich nur mit rauchender H_2SO_4 aufschließen läßt, ist die ICP-Suspensionstechnik wegen der schnellen und einfachen Durchführung und Kalibrierung durch Standardaddition mit Lösungen ebenfalls sehr geeignet. Um die Kalibrierung mit Lösungen einerseits und das volle Nachweisvermögen andererseits simultan zu ermöglichen, müssen alle Betriebsbedingungen der ICP-OES sorgfältig optimiert werden, wozu die Simplexoptimierung sehr nützlich ist [63]. Als Optimierungsgröße wurde eine Objektfunktion OF gewählt, die aus Termen für das Nachweisvermögen ($\to$ möglichst hoch) einerseits und für die Kalibrierung mit Lösungen ($\to$ möglichst gleiche Empfindlichkeit für Lösung und Suspension) andererseits zusammengesetzt war:

$$\text{OF} = 2\,[\,0.5\,(\text{SBR}_{\text{sol}}^{-1} + \text{SBR}_{\text{susp}}^{-1}) + \text{SSR}^{-1}\,]^{-1} \tag{3}$$

Hier sind SBR_{sol} und SBR_{susp} die Intensitätsverhältnisse von Linie zu Untergrund für die Lösung bzw. die Suspension. SSR ist das Verhältnis der Intensitäten für eine Matrixlinie in einer Lösung und in einer Suspension, welche die gleichen Konzentrationen des Matrixelements enthält. Für die Analyse von SiC-Pulver mit der ICP-Suspensionstechnik wurden Kompromißbedingungen gefunden, die bei Kalibrierung mit Lösungen Nachweisgrenzen bis in den unteren μg/g-Bereich ermöglichen. Elektronenenergieverlustspektroskopie (EELS) an SiC-Teilchen, die oberhalb des ICP gesammelt wurden, zeigte [78], daß die Verwendung verschiedener äußerer Gase (Argon, Sauerstoff oder Luft) beim ICP einen wichtigen Einfluß auf die Vollständigkeit der Teilchen-Verdampfung im Plasma hat.

Auch für ZrO_2-Pulver wurde bei Partikelgrößen im μm-Bereich gute Übereinstimmung mit Ergebissen von Schmelzaufschluß mit NH_4HSO_4

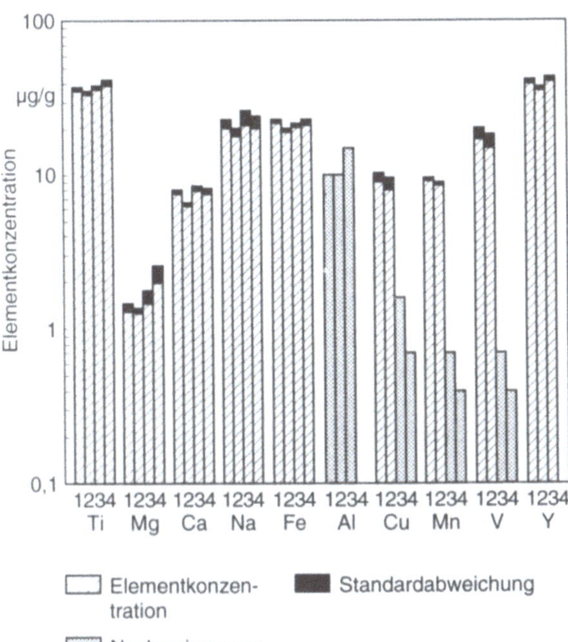

Abb. 6. Elementverunreinigungen in einem kommerziell erhältlichen ZrO_2 Pulver. (1): Analyse nach Schmelzaufschluß mit NH_4HSO_4 mittels ICP-OES; (2) ICP-Suspensionsmethode; (3): Analyse mittels ICP-OES nach Abtrennung der Zr-Matrix durch Ausschütteln der Zr-TTA-Komplexe in Xylol; (4): Analyse mittels ICP-OES nach Abtrennung der Zr-Matrix durch Auskristallisieren als $ZrOCl_2 \cdot 8H_2O$ [61]

(Tabelle 2) und Abtrennung der Zr-Matrix gefunden (Abb. 6 [79]). Allerdings wurde deutlich, daß sowohl bei den Direkt- wie auch bei den Verbundverfahren mit der ICP-OES die empfindlichsten Emissionslinien und somit das volle Nachweisvermögen nur nach einer Abtrennung der Matrix ausgeschöpft werden konnten.

Mg, Cu und weitere Elemente konnten nicht nur mit der ICP-OES mit pneumatischer Zerstäubung, sondern auch durch elektrothermische Verdampfung der Rückstände von Pulver-Suspensionen (z.B. SiC) von einer Wolframwendel bestimmt werden [80]. Auch bei der Graphitofen-AAS können SiC-Pulver direkt aus Suspensionen durch Kalibrierung mittels Zugabe von Lösungen analysiert werden [81]. Die Nachweisgrenzen liegen hierbei ebenfalls im sub-µg/g-Bereich, allerdings treten für Elemente, die refraktäre Carbide bilden, Einschränkungen auf.

Pulver können auch durch direktes Einführen in das ICP analysiert werden, wie von Horlick et al. [82] für die ICP-OES und ICP-MS beschrieben. Aus Al_2O_3 [83] wurden nach Vermischen mit Graphitpulver Preßlinge hergestellt, die in einem Becher in das ICP eingeführt wurden. Bei zeitaufgelöster simultaner Messung der transienten Signale von Linien und Untergrund über 1–3 s waren Bestimmungen in Al_2O_3 bis in den µg/g-Bereich möglich. Für Elemente wie Zn waren die Nachweisgrenzen sogar niedriger als die der klassischen, aber arbeitsintensiven Analyse mit dem Gleichstrombogen. Elemente wie Ti konnten unter Zuhilfenahme einer Halogenierung durch Zugabe von

PTFE-Pulver in Al_2O_3 bestimmt werden , da die Bildung des flüchtigen TiF_4 thermodynamisch und kinetisch im Vergleich zum refraktären TiC begünstigt ist. Nickel und Zadgorska [84] verwendeten die Verdampfung aus einem elektrisch beheizten Graphitbecher, der direkt unter dem ICP angebracht wurde, für die Spurenanalyse in Al_2O_3 und SiC, wobei sogar eine Differenzierung nach Bindungsformen der Spurenverunreinigungen möglich war.

Neben diesen direkten Methoden zur Analyse von keramischen Pulvern mit Hilfe der AAS und der ICP-Spektrometrie sind auch die OES und MS mit Glimmentladungen (GD) für die Analyse von Pulvern nach Verpressen mit Cu oder Graphitpulver geeignet [z.B. [85]]. Hier wird die Probe kathodisch zerstäubt und das zerstäubte Material im negativen Glimmlicht einer Niederdruckenentladung (Ar, Ne oder He; einige mbar) angeregt und ionisiert (Übersicht über die Atomspektrometrie mit GD in [86, 70]). Durch die Probenzerstäubung treten keine Matrixeffekte durch selektive Verdampfung auf. Auch sind die OES-Spektren linienarm und die Linien sind schmal, so daß die Gefahr für spektrale Interferenzen gering ist. In der MS treten bei Glimmentladungen im Vergleich zum Vakuumfunken kaum mehrfach geladene Ionen auf, spektrale Interferenzen sind auch hier gering. Da die Nachweisgrenzen mit Sektorfeldgeräten im ng/g-Bereich liegen, ist die Methode von grosser Bedeutung für die Analyse von Materialien besonders hoher Reinheit [87].

Die Rontgenfluoreszenzanalyse (XRFA) wird in der Routine sehr viel für die Analyse der schwereren Elemente $(Z > 10)$ in refraktären Pulvern eingesetzt, allerdings ist das Nachweisvermögen geringer als bei den meisten anderen atomspektrometrischen Methoden [30]. Pulver können aber als Suspensionen auf Quartz oder Plexiglasträgern ausgestrichen und dann leicht mit der Totalreflexions-XRFA (Übersicht in [88]) analysiert werden. Wegen der drastisch verringerten Streuung der primären Röntgenstrahlung in der Probe ist hier das Nachweisvermögen erheblich gesteigert (absolute Nachweisgrenzen bis in den pg-Bereich). Da in den dünnen Proben keine Selbstabsorption der Fluoreszenzstrahlung auftritt, ist eine Absolutbestimmung mit internen Standards möglich. Allerdings ist bei dieser mikroanalytischen Variante der XRFA die relative Präzision auf einige Prozent begrenzt.

3.3 Mikroverteilungsanalyse

Im Vergleich zu anderen instrumentellen Direktmethoden zeichnen sich die Methoden der Mikroverteilungsanalyse vor allem durch ihr enormes absolutes Nachweisvermögen im 10^{-14} bis 10^{-18} g-Bereich aus. Damit sind diese Methoden vor allem für die Bestimmungen von lokalen Anreicherungen geeignet. Bei der Charakterisierung der keramischen Ausgangspulver ist hier vor allem die Bestimmung von Oberflächenbelegungen und Element-Tiefenprofilen auf den Pulverpartikeln von μm- und sub-μm-Dimensionen eine wichtige Aufgabe. Der anschließende Sinterprozeß nimmt ja seinen Anfang an den Partikeloberflächen, und die Oberflächenschichten bilden das Ausgangsmaterial für die Bildung der verbindenden Zwischenkornphase oder Glasphase beim Sinterprozeß. Die besondere Schwierigkeit der Dünnfilm- und Tiefenprofilanalyse an keramischen Materialien resultiert aus der meist geringen elektrischen Leitfähigkeit der Proben. Da die verwendeten Analysenverfahren Elektronenmikrosonde (EMP) [89], Auger-Elektronenspektrometrie (AES), Röntgen-Photoelektronenspektrometrie (XPS), SIMS, SNMS [90, 91, 92] und analytische Transmissionselektronenmikroskopie (TEM) [93, 94] elektrisch geladene Teilchen (Elektronen, Ionen) als anregende Teilchen und/oder als Informationsträger von der Probe verwenden, werden sie durch Aufladungserscheinungen an elektrischen Isolatoren z.T. erheblich gestört. Durch geeignete Wahl der Analysenparameter Energie und Stromdichte der Primärteilchen, Ein- und Ausfallswinkel, zusätzliche Ladungskompensation, Nachionisationstechnik, Energiefenster bei der MS, aber auch durch spezielle Probenpräparation (Einbetten in Metalle, Dispergieren von Pulveraufschlämmungen auf metallischer Unterlage, Beschichten mit Metallen im sub-Monolagen Bereich) können jedoch für die meisten Pulverproben noch gut auswertbare Spektren erhalten werden, wenn auch nicht unter optimalen Bedingungen. So wurden auf Pulverpartikeln von Al_2O_3, AlN, ZrO_2, Si_3N_4, SiC und anderen Carbiden sowie verschiedenen HTSC nicht nur Oberflächengehalte und Tiefenprofile von Elementen bestimmt, sondern auch Bindungsformen von Haupt- und Nebenbestandteilen auf Oberflächen und in dünnen Schichten unterschieden und identifiziert. z.B. sind auf Si_3N_4 die Bestimmung verschiedener O-Spezies, aber auch geringe Gehalte anderer Elemente für den Sinterprozeß wichtig [32, 95]. Bei HTSC-Materialien ist vor allem die Mikrolokalbestimmung von Oxidationsstufen metallischer Elemente neben der Stöchiometrie in dünnen Schichten eine zentrale Aufgabe [96].

4 Analyse von kompakten Keramiken

Da es bei der fertigen Keramik um die Realisierung von Werkstoffeigenschaften geht, kommt beim Endprodukt der Mikroanalyse eine wichtigere Rolle zu als der Bulk-Analyse, denn es ist neben der Stöchiometrie vor allem die Verteilung, d.h. die physikalische und chemische Mikrostruktur, die in der Keramik die mechanischen, mikromechanischen und funktionellen Eigenschaften (vergl. Tabelle 1) steuert. Gleichzeitig ist in all diesen Fragestellungen die Einbeziehung von Information über die lokale physikalische Struktur von wichtiger Bedeutung [93, 94]. Aus dieser Sicht liefert die Bulk-Analyse nurmehr Durchschnittswerte, mit einem entsprechend geringeren Nutzen der Information. Folgerichtig ist die wichtige Hauptaufgabe der Bulk-Analyse darin zu sehen, die Zusammensetzung von Referenzmaterialien für die Mikrolokalanalyse zuverlässig zu charakterisieren und zu deren Zertifizierung beizutragen. Dafür sind besonders hohe Anforderungen an die analytische

Richtigkeit zu stellen, der für die Routineanalytik bedeutende Aspekt der Wirtschaftlichkeit tritt demgegenüber zurück.

4.1 Bulkanalyse

Direktverfahren für die Spurenanalyse von gesinterter Keramik sind nur eingeschränkt einsetzbar, weil es an Referenzmaterialien fehlt, die für die Kalibrierung dieser Verfahren notwendig sind. Weitere Schwierigkeiten liegen in der Inhomogenität und Komplexität des Aufbaus dieser Festkörper. Für die Durchschnittsanalyse kaum betroffen von diesen Problemen ist die Neutronenaktivierungsanalyse, die für kompakte Proben dieselben Vorteile und dasselbe Leistungsvermögen bietet wie für die Pulver (s. Abschn. 3.2.): Aufmahlen und Aufschluß der Proben sind nicht erforderlich, so daß Kontaminationsquellen vermieden werden können. Die NAA wird einfach mit synthetischen Standardlösungen kalibriert, oder noch einfacher für die Bestimmung von 30 bis 50 Elementen in Keramik mit drei oder vier Flußmontitoren (z.B. 1 mg Zr, 5 mg Al-Co- oder Al-Au-Legierungen) nach gemeinsamer Bestrahlung nach der sogenannten k-Null methode [97] ausgewertet. Diese 3-Komparator Kalibriertechnik hat sich in den letzten 10 Jahren vor allem in Europa sehr weit etabliert.

4.1.1 Aufschlußmethoden

Kompakte Keramiken erfordern meist eine Zerkleinerung vor dem Lösen mit chemischen Methoden. Diese Zerkleinerung kann durch Mahlen geschehen, wobei der Abrieb aber sehr hoch ist und somit Kontaminationen unumgänglich sind. Für harte Materialien wie SiC kann in einzelnen Fällen ein Weg mit Hilfe von kombinierten Schlag- und Mahlwerkzeugen aus hochreinem Material gefunden werden [64]. Mit Mörser und Pistill aus hochreinem SiC wurden SiC-Granulate mit einer Kantenlänge im mm-Bereich in wenigen 10 s auf eine Korngröße unterhalb von 20 µm gebracht. Sonderverfahren auf der Basis von Ultraschallabtrag mittels Blasenkavitation unter Flüssigkeiten sind bei Kompaktkeramik ebenfalls möglich, werden aber durch Abrieb am Ultraschalltransducer erschwert. Auch Laserabtrag unter Flüssigkeiten ist grundsätzlich geeignet. Nach dieser Zerkleinerung können die naßchemischen Aufschlußverfahren, die für Pulver in Abschn. 3.2.1 besprochen wurden, meist erfolgreich eingesetzt werden. Der Fluoraufschluß kann in einigen Fällen, z.B. bei Si_3N_4 oder SiC, sogar an kompakten 50 mg-Proben direkt eingesetzt werden.

4.1.2 Verbundverfahren

Nach Zerkleinerung und Aufschluß können alle Verbundverfahren für die Analyse von Pulvern auch für Kompaktkeramiken eingesetzt werden. Sie sind sehr wichtig zur Charakterisierung und Zertifizierung von Referenzmaterialien für Kompaktkeramiken, die zur Kalibrierung von Direktverfahren erforderlich sind und heute praktisch völlig fehlen. Dies gilt besonders für Referenzmaterialien für beschichtete Keramiken, wie Multilayer-Bauteile für die Mikroelektronik oder oberflächenvergütete Bioprothesen.

4.1.3 Direktverfahren

Methoden zur Direktanalyse unter Verwendung von geladenen Teilchen und elektrischen Feldern sind für Sinterwerkstoffe im allgemeinen wenig geeignet.

Für einige Matrices, z.B. Supraleiter oder kompaktes SiC, reicht die elektrische Leifähigkeit allerdings aus, um bei der Bulk- und Tiefenprofil-Analyse noch Methoden wie die Atomspektrometrie mit GD oder auch SIMS für die Mikroverteilungsanalyse noch einsetzen zu können.

Bei Keramiken wie z.B. Al_2O_3 können vor allem Methoden wie XRFA und NAA eingesetzt werden. Selbst der Einsatz der elektronenstrahlangeregten Röntgenemission wird sehr schwierig oder unmöglich. Da auch die Bestimmung der leichteren Elemente in kompakten Keramiken sehr wichtig ist, sind als Direktmethoden besonders die Atomspektrometrie mit radiofrequenten (r.f.) GD und die Laserverdampfung in Kombination mit verschiedenen Arten der Spektroskopie besonders aussichtsreich, wenn auch zum Teil methodisch noch in den Anfängen und in ihrem analytischen Leistungsvermögen für keramische Materialien noch nicht hinreichend charakterisiert.

Bei der Atomspektrometrie mit r.f. GD wird die Probe ebenso wie bei Gleichspannungs-GD durch kathodische Zerstäubung abgebaut. Die r.f. Energie wird durch die Probe hindurch ins Entladungsgas eingekoppelt. Während die Elektronen dem Feld rasch folgen, bilden die Ionen eine Raumladung vor der Probe, das sogenannte "bias potential". In diesem Potential werden die positiven Ionen auf die Probenoberfläche hin beschleunigt, beim Aufprall wird Probenmaterial zerstäubt und im Niederdruckplasma angeregt. Dieses Prinzip ist lange bekannt, wurde aber erst durch Marcus et al. [98] in einer für die analytische Atomspektrometrie geeigneten Quelle genutzt. Hier schließt die Probe, die als flache Scheibe vorliegen muß, vakuumdicht an den Entladungsraum an. Die Energie wird durch die Probe hindurch eingekoppelt (Abb. 7, 8), so daß die Beschaffenheit und Dicke der Probe die Energieeinkopplung beeinflussen und beschränken kann. Die Entladung wird bei 0,1 bis einigen mbar Ar und einer elektrischen Leistung von weniger als 100 W aufrechterhalten [98]. Bisher wurden zum Probenabbau erste Untersuchungen in Abhängigkeit von den Arbeitsbedingungen und Probenzusammensetzungen durchgeführt. Grundsätzlich ist diese Quelle auch als Ionenquelle für die MS brauchbar, allerdings stehen kritische Vergleiche mit normalen Gleichstrom-GD noch aus. Abbildung 5 [98] zeigt, daß an elektrisch nichtleitenden Substanzen wie MACOR ein Abbau erfolgt und Emissionsspektren erhalten werden. Auch Beschichtungen bei Gläsern können charakterisiert werden. So sind die r.f. GD sowohl für

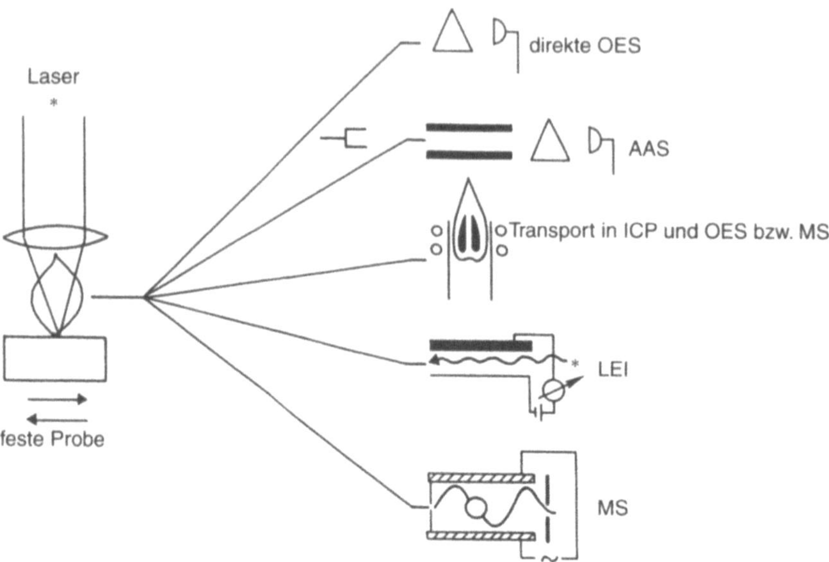

Abb. 7. Laserverdampfung in Verbindung mit verschiedenen spektroskopischen Methoden für die Bulk- und Mikroverteilungsanalyse in festen Proben

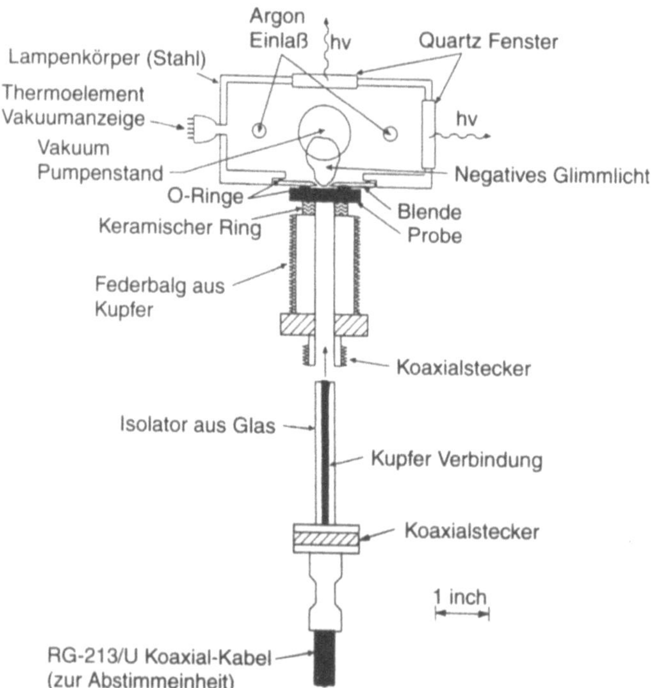

Abb. 8. r.f. Glimmentladungslampe für die Atomspektrometrie (nach Marcus et al.) [98]

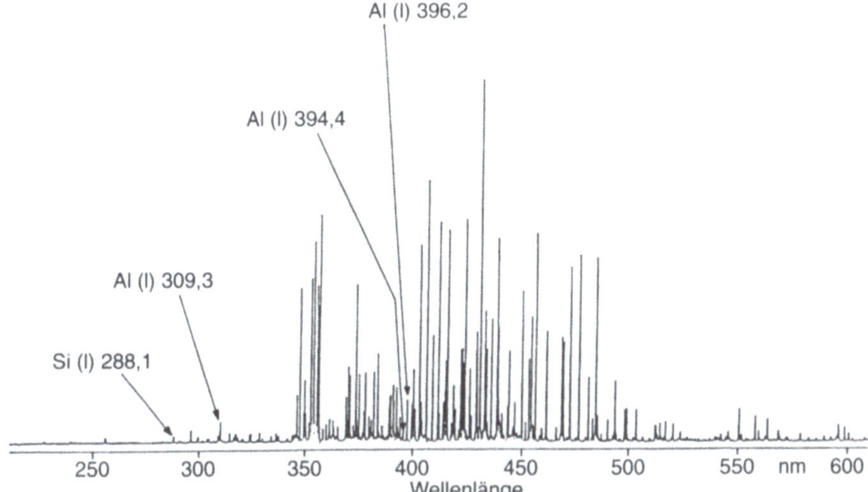

Abb. 9. Atomemissionsspektrum einer MACOR Probe erhalten mittels einer r.f. Glimmentladung (2 mbar Argon, Leistung: 60 W) (nach Ref. [98])

die Bulkanalyse als auch für die tiefenaufgelöste Charakterisierung von beschichteten Keramiken (multilayers, Bioprothesen) wichtig. Dafür müssen die Möglichkeiten dieser Quelle noch kritisch mit denen verwandter Methoden wie der SNMS [90] verglichen werden.

Für Direktanalysen kompakter keramischer Materialien ist die Laserverdampfung in ihrer Kombination mit verschiedenen Arten der Atomspektrometrie (Abb. 9) sowohl für Bulkanalysen als auch für Mikroverteilungsanalysen von grosser Bedeutung. Die Möglichkeiten der Laserverdampfung an festen Proben wurden bereits in den sechziger Jahren untersucht, die analytischen Möglichkeiten waren jedoch durch die damals verfügbaren Feststofflaser (Rubin- und Nd-YAG-Laser mit beschränkter Leistung, Stabilität und Wiederholrate) begrenzt (Literatur in [99]). Erst mit der Verbreitung stabil arbeitender Nd-YAG-Laser wurde die Laserverdampfung auch in Kombination mit Methoden wie der ICP-MS intensiver untersucht. Bei genügend hoher Energie, die von der Probenart (biologische Proben: ab 10^4 W/cm^2; Gläser: ab 10^9 W/cm^2), deren Oberflächenbeschaffenheit, der Laserwellenlänge und der Betriebsart des Lasers abhängt, wird von der Festsubstanz Materie verdampft. Der minimale Durchmesser des Laserkraters wird durch die Beugung der Laserstrahlung bestimmt. Er beträgt bei den meist verwendeten Nd-YAG-Lasern (Wellenlänge 1,054 µm) in der Praxis 20–30 µm und hängt stark von der Leistung, Divergenz und Fokussierung des Lasers ab, durch Frequenzverdopplung kann er noch halbiert werden. Mit 5 µm im besten Falle erreicht die Laserverdampfung nicht die laterale Auflösung der elektronenstrahlangeregten Analysenmethoden, kann aber problemlos an elektrisch nichtleitenden

Materialien eingesetzt werden und benötigt kein Hochvakuum. Die früher
gravierende Einschränkung durch unbefriedigende Reproduzierbarkeit der
Laser-Verdampfung wurde durch den Einsatz von Laser-Pulsen geringer Energie in ca. 100 mbar Edelgas-Atmosphäre überwunden [100].

Oberhalb des Laserkraters bildet sich eine leuchtende Laserdampfolke, die
optisch sehr dicht ist. Hier findet eine Ionisierung des verdampften
Materials statt. Mit der OES an der Laserdampfwolke sind die analytischen
Möglichkeiten beim Arbeiten unter Atmosphärendruck durch die hohe Selbstabsorption sehr eingeschränkt. Wegen der hohen Konzentration an nichtver-
dampften Teilchen entsteht sehr viel Streustrahlung. Unter vermindertem
Druck können dagegen Nachweisgrenzen bis zu einigen $10\,\mu g/g$ in festen
Proben erreicht werden [101]. Mit zeitaufgelöster Spektrenaufnahme gelang
es, die Anfangsphase der laserinduzierten Plasmabildung auszublenden, in der
viel Untergrundstrahlung emittiert wird. Auf diese Weise wurde z.B. in Stahl
der Nachweis von $50 \times 10^{-15}\,g\,Mg$ aus einem einzelnen Laserschuß demonstriert, daraus eine Nachweisgrenze von $5 \times 10^{-15}\,g\,Mg$ abgeschätzt [100].
Da in der Laserdampfwolke viel Material im Grundzustand anwesend ist,
wurden die Möglichkeiten der Nachanregung neuerdings mit besser steuer-
baren Lasern wieder verstärkt untersucht [102].

Die Laserdampfwolke ist aber auch ein geeignetes Atomreservoir für die
laserinduzierte Atomfluoreszenz [103]. Wird der durch den Laser erzeugte
Dampf in ein zweites Plasma geleitet, so kann man den Materialabbau und die
Signalerzeugung getrennt optimieren und erhält simultan höchstes Nachweisvermögen bei niedrigsten Matrixstörungen.

Besonders die Kopplung von Laserverdampfung und ICP-MS hat sich als
sehr leistungsfähig für praktische Fragestellungen erwiesen. Es können Ab-
solutnachweisgrenzen im fg-Bereich erhalten werden. Bei verdampften Ma-
terialmengen im μg- bis mg-Bereich entspricht dies relativen Nachweisgrenzen
von ng/g bis μg/g [104]. Bei der Verwendung der Matrixsignale als internem
Standard kann sogar ohne Verwendung von Standards eine semi-quantitative
Analyse an leitenden und nicht-leitenden Materialien durchgeführt werden.
Damit ist auch die Charakterisierung von Einschlüssen möglich. Arbeiten zur
Verbesserung der Quantifizierung sind notwendig, aber für diese leistungsfähige
Methode zur Analyse von keramischen Werkstoffen sicherlich lohnend.

4.2 Mikroverteilungsanalyse

Während mit der Mikrolokalanalyse an den pulverförmigen Ausgangsstoffen
vor allem die Voraussetzungen für den Sinterprozeß überprüft werden, liefert
die Mikrolokalanalyse der kompakten gesinterten Keramik die Verteilung von
Elementen und evtl. Species, die tatsächlich für die Eigenschaften des End-
produkts für den praktischen Einsatz von entscheidender Bedeutung sein können. Anreicherungen an Korngrenzen, Ausscheidungen in der Glasphase oder
in tertiären Phasen, sowie lokale Abweichungen von der Stöchiometrie sollen

erfaßt werden. Insbesondere bei Funktionskeramiken (z.B. HTSC) sind auch die Oxidationsstufen für die Funktion entscheidend. Bei verstärkten Keramiken und Schicht-Verbundwerkstoffen sollen Informationen über Bindungszustände Rückschlüsse auf Haftungsmechanismen geben.

Für all diese Fragestellungen ist die Einbeziehung von Information über die lokale physikalische Struktur von wichtiger Bedeutung. Da es bei der fertigen Keramik um die Realisierung von Werkstoffeigenschaften geht, kommt beim Endprodukt der Mikroanalyse eine wichtigere Rolle als der Bulk-Analyse zu, denn es ist vor allem die Verteilung, d.h. die physikalische und chemische Mikrostruktur, die in der Keramik die mechanischen, mikromechanischen und funktionellen Eigenschaften (vergl. Tabelle 1) steuert. Aus dieser Sicht liefert die Bulk-Analyse lediglich Durchschnittswerte, mit einem entsprechend geringeren Nutzen der Information.

Im Vordergrund des Interesses steht dabei die Untersuchung von Interfaces und Zwischenkorn-Phasen im Vergleich mit dem lokalen "bulk-" Gehalt der kristallinen Kornphase [29]. Die Untersuchung von äußeren Oberflächen und oberflächennahen Tiefenprofilen ist demgegenüber von untergeordneter Bedeutung, soweit nicht spezielle Dünnfilm-Strukturen studiert werden. Die verfügbaren analytischen Möglichkeiten zur Charakterisierung dieser Interfaces sind gegenüber den äußeren Oberflächen deutlich reduziert.

Die größte Bedeutung für die Untersuchung von Interfaces weist derzeit zweifellos die analytische Elektronenmikroskopie (TEM) auf. Damit können über die induzierte Röntgenemission (TEM-X) und Elektronen-Energieverlust Spektrometrie (TEM-EELS) die lokalen Gehalte aller Elemente ab Li mit lateraler Auflösung bis zum nm-Bereich erhalten werden, während die lokale physikalische Struktur, die von gleichfalls hoher Bedeutung ist, mit Elektronenbeugung ebenfalls in-situ ermittelt werden kann [93, 29, 94]. Hier ist der Aufwand für die Präparation der Analysenprobe sehr hoch, andererseits ist aber der Präparationsaufwand für Interface-Proben stets sehr hoch, solange nicht leistungsfähige in-situ Methoden für innere Interfaces zur Verfügung stehen.

Solche in-situ Analysen sind derzeit mit beschleunigergestützten Methoden für die Anregung mit schnellen Ionen, wie Rutherford Backscattering Spectrometry (RBS) [105], "Nuclear Reaction Analysis" (NRA) und Protoneninduzierter Röntgenemissionsanalyse (PIXE) [106], aber auch mit Synchrotronstrahlungs-Röntgentomographie [107, 108] für spezielle Proben möglich, aber der Aufwand ist hier ebenfalls hoch bis sehr hoch. Vor allem aber ist der Einsatz auf eng begrenzte Tiefenbereiche unter der aktuellen Probenoberfläche beschränkt und damit für Interfaces im allgemeinen nicht universell genug [105, 108]. Zur in-situ Untersuchung und zerstörungsfreien Prüfung des Schichtaufbaus vergrabener Interfaces ist die in neuerer Zeit entwickelte scanning acoustic microscopy (SCAM) [109] vielversprechend, allerdings wird so nur der physikalische Schichtaufbau im μm-Bereich charktersiert, eine chemische Analyse ist nicht möglich, und eine Zuordnung des chemischen Schichtaufbaus kann nur aus einem sehr detaillierten Vorwissen über die Probenkomposition abgeleitet werden.

Für die Bestimmung der Element-Zusammensetzung von Schichtdicken im μm-Bereich hat die Laser-Verdampfung von kompakter Keramik als Probenahme mit der Kopplung an AAS, Atomfluoreszenzspektrometrie, OES und MS [110, 111] die Schwelle zur praktischen Anwendung überschritten. Dieser Abtrag ist auch für Isolatoren einsetzbar, es werden laterale Auflösungen bis 5 μm erreicht. Zusätzliche Sekundäranregung mit Funken, ICP oder Mikrowellen führt zu Nachweisvermögen im μg pro g-Bereich [110], vergl. Abschn. 4.1.3.

Im Bereich geringerer Schichtdicken im nm-Bereich werden die in Abschn. 3.3 angegebenen Methoden der Dünnschichtanalyse auch für kompakte Proben eingesetzt. Die dort behandelte Einschränkung durch elektrische Aufladung isolierender Proben ist bei ausgedehnten Proben noch gravierender. Neben der Optimierung der Analysenparameter (s. Abschn. 3.3) kann die Probenaufladung durch Auflegen eines Erdungsgitters (TEM-Netz, z.B. 20 μm Stegabstand) oder Beschichtung mit Metall durch Aufsputtern von sub-Monolagen begrenzt werden. Häufig sind aber auch diese Maßnahmen nicht ausreichend, um die Probenaufladung soweit zu stabilisieren, daß ein auswertbares Spektrum erhalten wird.

Die besten Aussichten für eine Dünnschichtanalyse im Abbildungs ("mapping-") Modus mit lateraler Auflösung im 1 μm-Bereich bietet heute die SNMS mit fokussiertem gepulstem Primärionenstrahl, (gerastert), kombiniert mit resonanter und nichtresonanter Mehrphotonen-Ionisation der gesputterten Neutralteilchen mit zwei Lasern und Nachweis dieser Ionen in einem Flugzeit-MS. Diese Kombination arbeitet bei einem Probenverbrauch von nur 1% einer Monolage im statistischen SIMS-Modus, so daß die Veränderung der Oberfläche durch die Analyse auch bei empfindlichen Substanzen nicht nachweisbar ist [112, 113, 114]. Ein anderer Weg zur Kompensation der Probenaufladung im SNMS wurde durch eine zusätzliche Hochfrequenzeinkopplung erfolgreich beschritten [90, 114]. In diesem Bereich sind wesentliche weitere Fortschritte in nächster Zukunft zu erwarten.

5 Literatur

1. Salmang H, Scholze H (1982) "Keramik", Springer Verlag, Berlin 1 & 2
2. Aldinger F, Böcker WDG (1992) Keramische Zeitschrift 44: 236
3. Tölg G (1979) Fresenius Z, Anal Chem 294: 1
4. Reh H (1988) Keram Z, 40: 97
5. Steffens HD, Wielage B Drozak J (1990) Mikrochim Acta II: 81
6. Dudek HJ, Leucht R, Borath R, Ziegler G (1990) Mikrochim. Acta II: 137
7. Aldinger F, Kalz H-J (1987) Angew Chem Int Ed Engl 26, 371–381, Angew Chem 99: 381
8. Mörtel H, Camara B (1977) Ber Dt Keram Ges 54: 264
9. Endl H, Kruse BD, Hausner H (1977) Ber Dt Keram Ges 54: 105
10. Slack GA, McNelly TF (1976) J Cryst Growth 34: 263
11. Vissokow GP, Brakalov LB (1983) J Mater Sci 18: 2011
12. Huseby IC (1983) J Am Ceram Soc 66: 217
13. Iskoe JL, Lange FF, Diaz ES (1976) J Mater Sci 11: 908

14. Riley FL (1985) Sprechsaal 118: 225
15. Lange H, Wötting G, Winter G (1991) Angew Chem 103: 1606
16. Riedel R, Passing G, Schönfelder H Brook RJ (1992) Nature 355: 714
17. Bihuniak PP, Calabrese A, Erwin EM (1984) Comm Am Ceram Soc C134
18. Aulich HA, Eisenrith KH, Urbach HP (1984) J Mater Sci 19: 1710
19. North B, Gilchrist KE (1981) Ceram Bull 60: 549
20. Whalen TJ (1986) Cer Eng Sci Proc 5: 1135
21. Glaeser WD (1978) In Keramische Komponenten für Fahrzeuggasturbinen; Bunk; W.; Böhmer; M., Eds.; Springer Verlag: Berlin
22. Knoch H, Gazza GE (1979) J Am Ceram Soc 62: 634
23. Verkerk MJ, Winnubst AJA, Burggraf AJ (1982) J Mater Sci 17: 3113
24. Bastius H, Reynen P (1981) Ber Dt Keram Ges 58: 515
25. Graaf Van de MACG Burggraaf, AJ (1984) In Advances in Ceramics; Claussen; N.; Rühle; M.; Heuer A, Eds.; The American Ceramic Society: Columbus
26. Mazdiyasni KS (1982) Ceram Intern 8: 42
27. Reynen P, Pavlovski B, Mallinckrodt von D (1981) Keram Z 33: 94
28. Endl H, Hausner H, (1980) Ber Dt Keram Ges 57: 121
29. Bruley J, Tanaka I, Kleebe H-J, Rühle M (1994) Anal Chim Acta 297: 97
30. Bennett H, Oliver G (1992) In X-ray fluorescence analysis of ceramics, minerals and allied materials; John Wiley & Sons: Chichester, pp 298
31. Grallath E (1984) In Gase in Metallen; Hirschfeld, D.; Ed., DGM-Informationsgesellschaft: Oberursel/D, pp 1–26
32. Sunderkötter JD, Grallath E, Jenett H (1993) Fresenius J Anal Chem 346: 237
33. Jenett H, Bubert H, Grallath E (1989) Fresenius Z Anal Chem 333: 502
34. Stahlberg R, Gründler P (1991) In Analytiker-Taschenbuch; Springer: Berlin Heidelberg New York, Vol. 10: pp 29–52
35. Garten RPH (1994) J Chinese Chem Soc 41: 259
36. Bollmann DH (1972) Anal Chem 44: 887
37. Garten RPH (1995) Richts U GIT Fachz. Lab. im Druck
38. Kaiser G, Meyer A, Friess M, Riedel R, Petzow G, Harris M, Jacob E, Tölg G (1995) Fresenius J Anal Chem, in press
39. Ishizuka T, Uwamino Y, Tsuge A (1985) Bunseki Kagaku 34: 487
40. Lobinski R, Broekaert JAC, Tschöpel P, Tölg G, Fresenius J (1992) Anal Chem 342: 569
41 Jacob E, Christe KO (1977) J Fluor Chem 10: 169
42. Jacob E (1989) Fresenius Z Anal Chem 334: 761
43. Richts U, Garten RPH, Jacob E, Tölg G (1994) Fresenius J Anal Chem 349: 251
44. Jacob E, Harris M (1990) In Nichtmetalle in Metallen '90; Hirschfeld, D., Ed.; DGM Verlag: Oberursel/D, pp 79–85
45. Kuehner EC, Alvarez R, Paulsen PJ, Murphy TJ (1972) Anal Chem 44: 2050
46. Tschöpel P, Tölg G (1982) J. Trace and Microprobe Techn 1: 1
47. Fischer W (1941) Z Anorg, Allg Chem 247: 384
48. Fischer W, Seidel W, (1941) Z Allg Chem 247: 333
49. Pollmann D, Leis F, Tölg G, Tschöpel P, Broekaert JAC (1994) Spectrochim. Acta 49B: 1251
50. Broekaert JAC, Tölg G, (1987) Fresenius Z Anal Chem 326: 495
51. Welz B (1985) In Atomic Absorption Spectrometry; Verlag Chemie: Weinheim
52. Boumans PWJM (1987) In Inductively Coupled Plasma Emission Spectrometry; Wiley: New York, Vol. 1 & 2
53. Montaser A, Golightly DW (1992) In Inductively Coupled Plasmas in Analytical Atomic Spectormetry, 2. Hrsg. ed.; VCH Publishers: Weinheim
54. Berndt H, Slavin W (1978) At Absorpt Newsl 17: 109
55. Ruzicka J, Hansen EH (1988) In Flow Injection Analysis: Wiley: New York
56. Berndt H (1988) Fresenius J Anal Chem 331: 321
57. Frech W Baxter DC Hütsch B (1986) Anal Chem 58: 1973
58. Broekaert JAC (1982) Spectrochim Acta 37B: 65
59. Graule T, Bohlen von A, Broekaert JAC, Grallath E, Klockenkämper R, Tschöpel P, Tölg G (1989) Fresenius Z Anal Chem 335: 637
60. Docekal B, Broekaert JAC, Graule T, Tschöpel P, Tölg G (1992) Fresenius J Anal Chem 342: 113
61. Lobinski R, Broekaert JAC, Tschöpel P, Tölg G (1992) Fresenius J Anal Chem 342: 569

62. Broekaert JAC (1990) Analytiker-Taschenbuch, Band 9, S. 127–164, Springer-Verlag Berlin Heidelberg New York 4,
63. Broekaert JAC, Lathen C, Brandt R, Pilger C, Pollmann D, Tschöpel, P, Tölg G (1994) Fresenius J Anal Chem 349: 20
64. Pilger C, Leis F, Tschöpel P, Broekaert JAC, Tölg G (1995) Fresenius J Anal Chem 351: 110
65. Broekaert JAC, Brandt R, Leis F, Pilgr C, Pollmann D, Tschöpel P, Tölg G. (1994) J Anal Atom Spectrom 9: 1063
66. Pollmann D, Pilger C, Hergenröder R, Leis F, Tschöpel P, Broekaert JAC (1994) Spectrochim Acta 49B: 683
67. Koch OG, Koch-Dedic GA (1974) In Handbuch der Spurenanalyse; Springer Verlag: Berlin, Vol. Teil 1&2
68. Ma Renli, Van Mol W, Adams F (1994) Anal Chim Acta 293: 251
69. Schuster M, (1992) Nachr Chem Tech Lab 40: 791
70. Pollmann D, Leis F, Tölg G, Tschöpel P, Broekaert JAC (1994) Spectrochim. Acta 49B: 1251
71. Jakubowski N, Feldmann I, Stüwer D, Berndt H (1992) Spectrochim Acta 47B: 119
72. Tittes W, Jakubowski N, Stüwer D, Tölg G, Broekaert JAC (1994) J Anal Atom Spectrom 9: 1015
73. Mahoney PP, Li Gangoliang, Myers DP, Hieftje GM, Abstract n°, Pittcon 95, New Orleans, U.S.A.
74. Ebdon L, Cave MS (1982) Analyst 107: 172
75. Raeymaekers B, Graule T, Broekaert JAC, Adams F, Tschöpel P (1988) Spectrochim Acta 43B: 923
76. Raeymaekers B, Espen Van P, Adams F (1984) Mikrochim Acta II: 437
77. Borm Van W, Broekaert JAC (1990) Anal Chem 62: 2527
78. Xhoffer C, Lathen C, Borm Van W, Broekaert JAC, Jacob W, Grieken Van R (1992) Spectrochim. Acta 47B: 155
79. Lobinski R, Borm Van W, Broekaert JAC, Tschöpel P, Tölg, G (1992) Fresenius J Anal Chem 342: 563
80. Franek M, Krivan V (1992) Fresenius J Anal Chem 342: 118
81. Docekal B, Krivan V (1992) J Anal Atom Spectrom 7: 521
82. Salin ED, Horlick G (1979) Anal Chem 51: 2282
83. Zaray Gy, Broekaert JAC, Leis F (1988) Spectrochim Acta 43B: 241
84. Nickel H, Zadgorska Z, Wolff G (1993) Spectrochim Acta 48B: 25
85. Woo JC, Jakubowski N, Stüwer D (1993) J Anal Atom Spectrom 8: 881
86. Broekaert, JAC (1987) J Anal Atom Spectrom 2: 537
87. Stüwer D (1990) Analytiker-Taschenbuch, Band 9, S. 167–190, Springer-Verlag, Berlin Heidelberg New York 33
88. Klockenkämper R, Knoth J, Prange A, Schwenke H (1992) Anal Chem 64: 1115A
89. Klockenkämper R (1981) In Analytiker-Taschenbuch; Bock R, Fresenius W, Günzler H, Huber W, Tölg G, Eds.; Springer-Verlag: Berlin Heidelberg New York Vol. 2: pp 181–196
90. Oechsner H (1993) Anal Chim Acta 283: 131
91. Garten RPH, Werner HW (1994) Anal Chim Acta 297: 3
92. Hofmann S (1990) Mat.-wiss. u. Werkstofftech. 21: 93
93. Rühle M (1991) Fresenius J Anal Chem 341: 369
94. Adams F, Adriaens A, Berghmans P, Janssens K (1993) Anal Chim Acta 283: 19
95. Jenett H, Luczak M, Dessenne O (1994) Anal Chim Acta 297: 285
96. Bubert H, Korte M, Garten RPH, Grallath E, Wielunski M (1994) Anal Chim Acta 297: 187
97. De Corte F, Simonits A (1989) J Radioanal Nucl Chem 133: 43
98. Winchester MR, Lazik C, Marcus RK (1991) Spectrochim Acta 46B: 483
99. Moenke-Blankenburg L (1989) In Laser Micro Analysis; Wiley: New York
100. Uebbing J, Brust J, Sdorra W, Leis F, Niemax K (1991) Appl Spectrosc 45: 1419
101. Leis F, Sdorra W, Ko JB, Niemax K (1989) Mikrochim. Acta II: 185
102. Ciocan A, Hiddemann L, Uebbing J, Niemax K (1993) J Anal Atom Spectrom 8: 273
103. Sdorra W, Quentmeier A, Niemax K (1989) Mikrochim. Acta II: 201
104. Arrowsmith P, Hughes SK (1988) Applied Spectrosc 42: 1231
105. van IJzendoorn LJ (1994) Anal Chim Acta 297: 55
106. Garten RPH (1984) In Analytiker-Taschenbuch; Fresenius W, Günzler H, Huber W, Lüderwald I, Tölg G, Eds.; Springer-Verlag: Berlin Heidelberg New York Vol. 4: pp 259–286

107. Gaul G, Knöchel A (1994) In Analytiker-Taschenbuch; Springer-Verlag: Berlin Heidelberg New York, Vol. 12: pp 151–199
108. Janssens K, Vincze L, Adams F, Jones KW (1993) Anal Chim Acta 283: 98
109. Van den Berg J, Van Oijen J, Werner HW (1994) Anal Chim Acta 297: 73
110. Ciocan A, Uebbing J, Niemax K (1992) Spectrochim Acta 47B: 611
111. Sjöström S, Mauchien P (1993) Spectrochim Acta Rev 15: 153
112. Benninghoven A, Hagenhoff B, Niehuis E (1993) Anal Chem 65: 630A
113. Terhorst M, Möllers R, Niehuis E, Benninghoven A (1992) Surf Interface Anal 18: 824–826.
114. Oechsner H (1993) Appl Surf Sci 70/71: 250

Analytik von Komplexbildnern

Walter Huber

Weimarerstraße 69, D-67071 Ludwigshafen

1	Einführung	257
2	Eigenschaften von Komplexen	259
2.1	Stabilität	259
2.2	Kinetik	262
3	Geltungsbereich der Methoden	262
4	Methoden	264
4.1	Titrimetrische Methoden	264
4.1.1	Anwendung von Indikatoren	264
4.1.2	Potentiometrische Titration	265
4.1.3	Spektralphotometrische Endbestimmung	266
4.1.4	Endbestimmung über Fluoreszenz	266
4.1.5	Voltammetrische Endpunktsbestimmung	267
4.2	Potentiometrische Methoden	267
4.3	Photometrische Methoden	268
4.3.1	Anwendung von Hilfskomplexbildnern	268
4.3.2	Direktvermessung des gebildeten Komplexes	269
4.4	Voltammetrische Verfahren	270
4.4.1	Polarographie/Voltammetrie	270
4.4.2	Anodic-stripping-Voltammetrie	272
4.5	Chromatographie	273
4.6	Atomabsorptionsspektrophotometrie	275
5	Summarische Bestimmungen	276
5.1	Direkte Methoden	277
5.2	Indirekte Methoden	277
6	Literatur	280

1 Einführung

Komplexbildner gehören den verschiedensten Substanzklassen an. Es gibt organische und anorganische Komplexbildner, neutrale und negativ geladene, flüchtige und nicht flüchtige, hochpolare und wenig polare, hochmolekulare und niedermolekulare: Fast alles ist vertreten. Die Stabilität von Komplexen variiert um viele Größenordnungen und kann auch sehr gering sein. Allerdings spricht man dann nicht mehr von Komplexen, sondern von nicht vollständig dissoziierten Salzen.

Daher ist es unmöglich, einen Komplexbildner eindeutig zu definieren. Die Übergänge zu ganz normalen Salzen sind fließend. Bekannte Beispiele sind die Halogenide der 2. Nebengruppe des Periodensystems. Zwischen den Dissoziationskonstanten (reziproke Komplexkonstanten) der Chloride des Zinks und der Iodide des zweiwertigen Quecksilbers (eindeutige, stabile Komplexe) gibt es zahlreiche Zwischenstufen. Wo fängt der Komplex an?

Es ist weiter zu berücksichtigen, daß die effektiven Stabilitäten von Komplexen, je nach den chemischen Eigenschaften des Komplexbildners wie auch des Zentralatoms, eine starke pH-Abhängigkeit aufweisen können. Am deutlichsten macht sich dies beim OH^--Ion bemerkbar, das für "weiche" Kationen ein sehr starker Komplexbildner ist. Die Angabe einer Komplexkonstanten gibt daher nur einen ungefähren Anhaltspunkt über die real vorhandene Stabilität des zugrundeliegenden Komplexes (näheres s.u.).

Sogar Rangfolgen bei den Stabilitäten sind gelegentlich pH-abhängig. So ist z.B. der EDTA-Komplex des Fe^{+++} bei pH 2 wesentlich stabiler als der Komplex des Cu^{++}. Bei pH 9 ist es umgekehrt. Hervorgerufen wird dieser Effekt durch das extrem kleine Löslichkeitsprodukt des $Fe(OH)_3$, das in Konkurrenz zur Komplexkonstanten steht. Andererseits ergeben sich bei chemisch nahe verwandten Komplexbildnern wie etwa den Aminopolycarbonsäuren bei den einzelnen Zentralatomen erstaunlich ähnliche Relationen der verschiedenen Stabilitäts-konstanten zueinander.

Schließlich reagiert jedes Zentralatom mit jedem Komplexbildner verschieden, so daß ein und dieselbe Verbindung einmal als Komplexbildner, das andere Mal nicht als Komplexbildner angesprochen werden muß.

Es erscheint daher unmöglich, eine eindeutige und allgemein anwendbare Nachweis- oder Bestimmungsmethode für Komplexbildner jeder Art anzugeben. Andererseits böte es wenig Sinn, irgendwelche speziellen Methoden für einzelne Komplexbildner aufzuzählen. Das Gebiet ist außerordentlich umfangreich, dabei fehlt jede Systematik. Die einzig sinnvolle Möglichkeit zur systematischen Behandlung des Themas besteht in der Beschreibung von Analysenmethoden, die auf der Ausnutzung einer Komplexbildung beruhen.

Nur solche Methoden bieten die Möglichkeit, neben der Bestimmung schon bekannter Komplexbildner prinzipiell auch unbekannte zu erfassen, wenn auch nur als Stoffmengenkonzentrationen oder eines Vielfachen davon, je nach der Anzahl der Liganden des Komplexes. Eine scharfe Abgrenzung der Komplexbildner von Nichtkomplexbildnern ist, wie schon erwähnt, nicht möglich. Es braucht unter diesen Umständen wohl nicht betont zu werden, daß Fragen der Bindungsart von Komplexen bei der Analyse keine Rolle spielen. Sie machen sich analytisch nicht unmittelbar bemerkbar.

Ein schwerer Nachteil muß in Kauf genommen werden. Quantitativ bestimmt wird nicht der eigentlich gesuchte Bestandteil, sondern ein Folgeprodukt, der gebildete Komplex (direkt oder indirekt). Richtige Ergebnisse kann es daher nur geben, wenn der Umsatz zwischen Komplexbildner und Zentralatom praktisch vollständig und in definierter Weise abläuft. Dies ist bei der Anwendung stets zu beachten.

2 Eigenschaften von Komplexen [1, 2]

Zur Charakterisierung von Komplexen sind zwei Eigenschaften maßgebend, die Stabilität und die Kinetik der Bildung und Dissoziation.

2.1 Stabilität

Die Stabilität eines Komplexes wird nach dem Massenwirkungsgesetz durch die Lage des Gleichgewichts

$$Me + nL \leftrightharpoons Me\,L_n$$

Me = Metallkation, Zentralatom (Me ist stets hydratisiert. Streng genommen liegt eine Umkomplexierung vor, da die Hydrate selbst schon Komplexe sind)
L = Ligand, Komplexbildner
n = 1 − 8

definiert. Mehrkernige Komplexe kommen ebenfalls vor, sie werden, da analytisch von geringer Bedeutung, hier nicht behandelt. Daneben kommen auch Mischkomplexe mit verschiedenen Liganden mit nur einem Zentralatom vor. Dies ist analytisch natürlich höchst unangenehm [3]. Die Definition der Komplexkonstanten (Stabilitätskonstante) K lautet

$$K = \frac{[Me\,L_n]}{[Me]\,[L]^n} \tag{1}$$

Sofern nebeneinander mehrere Möglichkeiten für die Anzahl n der Liganden existieren, ein nicht seltener Fall, erhält man statt K das Stabilitätsprodukt $\beta_{1..n}$, das Produkt der Einzelkonstanten:

$$\beta_{1..n} = K_1 \cdot K_2 \cdots K_n \tag{2}$$

Diese Fälle sind bei quantitativen Bestimmungen höchst unerwünscht, weil das Analysenergebnis, das ja auf einem Umsatz beruht, von den Reaktionsbedingungen abhängig wird. Keine Probleme ergeben sich normalerweise, wenn mit einem deutlichen Überschuß des Kations gearbeitet werden kann, weil ein minimaler Wert für n erzwungen wird.

Zur Ermittlung der thermodynamischen Konstanten müssen die einzelnen Konzentrationen noch mit den Aktivitätskoeffizienten γ multipliziert werden. Abgesehen von potentiometrischen Messungen werden analytisch in der Regel Konzentrationen erfaßt. Der Wert für γ kann nach Debye-Hückel [4] berechnet werden, was aber für analytische Bestimmungen normalerweise nicht erforderlich ist.

Unter realen Bedingungen kommt es selten vor, daß die auf die Gleichgewichtsreaktion entfallenden Bestandteile die einzigen Reaktanden sind: Auf

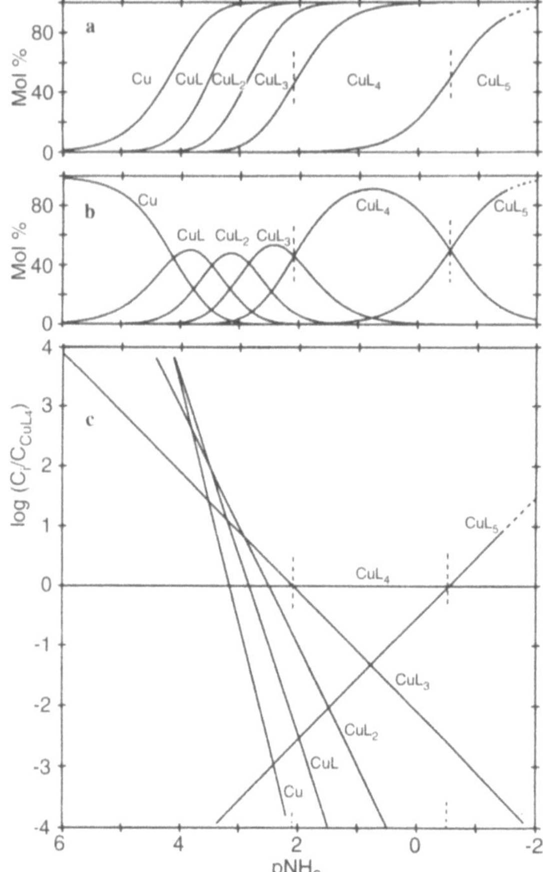

Abb. 1. Die Existenzbereiche verschiedener Kupfer-Ammoniak-Komplexe in Abhängigkeit von der Ammoniakkonzentration

Me wirken noch andere Komplexbildner ein, wie etwa OH^- oder NH_3, mit L reagieren noch andere Zentralatome, die als Nebenbestandteile in der Probenmatrix vorhanden sind. Die Komplexbildung kann dadurch stark beeinflußt werden. Weiter ist der Komplexbildner häufig protonier- oder deprotonierbar, was seine effektive Konzentration stark beeinflußt. Diese Effekte sind bis zu einem gewissen Grade unvermeidlich, da die Nebenreaktionen durch das Reaktionsmedium hervorgerufen werden, das nicht frei wählbar ist.

Sie bewirken eine Abhängigkeit der effektiven Stabilität von den Reaktionsbedingungen. Um dies zu berücksichtigen, wurde der Begriff der konditionellen Konstante (es ist eigentlich keine) K_{kond} eingeführt. Es gilt

$$K_{kond} = \frac{K}{\alpha_{Me}\,\alpha_L} \tag{3}$$

Die Koeffizienten α ergeben sich aus dem Verhältnis zwischen der Gesamtkonzentration der Reaktanden und ihrer thermodynamisch aktiven Konzentration:

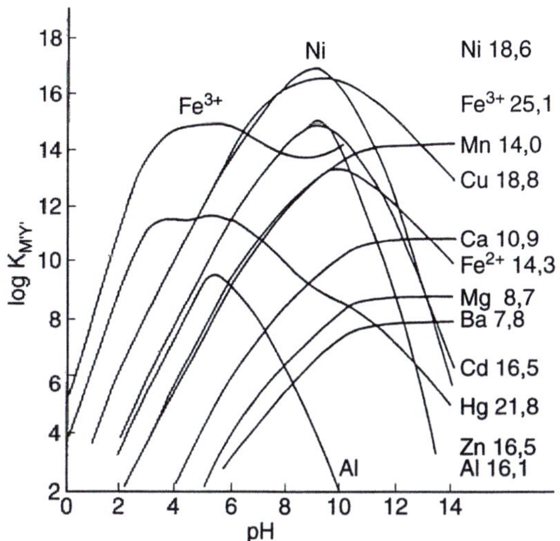

Abb. 2. Konditionelle Konstanten verschiedener EDTA-Komplexe in Abhängigkeit vom pH-Wert. Die Komplexkonstanten sind rechts verzeichnet

$$\alpha_{Me} = \frac{[Me_{gesamt}]}{[Me_{aktiv}]} \tag{4}$$

$$\alpha_{L} = \frac{[L_{gesamt}]}{[L_{aktiv}]} \tag{5}$$

Ihre Berechnung ist bei Kenntnis des pH-Werts, der Dissoziationskonstanten der Reaktanden aus Tabellenangaben und eventueller anderer Daten häufig möglich.

Ein praktisches Beispiel für die Bedeutung der konditionellen Konstanten sind komplexometrische Titrationen von Kationen in ammoniakalischer Lösung. Wegen der Bildung von Amminkomplexen $Me(NH_3)_n$ ist $[Me_{aktiv}]$ meist wesentlich kleiner als $[Me_{gesamt}]$. Beim Komplexbildner EDTA ist der aktive Anteil nur das 4-fach negativ geladene Anion, ebenfalls meist in wesentlich kleinerer als der Gesamtkonzentration. Die von den Reaktionsbedingungen abhängige konditionelle Konstante K_{kond} ist daher wesentlich kleiner, der gebildete Komplex merklich instabiler, als aus dem tabellierten Wert für K zu erwarten ist.

Bei der Ausführung der Titration wird darauf Rücksicht genommen. Bei der Titration von Mg^{++} wird durch Zugabe von viel NH_3, aber unter Pufferung durch Ammonsalze der pH-Wert möglichst hoch gewählt, gerade noch ohne $Mg(OH)_2$ auszufällen. Da Mg^{++} keine Amminkomplexe bildet, wirkt sich das nicht negativ auf $[Mg_{aktiv}]$ aus. Andererseits erreicht $[L_{aktiv}]$ auf diese Weise ein Maximum.

Bei der Titration von Cu wird vorzugsweise bei pH 2–5 gearbeitet, um die Bildung der recht stabilen Amminkomplexe des Cu^{++} zu vermeiden (NH_3 oder Amine könnten in der Matrix enthalten sein). $[L_{aktiv}]$ wird dann zwar stark verkleiner, aber das reicht zur Komplexbildung immer noch aus, weil der Cu-EDTA-Komplex sehr stabil ist.

2.2 Kinetik

Es wird bei der Durchführung von Analysen auf Komplexbildner in vielen Fällen notwendig sein, die vollständige Einstellung des Reaktionsgleichgewichts zu überprüfen. Da bei der Wahl des Kations als Reaktand eine gewisse Freiheit herrscht, sollten Kationen, die für ihre Reaktionsträgheit bekannt sind, vermieden werden. Dazu gehören in erster Linie Al^{+++} und Cr^{+++}. Man hat allerdings die Möglichkeit, bei erhöhter Temperatur zu arbeiten, um die Gleichgewichtseinstellung zu beschleunigen.

Zweiwertige Schwermetalle, wie etwa Cu^{++} und Cd^{++}, reagieren auch bei hoher Verdünnung normalerweise unmeßbar rasch für die üblichen analytischen Methoden mit Aminopolycarbonsäuren. Man kann dies aus photometrischen und square-wave-voltammetrischen Untersuchungen an Umkomplexierungsreaktionen ableiten. Besonders Kupfer ist als sehr vielseitig detektierbares Zentralatom besonders gut einsetzbar.

Polarographisch aktive Komplexe lassen sich in schnell dissoziierende, langsam dissoziierende und inerte einteilen, sofern ihre Stabilität (Größe von K) groß genug ist. Andernfalls versagt die Messung. Dabei wird in Gegenwart überschüssiger Kationen polarographiert und die Abscheidungspotentiale E und E_L sowie die konzentrationsbezogenen Stromstärken i und i_L von Kation und Komplex gemessen. Als konventionelle Klassifizierung wurde vorgeschlagen[5]:

$$|E - E_L| > 0 \qquad i_L \geqslant 0,92\,i \qquad \text{schnell dissoziierend}$$
$$|E - E_L| > 0 \qquad i_L < 0,92\,i > 0,08\,i \qquad \text{langsam dissoziierend}$$
$$|E - E_L| \approx 0 \qquad i_L \leqslant 0,08\,i \qquad \text{inert}$$

Die Interpretation ist einfach: Wesentlich ist die Größe i_L. Sie ist normalerweise immer kleiner als i, weil die Diffusionskonstante des Zentralatoms durch die Komplexbildung größer wird. Der nichtdissoziierte Komplex ist polarographisch inaktiv (Ausnahmen sind möglich, daher Vorsicht bei der Anwendung) und wird daher nicht erfaßt. Langsam dissoziierende Komplexe werden teilerfaßt.

3 Geltungsbereich der Methoden

Aus arbeitstechnischen Gründen sowie wegen der notwendigen Abgrenzung zu schwachen Komplexbildnern müssen einige Randbedingungen definiert werden, innerhalb derer sich die Analytik bewegen muß. Es soll gelten:

— Der Komplex aus Komplexbildner und Zentralatom muß sich in Wasser
   oder einem anderen, vorzugsweise wasserähnlichen Lösemittel nach dem
   Massenwirkungsgesetz bilden können. Komplexe vom Typ des Ferrocens
   werden nicht behandelt. Sie können nur mit speziellen, nicht mit allgemeinen Methoden bestimmt werden.
— Die Einstellung des Reaktionsgleichgewichts darf kinetisch nicht stark
   gehemmt sein, sondern muß, je nach der angewendeten Methode, ausreichend rasch erfolgen.
— Die Stabilität des Komplexes muß genügend hoch sein, damit das Reaktionsgleichgewicht weitgehend auf der Seite des gebildeten Komplexes liegt.
   Ein log K-Wert von etwa 8 ist als untere Grenze anzusehen. Dabei müßte
   eigentlich die konditionelle Konstante benutzt werden. Leider sind diese in
   den wenigsten Fällen bekannt. Die Zahlenangabe ist daher nur ein grober
   Richtwert für optimale Meßbedingungen. Zur Bestimmung sehr kleiner
   Konzentrationen sind größere Stabilitäten notwendig, wie sich aus dem
   Massenwirkungsgesetz ableiten läßt. Bei genügend hoher Verdünnung dis-
   soziiert jeder Komplex und ist damit analytisch nicht mehr faßbar.
— Die Ergebnisse gelten nur für das untersuchte System. Andere Zentralatome, andere Lösemittel, andere pH-Werte, andere physikalische Be-
   dingungen können zu völlig anderen Resultaten führen.

Zur Bestimmung können bei entsprechender Anpassung fast alle
Methoden der Analytik angewendet werden. Besprochen werden

— Titrimetrische Methoden;
— potentiometrische Methoden (Direktmessung);
— photometrische Methoden;
— voltammetrische Methoden;
— chromatographische Methoden;
— atomabsorptionsphotometrische Methoden.

Biologische Methoden sind wegen der sehr verschiedenen Toxizität von
komplexierten und unkomplexierten Schwermetallen, speziell Cu, ebenfalls
möglich [6], werden aber, da nicht zur chemischen Analytik gehörend, nicht
behandelt.

Sie sollen es dem Anwender ermöglichen, bei neuen und unbekannten
Problemstellungen eine Beurteilung der in Frage kommenden Analysenmethoden vorzunehmen. Handelt es sich um die Bestimmung eines bekannten
Komplexbildners, sollte auf jeden Fall eine Literaturrecherche nach einer
selektiven Methode durchgeführt werden.

Schließlich werden noch summarische Methoden angesprochen, die einen
Anhaltspunkt über die vorhandene Stoffmengenkonzentration aller Komplexbildner geben sollen, eine Größe, die im Grunde gar nicht ermittelt werden
kann. Die erhaltenen Ergebnisse beschränken sich denn auch im wesentlichen
auf starke Komplexbildner. Die angewendeten Verfahren unterscheiden sich
prinzipiell nicht von den schon erwähnten.

4 Methoden

4.1 Titrimetrische Methoden [7]

Im einfachsten Fall handelt es sich hierbei um eine Umkehrung der Methoden, die in der anorganischen Analyse unter dem Begriff Komplexometrie zusammengefaßt werden. Während dort mehrwertige Kationen über den Umsatz mit einem starken Komplexbildner Ethylendinitrilotetraacetat (EDTA) oder Nitrilotriacetat (NTA) quantitativ bestimmt werden, wird hier umgekehrt der Komplexbildner durch den Umsatz mit einem Kation bestimmt [8] Dabei kann die Auswahl nach den Kriterien einer besonders hohen Stabilität der gebildeten Komplexe, rascher Umsetzung und scharfer Endpunktsdetektion erfolgen.

Titrationsmethoden haben ausgeprägte Vor- und Nachteile. Besonders vorteilhaft, speziell bei der Bestimmung unbekannter Komplexbildner, ist die Möglichkeit, ohne eine spezielle Kalibrierung zu arbeiten. Wegen der stöchiometrischen Umsetzung genügt es, eine Metallsalzlösung mit definierter Stoffmengenkonzentration herzustellen. Unbekannt bleibt allerdings die Anzahl n der Liganden. Da aus den Reaktionsbedingungen jedoch Schlüsse über den Chemismus einer unbekannten Komplexbildung abgeleitet werden können, ist eine Aussage über die vermutliche Ligandenanzahl häufig möglich. Keine Probleme ergeben sich natürlich in dem unwahrscheinlichen Fall, daß der Komplexbildner rein isoliert und zur Kalibrierung verwendet werden kann. Die Anzahl der Liganden kann in solchen Fällen mit einer Variante von Job's Methode [9] ermittelt werden. Dabei werden die Konzentrationsverhältnisse zwischen Zentralatom und Komplexbildner systematisch variiert und zur gebildeten Komplexkonzentration in Beziehung gesetzt.

Die Präzision einer Bestimmung gehört ebenfalls zu den Stärken einer Titration. Sie wird mit bis zu 0,1% relativer Standardabweichung von keiner anderen Methode übertroffen, selten erreicht. Auch die Nachweisstärke kann außerordentlich hoch sein, abhängig von der Schärfe der Endpunktserkennung.

Ein wesentlicher Nachteil ist die weitgehend fehlende Differenzierungsmöglichkeit zwischen verschiedenen, nebeneinander vorkommenden Komplexbildnern. Die Methode ist ziemlich blind. In solchen Fällen kann durch Titration meist nur die Summe aller Komplexbildner ermittelt werden. Das kann allerdings auch erwünscht sein.

Zur Ermittlung des stöchiometrischen Endpunkts gibt es mehrere Verfahren:

4.1.1 Anwendung von Indikatoren [1, 10]

Es wird ein zweiter Komplexbildner (Hilfskomplexbildner) eingesetzt, der folgende Eigenschaften haben muß:

— Hilfskomplexbildner und Komplex haben verschiedene spektrale Eigenschaften mit mindestens teilweise sehr hohen molaren Extinktionskoeffizienten, vorzugsweise im sichtbaren Bereich des Spektrums (Fluoreszenzindikatoren sind bekannt).
— Die Stabilität seines Komplexes ist deutlich geringer als diejenige des zu bestimmenden Komplexbildners (Differenz der log K-Werte mindestens 3).
— Trotzdem ausreichend hohe Komplexstabilität mit log K-Werten > ca. 8.
— Keine kinetische Hemmung bei der Bildung und Dissoziation des Komplexes.

Es kann danach nicht verwundern, daß die Anwendbarkeit dieser Methoden beschränkt sind: Nur sehr starke Komplexbildner wie etwa Aminopolycarbonsäuren oder Cyanid können damit präzise und nachweisstark erfaßt werden. Bei nur mittelstarken Komplexbildnern stört entweder die Konkurrenzreaktion mit dem Indikator-Komplexbildner (die Stabilitätsunterschiede der Komplexe reichen nicht aus), oder aber, falls dieser entsprechend schwach gewählt wird, stört der unscharfe Endpunkt der Titration wegen der nicht vernachlässigbaren Dissoziation des Indikatorkomplexes. Verbesserungen können erreicht werden, wenn man

— die Auswertung nicht mit dem Auge, sondern spektralphotometrisch mit graphischer Aufzeichnung vornimmt, wozu jedoch eine spezielle Apparatur gehört. Empfehlenswerter ist die Anwendung der potentiometrischen oder, besonders effektiv, der voltammetrischen oder photometrischen Titration ohne Indikator;
— bei zu wenig stabilen Indikatorkomplexen die Dissoziation durch Zugabe von Lösemitteln, die eine Senkung der Dielektrizitätskonstante des Gemischs bewirken, zurückdrängt. Dies ist bei der Titration von Chlorid mit Hg^{++} und Diphenylcarbazon als Indikator eine sehr wirksame Methode.

4.1.2 Potentiometrische Titration

Die Anwendung eines lästigen Hilfskomplexbildners wie bei der Indikatormethode ist hier nicht notwendig. Die Endpunktserkennung ist jedoch nur auf indirektem Wege möglich, da auf Komplexbildner selektive Elektroden (mit Ausnahme der Halogenide) nicht bekannt sind. Entweder erfaßt man durch die Anwendung einer ionenselektiven Elektrode (s. nächstes Kapitel) die Aktivität des zur Titration eingesetzten oder auch eines als Verunreinigung anwesenden Kations, die bei Überschreitung des Äquivalenzpunkts drastisch ansteigt, oder man benutzt eine Redoxelektrode (Platin oder Gold). In meist undurchsichtiger Reaktionsweise können dabei häufig scharfe Potentialsprünge erzielt werden. Wahrscheinlich spielen dabei Eisenverunreinigungen eine Rolle. Die Redoxspannung Fe^{++}/Fe^{+++} wird wegen der in der Regel deutlich verschiedenen Komplexstabilitäten der beiden Eisenionen durch Komplexbildner stark beeinflußt.

Nachteilig bei dieser Methode ist die logarithmische Anzeigecharakteristik der Anzeigeelektrode. Zur Erzielung eines scharfen Potentialsprungs sind hohe Stabilitäten der gebildeten Komplexe erforderlich.

4.1.3 Spektralphotometrische Endbestimmung ohne Indikator [11, 12]

Zahlreiche Kationen sind im Sichtbaren oder im UV gefärbt. Die Wahrscheinlichkeit ist groß, daß die spektralen Eigenschaften der gebildeten Komplexe davon verschieden sind. In der Regel, aber nicht immer, tritt bei der Komplexbildung ein auxochromer Effekt auf. Damit wird es möglich die Konzentration der bei der Titration gebildeten Komplexe laufend messend zu verfolgen. Sie steigt linear mit der Reagenszugabe an und erreicht im Äquivalenzpunkt ein Maximum, das beibehalten wird.

Verdünnungseffekte der Lösung während der Titration müssen entweder rechnerisch eliminiert oder besser durch die Zugabe geringer Volumina konzentrierter Titerlösung mittels Mikrobüretten vernachlässigbar klein gehalten werden. Bei raschen Umsetzungen erfolgt die Titration kontinuierlich, andernfalls wird, eventuell bei erhöhter Temperatur, portionsweise titriert, der Gleichgewichtszustand abgewartet, gemessen und die Titrationskurve aus den einzelnen Meßpunkten graphisch zusammengesetzt.

Wenn ein entsprechendes Gerät zur photometrischen Titration vorhanden ist, liegt eine sehr nachweisstarke Methode vor, die zudem optimal geeignet ist, auch relativ schwache Komplexbildner noch zu erfassen. Diese machen sich durch eine mehr oder weniger starke Verrundung des Knickpunkts zwischen der Anstiegsgeraden und dem anschließenden Plateau bemerkbar. Eine Extrapolation mit graphischer Ermittlung des Schnittpunkts ist häufig trotzdem möglich, auch dann, wenn eine potentiometrische Titration wegen mangelnder Stabilität des Komplexes schon längst nicht mehr durchführbar ist. Die Bedingungen für eine ausreichende Endpunktserkennung sind wegen der linearen Abhängigkeit der Signale von der Konzentration weit besser als bei der logarithmischen Abhängigkeit der Meßwerte bei der Potentiometrie.

4.1.4 Endpunktbestimmung über Fluoreszenz

Komplexbildende Thioverbindungen können durch Titration mit dem Hg-Komplex des Fluoreszeins bestimmt werden [13]. Nach dem Überschreiten des Endpunkts setzt die Fluoreszenz des überschüssigen Titrationsmittels ein. Daneben gibt es auch Fluoreszenzindikatoren, die wie unter 4.1.3 eingesetzt werden können. Sie eignen sich speziell für die Analyse gefärbter Lösungen.

4.1.5 Voltammetrische Endpunktsbestimmung [14,15]

Als voltammetrische Techniken kommen die Polarographie sowie die anodic-stripping-Voltammetrie in Frage. Sie werden unten näher beschrieben, da sie auch zur Direktbestimmung eingesetzt werden können. Ihre Anwendung zur Endpunktsermittlung einer Titration bietet aber verschiedene Vorteile:

— Sofern der gebildete Komplex voltammetrisch nicht detektierbar ist, sondern nur das zur Bildung des Komplexes eingesetzte Kation, ist die voltammetrische Titration wegen der nicht erforderlichen Kalibrierung die beste Möglichkeit, die Elektrodenreaktion analytisch auszuwerten, bei unbekannten Komplexbildnern sogar die einzige. Dies trifft speziell für die Bestimmungen von komplexbildenden Makromolekülen zu [16]. Weil die Beweglichkeiten der Komplexpartikel in der Lösung wegen der erheblichen Teilchengröße sehr gering sind, können solche Komplexe polarographisch prinzipiell nicht detektiert und bestimmt werden (hier liegt ein Übergang zwischen Komplexbildung und Ionenaustausch vor).
— Da die Auswertung der Titrationskurve graphisch erfolgt, können aus der Form der Kurve Aussagen über die Stabilität, vielleicht auch die Einheitlichkeit der gebildeten Komplexe abgeleitet werden.
— Über die anodic-stripping-Voltammetrie (s.u.) ist eine extreme Nachweisstärke möglich, die theoretisch mit keiner anderen Methode erreicht wird. Dies gilt allerdings, wie bei den Randbedingungen schon erwähnt, nur für sehr stabile Komplexe, da sich schwächere unter diesen Bedingungen gar nicht erst bilden.

Arbeitstechnisch nachteilig an dem Verfahren ist der erforderliche Zeitaufwand. Es ist nicht möglich, kontinuierlich zu titrieren, wie es im Normalfall geschieht. Da die Diffusionsverhältnisse an der Indikatorelektrode definiert und konstant sein müssen (die Signalgröße hängt davon ab), muß die Titration portionsweise mit jeweils eingeschobener Signalmessung durchgeführt werden. Die Ergebnisse werden graphisch ausgewertet und zeigen.

— bei der Detektion des Komplexes eine stetig ansteigende Gerade, die in ein Plateau übergeht;
— bei der Detektion des zugegebenen Kations einen Wert nahe Null, der im Äquivalenzpunkt in eine ansteigende Gerade übergeht. Die mehr oder weniger starke Verrundung des Knickpunkts erlaubt eine Aussage über die Stabilität des Komplexes (vgl. photometrische Titration).

4.2 Potentiometrische Methoden [17, 18, 19]

Zwar sind keine selektiven Elektroden für Komplexbildner bekannt (die Halogenide kann man als Sonderfälle ansehen), aber dafür werden eine Reihe komplexbildender (hydratisierter) Kationen von entsprechenden Elektroden selektiv detektiert. Da Komplexe dieser Kationen nicht angezeigt werden, bietet sich hier eine elegante Möglich keit zum Nachweis von Komplexen: Die Direktmessung mit der Elektrode erfaßt über die Nernstsche Beziehung

$$E = E_0 + \frac{RT}{zF} \ln[\mathrm{Me}]$$

nur die freien Zentralatome. Bestimmt man mit einer anderen Methode die Gesamtmenge, oder einfacher, gibt man eine definierte Menge des Kations zu, erhält man aus der Differenz die Stoffmengenkonzentration des (einkernigen) Komplexes und kann daraus auf die Konzentration des oder der Komplexbildner schließen.

Die Auswahl an ionenselektiven Elektroden ist allerdings begrenzt. Sie lassen sich in drei Gruppen einteilen:

1. Festkörperelektroden (teilweise ebenfalls als Membranelektroden bezeichnet). Sie sind gebunden an die Existenz eines geeigneten schwerlöslichen Bodenkörpers mit ausreichender Leitfähigkeit. Die Auswahl ist daher beschränkt. Beispiele sind Kupfer- und die Halogenid-Elektroden, die bis zu sehr niederen Konzentrationen noch Nernstsches Verhalten zeigen und sehr geeignet sind.
2. Amalgamelektroden [20]. Sie werden durch elektrolytische Abscheidung des Metalls an einer stationären Quecksilberelektrode erzeugt und benötigen daher eine entsprechende Ausrüstung. Nur solche Metalle sind geeignet, die Amalgame bilden können, wie etwa Zn, Cd, Pb und Cu. Metalle z.B. der achten Nebengruppe sind ungeeignet. Die Nachweisgrenze liegt bei etwa 10^{-7} Mol/l.
3. Membranelektroden. Das sind Elektroden 2. Art, die mit einer Ionenaustauschermembran arbeiten. Theoretisch sollte die Anwendung fast unbeschränkt sein, praktisch ergeben sich erhebliche Einschränkungen durch mäßige Nachweisstärke und häufig starke Querempfindlichkeit gegenüber Nebenkomponenten, so daß ihre Anwendung zur Detektion von Komplexbildnern mit einem Fragezeichen zu versehen ist.

4.3 Photometrische Methoden

Ähnlich wie bei der photometrischen Titration ist es auch hier sinnvoll, zwischen einer Anwendung von gefärbten Hilfskomplexbildnern und der Direktvermessung von gefärbten Komplexbildnern zu unterscheiden.

4.3.1 Anwendung von Hilfskomplexbildnern

Eine Voraussetzung der Anwendbarkeit ist wie bei der photometrischen Titration der Einsatz eines Komplexbildners, der gefärbte Komplexe mit dem zu

untersuchenden Zentralatom liefert, deren Stabilität zwar deutlich kleiner, als
die Komplexe des zu untersuchenden Komplexbildners, aber dennoch ausreichend hoch ist (log K > ca. 8). Sie müssen also von dem zu bestimmenden
Komplexbildner zerlegt werden können. Der gesuchte Gehalt dieses Komplexbildners läßt sich somit über die Extinktionsabnahme der Lösung bestimmen.
Die Umsatzgleichung lautet

$$MeL_n + nX \leftrightarrows MeX_n + nL$$

MeL_n = gefärbter Komplex des Zentralatoms Me mit dem Hilfskomplexbild-
　　　　ner L

　X = zu bestimmender Komplexbildner

　n = Anzahl der Liganden (für beide Komplexe vereinfachend als gleich
　　　　angenommen)

Zur Erzielung korrekter Resultate muß das Reaktionsgleichgewicht weitgehend auf der rechten Seite liegen, die Gleichgewichtseinstellung muß relativ
rasch erfolgen.

Es ist meist schwierig, einen Hilfskomplexbildner geeigneter Stabilität zu
finden. Hat man ihn aber gefunden, hat man ein eine sehr effektive und dabei
wenig arbeitsaufwendige Methode. Sie läßt sich relativ leicht mechanisieren.
Kalibrierungsprobleme ergeben sich nicht, da die Daten des vielleicht unbekannten Komplexbildners in die Berechnung der Stoffmenge nicht eingehen,
mit allerdings einer Ausnahme: Der Anzahl der Liganden. Diese muß bei
unbekannten Komplexbildnern entweder über Analogiebetrachtungen er-
schlossen, oder aber durch spezielle Untersuchungen ermittelt werden.

Eine Überprüfung der korrekten Gleichgewichtseinstellung kann durch
Variation der Mengenverhältnisse zwischen Hilfskomplex und gesuchten Komplexbildner erfolgen. Das Ergebnis muß weitgehend unabhängig von diesem
Verhältnis sein, es ist allenfalls zulässig, daß mit Zunahme der Konzentration
des Hilfskomplexes sehr schnell asymptotisch ein Maximalwert erreicht wird.

4.3.2 Direktvermessung des gebildeten Komplexes

Solche Bestimmungen wurden vor der Entwicklung atomspektroskopischer
Methoden sehr häufig zur photometrischen Bestimmung von Kationen durch
Zugabe von Komplexbildnern durchgeführt [21]. Die Reaktion läßt sich prinzipiell auch umkehren, indem Komplexbildner durch eine Zugabe von überschüssigen Kationen in gefärbte Komplexe überführt und als solche vermessen
werden. Problematisch wird die Reaktion dort, wo die Ligandenanzahl n konzentrationsabhängig ist.

Es liegt hier eine nachweisstarke und sehr einfach durchzuführende Bestimmung vor. Die Anwendung ist aber beschränkt auf bekannte Verbindungen, weil die spektralen Eigenschaften der gebildeten Komplexe, in erster
Linie der Extinktionskoeffizient, bekannt sein müssen. Eine halbquantitative

Bestimmung ist allenfalls möglich bei Homologen, deren molare Extinktionskoeffizienten als ähnlich angesehen werden dürfen. Dadurch wird eine Übertragung von Kalibrierdaten von einer bekannten zu einer unbekannten Verbindung bis zu einem gewissen Grade möglich. Selbstverständlich muß zuvor geprüft werden, ob die spektralen Daten der beiden zu vergleichenden Verbindungen in qualitativer Hinsicht übereinstimmen.

4.4 Voltammetrische Verfahren

Diese Verfahren lassen sich in zwei Untergruppen einteilen:

4.4.1 Polarographie/Voltammetrie

Die klassische Gleichstrompolarographie wird heute wohl nur noch zur Ermittlung spezieller Daten, z.B. der Reversibilität der Elektrodenreaktion oder dem Betrag der Wertigkeitsänderung des Kations eingesetzt. Für analytische Zwecke haben sich die Differential-Puls-Polarographie und die Rechteckwellenpolarographie (square-wave-polarography) weitgehend durchgesetzt. Sie bieten

— eine Verbesserung der Nachweisstärke um etwa zwei Größenordnungen (dies gilt auch, im Widerspruch zu manchen Literaturangaben, für irreversible Elektrodenreaktionen);
— eine deutlich verbesserte Auflösung eng benachbarter Abscheidungspotentiale;
— eine wesentlich raschere Arbeitsweise bis zu einer Größenordnung (abhängig von der Probenvorbereitung, die meist wesentlich länger dauert als die eigentliche Messung).

Komplexbildner sind in der Regel polarographisch nicht aktiv, d.h. sie lassen sich an der Kathode nicht reduzieren. Anodische Oxidationen werden analytisch selten angewendet, da sie experimentell schwieriger und in der Aussage vieldeutig sind. Eine Ausnahme ist die Direktbestimmung von Aminopolycarbonsäuren, die wegen der extremen Stabilität der Hg^{++}-Komplexe an der Hg-Tropfelektrode durchgeführt wird [22]. Oxidiert wird dabei nicht etwa der Komplexbildner, sondern das Quecksilber, das als Komplex in Lösung geht, lange bevor es anodisch in das Oxid überführt würde. Eine weitere Ausnahme ist eine Anwendung als Detektor in der HPLC an Umkehrphase, wo die benötigte Selektivität durch den Trennprozeß erlangt wird [23]. Als Pufferkomponente wird die nicht oxidierbare Trichloressigsäure verwendet, Indikatorelektrode ist eine Kohlepastelektrode (Hg würde bei den hohen positiven Potentialen oxidiert werden).

Komplexbildner können daher polarographisch normalerweise nicht direkt bestimmt werden. Ihre Komplexe mit polarographisch aktiven

Kationen eignen sich jedoch häufig für indirekte Bestimmungen. Dabei wird der Umstand ausgenützt, daß ein Kation durch eine Komplexbildung schwerer reduzierbar wird. Es bewegt sich in der Spannungsreihe in die negative Richtung, verhält sich also wie ein anderes, unedleres Kation [24, 25].

Die Zugabe überschüssiger Kationen zu einem Komplexbildner erzeugt eine analysierbare neue Komponente, den Komplex, wenn folgende Bedingungen zutreffen:

— Die Stellung des Kations in der Spannungsreihe darf nicht zu weit im Negativen liegen, weil andernfalls der Komplex wegen der Spannungsverschiebung nicht mehr reduzierbar, zu unedel, ist.
— Der Komplex muß eine hohe Stabilität aufweisen. Andernfalls unterscheidet sich sein Abscheidungspotential nicht mehr ausreichend von dem des überschüssigen unkomplexierten Kations.
— Der Komplex muß für quantitative Bestimmungen eine definierte Zusammensetzung aufweisen.

Diese einschränkenden Bedingungen bewirken, daß das Blei etwa die untere Grenze der Anwendbarkeit in der Spannungsreihe darstellt. Bei den Komplexbildnern eignen sich nur die stabilsten für eine Bestimmung, wie etwa die Aminopolycarbonsäuren. Die Komplexe der Oxycarbonsäuren, z.B. Citronensäure, können wegen mangelnder Stabilität nicht bestimmt werden. Sie machen sich meßtechnisch zwar bemerkbar, weil die Beweglichkeit der gebildeten Komplexe in der Regel abnimmt und damit die Gesamtsignalhöhe mit dem überschüssigen Kation sinkt, aber dieser Effekt ist für eine Quantifizierung unbefriedigend. Außerdem liegt ein Gemisch verschiedener Komplexe vor. Eine Bestimmung des Koeffizienten α ist bei reversiblen Systemen möglich [26]:

$$\ln \alpha = \frac{n\,F}{RT}(E_{1/2} - E_{1/2}^{L}) + \ln(i/i_{L}) \tag{11}$$

Die zur Analyse bevorzugten Kationen sind Bi^{+++}, In^{+++}, Cu^{++}, Cd^{++} und Pb^{++}. Dreiwertige Kationen sind wegen der prinzipiell höheren Komplexstabilität sowie wegen der um etwa 50% größeren Nachweisstärke (bei der Reduktion werden 3 statt 2 Elektronen je Teilchen verschoben) besonders günstig [27]. Andererseits kann die extreme Schwerlöslichkeit ihrer Hydroxide zu Ausfällungen und Störungen führen. Entscheidend für die Auswahl der Methode sind die in jedem Fall etwas verschiedenen experimentellen Parameter, wie etwa Qualität der Basislinie, Freiheit von Störkomponenten, Größe der Spannungsverschiebung, anwendbarer pH-Wert usw. Besonders wichtig ist die Möglichkeit, verschiedene Komplexbildner nebeneinander nachweisen und bestimmen zu können.

Die Nachweisstärke bewegt sich im üblichen Rahmen der Polarographie, also im unteren ppm-Bereich und etwas darunter. Sie läßt sich besonders gut ausnützen, falls das Analysengerät eine Speicherungsmöglichkeit für die Basislinie des Polarogramms aufweist. Diese kann vor der Zugabe des Kations gemessen

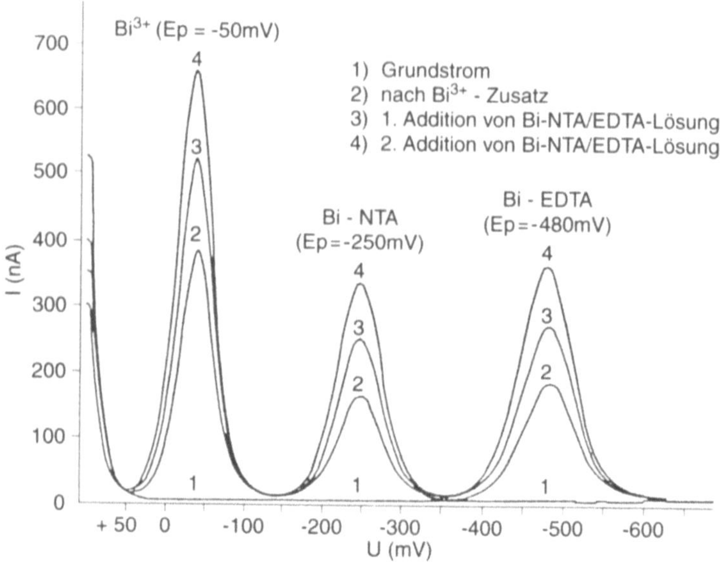

Abb. 3. Polarographische Bestimmung von NTA und EDTA mit Bi^{+++} nach DIN 38 413, Teil 5

werden. Nach der Zugabe (wenige µl einer relativ konzentrierten Lösung) wird wieder vermessen und die Basislinie subtrahiert. Ein Einfluß störender Nebenkomponenten wird auf diese Weise besonders wirksam ausgeschaltet, weil anzunehmen ist, daß diese mit dem Kation nicht reagieren werden.

4.4.2 Anodic-stripping-Voltammetrie

Bei dieser Methode können Kationen durch eine Kombination von Polarographie mit einem vorangegangenen elektrolytischen Anreicherungsschritt mit einer extremen Nachweisstärke bestimmt werden.

Man legt eine Abscheidungsspannung an, die höher liegt, als diejenige des zu bestimmenden Kations, und behält sie einige Minuten bei. Reduzierbare Kationen scheiden sich an der Quecksilberoberfläche ab und bilden lösliche Amalgame (abgesehen von z.B. Elementen der 8. Nebengruppe). Meist wird ein stationärer Quecksilbertropfen angewendet, für extreme Nachweisstärken benutzt man einen Quecksilberfilm, den man sich an einer rotierenden Scheibenelektrode durch Elektrolyse selbst erzeugt. Die Elektrodenoberfläche ist hier größer, wodurch der Stoffmengenumsatz und damit die Nachweisstärke wesentlich erhöht wird. Außerdem kann die Anreicherungszeit auf das mehrfache verlängert werden, weil das gebildete Amalgam nicht mehr durch Diffusion in das Innere des Tropfens verschwinden kann.

Bei der eigentlichen Analyse legt man, ausgehend von der Abscheidungsspannung, einen scan in positiver Richtung an. Das abgeschiedene Metall wird wieder aufgelöst, aber jetzt bei der sehr viel höheren Ausgangskonzentration des Metalls im Amalgam gegenüber der Konzentration in der Lösung. Als Analysentechnik benützt man in der Regel die Differential-Puls-Polarographie (differential-pulse-andoic-stripping-voltammetry, DPASV).

Da Komplexe und auch Komplexbildner keine Amalgame bilden, können sie in der geschilderten Art nicht angereichert werden. Eine Direktbestimmung von Komplexbildnern ist somit prinzipiell unmöglich. Es ist nur möglich, die Konzentration des überschüssigen freien Kations zu messen. Dazu muß der Abstand der beiden Abscheidungsspannungen (Kation und Komplex) ziemlich groß sein. Da diese Differenz für eine hohe Komplexstabilität sowieso benötigt wird, weil andernfalls bei der extrem niederen Konzentration eine Dissoziation der Komplexe auf Grund des Massenwirkungsgesetzes eintreten würde, bedeutet dies keine wesentliche Einschränkung. Aus der Differenz des gemessenen Werts zu der zugegebenen Menge läßt sich die Komplexbildnerkonzentration berechnen. Es liegt somit eine Art Titrationsmethode aus sehr wenigen Datenpunkten vor.

Besonders interessant ist die Analyse von hochmolekularen Komplexbildnern, z.B. Huminstoffen [28]. Die komplexbildenden Gruppen können im Molekül statistisch verteilt und sogar uneinheitlich sein. Die zugegebenen Kationen werden peripher gebunden und der Komplexbildner könnte auch als eine Art löslicher Ionenaustauscher aufgefaßt werden.

Die gebildeten Komplexe machen sich polarographisch nicht bemerkbar, die Abscheidungsspannung ist daher unkritisch.

4.5 Chromatographie

Unter den gegebenen Randbedingungen kommt in erster Linie die Flüssigkeitschromatographie (Gaschromatographie wird zwar nach Derivatisierung z.B. zur Bestimmung von NTA eingesetzt [29], ist aber nicht selektiv für Komplexbildner und wird daher nicht behandelt) in Frage, speziell an Umkehrphasen und an Ionenaustauschern, da nur hier wäßrige oder wasserähnliche Systeme optimal bearbeitet werden können. Es ist zwar möglich und in der Literatur vielfach beschrieben, Schwermetallkomplexe über eine Adsorptionsflüssigkeitschromatographie, durch Dünnschichtchromatographie und sogar durch Gaschromatographie zu analysieren. In diesen Fällen stand die Bestimmung des Metalls im Mittelpunkt, nicht diejenige des Komplexbildners. Die Komplexe mußten zur Analyse meist in eine organische Phase überführt werden. Dieser Arbeitsschritt kann durch Anwendung von Umkehrphasen oder Ionenaustauschern vermieden werden [30].

Im Normalfall stellt der eigentliche Trennprozeß nicht das Hauptproblem dar. Da zur Wahl der Säule und des Elutionsmittels eine reiche Zahl von Möglichkeiten existieren, gelingt es fast stets, eine brauchbare Auftrennung zu erzielen. Allenfalls kritische Paare machen Schwierigkeiten, ebenso natürlich hochkomplexe Proben. Bei unkomplizierten Matrices und der Untersuchung bekannter Systeme mit vorhandenen Bezugssubstanzen liegt ein Routinefall der Chromatographie vor, der normalerweise mit Routinemethoden lösbar ist.

Anders ist die Sachlage bei der Suche nach unbekannten Komplexbildnern, womöglich in einer komplizierten Matrix. Hier werden die Komponenten zwar vielleicht getrennt, aber es ist zunächst völlig offen, welcher der wahrscheinlich zahlreichen Peaks einem Komplexbildner zuzuordnen ist. Als Detektionsmethode wird primär eine möglichst unselektive, aber nachweisstarke gewählt. Dafür kommt in erster Linie die UV-Absorption bei möglichst kurzer Wellenlänge ($\leqslant 210$ nm) in Frage. Alle organischen Verbindungen mit Doppelbindungen, also auch Carbonsäuren, lassen sich hiermit nachweisstark detektieren. Damit ist ein Großteil der möglichen Komplexbildner erfaßt. Alkohole, Ether und Amine geben allerdings keine Signale. Daher kann der Einstaz des noch unselektiveren, aber weniger nachweisstarken und technisch schwierigeren Brechungsindexdetektors notwendig werden.

Das eigentliche Analysenproblem ist somit die Identifizierung einer getrennten Komponente als Komplexbildner. Dazu muß mit einem Schwermetallion ein Komplex gebildet werden, dessen Eigenschaften sich von denen des Komplexbildners unterscheiden. Hier kommt natürlich in erster Linie die Lichtabsorption in Frage. Bei der Komplexbildung werden fast immer die spektralen Eigenschaften des Zentralatoms wie auch natürlich erst recht des Komplexbildners deutlich geändert.

Im einfachsten Fall erfolgt eine Nachsäulenderivatisierung durch Zugabe einer gepufferten Schwermetallsalzlösung mit einer zweiten Pumpe [26,31]. Diese muß besonders korrosionsfest und pulsarm sein. Der Materialfluß ist so einzustellen, daß das Metallsalz stöchiometrisch stets in geringem Überschuß vorhanden ist. Hohe Überschüsse können sich negativ auf die spektrale Durchlässigkeit auswirken und damit das Signal-Rausch-Verhältnis verschlechtern. Die Komplexbildung muß relativ rasch erfolgen, allerdings ist es möglich, den Prozeß durch die Anwendung einer erwärmten Verweilspirale zu beschleunigen.

Besondere Sorgfalt ist dem Verbindungsstück zwischen Säulenausgang und Reagenszugabe zu widmen. Die rasche und gründliche Vermischung der Produktsröme ist nicht einfach, weil eine große Tendenz zur Ausbildung laminarer, sehr stabiler Strömungen besteht.

Die Arbeitsweise ist nicht optimal, weil der Aufwand groß ist und weil wegen der nicht absoluten Pulsfreiheit der beiden Förderpumpen sehr leicht eine Welligkeit des Detektoruntergrunds auftritt. Daher ist die Nachweisstärke nicht so gut, wie es der Detektor eigentlich zuließe.

Eine drastische Verbesserung kann durch die Anwendung von semipermeablen Membranen an Stelle der zweiten Pumpe erzielt werden, wie sie in der Ionenchromatographie zur Untergrundverbesserung eingesetzt werden. Bei Anwendung von kationendurchgängigen Materialien kann vollkommen kontinuierlich und definiert ein Metallsalz, z.B. Cu^{++}, zugegeben werden. Eine

Welligkeit des Untergrunds wird völlig vermieden und die Basisabsorption der Lösung nur unwesentlich erhöht. Wenn man zwei UV-Detektoren verwendet, einen vor und einen hinter der Reagenszugabe, liegt bei Auswertung von Differenzsignalen ein komplexspezifischer Detektor vor [32].

Weniger allgemein anwendbar, dafür aber für spezielle Probleme (Aminopolycarbonsäuren) eleganter und einfacher sind Methoden, bei denen anstelle der freien Komplexbildner definierte Schwermetallkomplexe eingesetzt werden. Während beim direkten Einsatz dieser Komplexe Probleme mit Geisterpeaks und Peakaufspaltungen beobachtet werden [33, 34], bewirkt die Zugabe von Schwermetallionen zum Eluenten offenbar über eine erzwungene Totalumsetzung eindeutige Resultate. Verwendet wird Fe^{+++} oder Cu^{++} [35, 36], die beide sehr stabile und dazu im UV gut detektierbare Komplexe erzeugen. Sofern andere Komplexe schon vorhanden sind, werden sie (abgesehen von Sonderfällen, etwa Bi^{+++}, Th^{++++} usw.) zerlegt und behindern die Bestimmung der Komplexbildner nicht. Die Komplexe werden entweder als Ionenpaare an einer Umkehrphase oder aber direkt an einer Graphitsäule getrennt. Die Nachweisstärke ist hoch und geht bis zu 0,01 mg/l.

4.6 Atomabsorptionsspektrophotometrie

Isoliert läßt sich diese Methode natürlich nicht einsetzen, da bei der Bestimmung von Komplexen keine Signalunterschiede zum unkomplexierten Metallion auftreten. Die Methode muß daher mit einer Trennmethode gekoppelt werden. Dazu eignen sich in erster Linie Fällungen, durch die unkomplexierte Metalle abgetrennt werden. Im Filtrat können die in Lösung gebliebenen Komplexe über die Metallbestimmung ermittelt werden. Eleganter ist die

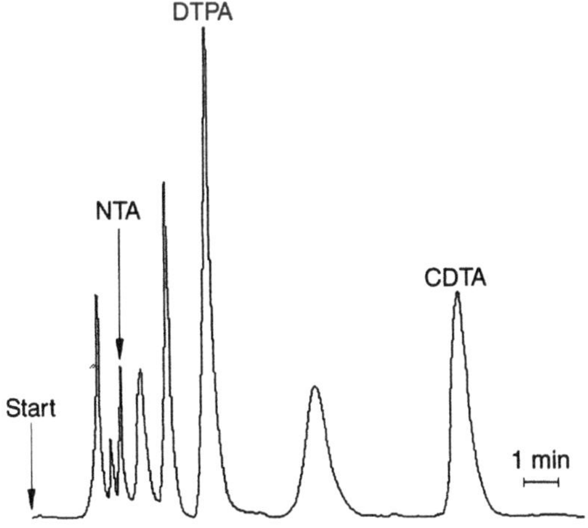

Abb. 4. Trennung verschiedener Eisenkomplexe von Aminopolycarbonsäuren als Ionenpaare einer Umkehrphase

umgekehrte Methode, bei der die Remobilisierung schwerlöslicher Metallderivate durch Komplexbildner ausgenützt wird.

So kann man eine mit Kupfer beladene Chelex-Säule zur Bestimmung starker Komplexbildner, wie EDTA, einsetzen [37]. Eine Probenportion wird im Durchlauf auf die Säule gegeben und das remobilisierte Kupfer im Eluat über Flammen-AAS gemessen. Als flow-injection. Methode können in der Stunde bis zu 45 Proben untersucht werden. Nachteilig ist die fehlende Selektivität und die Beschränkung auf starke Komplexbildner. Allerdings liegt bis zu einem gewissen Grad eine summarische Bestimmung vor (s. nächstes Kapitel).

5 Summarische Bestimmungen

Hier werden mehrere Bestimmungsmethoden zusammengefaßt, die prinzipiell bei der Besprechung der Basisverfahren schon erwähnt wurden. Während dort aber in der Regel definierte Einzelverbindungen bestimmt werden sollten, wird bei den folgenden Verfahren ausdrücklich nach einer Summe der Komplexibildner gefragt.

Bei den angewendeten Methoden ergeben sich naturgemäß zahlreiche Überschneidungen mit den schon erwähnten. Sie haben alle das Ziel, den Gesamtgehalt aller Komplexbildner möglichst gut zu erfassen. Diese Ziel ist nicht erreichbar, weil, wie schon erwähnt, eine scharfe Trennung zwischen Komplexbildnern und Nichtkomplexbildnern gar nicht möglich ist und weil das erhaltene Ergebnis vom Grad des Umsatzes zwischen Zentralatom und Komplexbildner abhängig ist. Dieser Wert wird aber nicht nur von der Komplexkonstanten, sondern auch von der Konzentration der Reaktanden beeinflußt. Alle Ergebnisse sind daher prinzipiell konzentrationsabhängig was bei sehr starken Komplexbildnern möglicherweise belanglos ist, bei schwachen aber jede Bestimmung verhindert.

Die zur Komplexbildung angebotenen Kationen können in freier gelöster Form (direkte Methoden) oder in gebundener (komplexgebunden, schwerlöslicher Bodenkörper) Form angeboten werden (indirekte Methoden). Beim zweiten Fall spielt außer der Komplexkonstante der gewünschten Reaktion und dem Verdünnungsgrad auch noch die Gleichgewichtskonstante des zugesetzten Reaktanden (Löslichkeitsprodukt, Komplexkonstante usw.) eine Rolle für den das Ergebnis bestimmenden Umsatz. Dabei muß ein Kompromiß gesucht werden:

Erfolgt der Umsatz mit einem schwerlöslichen Bodenkörper, bewirkt ein sehr kleines Löslichkeitsprodukt zwar eine sehr erwünschte, niedere Konzentration des Zentralatoms in der Lösung (was zu niederen Blindwerten führt), verhindert aber möglicherweise völlig die Umsetzung mit dem gesuchten Komplexbildner. So ist beispielsweise $Fe(OH)_3$ als Bodenkörper völlig ungeeignet, weil seine extreme Schwerlöslichkeit jede Reaktion verhindert. Ist das

Löslichkeitsprodukt aber zu hoch, können niedere Gehalte an Komplexbildnern nicht mehr bestimmt werden, weil zu hohe Blindwerte dies verhindern.

5.1 Direkte Methoden

Bei direkten Methoden wird der Reaktand – ein geeignetes Zentralion – direkt zugesetzt und die verbleibende Stoffmenge an unkomplexierten Ionen nach den üblichen Verfahren ermittelt.

Da freie Cu-Ionen katalytisch die Oxidation von Ascorbinsäure beschleunigen, kann über die Abnahme der Reaktionsgeschwindigkeit der Anteil der komplexgebundenen Ionen ermittelt werden [38]. Andere Beispiele beziehen sich meist auf die Untersuchung von Huminsäurekomplexen. Es wird Cu^{++} oder ein anderes zweiwertiges Kation zugesetzt und die in Lösung verbliebene Menge (der komplexierte Anteil ist an die hochmolekulare Huminsäure gebunden) nach den oben schon beschriebenen Methoden bestimmt [39–41].

5.2 Indirekte Methoden

Das reagierende Zentralatom wird in gebundener Form angeboten, entweder als Komplex in gelöster Form, oder als Bodenkörper, aus dem es durch die Komplexbildung remobilisiert wird. So wird der Zincon-Komplex des Zinks durch Komplexbildner zerlegt und die Reaktion spektralphotometrisch verfolgt [42]. Starke Komplexbildner können summarisch in eleganter Weise bestmmt werden, indem man überschüssiges Cu^{++} zusetzt, den Überschuß durch Kochen mit Lauge als Oxidhydrat ausfällt und das in Lösung verbliebene komplexierte Kupfer nach gängigen Methoden, in der Regel über Flammen-AAS bestimmt [43]. Wegen der geringen Löslichkeit des Bodenkörpers ist der Blindwert sehr niedrig, die Nachweisstärke daher gut, aber nur die stärksten Komplexbildner lassen sich bestimmen. Sind sie nur mittelstark, etwa bei Citrat, werden sie durch die Lauge zerlegt.

Günstiger ist der Einsatz von Kupferorthophosphat [44], das noch schwerlöslich genug und andererseits trotzdem ausreichend reaktionsfreudig ist, um eine allgemeinere Anwendung zu gestatten [3]. Dabei zeigen sich auch deutlich die Grenzen von summarischen Bestimmungen. Während bei starken Komplexbildnern die Methode recht robust ist, müssen bei mittelstarken (Citrat, Tartrat) die Randbedingungen gut eingehalten werden. Citrat und Tartrat bilden Mischkomplexe, wodurch keine Additivität der Einzelmengen zustandekommt. Störend wirken Kationen, die ebenfalls schwerlösliche Phosphate bilden, wie etwa Ca^{++}. Sie müssen vor der Analyse durch Kationenaustausch entfernt werden.

Eine sehr effektive Methode zur Gesamtbestimmung von Komplexbildnern beruht auf der Beschleunigung der Redox-Reaktion zwischen Cu^{++} und

Tabelle 1. Konditionelle Konstanten (logarithmiert) von Aminopolycarbonsäuren mit mehreren Kationen bei verschiedenen pH- Werten

Metal	Ligand pH =	0	1	2	3	4	5	6	7	8	9	10	11	12	13	14
Ag	EDTA					0.70	1.73	2.82	3.93	4.95	5.94	6.79	7.13	6.75	5.21	2.47
	EGTA							0.44	2.41	4.36	6.01	6.73	6.78	6.34	4.79	2.05
	DCTA						0.13	1.96	3.31	4.36	5.37	6.35	7.22	7.41	6.03	3.32
Al	EDTA		0.18	3.02	5.43	7.51	9.55	10.36	8.52	6.55	4.54	2.40				
	EGTA			0.33	2.27	3.72	5.67	6.97	5.93	4.88	3.53	1.26				
	DCTA			1.69	4.86	7.47	9.58	10.10	7.55	5.06	2.94	0.91				
Ba	EDTA						1.34	3.04	4.39	5.45	6.44	7.30	7.71	7.77	7.62	7.02
	EGTA						0.47	2.03	3.94	5.88	7.53	8.26	8.38	8.38	8.22	7.62
	DCTA					0.57	1.69	2.59	3.33	4.23	5.22	6.21	7.15	7.77	7.80	7.22
Ca	EDTA				0.26	2.15	4.10	5.92	7.29	8.35	9.34	10.20	10.61	10.61	10.22	9.38
	EGTA					0.72	2.55	4.53	6.53	8.48	10.13	10.86	10.98	10.92	10.52	9.68
	DCTA					2.37	4.48	6.31	7.66	8.71	9.72	10.71	11.64	12.22	12.00	11.18
Cd	EDTA		0.97	3.75	5.96	7.93	9.90	11.72	13.09	14.14	15.06	15.45	14.45	11.94	8.42	4.49
	EGTA			1.54	3.54	5.23	7.14	9.13	11.12	13.07	14.65	14.92	13.62	11.05	7.52	3.59
	DCTA		1.10	4.03	6.72	9.11	11.18	13.01	14.36	15.40	16.34	16.87	16.39	14.45	11.09	7.19
CO^{2+}	EDTA		0.97	3.73	5.86	7.75	9.70	11.52	12.88	13.90	14.59	14.66	14.06	12.06		
	EGTA				1.63	2.85	4.13	5.87	7.82	9.73	11.08	11.03	10.13	8.07		
	DCTA		0.70	3.64	6.38	8.80	10.88	12.71	14.05	15.06	15.76	15.98	15.90	14.46		
Cu	EDTA	0.40	3.37	6.14	8.31	10.23	12.20	14.02	15.35	16.15	16.40	16.31	15.83	15.41	15.31	15.30
	EGTA		1.08	3.82	5.74	7.05	8.62	10.54	12.48	14.18	15.09	14.86	13.98	13.00	12.00	11.00
	DCTA	0.31	3.30	6.22	8.88	11.22	13.28	15.10	16.41	17.21	17.48	17.51	17.45	17.11	16.39	15.92
Fe^{2+}	EDTA			1.46	3.72	5.72	7.70	9.52	10.89	11.95	12.94	13.80	14.20	14.17	13.68	12.79
	EGTA			0.72	2.05	3.57	5.46	7.45	9.40	11.05	11.78	11.89	11.80	11.30	10.41
	DCTA			1.99	5.42	8.07	10.18	12.01	13.36	14.41	15.42	16.41	17.34	17.88	17.56	16.68
Fe^{3+}	EDTA	5.11	8.21	11.45	13.92	14.71	14.79	14.64	14.11	13.68	13.67	14.02				
	EGTA		1.18	4.88	7.43	8.22	8.32	8.33	8.32	8.28	7.93	6.66				
	DCTA	5.21	9.19	13.05	16.12	17.38	17.57	17.41	16.76	15.83	15.00	14.59				

(A) Hg	EDTA	3.50	6.47	9.22	11.13	11.52	11.50	11.32	10.69	9.78	8.99	8.55	7.92	6.99	6.00	5.00
	EGTA	2.92	5.89	8.65	10.60	11.02	11.03	11.03	11.02	10.98	10.63	9.36	7.49	5.50	3.50	1.50
	DCTA	3.31	6.30	9.21	11.65	12.49	12.58	12.41	11.76	10.81	9.83	8.93	8.37	7.91	7.08	6.10
Mg	EDTA					0.35	2.13	3.93	5.29	6.35	7.34	8.18	8.47	7.99	7.09	
	EGTA							0.44	1.50	2.86	4.35	5.05	5.04	4.50	3.59	
	DCTA					0.17	2.28	4.11	5.46	6.51	7.52	8.50	9.31	9.40	8.66	
Mn^{2+}	EDTA			1.43	3.56	5.45	7.40	9.22	10.59	11.65	12.63	13.40	13.37	12.57	11.60	10.60
	EGTA				0.83	2.05	3.33	5.07	7.03	8.98	10.62	11.26	10.94	10.08	9.10	8.10
	DCTA			1.45	4.24	6.70	8.78	10.61	11.96	13.01	14.01	14.92	15.41	15.18	1-4.37	13.40
Ni	EDTA	0.40	3.37	6.12	8.22	10.06	12.00	13.82	15.19	16.23	17.09	17.40	16.90			
	EGTA			0.42	2.33	3.51	4.57	5.83	7.56	9.47	10.98	11.16	10.37			
	DCTA			3.19	6.62	9.27	11.38	13.21	14.55	15.60	16.47	16.92	16.94			
Pb	EDTA		2.37	5.16	7.42	9.42	11.40	13.22	14.53	15.23	15.36	14.92	13.30	10.65	7.69	4.70
	EGTA			0.72	2.63	3.83	5.00	6.60	8.47	10.07	10.85	10.28	8.37	5.66	2.70	
	DCTA		1.40	4.35	7.14	9.60	11.68	13.50	14.79	15.50	15.64	15.33	14.24	12.15	9.37	6.40
Sr	EDTA					0.25	2.03	3.83	5.19	6.25	7.24	8.10	8.51	8.56	8.39	7.74
	EGTA						0.57	2.13	4.04	5.98	7.63	8.36	8.48	8.47	8.29	7.64
	DCTA						1.98	3.81	5.16	6.21	7.22	8.21	9.15	9.77	9.76	9.13
Zn	EDTA		1.07	3.84	6.01	7.94	9.90	11.72	13.09	14.14	14.96	13.59	11.05	8.34	5.79	2.97
	EGTA			0.42	2.33	3.53	4.74	6.39	8.33	10.27	11.75	10.25	7.38	4.35	1.05	
	DCTA		0.60	3.53	6.22	8.61	10.68	12.51	13.86	14.90	15.74	14.51	12.45	10.04	6.92	3.16

Die Werte gelten für eine Ionenkonzentration von etwa 0.1 mol/1.

Fe^{++} durch die Komplexbildung in Gegenwart von Neocuproin, das seinerseits mit dem gebildeten Cu^+ einen gefärbten, detektierbaren Komplex bildet. Eine flow-injection Version ist möglich [45, 46]. Die untersuchten Komplexbildner waren EDTA, DTPA, CyDTA, HEDTA, NTA, Citrat und Diphosphat.

6 Literatur

1. Ringbom A und Wännien E in Kolthoff IM, und Elving PJ (1979) Treatise on Analytical Chemistry, Part I, Vol. 2, Wiley New York.
2. Buffle J (1988) Complexation Reactions in Aquatic Systems, Wiley New York
3. Huber W (1980) WAF 1, 8
4. Debye P und Hückel E (1923) Phys. Z. 24, 185
5. Davison W Elektroanal J (1987) Chem 87: 395.
6. Davey EW, Morgan MJ, und Erickson SJ (1973) Limnol Oceanogr 18: 993
7. Schwarzenbach G (1959) Die komplexometrische Titration, Enke Verlag Stuttgart
8. Schwarzenbach G (1952) Anal Chim Acta 7: 141
9. Job P (1928) Ann Chim 9: 113
10. Ringbom A (1973) The Theorie of Metal Indikators in E. Bishop, Indikators, Pergamon Oxford.
11. Headridge JB (1961) Photometric Titrations, Pergamon Oxford
12. Leonard MA (1977) Photometric Titrations in Wilson und Wilson's Comprehensive Analytical Chemistry Vol. 8, Elsevier Amsterdam
13. Wronski M (1970) Microchim Acta 955
14. Shuman MS, und Cromer JL (1979) Environ Sci Technol 13: 543
15. Perosa D, Zanette ML, Magmo F, und Bontampelli G (1985) Analyst 111: 365
16. Frimmel FH, und Geywitz J (1983) Z. Anal Chem 316: 582
17. Cammann K (1973) Das Arbeiten mit ionenselektiven Elektroden, Springer Berlin
18. Morf WE (1981) The Principles of Ion Selective Electrodes and of Membrane Transport, Elsevier Amsterdam
19. van der Linden WE (1981) Ion Selective Electrodes, in Wilson and Wilson's Comprehensive Analytical Chemistry, Vol. 11, Elsevier Amsterdam
20. Bernhard JP, Buffle J, und Pathasarathy N (1987) Anal Chim Acta 200: 191
21. Upor E, Mohai M, und Novak GY (1985) Photometric Methods in inorganic Trace Analysis in Wilson and Wilson's Comprehensive Analytical Chemistry, Vol. XX, Elsevier Amsterdam
22. Stojek Z, und Osteryoung J (1981) Anal Chem 53: 847
23. Dai J, und Helz GR (1988) Anal Chem 60: 301
24. Stolzberg RJ (1977) Anal Chim Acta 92: 139
25. Guerrieri F, und Bucci G (1985) Anal Chim Acta 167: 393
26. DeFord DD, und Hume DN (1951) J Am Chem Soc 73: 5321
27. DIN 38: 413, Teil 5
28. Shuman MS, und Cromer JL (1979) Environ Sci Technol 13: 543
29. DIN 38: 413, Teil 3
30. Buchberger W, Haddad PR, und Alexander PW (1991) J Chromatogr 558: 181
31. Weiß J Handbuch der Ionenchromatographie, Dionex GMBH
32. Unveröffentlichte Arbeiten
33. Unger M, Mainka E, und König W (1987) Z Anal Chem 329: 50
34. Venezky DL, und Rudzinski WE (1984) Anal Chem 56: 315
35. Huber W (1992) Acta hydrochim hydrobiol 20: 1
36. Stalberg O, und Arvidsson T (1994) J Chrom 684: 213
37. Milosavljevic EB, Solujic L, Hendrix JL, und Nelson JH (1989) Analyst 114: 805
38. Mottola HA, Haro MS, und Freiser H (1968) Anal Chem 40: 1263
39. McGrady JK, und Chapman GA (1979) Water Research 13: 143
40. Frimmel FH (1979) WAF 12: 206
41. Hanck KW, und Dillard JW (1977) Anal Chim Acta 89: 329

42. Thompson JE, Duthie JE (1968) J Water Pollut Control Fed 40: 306
43. Jones DR, und Manahan SE (1977) Anal Chem 49: 10
44. Huber W, (1976) WAF 9: 167
45. Itabashi H, Umetsu K, Teshima N, Satoh K, und Kawashima T (1992) Anal Chim Acta 261: 213
46. Teshima N, Itabashi H, und Kawashima T (1992) Talanta 40: 101

Analytik von Kupfer in Körperflüssigkeiten

M. Rükgauer und J.D. Kruse-Jarres

Institut für Klinische Chemie und Laboratoriumsmedizin, Katharinenhospital,
Kriegsbergstr. 60, D-70174 Stuttgart

1	Einführung	283
1.1	Einleitung	283
1.2	Vorkommen und physiologische Bedeutung von Kupfer	284
1.3	Indikationen zur Bestimmung von Kupfer	286
1.4	Analytische Verfahren zur Bestimmung von Kupfer	286
2	Bestimmung von Kupfer mit der Graphitrohr-Atomabsorptionsspektrometrie	288
2.1	Grundlagen	288
2.2	Apparative Ausrüstung	288
2.3	Probengewinnung und -vorbereitung	289
2.4	Meßprogramm	289
2.5	Kalibration	290
2.6	Validierung der Methode	292
3	Fehlerquellen und Einflußfaktoren	294
3.1	Präanalytische Störungen	294
3.1.1	Individuelle biologische Faktoren	294
3.1.2	Faktoren bei der Probennahme und -verarbeitung	295
3.2	Analytische Faktoren	295
3.3	Einflüsse auf die Atomisierung	296
4	Bewertung der Kupferbestimmung mit der Graphitrohr-Atomabsorptionsspektrometrie	297
5	Zusammenfassung	298
6	Literatur	299

1 Einführung

1.1 Einleitung

In den letzten Jahren wird die Bedeutung von Elementspuren für die Lebensvorgänge mehr und mehr erkannt. In hohen Konzentrationen wirken sie toxisch, in niedrigeren gelten bereits viele Elemente als essentiell ("Spurenelemente" im eigentlichen physiologisch-medizinisch relevanten Sinn) und in noch niedrigen Gehaltsbereichen können Mangelsymptome auftreten.

Aufgabe der Analytischen Chemie ist es, die jeweilige Grenzkonzentration für diese drei Wirkungsbereiche zuverlässig zu erfassen, wobei die methodischen

Gütekriterien–Nachweisvermögen, Zuverlässigkeit und Kosten–jeweils den Erfordernissen optimal anzupassen sind [1]. Aufgabe der klinischen Laboratorien ist es, routinemäßig zuverlässige analytische Daten zu gewinnen–also die jeweils geeignete Methode anzuwenden, um sichere Diagnosen zu erstellen und möglichst schnell richtige Therapien einleiten zu können.

Die Strategien zur Erreichung dieser Ziele sind von Element zu Element sehr unterschiedlich. Besonders schwierig ist die Aufgabe, wenn die Konzentrationsbereiche für die Essentialität sehr niedrig liegen, jedoch die Elemente im Umfeld sehr häufig vorkommen–wie dies z.B. im Falle von Si, Al und Cr zutrifft–oder relativ niedrige Konzentrationen in sehr begrenzten Probenprotionen (Mikrospurenanalyse) oder gar in Mikrobereichen (Mikrobereichsanalyse) zuverlässig zu bestimmen sind. Solche Aufgaben fallen weniger in der klinischen Routine als vielmehr zur Aufklärung der äußerst komplexen Reaktionsmechanismen im Organismus (biochemische Forschung) an.

Im Falle des Elements Kupfer sind diese analytischen Probleme untergeordnet. Im vorliegenden Beitrag soll gezeigt werden, wie in einem klinischen Laboratorium mit standardisierten Verfahren ein großer Probendurchsatz bewältigt wird unter Berücksichtigung der Erfordernisse zur Qualitätskontrolle der analytischen Daten. Die Methode der Wahl ist die elektrothermische Atomabsorptionsspektrometrie (ETAAS) mit dem Graphitofen. Als einfach zu erhaltendes Untersuchungsmaterial stehen Vollblut, Serum oder Plasma und Urin zu Verfügung.

1.2 Vorkommen und physiologische Bedeutung von Kupfer

Das Element Kupfer besitzt einen Anteil von 0,007% an der Erdoberfläche und kommt überwiegend in Kupfermineralien vor. Es findet eine vielseitige Verwendung als Metall und in seinen Verbindungen, beispielsweise als Elektrokabel, Pigment, Pflanzenschutzmittel, Adstringens und als medizinischer Wirkstoff. Die Kupferaufnahme der Menschen wird durch die Art der verzehrten Lebensmittel hochsignifikant beeinflußt [2]. Als besonders kupferarm erweisen sich zucker- und stärkereiche Nährmittel, Fleisch und Milch; gute Kupferlieferanten sind Innereien und Gemüsearten wie weiße und grüne Bohnen, Erbsen, Gurken, Tomaten und Möhren [3, 4]. Im Organismus befinden sich etwa ein Drittel des gesamten Körperbestands von ca. 80 mg in der Leber und im Gehirn–relativ hoch ist auch der Gehalt der Muskulatur [5]. Umgekehrt wie bei den Zinkspiegeln, zeigen Männer niedrigere Kupferkonzentration im Plasma als Frauen. Bei Erwachsenen liegt der Mittelwert aus 36 verschiedenen Untersuchungen bei $18,4 \pm 3,3$ µmol Kupfer/l im Plasma [6], die Spanne reicht von $12,6 - 27,6$ µmol/l. Im Vollblut wird ein Normalbereich von $12,6 - 20,5$ µmol/l angegeben; die normale tägliche Ausscheidung im Urin beträgt $0,16 - 0,94$ µmol/l [7].

Die Resorption von Kupfer erfolgt in Abhängigkeit vom Zink- und dem Chelatgehalt der Nahrung im Duodenum und Jejunum. Kupfer wird albumingebunden zur Leber transportiert, liegt im Serum zu ca. 95% an Ceruloplasmin gebunden vor, und wird zum größten Teil via Leber und Galle eliminiert [5]. Das Element ist Bestandteil von mindestens 16 Metalloenzymen und Oxidasen, wie etwa der Cytochrom-C-Oxidase, der Superoxiddismutase, der Tyrosinase und der Ferrooxidase (Tabelle 1).

Bei einem chronischen Mangel an Kupfer, etwa durch Malabsorption oder bei Hypoproteinämien (Tabelle 2), kommt es infolge der Aktivitätsminderung der kupferabhängigen Enzyme zu einer defekten Kollagen- und Elastinbildung und zur Beeinflussung des Zentralen Nervensystems, verbunden mit verschiedenen Symptomen und Krankheiten (Tabelle 3). Physiologisch erhöhte Spiegel finden sich im letzten Drittel der Schwangerschaft und bei der Einnahme von Östrogenen [7]. Vererbbare Erkrankungen mit Störungen im Kupferstoffwechsel sind der Morbus Wilson (Kupferanreicherung vor allem in der Leber durch eine Transportstörung) und das Menkes-Syndrom (Kupfermangel durch eine Resorptionsstörung). Interaktionen von Zink und Kupfer führen aufgrund der antagonistischen Wirkung der Elemente bei der

Tabelle 1. Kupferabhängige Enzyme

Ceruloplasmin
Cytochrom-C-Oxidase
Superoxiddismutase
Tyrosinase
Ferrooxidase
Lysyloxidase
Uricase
Aminoxidase
Metalloenzyme

Tabelle 2. Ursachen eines Kupfermangels

Malabsorption
Malnutrition
Parenterale Ernährung
Hypoproteinämien
Verschiedene Erbkrankheiten
Nephrotisches Syndrom
Steriodtherapie

Tabelle 3. Symptome und Krankheiten bei Kupfermangel

Wachstumsstörungen
Mikrozytäre Anämie, Leukopenie
Osteoporose
Depigmentierung
Aneurysmenbildung
Dermatitis
Anorexie
Neurologische und psychische Veränderungen
Hypalbuminämie
Krebsrisiko?

Aufnahme beispielsweise bei Tumorerkrankungen und Infektionen zu einem
erhöhten Kupfer-Zink-Verhältnis. Bei akuten Kupferintoxikationen kommt es
zu Nierenversagen, Hämolyse und Krämpfen bis hin zum Koma.

1.3 Indikationen zur Bestimmung von Kupfer

Eine Kupferanalyse sollte durchgeführt werden bei Verdacht auf Morbus
Wilson und dem Menkes-Syndrom [7]. Ein diätbedingter Kupfermangel
kommt in der europäischen Bevölkerung selten vor, ein Mangel sollte jedoch
berücksichtigt und überprüft werden bei längerer parenteraler Ernährung. Von
wissenschaftlichem Interesse sind die mannigfaltigen Wechselwirkungen der
Spurenelemente untereinander, vor allem die Entwicklung von Imbalancen bei
gegenseitigen Störeinflüssen der Elemente.

1.4 Analytische Verfahren zur Bestimmung von Kupfer

Zur Erfassung der niedrigen Kupferkonzentrationen im Organismus sind
verschiedene, teilweise relativ aufwendige instrumentelle Methoden prinzipiell
geeignet, von denen die wichtigsten hinsichtlich ihrer Vor- und Nachteile kurz
beschrieben werden.

Von den elektrochemischen Methoden sind die DPCSV (differential pulse
cathodic stripping voltametry) und die DPASV (differential pulse anodic stripping voltametry) sehr nachweisstark und selektiv für Kupfer [8]. Jedoch müssen biologische Proben vor der Bestimmung vollständig mineralisiert werden
(z.B. Aufschluß mit Salpetersäure in einer Druckbombe), was nicht nur zeitaufwendig ist, sondern auch eine erhöhte Kontaminationsgefahr beinhaltet.

Bei der Atomemissionsspektrometrie steht heute mit der ICP-AES (inductively coupled plasma emission spectroscopy) eine sehr nachweisstarke simultane Multielementbestimmung zur Verfügung, die jedoch wegen zahlreicher
Möglichkeiten von spektralen und nichtspektralen Querstörungen vom Personal ein hohes Maß an Erfahrung und Kritikvermögen voraussetzt.

Die Neutronenaktivierungsanalyse (NAA) ist hinsichtlich Nachweisvermögen und Zuverlässigkeit nachwievor Spitzenreiter. Für die Routine ist sie jedoch
zu zeit- und kostenintensiv und zudem standortgebunden [9,10]. Dagegen bleibt
sie für die Herstellung von Standardreferenzproben unverzichtbar.

Die herkömmliche Röntgenfluoreszenzspektroskopie (RFA, XRF) ist als
simultane Multielementbestimmungsmethode nicht ausreichend genug nachweisstark. Auch variieren die Empfindlichkeitsfaktoren für die einzelnen
Elemente sehr. Dagegen sind neue Techniken, bei denen der anregende Rönt-
genstrahl unter einem sehr flachen Winkel auf den Probenträger fällt, um

Größenordnungen nachweisstärker und relativ problemlos quantifizierbar [11]. Deshalb hat diese sehr leistungsfähige Mikro-Spurenmethode, die Totalreflektionsröntgenfluoreszenzanalyse (TRFA, TXRFA), eine gute Chance, künftig auch in der klinischen Routineanalyse Einzug zu halten.

Die ebenfalls sehr nachweisstarke PIXE (proton induced X-ray emission spectrometry) setzt aufwendige, ortsgebundene Teilchenbeschleuniger voraus und bleibt in erster Linie der Mikroverteilungsanalyse im Bereich der Forschung vorbehalten. Die Plasmamassenspektrometrie (ICP-MS), sicher das z.Zt. leistungsstärkste und universellste Prinzip für Spurenanalysen, ist wegen des relativ hohen instrumentellen Aufwands nur im Rahmen von Multielementbestimmungen einzusetzen und erfordert zur Vermeidung systematischer Fehler ein hohes Maß an Erfahrung [12, 13].

Für die Bestimmung von Spurenelementen im klinischen Laboratorium ist derzeit die Atomabsorptionsspektrometrie mit der Flammen- (FAAS) und der Graphitrohrtechnik–bzw. allgemeiner der elektrothermischen Verdampfung-(ETAAS) die Methode der Wahl. Zur Analytik von Kupfer können beide Verfahren eingesetzt werden. Die Bestimmung ist jeweils elementspezifisch und genügend nachweisstark, eine Probenaufarbeitung entfällt zumeist. Die FAAS ist prinzipiell weniger störanfällig als die ETAAS, die Empfindlichkeit der ETAAS ist jedoch um ca. zwei Größenordnungen höher (vergl. Abbildung 1) [8], so daß man mit bis um den Faktor 10 kleineren Probenportionen auskommt. Mit Hilfe einer speziellen Probenzuführungstechnik, bei der die Analytlösung unter hohem Druck in die Flamme zerstäubt wird, erreicht man mit der FAAS fast das gleiche Nachweisvermögen wie mit der ETAAS [14].

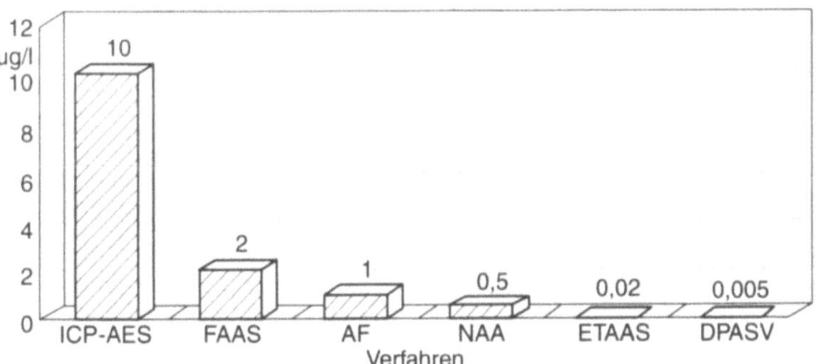

Abb. 1. Vergleich der Nachweisgrenzen bei der Analytik von Kupfer unter Anwendung unterschiedlicher Verfahren (FAAS = Flammen-AAS, ICP-AES = Atomemissionsspektrometrie, NAA = Neutronenaktivierungsanalyse, AF = Atomfluoreszenz, DPASV = Pulspolarographie, ETAAS = Graphitrohr-AAS) (aus [8])

2 Bestimmung von Kupfer mit der Graphitrohr-Atomabsorptionsspektrometrie

2.1 Grundlagen

Bereits Kirchhoff und Bunsen formulierten die Grundlagen für die Atomabsorptionsspektrometrie, die dann erstmalig 1955 durch A. Walsh zur quantitativen Elementbestimmung genutzt wurde. Freie Atome absorbieren in ihrem energetischen Grundzustand elementspezifisch Lichtenergie einer definierten Wellenlänge in der äußeren Elektronenschale, bevor sie das absorbierte Licht dann wieder im angeregten Zustand emittieren. Man mißt die Intensitätsschwächung der Strahlung einer elementspezifischen Lichtquelle (Cu-Hohlkathodenlampe, künftig auch Diodenlaser, der auf die Aussendung einer definierten Kupferemissionslinie justiert ist). Dabei besteht nach dem Lambert-Beerschen Gesetz zwischen der Konzentration der freien Atome, der Extinktion und der Schichtdicke Proportionalität. Die freien Atome im Grundzustand (Atomisierung) erhält man durch thermische Energiezufuhr, die der Veraschung der Probe, der erforderlichen Dissoziations- und der Verdampfungsenergie angemessen sein muß.

Die thermische Energiezufuhr erfolgt heute in vielen Varianten durch elektrische Widerstandsheizung von Graphitrohren, die nach Einführung der Proben mit Hilfe eines Temperaturprogramms bis ca. 3000 K [15] aufgeheizt werden können. Zur Kompensation des Strahlungsuntergrundes nutzt man derzeit überwiegend den Zeeman-Effekt. Er beruht auf der Aufspaltung der spezifischen Resonanzlinie in der Strahlungsquelle oder der Atomisierungseinheit in zwei unterschiedlich polarisierte Anteile mit Hilfe eines Magnetfelds.

2.2 Apparative Ausrüstung

Zur Bestimmung von Kupfer in Körperflüssigkeiten werden ausgereifte Atomabsorptionsspektrometer mit einer Graphitrohrofeneinheit verwendet, die von zahlreichen Firmen angeboten werden. Für die beschriebene Methode kommt das Gerät Zeeman 3030 mit Graphitofen HGA 600 und Probendosierautomat AS-60 der Firma Perkin Elmer, Überlingen, zum Einsatz. Als Strahlungsquelle dient eine übliche Cu-Hohlkathodenlampe. Die Atomisierung erfolgt in handelsüblichen pyrolytisch beschichteten Graphitrohren, die zum Schutz des Graphitrohrs und zum Abtransport von flüchtigen Probenbestandteilen – außer zum Zeitpunkt der Messung – mit Argon durchströmt werden [16]. Die Dosierung der Probe in das Graphitrohr erfolgt über einen Probengeber, so daß das Verfahren das automatische Abarbeiten von Probensequenzen erlaubt.

Die Probenvorbereitung muß an einem möglichst staubfreien Arbeitsplatz unter Einhaltung der Sicherheitsvorschriften zur Vermeidung von

Tabelle 4. Technische Daten des Graphitrohr-Atomabsorptionsspektrometers zur Bestimmung von Kupfer in Körperflüssigkeiten

Spektrometer	Zeeman 3030
Wellenlänge	324,8 nm
Spaltbreite	0,7 nm
Schutzgas	Argon (Gasfluß 300 ml/min)
Signalauswertung	Peakfläche
Untergrundkorrektur	Zeeman-Effekt

Kontaminationen durchgeführt werden, vergl. Abschnitt 3, Fehlerquellen und Einflußfaktoren. Weitere methodische Details sind aus Tabelle 4 zu entnehmen.

2.3 Probengewinnung und -vorbereitung

Die Gefahr der Beeinflussung von Meßergebnissen ist neben der Kontamination der Probe auch durch Elementverluste bei der Probenaufarbeitung sowie durch biologisch-medizinische Faktoren bei der Probennahme gegeben [17, 18]. Die Blutabnahme erfolgt daher standardisiert: morgens am nüchternen und liegenden Patienten mittels Serum- oder Lithiumheparin-Monovetten (Sarstedt, Nümbrecht, D). Die Kupferausscheidung im Urin wird aus dem mit Salzsäure (Merck, Darmstadt, suprapur) angesäuerten 24-Stunden-Sammelurin durchgeführt. Serum bzw. Plasma wird durch Zentrifugation der Blutproben innerhalb von 30 Minuten nach der Blutabnahme von den Zellen abgetrennt. Die Proben sind in Eppendorfhütchen kühl und verschlossen aufbewahrt maximal zwei Wochen bis zur Analyse lagerfähig. Das flüssige Probenmaterial wird direkt und ohne weitere Aufbereitung mittels ETAAS auf seinen Kupfergehalt untersucht (Direktverfahren).

Zur Überprüfung und – soweit möglich – zur Vermeidung der präanalytischen Störfaktoren wird die Kontamination des Elements im gesamten Probenabnahme- und Aufbereitungssystem ermittelt. Dazu wird ein Serumpool mit den bei der Blutabnahme benutzten Kanülen in ca. 20 Lithiumheparin-Monovetten aufgezogen, zentrifugiert und gelagert – entsprechend der Behandlung der Proben. Die Kontamination an Kupfer wird als Differenz der Konzentration vor und nach diesem Prozeß berechnet. Sie liegt im verwendeten Probenverarbeitungssystem unterhalb der Nachweisgrenze von 0,15 µmol/l (und damit bei etwa 1% eines Probandenwerts). Eine aufwendige Vorreinigung der Probengefäße mit verdünnter Säure ist deshalb nicht notwendig [19].

2.4 Meßprogramm

Serum- und Vollblutproben werden mit einer 0,2% Triton X 100- und 0,1% salpetersäurehaltigen Verdünnungslösung im Verhältnis 1:20 verdünnt,

Tabelle 5. Optimiertes Temperaturprogramm zur Bestimmung von Kupfer in Körperflüssigkeiten mittels ETAAS

Schritt	Ofen-temperatur	Zeit Rampe	Zeit Halten	Interner Gasstrom	Messen
1	80	5	5	300	
2	120	60	20	300	
3	900	30	10	300	
4	900	1	3	0	
5	2000	0	3	0	*
6	2650	1	5	300	
7	20	1	10	300	

Urinproben werden unverdünnt eingesetzt. Eine Deproteinierung der Körperflüssigkeiten durch höher konzentrierte Salpetersäure (über 0,2%) oder Trichloressigsäure wird von manchen Autoren zur Verbesserung der Präzision beschrieben [20, 21]. Diese Technik wird in unserem Institut nicht durchgeführt, da das Element im Blut hauptsächlich proteingebunden vorliegt [19].

Von einem Probendosierer werden je Probe 20 µl in das Graphitrohr eingebracht und durch ein elementspezifisches, aber für die drei Matrizes identisches Temperatur- und Zeitprogramm zunächst getrocknet (Entfernen des Lösungsmittels), dann thermisch vorbehandelt (Entfernen der Matrixhauptbestandteile) und schließlich atomisiert.

Die optimale Trocknungstemperatur ist diejenige Temperatur, bei der ein matrixhaltiges Material beim Trocknen weder spritzt noch qualmt. Sie wird durch schrittweises Erhöhen der Temperatur und Steigern der Trocknungszeit und durch Beobachtung des Verdampfungsvorgangs mit Hilfe eines kleinen Spiegels ermittelt [16] (Tabelle 5). Bei der maximalen Vorbehandlungstemperatur werden nach Möglichkeit alle Matrixbestandteile entfernt, ohne daß das zu untersuchende Metall entweicht. Sie wird durch Aufnahme einer

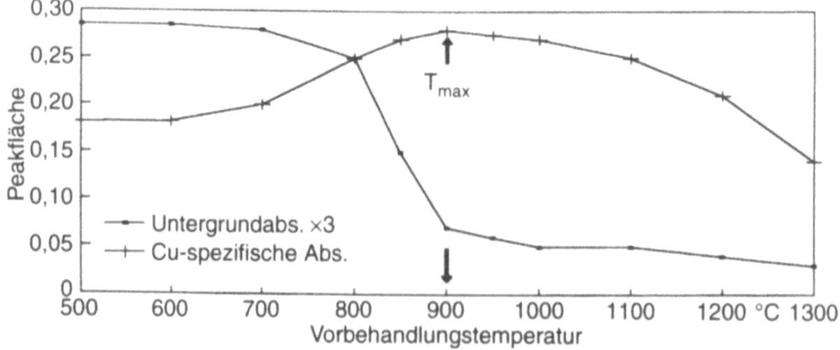

Abb. 2. Verlauf des kupferspezifischen Signals und des Untergrundsignals bei variabler Vorbehandlungs- und gegebener Atomisierungstemperatur (2200 °C) zur Ermittlung der maximalen Vorbehandlungstemperatur T_{max}

Kurve mit variabler Vorbehandlungs- und gegebener Atomisierungstemperatur (nach Empfehlung des Geräteherstellers: 2200°C) ermittelt und liefert T_{max} für Vorbehandlung aus dem Verlauf der Kurven für die kupferspezifische und die Untergrundabsorption (Abbildung 2). Die Bestimmung der optimalen Atomisierungstemperatur T_{opt}, der Temperatur mit dem besten und höchsten Elementsignal, erfolgt durch Erstellen einer Kurve mit einer variablen Atomisierungs- und der gegebenen Vorbehandlungstemperatur T_{max}.

2.5 Kalibration

Obwohl das Lambert-Beersche Gesetz im Prinzip auch für die Atomabsorptions spektrometrie gilt, werden die Bestimmungen als relative Messungen durchgeführt. Die dem Meßsignal entsprechende Konzentration wird direkt aus einer Bezugskurve abgelesen. Die Kalibration erfolgt anhand eines zuverlässigen Referenzmaterials, beispielsweise durch Seronorm™ Trace Elements Serum (Nycomed Pharma, Oslo, Norwegen) für Analysen im Serum und Vollblut oder Lyphochek Urine Metals Control (Firma BioRad, München, D) für Urinanalysen. Das Kontrollmaterial auf Serumbasis wird dazu wie die Proben mit einer 0,2% Triton X 100- und 0,1% salpetersäurehaltigen Verdünnungslösung im Verhältnis 1:20 verdünnt, die Urinkontrolle wird unverdünnt eingesetzt. Verschiedene Volumina (10, 15, 20 µl) dieser Kupferbezugslösung werden entsprechend dreier Konzentrationsstufen gemessen und die Signale dem zertifizierten Gehalt zugeordnet. Die Konzentrationen der Dreipunktkalibration für Serum bzw. Vollblut liegen bei 10,5; 15,8 und 21 µmol/l in der Originalprobe bzw. bei 0,36; 0,55 und 0,73 µmol/l für Urin). Das Pipettierschema zur Erstellung einer Kalibrationskurve zeigt Tabelle 6, wobei die Matrix des Referenzmaterials nach der zu bestimmenden Probe gewählt wird. In Abbildung 3 ist als Beispiel eine Bezugskurve für die Kupferbestimmung im Serum dargestellt.

Bei dieser Art Kalibration, direkt mit einem matrixhaltigen Referenzmaterial, hat das in der Probe vorkommende Metall die gleichen Bindungszustände wie das zur Kalibration verwendete Material. Die Zusammensetzung der Matrix und damit die zu erwarteten Störeinflüsse ändern sich zwar von

Tabelle 6. Pipettierschema und Volumina für die Erstellung einer Bezugskurve zur Bestimmung von Kupfer in Serum oder Vollblut mittels ETAAS

	Konzentration d. Originallösung	Verdünnungslösung	Referenzlösung 1:20	Probenlösung 1:20
	µmol/l	µl	µl	µl
Leerwert	0	20	--	--
Standard 1	10,5	10	10	--
Standard 2	15,8	5	15	--
Standard 3	21,0	--	20	--
Probe	??	--	--	20

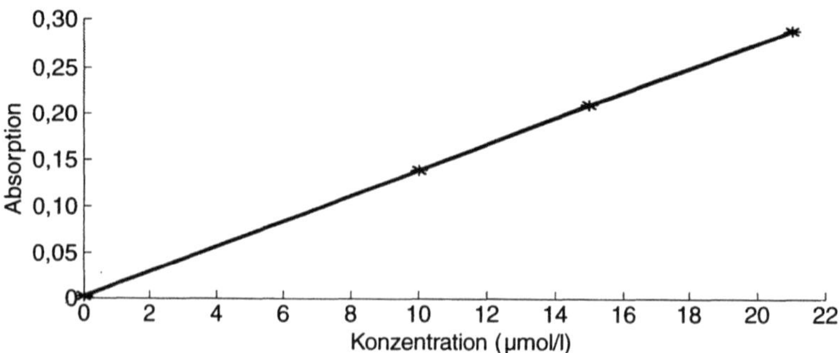

Abb. 3. Bezugskurve zur Bestimmung von Kupfer in Körperflüssigkeiten mittels ETAAS (Dreipunktkalibration mit Seronorm™)

Probe zu Probe geringfügig, die Matrixeinflüsse sind jedoch bei einer Verdünnung von 1:20 und der Korrektur durch den Zeemän-Effekt minimal. Die Problematik bei dieser Kalibrationsart liegt vielmehr in der Vertrauenswürdigkeit der Zielwertangaben für das Referenzmaterial. Wie die Zuverlässigkeit des entwickelten Verfahrens zeigt (s. 2.6. Validierung der Methode), ist für die Analytik von Kupfer die Kalibration mit den eingesetzten matrixhaltigen Kontrollmaterialien eine sichere und schnelle Methode zur Ermittlung der Probenkonzentration. Korrelationsstudien zwischen der Analyse des Elements mittels Standardaddition und seiner direkten Bestimmung durch eine matrixhaltige Bezugslösung ergaben eine gute Übereinstimmung der beiden Kalibrationsarten (r = 0,99) [20].

2.6 Validierung der Methode

Die Validierung erstreckt sich über die Gesamtheit aller Maßnahmen bei der Planung, Ausführung und Dokumentation einer Methode, die die Gültigkeit der Analytik beweisen [22]. Zur Etablierung eines neuen Meßverfahrens mittels Atomabsorptionsspektrometrie gehört die Ermittlung der Nachweisgrenze, der Empfindlichkeit und der Linearität der Methode. Die regelmäßige Qualitätssicherung des Verfahrens wird anhand der Richtigkeit und der Präzision überprüft.

Die Empfindlichkeit ist ein wertvolles Hilfsmittel, um eine Aussage über die Funktionsfähigkeit des Systems und über mögliche matrixbedingte Störeinflüsse zu treffen [23]. Sie ist der Zusammenhang zwischen der Extinktion und der Konzentration eines Elements und entspricht der Steigung der Bezugsfunktion (Differenz der Absorption dividiert durch die Differenz der entsprechenden Konzentration zweier Punkte). Die Empfindlichkeit einer Methode im linearen Bereich der Bezugskurve ist – wie im beschriebenen Verfahren (s. Abbildung 3) – unabhängig von der Höhe der Konzentration. Sie beträgt $12,9 \times 10^{-3}$ Abs. Einheiten pro µmol/l für Serum und 306×10^{-3} Abs. Einheiten pro µmol/l für Urin. An der unteren Grenze des Referenzbereichs von 12,6 µmol/l im Serum wird demnach eine Extinktion von 0,162 Abs. Einheiten erreicht.

Wird die Empfindlichkeit eines zu bestimmenden Elements mit der Präzision einer Blindwertmessung verknüpft, so kommt man zu dem Begriff der Nachweisgrenze. Sie gibt an, welche kleinste Konzentration noch zuverlässig nachgewiesen werden kann und ist abhängig von der Leistungsfähigkeit des Systems und der Empfindlichkeit der Methode und wird daher ebenfalls vor allem von der zu messenden Matrix beeinflußt. Die Nachweisgrenze wird meist als dreifache Standardabweichung (99% Vertrauensbereich für die Signalerkennung) des Basislinienrauschens definiert [23] und aus 20 Messungen des Probenleerwerts ermittelt. Sie beträgt für das beschriebene Verfahren 0,19 µmol/l für Bestimmungen im Serum und ist für Kupferkonzentrationen im physiologischen Bereich bei weitem ausreichend. Mit der Microsampling Methode bei der Flammen-Atomabsorptionsspektrometrie wird ein mit der Graphitrohrtechnik vergleichbarer Wert von 0,16 µmol/l ermittelt [20].

Die Linearität zwischen der Konzentration des Analyten und dem erhaltenen Meßsignal ist überprüft und gegeben bis 2,05 µmol/l in der Meßprobe. Das entspricht bei einer 1:20 Verdünnung der Originalprobe von Serum und Vollblut einer Linearität bis 41 µmol/l [19] und reicht damit für den physiologischen Meßbereich mit Sicherheit aus.

In Übereinstimmung mit den "Richtlinien der Bundesärztekammer zur Qualitätssicherung in medizinischen Laboratorien" (1988) [24] erfolgt die statistische Qualitätssicherung durch eine interne und externe Richtigkeitskontrolle und eine ebenfalls matrixhaltige Präzisionskontrolle, die bei jedem Lauf mitgeführt werden muß. Die Präzision einer Methode – als Maß für die Übereinstimmung der Ergebnisse auf einem gegebenen Niveau – wird als Mittelwert mit zweifacher Standardabweichung einer Bestimmung von 20 Proben angegeben [25]. Sie liegt beim beschriebenen Verfahren für die Bestimmung eines Serumpools bei einem Wert von $13,4 \pm 0,62$ µmol/l. Der Variationskoeffizient ist das Verhältnis der Standardabweichung in Prozent zum Mittelwert. Er darf nach den Richtlinien der Bundesärztekammer für die Kupferbestimmung maximal 5% betragen und liegt im beschriebenen Verfahren bei 2,3%.

Die Richtigkeit einer Methode gibt den Grad der Übereinstimmung zwischen dem ermittelten Wert (Istwert) und dem "wahren" Wert eines Referenzmaterials (Zielwert) als prozentuale Abweichung an. Die Problematik bei diesen Richtigkeitskontrollen liegt in der Vertrauenswürdigkeit der Zielwertangaben, die besonders in Bereich der Spurenanalytik kritisch zu bewerten sind [26], da man häufig noch nicht über definierte Analysenmethoden verfügt, die frei von systematischen Fehlern sind. In Abhängigkeit der zu untersuchenden Körperflüssigkeit werden zur Qualitätskontrolle Materialien mit der entsprechenden Matrix verwendet.

Die Ergebnisse unserer Analysen stimmen gut überein mit den angegebenen Werten der Materialien Lyphochek Urine Metals Control Levels

Tabelle 7. Materialien zur internen und externen Richtigkeitskontrolle in verschiedenen Matrizes und Ergebnisse der Kupferbestimmung

Material	Matrix	Zielwert	Istwert	Abweichung
		µmol/l	µmol/l	%
Lyphocheck 1	Urin	510	505; 541	$-0{,}9$; 6,1
Lyphocheck 2	Urin	730	772	5,8
Seronorm	Urin	425	410; 385; 435	$-3{,}5$; $-9{,}4$; 2,4
Seronorm	Serum	20,0	19,7; 19,5	$-1{,}5$; $-2{,}5$
Monitrol I	Serum	16,0	16,1; 17,5	0,6; 9,3
Monitrol II	Serum	12,6	11,8; 12,1	$-6{,}3$; $-4{,}0$
RV-B	Urin	31,0	31,1	0,3
Ringversuch 396	Serum	34,5	36,6	6,4
Ringversuch 397	Serum	14,5	13,5	$-6{,}9$

1 und 2 (Firma BioRad, München, D), Seronorm Trace Elements Serum und Urin (Nycomed Pharma, Oslo, Norwegen) sowie Monitrol I und II (Firma Baxter, Unterschleißheim). Auch die Teilnahme an den externen Richtigkeitskontrollen durch Ringversuchs materialien ist durch die Bundesärztekammer vorgeschrieben und geregelt. Zertifikate geben Aufschluß über die Qualität einer Methode, beispielsweise von der Deutschen Gesellschaft für Klinische Chemie e.V. in Bonn (RV B) und des Robens Institute, University of Surrey, in Guildford, GB (Ringversuch RV 396–397). In Tabelle 7 sind in der Spalte "Zielwert" die erhaltenen Mittelwerte der Ringversuche angegeben. Die Richtigkeit der Methode – mit maximal 9,4% Abweichung – kann für beide Matrizes als gut bezeichnet werden. Sie erreicht in 9 von 15 Fällen einen Wert von unter 6%.

In den medizinischen Laboratorien werden erhebliche Anstrengungen zur Qualitätssicherung von Spurenelementbestimmungen unternommen. Es ist jedoch ein langer Weg, bis das gleiche Niveau wie bei der Analyse von Elektrolyten erreicht ist [26].

3 Fehlerquellen und Einflußfaktoren

3.1 Präanalytische Störungen

3.1.1 Individuelle biologische Faktoren

Vor der Ausgabe der Befunde müssen alle Laborergebnisse medizinisch und technisch validiert werden. Die medizinische Validierung beinhaltet eine Zuordnung der biologischen Daten des Probanden (Tabelle 8) zu den bekannten Informationen über Referenzwerte und eine Überprüfung der klinischen Relevanz der Meßdaten [27].

Tabelle 8. Individuelle biologische Faktoren zur Berücksichtigung bei der medizinischen Validierung

Genetische Faktoren	Rasse
	Geschlecht
Ökologische Faktoren	Gewicht, Alter
	Biorhythmus, Streß
	Schwangerschaft
Kurzfristige Faktoren	Nahrungsaufnahme
	Medikamente
	Krankheiten

3.1.2 Faktoren bei der Probennahme und -verarbeitung

Unterschiedliche Literaturangaben für die Kupferkonzentration mit Differenzen bis zu einer Zehnerpotenz sind häufig auf verschiedene präanalytische Verfahrensweisen und Kontamination zurückzuführen [28, 29] (Tabelle 9). Verunreinigungen an Kupfer stammen aus Probennahmebesteck, Additiva in Monovetten und Kanülen, aus Transport- und Aufbewahrungssystem, Gummistopfen, Desinfektionsmittel, Raumluft u.v.m [30]. Einen Einfluß auf den Spurenelementgehalt nimmt weiterhin die Art der Probennahme mit der Dauer der venösen Stauung sowie eine starke Aspiration des Blutes in die Monovette [31]. Zu einer Freisetzung von Ionen aus den Probengefäßen kommt es vor allem bei der Verwendung von Glasbehältern, aber auch eine Adsorption des Elements in verdünnten Lösungen an die Wand der Probenbehältnisse ist möglich [12, 17, 32]. Der Verlust an Kupfer wird durch Ansäuern der Probelösungen mit verdünnter Salpetersäure vermieden. Die Endkonzentration der Säure in der Probe darf jedoch 0,2% nicht übersteigen, da ansonsten die Gefahr der Proteinfällung besteht. Das vielfach zur Reinigung empfohlene Spülen von Plastikgefäßen in Salpetersäure über Nacht [20] ist bei dem beschriebenen Probenaufbereitungssystem nicht erforderlich, da seine Kontamination unterhalb der Nachweisgrenze von 0,15 μmol/l liegt.

Tabelle 9. Einflußfaktoren auf die Kupferbestimmung bei der Probennahme und -verarbeitung

Blutentnahme	Art der Abnahme
	Körperlage
	Material der Nadel
	Entnahmegefäße, Zusätze
Verarbeitung	Art, Zeitpunkt und Dauer der
	Zentrifugation
	Dauer und Temperatur der
	Lagerung
	Probenverdünnung
	Probengefäße

Tabelle 10. Analytische Einflußfaktoren auf die Kupferbestimmung

Kalibratoren/Kontrollen	Art der Matrix
	Art der Zusätze
	Vorbereitung der Lösungen
AAS-Umgebung	Klima
	Staub
	Rauch
	Personal (Schweiß, Kleidung, Kosmetika)

Zur Vermeidung einer Verunreinigung ist jedoch äußerst sauberes Arbeiten und das Verschließen der Reagenzien bis unmittelbar vor Arbeitsbeginn Voraussetzung.

3.2 Analytische Faktoren

Voraussetzung für eine störungsfreie Messung in einem Graphitrohrofen ist die Elimination der Begleitmatrix vor der Atomisierung (Tabelle 10). Unterscheiden sich Kalibrationsmaterial, Kontrolle und Probe in der Matrix oder in der zugesetzten Verdünnungs- und Pufferlösung, und sind diese Unterschiede nicht völlig durch das Temperatur-Zeit-Programm kompensierbar, so resultieren bei der Analyse nicht vergleichbare Meßsignale und eine unkorrekte Bezugsfunktion. Bei der entwickelten Methode sind diese Effekte zu vernachlässigen, da alle Meßlösungen gleich behandelt werden und Matrixeinflüsse bei einer Verdünnung von 1:20 und der Korrektur durch den Zeeman-Effekt minimal sind. Quellen der Probenkontamination sind neben Staub und Rauch in der Umgebung des Geräts auch Kosmetika oder Schweiß, die etwa durch Berührungen der Pipettenspitzen in die Lösungen gelangen. An dieser Stelle sei ausdrücklich darauf hingewiesen, daß die Qualität der Ergebnisse in einem hohen Maß von einem erfahrenen, und mit den ganz besonderen Anforderungen an die Arbeitsweise im Spurenelementlabor vertrauten Laborpersonal abhängt.

3.3 Einflüsse auf die Atomisierung

Einflüsse durch die analytische Ausrüstung lassen sich bei der AAS in spektrale und nichtspektrale Störungen gliedern (Tabelle 11), die beide in der Begleitmatrix der Probe begründet liegen [33]. Spektrale Interferenzen treten bei unvollständiger Differenzierung zwischen der kupferspezifischen und der unspezifischen Absorption (Untergrundabsorption) auf. Sie können durch eine Technik zur Untergrundkompensation, beispielsweise durch den eingesetzten Zeeman-Effekt, korrigiert werden.

Nichtspektrale Störungen beeinflussen das Elementsignal direkt und werden nach dem Ort und den Bedingungen, unter denen sie entstehen,

Tabelle 11. Störeinflüsse bei der ETAAS

Spektrale Störungen	Überlappen von Absorptions- und Emissionslinien Absorption der Strahlung durch Matrixpartikel
Nichtspektrale Störungen	Transport-, Verteilungs- störungen Verdampfungsstörungen Dampfphasenstörungen

unterschieden. Diese Interferenzen kommen durch die physikalischen und chemischen Eigenschaften der Matrix zustande, wie dem Ausmaß der Oberflächenspannung, Viskosität oder Schaumbildung und der Bildung leicht- oder schwerflüchtiger Verbindungen durch Begleitsubstanzen und Störatome [34]. Um derartige Probleme weitgehend zu vermeiden, sollte, wie bei der beschriebenen Methode, zur Kalibration ein Material gewählt werden, das der Matrix der Proben möglichst ähnlich ist. Durch die folgenden Maßnahmen können die Einflüsse der Matrix eingeschränkt werden [15]:

- Optimierung der thermischen Parameter der Atomisierungseinrichtung (Erstellen eines Temperatur-Zeit-Programms).
- Optimierung der chemischen Bedingungen des Atomisators (Auswahl von Rohrmaterial, -beschichtung und Gasart).
- Optimierung der chemischen Zusammensetzung der Analysenprobe (Zusatz- von Matrix- oder Elementmodifier).

Auf den Einsatz von Matrix- oder Elementmodifiern zur Reduzierung nichtspektraler Störungen, bzw. auf die Verwendung von Graphitrohren mit L'Vov Plattform zur Verbesserung der Empfindlichkeit kann zugunsten einer Kosten- und Zeitersparnis verzichtet werden. Die programmierbaren apparativen Einflüsse beispielsweise Gasströmung und Temperaturprogramm – sind für das verwendete System optimiert, möglicherweise müssen sie für ein anderes zum Einsatz kommendes System durch ein geringfügiges Verändern der Parameter angepaßt werden.

4 Bewertung der Kupferbestimmung mit der Graphitrohr-Atomabsorptionsspektrometrie

Im klinisch-chemischen Laboratorium ist zur Analytik des Spurenelements Kupfer die Atomabsorptionsspektrometrie, als Flammen- oder Graphitrohrtechnik, das am häufigsten verwendete Verfahren. Die Leistungsfähigkeit der AAS resultiert aus der Spezifität des Metallnachweises, dem im Vergleich zu anderen Methoden geringen apparativen Aufwand (s. 1.4. Analytische Verfahren zur Bestimmung von Kupfer), den geringeren Anforderungen an die

Probenaufarbeitung wie auch die chemische und technische Qualifikation der Mitarbeiter [8, 12].

Gegenüber der Flammen-Atomabsorptionsspektrometrie liegt bei der Atomisierung im Graphitrohr die Nachweisgrenze niedriger und die Empfindlichkeit höher [15, 34]. Erstere beträgt bei der entwickelten Methode mit 0,15 µmol/l etwa ein Hundertstel eines Probandenwerts. Die Steigung der Bezugsfunktion errechnet sich zu $12,9 \times 10^{-3}$ Abs. Einheiten pro µmol/l für Serum. Die Linearität der Bezugskurve ist überprüft bis 41 µmol/l und damit ausreichend für den physiologischen Meßbereich. Die Richtigkeit der Ergebnisse liegt – mit Abweichungen von unter 6% vom Zielwert – im Rahmen eines guten Verfahrens. Die Präzision der Kupferbestimmung soll nach den Richtlinien der Bundesärztekammer unter 5% liegen. Für das beschriebene Verfahren beträgt der Variationskoeffizient 2,3%.

Bei der Atomisierung in der Flamme werden die freiwerdenden Atome innerhalb weniger Millisekunden durch den Meßstrahl transportiert. Die Analytik mittels Graphitrohr, bei der vergleichsweise erheblich mehr Atome zur Lichtabsorption zur Verfügung stehen, gestattet die Erfassung absoluter Spurenmengen und die Verwendung kleinster Probenmengen (20 µl Serum, 1:20 vorverdünnt). Dieser Vorteil ist vor allem in der Pädiatrie und bei der Bestimmung eines Elements in den Zellfraktionen des Bluts von Bedeutung. Die Flammentechnik ist dagegen das schnellere Verfahren zur Bestimmung von Kupfer, der Einfluß von Matrixbestandteilen und die Gefahr der Kontamination ist geringer. Störungen durch unspezifische Lichtverluste bei der Atomisierung im Graphitrohr können jedoch durch die Zeeman-Untergrundkompensation korrigiert werden. Typische flammenspezifische Störungen wie die Oxidbildung werden durch die Inertgasatmosphere im Graphitrohr vermieden.

5 Zusammenfassung

Für das essentielle Spurenelement Kupfer ist neben der Diagnose eines Mangelzustands bei verschiedenen Erkrankungen auch die Erfassung einer Intoxikation von Bedeutung. Durch die geringen Konzentrationsveränderungen in Körperflüssigkeiten einerseits und deren komplizierte Matrix andererseits sind Methoden mit hoher Sensitivität und Spezifität erforderlich. Zunehmend stehen nachweisstarke Verfahren zur Verfügung, die meisten setzen jedoch einen enormen instrumentellen, finanziellen und personellen Aufwand voraus. Zur Etablierung einer analytischen Methode sind neben dem Nachweisvermögen und der Richtigkeit vor allem die Kosten ein auschlaggebender Faktor.

Die Graphitrohr-Atomabsorptionsspektrometrie (ETAAS) ist daher ein ideales Verfahren für das klinisch-chemische Laboratorium zur Analytik von Kupfer im Serum oder Plasma, Vollblut und Urin. Die Bestimmung ist einfach durchführbar, elementspezifisch und präzise. Die entwickelte Methode kommt ohne eine vorbereitende Mineralisierung der biologischen Proben und mit wenig Reagenzien und Verbrauchsmaterial aus. Zeiteinsatz wie Kostenaufwand für eine Bestimmung sind daher gering. Bedingt durch die Begleitmatrix der Proben kommt es bei der Atomisierung im Graphitrohr zu spektralen und nichtspektralen Störungen, die jedoch durch die Zeeman-Untergrundkompensation und durch Optimierung des Temperatur-Zeit-Programms korrigiert werden. Auf den Einsatz von Matrix- oder Elementmodifiern bzw. auf die Verwendung von Graphitrohren mit L'Vov Plattform kann verzichtet werden. Nachweisgrenze, Linearitätsbereich und Richtigkeit der Meßergebnisse entsprechen den Ansprüchen an ein Analysenverfahren im physiologischen Bereich. Die Präzision der Methode genügt den Richtlinien der Bundesärztekammer und die Empfindlichkeit ist so hoch, daß kleinste Probenmengen zur Analyse ausreichen.

6 Literatur

1. Tölg G (1993) Spurenanalytik in unserer Zeit: eine Quelle für Innovationen und Ängste. CLB Chemie in Labor und Biotechnik, 44. Jahrgang, Heft 5: 271–281
2. Anke M et al. (1992) Die Spurenelementaufnahme Erwachsener (Zink, Kupfer, Mangan, Molybdän, Jod, Nickel) in den neuen Bundesländern. In: Mineralstoffe und Spurenelemente in der Ernährung der Menschen (Brätter P und Gramm H-J Hrsg). Blackwell Wissenschaft, Berlin, 64–85
3. Kirchgessner M, Reichlmayr-Lais AM (1983) Bedarf und Verwertung von Spurenelementen. In; Spurenelemente. Grundlagen Ätiologie Diagnose Therapie (Zumkley H Hrsg). Georg Thieme Verlag Stuttgart, New York, 25–34
4. Burch RE, Hahn HKJ (1983) Kupfer. In; Spurenelemente. Grundlagen Ätiologie Diagnose Therapie (Zumkley H, Hrsg.). Georg Thieme Verlag, Stuttgart, New York, 128–139
5. Zumkley H, Kisters K (1990) Spurenelemente: Geschichte Grundlagen Physiologie Klinik. Wissenschaftliche Buchgesellschaft, Darmstadt, 105–117
6. Woittiez JRW, Iyengar GV (1988) Trace elements in human clinical specimens: evaluation of literature data to identify reference values. In: Trace Element Analytical Chemistry in Medicine and Biology (Brätter P, Schramen P Hrsg.) Walter de Gruyter, Berlin - New York, 229–235
7. Dörner K, Kurse-Jarres JD (1992) Spurenelemente. In: Labor und Diagnose (Thomas L, Hrsg.). Medizinische Verlagsgesellschaft, Marburg/Lahn, 407–430
8. Bertram HP (1983) Analytik von Spurenelementen. In: Spurenelemente (Zumkley H Hrsg.). Georg Thieme Verlag, Stuttgart, New York, 2–11
9. Brätter P (1992) Anwendung der Neutronenaktivierungsanalyse zur Spurenelementbestimmung in biologisch-medizinischem Probenmaterial. In: Mineralstoffe und Spurenelemente in der Ernährung der Menschen (Brätter P, Gramm H-J Hrsg.). Blackwell Wissenschaft, Berlin, 133–137
10. Gawlik D, et al. (1992) Neutronenaktivierungsanalysen biologischer Proben am Berliner Forschungsreaktor BER II. In: Mineralstoffe und Spurenelemente in der Ernährung der Menschen (Brätter P, Gramm H-J, Hrsg.). Blackwell Wissenschaft, Berlin, 138–160
11. Tölg G, Klockemkänpfer R (1993) The role of total reflection X-ray fluorescence in atomic spectroscopy Spectrochim Acta 48 B, 111–127
12. Angerer J, et al. (1991) Bestimmung von Nickel in biologischem Material und umweltrelevanten Matrizes. In: Analytiker Taschenbuch Bd. 10 (Günzler H, et al. Hrsg.). Springer, Berlin Heidelberg, 397–426
13. Thunus L, Lejeune R (1994) Zinc. In: Metals in clinical and analytical chemistry (Seiler HG, et al., Hrsg.). Marcel Dekker, Inc New York-Basel-Hong Kong, 667–674

14. Berndt H, Müller A (1993) Reduction of matrix interferences and improvement of detection power in flame AAS by a high-performance flow/hydraulic high pressure nebilization system for sample introduction (HPF/HHNP). Fresenius J Anal Chem 345: 18–24
15. Dittrich K (1987) Flammenlose Atomabsorptionsspektroskopie. In: Analytiker Taschenbuch Bd. 8 (Borsdorf H, et al., Hrsg.). Springer, Berlin Heidelberg, 37–91
16. Welz B (1983) Atomabsorptionsspektroskopie. Verlag Chemie, Weinheim, 3. Aufl. 356–357
17. Behne D, Iyengar GV (1989) Spurenelementanalyse in biologischen Proben. In: Analytiker Taschenbuch Bd. 6 (Fresenius W, et al, Hrsg.). Springer, Berlin Heidelberg, 238–280
18. Versieck J, Vanballenberghe L (1994) Collection, Transport and Storage of Biological Samples for the Determination of Trace Elements. In: Metals in clinical and analytical chemistry (Seiler HG, et al., Hrsg.). Marcel Dekker, Inc., New York-Basel-Hong Kong, 31–45
19. Ziegler S (1993) Messung der Serumproteinbindung des Spurenelements Kupfer mittels Gelfiltration und Graphitrohrofenatomabsorptionsspektrometrie bei Dialysepatienten und Blutspendern. Dissertation, Eberhard-Karls-Universität, Tübingen
20. Liska SK, Kerkay J, Pearson KH (1985) Determination of copper in whole blood, plasma and serum using Zeeman effect atomic absorption spectroscopy. Clinica Chimica Acta 150: 11–19
21. Voth LM (1981) Determination of lithium, zinc and copper in blood serum by flame microsampling. Varian AA-Resource Center, Number AA-16
22. Lüderwald I, Müller M (1993) Instrumentelle Analytik in der industriellen pharmazeutischen Qualitätskontrolle. In: Analytiker Taschenbuch Bd. 11 (Günzler H, et al., Hrsg.). Springer, Berlin Heidelberg, 113–170
23. Schlemmer G, Baasner J, Lehmann R (1989) Empfindlichkeit, Nachweisgrenzen und Arbeitsbereich in der Atomabsorptionsspektrometrie. 5. Colloquium Atomspektrometrische Spurenanalytik (Welz B, Hrsg.). Bodenseewerk Perkin Elmer GmbH, 155–168
24. Richtlinien der Bundesärztekammer zur Qualitätssicherung in medizinischen Laboratorien (1988). Deutsch. Ärztebl. 11: 697–712
25. Pelli IZ (1994) Determination of trace elements by atomic absorption spectrometry. In: Determinations of trace elements (Alfassi ZB Hrsg.). VCH Verlagsgesellschaft, Weinheim, 146–188
26. Dörner K (1991) Qualitätssicherung von Spurenelementbestimmungen im klinischen Labor. In: Mineralstoffe und Spurenelemente in der Ernährung der Menschen (Brätter P, Gramm H-J Hrsg.). Blackwell Wissenschaft, Berlin, 124–132
27. Kruse-Jarres JD, & Schmitt Y (1987) Klinische Voraussetzungen für die Analytik von Spurenelementen Lab med 11: 268–274
28. Versieck J (1985) Trace elements in human body fluids and tissues. Crit Rev Clin Lab Sci 22: 97–184
29. Woittiez JRW, Sloof JE (1994) Sampling and sample preparation. In: Determinations of trace elements (Alfassi ZB Hrsg.). VCH Verlagsgesellschaft, Weinheim, 59–94
30. Tölg G, Tschöpel P (1994) Systematik errors in trace analysis. In: Determinations of trace elements (Alfassi ZB, Hrsg.). VCH Verlagsgesellschaft, Weinheim, 2–31
31. Reimold W, Deborah JB (1978) Detection and elimination of contaminations interfering with the determination of zinc in plasma. Clin Chem 24: 675–680
32. Hall M, Loscombe S, Taylor A (1988) Trace element contamination from blood specimen containers. Trace Elements in Medcine 5: 126–129
33. Schmitt Y (1987) Influence of preanalytical factors on the atomic absorption spectrometry. Determination of trace elements in biologoical samples. J Trace Elem Electrolytes Health Dis., Vol. 1: 107–114
34. Kicinski HG (1994): Atomspektroskopische Methoden, Teil 2. CLB Chemie in Labor und Biotechnik, 45. Jahrgang, Heft 6: 44–46

Analytik von Zink in Körperflüssigkeiten

M. Rükgauer und J.D. Kruse-Jarres

Institut für Klinische Chemie und Laboratoriumsmedizin, Katharinenhospital,
Kriegsbergstr. 60, D-70174 Stuttgart

1	Einführung	301
1.1	Einleitung	301
1.2	Vorkommen und physiologische Bedeutung von Zink	302
1.3	Indikationen zur Bestimmung von Zink	303
1.4	Analytische Verfahren zur Bestimmung von Zink	303
2	Bestimmung von Zink mittels Flammen-Atomabsorptionsspektrometrie	305
2.1	Apparative Ausrüstung	305
2.2	Probengewinnung und -vorbereitung	305
2.3	Meßprogramm	306
2.4	Kalibration	306
2.5	Validierung der Methode	308
3	Fehlerquellen und Einflußfaktoren	310
3.1	Präanalytische Einflüsse	310
3.1.1	Individuelle biologische Faktoren	310
3.1.2	Einflüsse bei der Probennahme und -verarbeitung	310
3.2	Analytische Faktoren	311
3.3	Einflüsse auf die Atomisierung	311
4	Bewertung der Zinkbestimmung mittels Flammen-Atomabsorptionsspektrometrie	312
5	Zusammenfassung	312
6	Literatur	313

1 Einführung

1.1 Einleitung

Das Element Zink gehört zu den wichtigsten essentiellen Spurenelementen und
nimmt mit einer Vielzahl von zinkabhängigen Enzymen und Hormonen
Einfluß auf das Stoffwechselgeschehen. Mit der Entwicklung von nachweisstarken Meßverfahren werden in den letzten Jahren zunehmend Zusammenhänge
zwischen den verschiedensten Erkrankungen und Veränderungen des Spuren-
elementgehalts im menschlichen Körper festgestellt. Für Zink ist klinisch vor
allem die Diagnose eines Mangelzustands von Bedeutung, so daß die zuverlässige Erfassung des Elements eine wesentliche Voraussetzung für eine

effiziente Kurativ- und Präventivmedizin ist. Als einfach zu erhaltendes Untersuchungsmaterial stehen Vollblut, Serum oder Plasma und Urin zur Verfügung. Im Folgenden wird nach einer kurzen Beschreibung der Bedeutsamkeit des Elements für den Organismus ein von uns bevorzugtes Verfahren zur Bestimmung von Zink mittels Flammen-Atomabsorptionsspektrometrie vorgestellt.

1.2 Vorkommen und physiologische Bedeutung von Zink

Zink ist ein in der Erdkruste weit verbreitetes Element. Nahrungsmittel mit einem hohen Gehalt sind vor allem Fleisch, Wurst, Fisch, Eier und Käse sowie Gewürze und Kakao – Zink ist nicht an Fett, sondern ausschließlich an Protein gebunden [1]. Im Organismus finden sich die höchsten Konzentrationen in den Testes und relativ hohe Mengen in den Muskeln, den Knochen, der Leber und den Haaren [2]. Als Normalwerte für Erwachsene werden Spiegel zwischen $10,7-18,3\,\mu mol/l$ im Plasma, $67,3-131,5\,\mu mol/l$ im Vollblut und $<1,05\,\mu mol$ Zink/mmol Kreatinin im Urin angegeben [3,4].

Zink wird in Abhängigkeit eines metallothioneinähnlichen Faktors im Duodenum und Jejunum resorbiert und hauptsächlich durch Sekrete des Gastrointestinaltraktes ausgeschieden. Das Element besitzt eine mannigfache biologische Bedeutung mit über 100 bekannten zinkabhängigen Enzymen (Tabelle 1) [5]. Die wichtigsten davon sind die Enzyme des Glucosestoffwechsels und die DNA-Polymerase, die alkalische Phosphatase und die Lactatdehydrogenase.

Ein Mangel an Zink tritt unter anderem auf bei Erkrankungen von Niere und Leber, bei Gewebezerstörung und Infektionen (Tabelle 2). Im Vordergrund der Symptomatik stehen Wachstumsverzögerung, Hypogonadismus, verzögerte Wundheilung, Dermatiden und Knochenveränderungen (Tabelle 3). Erhöhte Spiegel werden selten beobachtet, Intoxikationen nach Aufnahme zinkhaltiger Lösungen führen zu Brechdurchfällen, Lungenödem und nekrotisierender Pneumonie [6].

Tabelle 1. Zinkabhängige Enzyme und biologische Aufgaben des Elements

Enzyme des Glucosestoffwechsels: z. B. Glucokinase, Enolase
DNA/RNA-Polymerasen
Hydrolasen: z. B. Carboxypeptidase, Alkalische Phosphatase
Dehydrogenasen: LDH, Malat-, Alkohol-, Glutamatdehydrogenase
Carbonatdehydratase
Tymidinkinase
Membranstabilisator
Einfluß auf Hormone: z. B. Insulin, Gonadotropin, Testosteron
Steigerung der Sauerstoffaffinität in Erythrozyten
Zelluläre und humorale Immunität

Tabelle 2. Ursachen eines Zinkmangels

Malabsorption, Malnutrition, parenterale Ernährung,
Akute und chronische Gewebeverletzung
Akute und chronische Infektionen
Nierenerkrankungen
Lebererkrankungen
Hämatologische und rheumatische Erkrankungen
Diabetes mellitus
Phytatreiche Kost
Alkoholabusus
Medikamente (z. B. Chelatbildner)

Tabelle 3. Symptome und Krankheiten bei Zinkmangel

Wachstumsverzögerung
Hypogonadismus, Impotenz
Verzögerte Wundheilung
Haarausfall
Knochenveränderungen
Ekzematische Dermatiden
Akrodermatitis enteropathica
Durchfälle
Depressionen
Anämie
Anorexie, Kachexie
Geschmacks- und Geruchsstörungen
Geistige und zerebrale Störungen, Ataxie, Lethargie
Hepatosplenomegalie

1.3 Indikationen zur Bestimmung von Zink

Ein Zinkmangel sollte berücksichtigt und überprüft werden bei Erkrankungen bzw. Symptomen, wie die der Akrodermatitis enteropathica, bei Wundheilungsstörungen, mehrwöchiger parenteraler Ernährung, Resorptionsstörungen und der Häufung von Mangelanzeichen. Vor einer Substitution von Zink wird der Spiegel des Elements im Serum oder Plasma bestimmt, um eine Kumulation und iatrogene Intoxikation zu vermeiden. Da die Spurenelemente in mannigfaltigen Wechselwirkungen miteinander stehen, besteht bei einer unkontrollierten Einnahme eines Zinkpräparats außerdem die Gefahr, das Gleichgewicht der Elemente untereinander zu stören.

1.4 Analytische Verfahren zur Bestimmung von Zink

Voraussetzung für die Zinkbestimmung in einer komplexen biologischen Matrix ist – wie bereits bei dem Element Kupfer diskutiert – die Auswahl eines Verfahrens mit einer hohen Spezifität und einem hinreichenden Nachweisvermögen, um die geringen Veränderungen innerhalb des physiologischen Bereichs noch erfassen zu können. Chemische, enzymologische oder

immunologische Methoden, bei welchen ein Nachweis bis in den Pikomol-
bereich möglich ist, stehen nicht zur Verfügung [7]. Einfache spektralphotometrische und ionenchromatographische Analysentechniken erfordern eine vollständige Mineralisierug der Probe, was neben einem hohen Zeitaufwand eine große
Kontaminationsgefahr mit sich bringt. Dies gilt auch für elektrochemische
Methoden, wie die Pulspolarographie (DPCSV = differential pulse cathodic
stripping voltametry oder DPASV = differential pulse anodic stripping voltametry) [8].

Zur Erfassung der niedrigen Zinkkonzentrationen im Organismus sind
deshalb atomabsorptionsspektrometrische Verfahren mit einem relativ hohen
technischen und apparativen Aufwand erforderlich [9–12]. Die derzeit am
häufigsten eingesetzte Methode zur Analytik von Zink im klinisch relevanten
Spurenbereich ist die Flammen- oder Graphitrohr-Atomabsorptionsspektrometrie (FAAS oder ETAAS). Die Bestimmung erfolgt als Einzelelement-
methode, sie ist elementspezifisch und empfindlich und erlaubt in den meisten
Fällen eine vereinfachte Probenvorbereitung. Der lineare Meßbereich ist
gegenüber anderen Methoden beschränkt.

Im Klinikbereich ist die weniger störanfällige FAAS die Methode der Wahl.
Bei der Atomisierung in der Flamme liegt die Nachweisgrenze für das Element
um das 500-fache höher als im Graphitrohr [8] (Abbildung 1). Das erforderliche
Probevolumen ist um den Faktor 10 größer, da bei der Flammentechnik nur ein
kleiner Bruchteil der angesaugten Lösung atomisiert wird und die entstehenden
Atome zudem rasch durch den Lichtweg transportiert werden.

Abb.1 Vergleich der Nachweisgrenzen bei der Analytik von Zink unter
Anwendung verschiedener Verfahren (FAAS = Flammen-AAS, ICP-AES =
Atomemissionsspektrometrie, NAA = Neutronenaktivierungsanalyse, AF =
Atomfluoreszenz, DPASV = Pulspolarographie, ETAAS = Graphitrohr-AAS)
(aus [8]).

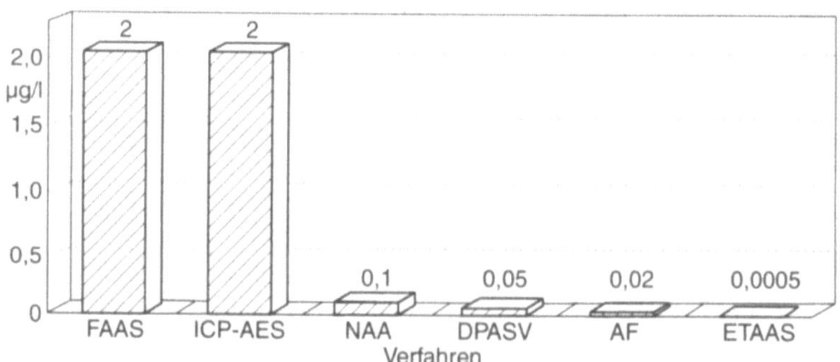

Abb. 1. Vergleich der Nachweisgrenzen bei der Analytik von Zink unter Anwendung ver-
schiedener Verfahren (FAAS = Flammen-AAS, ICP-AES = Atomemissionsspektrometrie, NAA =
Neutronenaktivierungsanalyse, AF = Atomfluoreszenz, DPASV = Pulspolarographie, ETAAS =
Graphitrohr-AAS) (aus [8])

2 Bestimmung von Zink mittels Flammen-Atomabsorptionsspektrometrie

2.1 Apparative Ausrüstung

Die Bestimmung von Zink erfolgt mit einem handelsüblichen AAS-Gerät (z.B. SPECTRAA 250 plus, Varian, Darmstadt) mit der Flamme als Atomisierungseinrichtung und einer Deuteriumlampe zur Untergrundkorrektur. Die Analytik wird in einem speziell für Spurenelementuntersuchungen eingerichteten, möglichst staubfreien Labor unter Einhaltung der Sicherheitsvorschriften zur Vermeidung von Kontaminationen (s. 3. Fehlerquellen und Einflußfaktoren) durchgeführt.

In einer Mischkammer wird die zu einem Aerosol zerstäubte Probelösung mit den Brenngasen gemischt und dann in einen metallischen Schlitzbrenner eingebracht. Die Art und Mischung von Brenngas und Oxidans bestimmen die Flammentemperatur. Für das leicht atomisierbare Element Zink genügt die "kühlere" Flamme aus Azetylen und Luft [13]. In dieser Flamme läßt sich auf der 213,8-nm-Resonanzlinie – bei einem gut adaptierten Verfahren – eine charakteristische Konzentration von 0,01 µg/ml (1%) und eine Nachweisgrenze von 0,001 µg/ml erreichen [14]. Als Strahlungsquelle dient eine handelsübliche Zink-Hohlkathodenlampe.

Zur Korrektur der unspezifischen Untergrundabsorption (Lichtstreuung an festen und flüssigen Teilchen und Absorption durch Moleküle) ist eine Kompensation mit der Deuteriumlampe ausreichend. Das Licht der Hohlkathodenlampe und der Deuteriumlampe (UV-Bereich) wird bei der Bestimmung alternierend in den Strahlengang eingeblendet und gemessen. Die Differenz der Meßsignale ergibt die spezifische Elementabsorption. Weitere technische Details sind aus Tabelle 4 zu entnehmen.

Tabelle 4. Technische Daten des FAAS zur Bestimmung von Zink in Körperflüssigkeiten.

Spektrometer	SPECTRAA 250 plus
Wellenlänge	213,9 nm
Spaltbreite/-höhe	1,0 nm / normal
Flamme	Luft-Azetylen (Gasfluß 13,5 bzw. 2,0 l/min)
Untergrundkorrektur	Deuteriumlampe

2.2 Probengewinnung und- vorbereitung

Eine Beeinflussung der Meßergebnisse entspricht in der Regel der Kontamination der Probe. Ebenso wichtig sind Elementverluste bei der Probenaufarbeitung und biologisch-medizinische Faktoren bei der Probennahme [15–17].

Die Blutabnahme erfolgt morgens am nüchternen und liegenden Patienten mittels Serum- oder Lithiumheparin-Monovetten (Sarstedt, Nümbrecht). Die Bestimmung der Zinkausscheidung im Urin wird aus dem 24-Stunden-Sammelurin durchgeführt. Serum bzw. Plasma wird durch Zentrifugation der Blutproben innerhalb von 30 Minuten nach der Blutabnahme gewonnen und, wie auch die Vollblut- und Urinproben, in Eppendorfhütchen bis zur Analyse – maximal zwei Wochen – kühl und verschlossen aufbewahrt. Das flüssige Probenmaterial wird direkt und ohne weitere Aufbereitung in die Flamme zerstäubt (Direktverfahren).

Zur Überprüfung und – sofern möglich – zur Vermeidung der präanalytischen Störfaktoren wird die Kontamination von Zink im gesamten Probenabnahme- und Aufbereitungssystem untersucht. Dazu werden je 5 ml eines Vollblutpools mit Kanülen über Adapter in ca. 20 Lithiumheparin-Monovetten aufgezogen, zentrifugiert und gelagert – entsprechend der Behandlung der Proben. Die Kontamination an Zink wird als Differenz der Konzentration vor und nach diesem Prozeß berechnet, sie liegt im hier verwendeten Probenaufbereitungssystem unterhalb der Nachweisgrenze von 0,48 μmol/l.

2.3 Meßprogramm

Zur Messung werden alle Proben (Vollblut, Serum oder Plasma und Urin) im Verhältnis 1:2:8 mit Aqua dest. und 0,1% iger Salpetersäure (suprapur) manuell verdünnt. Bei Vollblutproben erfolgt eine zusätzliche Vorverdünnung von 1 + 5 mit 0,1%iger Salpetersäure. Nach der ebenfalls manuellen Vorlage der Probe am Gerät Kommt es in der Flamme zur Veraschung der Matrix und Atomisierung der Zinkionen bei ca. 2300°C. Die Analysenparameter sind in Tabelle 5 zusammengefaßt.

Tabelle 5. Analysenparameter für die Bestimmung von Zink in Körperflüssigkeiten mittels FAAS

Kalibration	Standardaddition
Probenverdünnung	1:2:8 mit Aqua dest. und 0,1% HNO$_3$
Signalauswertung	Peakfläche
Meßzeit	3 Sek.

2.4 Kalibration

Die Auswertung der Meßsignale anhand einer mit wäßrigen Kalibrierlösungen erhaltenen Bezugskurve [18] – das einfachste und sicherste Verfahren zur Ermittlung einer Konzentration – ist nicht durchführbar, da gleiche Zinkkonzentrationen durch Matrixeffekte höhere Signale in der biologischen Probe liefern als in der Metallsalzlösung. Diese Einflüsse werden auch noch bei einer

Tabelle 6. Pipettierschema für eine Standardaddition zur Bestimmung von Zink in Körperflüssigkeiten mittels FAAS

	Konzentration	Pool	Probe	Standard	Aquadest	0,1%HNO$_3$
	µmol/l	µl	µl	µl	µl	µl
Addition 0	0	500	--	0	1000	4000
Addition 1	15,2	500	--	500	500	4000
Addition 2	30,4	500	--	1000	0	4000
Probe	?	--	500	0	1000	4000

Verdünnung der Serumproben von 1:11 beobachtet. Deshalb wird vielfach versucht, die Abhängigkeit der Extinktion von der sich von Probe zu Probe ändernden Zusammensetzung der Matrix durch ein Additionsverfahren zu kompensieren. Diese Methode ist allerdings sehr zeitaufwendig, denn sie erfordert die mehrmalige Analyse jeder *einzelnen* Probe mit verschiedenen Konzentrationen einer zugesetzten Zinkstandardlösung [11].

Deshalb kommt die dritte Möglichkeit zur Durchführung einer Kalibration, die sog. Standardaddition, zur Anwendung. Obwohl das in der Probe vorliegende Metall andere Bindungszustände aufweist als eine wäßrige Metallsalzlösung, ist dieses Verfahren die Methode der Wahl. Verschiedene Volumina einer wäßrigen Zinkstandardlösung (Einelement-Standardlösung, 1g/l. Merck, Darmstadt, suprapur) werden entsprechend dreier Konzentrationsstufen zu einem Probenpool gegeben und gemessen. Aus der Steigung dieser matrixhaltigen Bezugskurve wird anhand der Absorption einer unbekannten Probe mit identischer Matrix deren Zinkgehalt errechnet. Die Zuverlässigkeit des Verfahrens zeigt (s. 2.6. Validierung der Methode), daß für die Analytik von Zink – trotz der geringfügig unterschiedlichen Matrix einer jeden Probe – für jede der Körperflüssigkeiten (Vollblut, Serum oder Plasma und Urin) nur eine Bezugskurve erforderlich ist.

Der Arbeitsstandard wird in einer Verdünnung von 1 mg/l in 0,1%iger Salpetersäure eingesetzt. Er besitzt auch bei gekühlter Lagerung aufgrund der Wechselwirkung von Ionen mit der Gefäßoberfläche eine begrenzte Haltbarkeit. Der Probenpool, der die für die Kalibration benötigte Matrix liefert, wird durch Mischen von Vollblut-, Serum- bzw. Urinproben von Blutspendern gewonnen und in Portionen bei −20°C bis zur Analyse gelagert. Das Pipettierschema für eine Dreipunktkalibration mit der Standardaddition zeigt Tabelle 6, wobei die Matrix des eingesetzten Pools jeweils der zu bestimmenden Probe entspricht. In Abbildung 2 ist als Beispiel eine Bezugskurve auf Serumpoolbasis dargestellt.

2.5 Validierung der Methode

Die Zuverlässigkeit einer Methode kann anhand verschiedener Kriterien überprüft werden, für Analysen mittels AAS ist die Bestimmung der

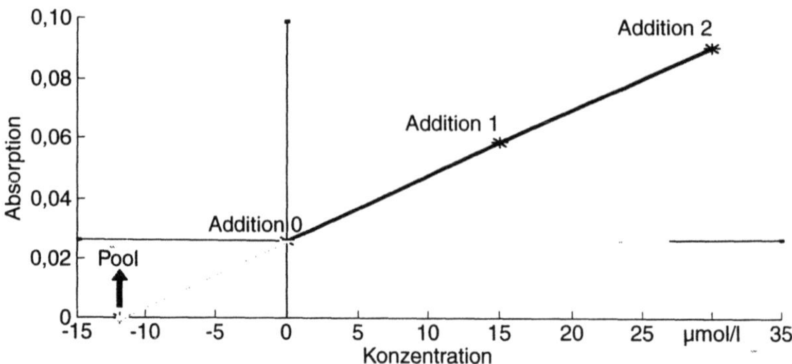

Abb. 2. Bezugskurve auf Serumpoolbasis durch Standardaddition zur Bestimmung von Zink in Körperflüssigkeiten mittels FAAS (Dreipunktkalibration mit Addition von 0, 1 und 2 Teilen Standardlösung zu einem Serumpool)

Nachweisgrenze, der Empfindlichkeit, der Linearität, der Richtigkeit und der Präzision von Bedeutung.

Die Nachweisgrenze gibt die kleinste Konzentration an, die mit einer vorgeschriebenen statistischen Sicherheit noch zuverlässig nachgewiesen werden kann. Sie wird üblicherweise als dreifache Standardabweichung (99% Vertrauensbereich für die Signalekennung) des Basislinienrauschens definiert [19]. Für das beschriebene Verfahren beträgt die Nachweisgrenze (bei zwanzig Bestimmungen eines Probenleerwerts) 0,48 µmol/l, ein Wert, der für Zinkmessungen im physiologischen Bereich bei weitem ausreichend ist.

Die Empfindlichkeit S einer Methode entspricht der Steigung ihrer Bezugsfunktion. Sie ist – wie in diesem Verfahren (s. Abbildung 2) – bei einer linearen Bezugskurve unabhängig von der Höhe der Konzentration und errechnet sich aus der Differenz der Absorption (Δ Abs. Einheiten) und der Differenz der entsprechenden dazugehörigen Konzentration (Δ Konz.) zweier Punkte, z.B. Additionslösung 1 und 2, der Dreipunktkalibration wie folgt:

$$S = \frac{\Delta\,\text{Abs.}}{\Delta\,\text{Konz.}} = \frac{0,031\,\text{Abs.}}{15,2\,\mu\text{mol/l}} = 2,04 \times 10^{-3}\,\text{Abs. pro}\,\mu\text{mol/l}$$

Für einen Zinkspiegel an der unteren Grenze des Normalbereichs im Serum von 10,7 µmol/l wird demnach eine noch sicher ablesbare Extinktion von 0,022 Abs. Einheiten erreicht.

Die Linearität der Bezugsfunktion ist mit der beschriebenen Methode überprüft bis zu einer Konzentration von 30,4 µmol/l. Der lineare Arbeitsbereich wird jedoch bis 33,4 µmol/l – entsprechend einer Absorption von 0,100 – angenommen (höchster Punkt der Bezugskurve plus 10%) er ist für den physiologischen Bereich von Serum, Vollblut und Urin mit Sicherheit hinreichend.

Tabelle 7. Materialien zur internen und externen Richtigkeitskontrolle in verschiedenen Matrizes und Ergebnisse der Zinkbestimmung

Material	Matrix	Zielwert	Istwert	Abweichung
		µmol/l	µmol/l	%
Lyphocheck 1	Urin	10,6	10,3; 10,2	−2,8; −3,8
Lyphocheck 2	Urin	16,1	17,5	8,7
Seronorm	Serum	23,0	23,4; 23,0	1,7; 0
Pathonorm L	Serum	10,2	9,3; 10,0	−8,8; −2,0
13 A	Urin	25,4	26,3	3,5
13 B	Urin	16,6	17,0	2,4
A	Urin	30,7	33,6	9,4
B	Urin	13,1	13,6	3,8
Ringversuch 395	Serum	24,42	24,2; 24,8	−0,9; 1,6
Ringversuch 396	Serum	22,37	23,0	2,8
BP 8	Vollblut	199,9	205	0,3
BP 9	Vollblut	85	90	0,6

Die Richtigkeit der Methode beschreibt den Grad der Übereinstimmung des ermittelten Werts (Istwert) mit dem "wahren" Wert eines Referenzmaterials (Zielwert) als prozentuale Abweichung. Die Problematik bei diesen Richtigkeitskontrollen liegt in der Vertrauenswürdigkeit der Sollwertangaben, die besonders in Bereich der Spurenanalytik kritisch zu bewerten sind [20].

In Abhängigkeit von der zu untersuchenden Körperflüssigkeit werden zur Qualitätskontrolle Materialien mit der entsprechenden Matrix verwendet. Die Ergebnisse unserer Analysen stimmen gut überein mit den zertifizierten Werten der Materialien Lyphochek Urine Metals Control Levels 1 und 2 (Firma BioRad, München, D) und Seronorm Trace Elements Serum und Pathonorm L (Nycomed Pharma, Oslo, Norwegen) (Tabelle 7). Ein zuverlässiges Referenzmaterial zur Überprüfung der Zinkwerte im Vollblut kann nicht angegeben werden. Gute Erfahrungen liegen jedoch bei den externen Richtigkeitskontrollen der Methode durch Ringversuchsmaterialien aller Matrizes vor, beispielsweise von der Deutschen Gesellschaft für Klinische Chemie e. V. in Bonn (Ringversuch A und B), der Deutschen Gesellschaft für Arbeits- und Umweltmedizin e. V. in Erlangen (Ringversuch 13 A und 13 B) und des Robens Institute, University of Surrey, in Guildford, GB (Ringversuch RV 395–396, BP 8–9). In Tabelle 7 sind in der Spalte "Zielwert" die erzielten Mittelwerte der Ringversuche angegeben.

Die Abweichung vom vorgeschriebenen "Zielwert" beträgt bei allen Materialien und allen Matrizes unter 10% in 13 von 16 Fällen liegt sie sogar unter 5%. Damit kann die Richtigkeit der Methode als sehr gut bezeichnet werden.

Die Präzision einer Methode ist bekanntlich ein Maß für die Übereinstimmung der Ergebnisse auf einem gegebenen Niveau bei Wiederholungsmessungen. Sie ist innerhalb einer Analysenserie nach jeder zehnten Probe durch ein matrixhaltiges Material zu überprüfen. Ihr Wert wird als Mittelwert mit zweifacher Standardabweichung einer Bestimmung von 20 Proben angegeben.

Im beschriebenen Verfahren ist die Präzision der Zinkbestimmung eines Serumpools mit $22,9 \pm 0,74$ μmol/l sehr zufriedenstellend. Der Variationskoeffizient der Methode – das Verhältnis der Standardabweichung in Prozent zum Mittelwert – beträgt 1,58%. Die Zinkbestimmung mittels FAAS ist daher mit einer optimierten spektralphotometrischen oder potentiometrischen Methode zu vergleichen.

3 Fehlerquellen und Einflußfaktoren

3.1 Präanalytische Einflüsse

3.1.1 Individuelle biologische Faktoren

Wie für jede andere klinische-chemische Meßgröße müssen zur medizinischen Validation eines Zinkwerts einige individuelle Patientendaten, wie Geschlecht und Alter bekannt sein. Neben diesen Faktoren nehmen Gewicht, Streß und beispielsweise eine Schwangerschaft Einfluß auf den Spurenelementspiegel [21]. Im Tagesverlauf finden sich die höchsten Zinkkonzentrationen morgens um 8.00 Uhr (das Minimum liegt bei etwa 20.00 Uhr) [22], jahreszeitliche Variationen im Plasmazink können nicht nachgewiesen werden [23]. Als kurzfristige Einflußgrößen sind neben dem Ernährungszustand vor allem Medikamente und Krankheiten zu nennen.

3.1.2 Einflüsse bei der Probennahme und -verarbeitung

Im allgemeinen wird die Beeinflussung der Meßergebnisse von Spurenelementen durch das Probenaufarbeitungssystem gleichgesetzt mit einer Kontamination der Probe. Dies gilt für das ubiquitär vorkommende Element Zink ganz besonders. Bei der Verarbeitung gelangt Zink durch Verunreinigung der Gefäße in die Probe. Andererseits sind auch Verluste des Elements in verdünnten Lösungen durch seine Adsorption an die Wand der Probenbehältnisse möglich [15], dieser Effekt wird durch Ansäuern der Probelösungen mit verdünnter Salpetersäure vermieden. Die Endkonzentration der Säure in der Probe darf jedoch 0,2% nicht übersteigen, da ansonsten die Gefahr der Proteinfällung besteht. Die Kontamination an Zink liegt in dem hier verwendeten Probenverarbeitungssystem unterhalb der Nachweisgrenze von 0,48 μmol/l. Das vielfach zur Reinigung empfohlene Spülen der Plastikgefäße in Salpetersäure ist daher nicht erforderlich.

Weiterhin kommt es durch die Art der Blutentnahme zu Veränderungen der Zinkspiegel: Bei der Abnahme am stehenden Patienten werden beispielsweise um bis zu 20% niedere Zinkwerte als am liegenden gefunden. Eine starke Stauung führt zur Hämolyse der sehr zinkreichen Erythrozyten und zu falsch hohen Plasmawerten. Werden die Zellbestandteile der Blutprobe nicht so bald als möglich abzentrifugiert, so ist pro Stunde eine ca. 6%ige Zunahme des Zinkgehalts im Serum feststellbar [24].

3.2 Analytische Faktoren

Neben den präanalytischen Einflüssen wirken sich bei der Spurenelementanalytik vor allem begleitende Faktoren bei der Analyse auf die Meßergebnisse aus. Als Fehlerquellen kommen wie bei anderen Methoden beispielsweise falsche Verdünnungen in Betracht. Spezifische Probleme der AAS sind Störungen durch eine unterschiedliche Matrix von Proben, Kalibratoren und Kontrollen sowie Kontaminationen durch unsauberes Arbeiten – schon das Berühren einer Pipettenspitze und der Kontakt mit Schweiß oder Kosmetika genügt zur Verunreinigung einer Lösung [22]. Auch die Umgebung des Geräts wie Klima, Staub und Rauch, nimmt Einfluß auf die Qualität der Analysenwerte.

3.3 Einflüsse auf die Atomisierung

Als Ursachen für Fehlmessungen bei der FAAS kommen physikalische, chemische und spektrale Störungen sowie Ionisations- und Untergrundstörungen in Betracht [25] (Tabelle 8).

Physikalische Matrixeffekte wie die Änderung der Lösungsviskosität oder der Oberflächenspannung führen zu unterschiedlichen Ansaugraten und Aerosolbildung und somit zu Signalunterschieden. Durch die Bildung von schwerschmelz- oder schwerverdampfbaren Salzen kommt es zu einer verminderten Atomisierung des Elements mit geringeren Meßsignalen. Bei Ionisierungsproblemen verbessert ein Ionisierungsmodifier die Signalstabilität, bei nichtkompensierbaren Störungen durch den Untergrund werden Matrixmodifier eingesetzt. Beide Einflüsse sind bei dem hier beschriebenen Verfahren nicht aufgetreten.

Tabelle 8. Fehlerquellen bei der FAAS

Physikalische Matrixeigenschaften	Oberflächenspannung
	Viskosität
	Lösungsmittel
	Schaumbildung
Chemische Matrixeigenschaften	Begleitsubstanzen
	Bildung leichtflüchtiger Verbindungen
	Bildung schwerflüchtiger Verbindungen
	Störatome
Apparative Eigenschaften	Gasströmung
	Zerstäuber
	Untergrundkorrektur

4 Bewertung der Zinkbestimmung mittels Flammen-Atomabsorptionsspektrometrie

Im klinisch-chemischen Laboratorium ist zur Analytik des Spurenelements Zink die Flammen-Atomabsorptionsspektrometrie die Methode der Wahl. Bei der Atomisierung in der Flamme liegt die Nachweisgrenze höher als im Graphitrohr und die Empfindlichkeit ist geringer. Das weniger empfindliche Verfahren wird gewählt, da einerseits die Konzentration von Zink im Untersuchungsmaterial genügend groß ist und andererseits Kontaminationen durch das ubiquitär vorkommende Element in den höher konzentrierten Meßlösungen sich weniger stark auswirken. Matrixeffekte – wie beispielsweise durch Sulfat, Phosphat oder Bicarbonat – sind im allgemeinen gut kontrollierbar [8, 14].

Die ermittelte Nachweisgrenze des Verfahrens beträgt 0,48 µmol/l und ist damit für Zinkmessungen im physiologischen Bereich bei weitem ausreichend. Der lineare Arbeitsbereich reicht bis 33,4 µmol/l, eine Konzentration, die zur Analyse von Zink im Serum, Vollblut und Urin mit Sicherheit hinreichend ist. Die Richtigkeit der Meßergebnise liegt mit Abweichungen von meist unter 5% vom Zielwert im Rahmen eines guten Verfahrens und die Präzision der Methode (22,9 ± 0,74 µmol/l) entspricht den Anforderungen an ein Analysenverfahren im klinisch-chemischen Laboratorium.

Die Bestimmung in der Flamme ist eine sehr schnelle Technik zur Analytik von Zink und das schnellste atomabsorptionsspektrometrische Verfahren – eine Messung dauert 3 bis 10 Sekunden. Der Aufwand zur Probenaufbereitung ist gering, eine Mineralisierung der biologischen Proben vor der Analyse entfällt völlig. Außer für die Brenngase Azetylen und Luft entstehen bei der Zinkbestimmung in der Flamme lediglich Kosten für spurenelementfreies Wasser, Zinkstandardlösung und Salpetersäure (suprapur) sowie für Kontrollmaterialien.

5 Zusammenfassung

Ein Mangel an dem essentiellen Spurenelement Zink sollte überprüft werden bei verschiedenen Erkrankungen, bei Zink-Mangelanzeichen und vor einer Substitution mit Zink. Die geringen Veränderungen innerhalb des physiologischen Bereichs verlangen Methoden mit Nachweismöglichkeiten im Mikromolbereich. Viele der heute verfügbaren physikalischen Methoden haben eine hohe Spezifität und ein ausreichendes Nachweisvermögen, erfordern jedoch einen großen technischen und apparativen Aufwand, sie sind weiterhin zeit- und kostenintensiv, im Fall der Neutronenaktivierungsanalyse auch standortgebunden, und setzen zur Durchführung Fachpersonal voraus.

Flammen-Atomabsorptionsspektrometrie ist daher die ideale analytische Methode im Klinikbereich zur Bestimmung von Zink aus Serum oder Plasma,

Vollblut und Urin. Das Verfahren ist elementspezifisch, schnell, kostengünstig und einfach durchführbar. Der Aufwand zur Probenaufbereitung und die Kontaminationsgefahr durch das Element sind gering und Störeinflüsse bei der Analytik sind im allgemeinen gut kontrollierbar. Matrixeffekte werden durch die Standardaddition kompensiert. Die Fehlerquellen und Störfaktoren der Bestimmung liegen vielfach im präanalytischen Bereich, z. B. bei der Probennahme und -verarbeitung. Die Nachweisgrenze, der Linearitätsbereich, die Richtigkeit der Meßergebnisse und die Präzision der Methode entsprechen den Anforderungen an ein Analysenverfahren im klinisch-chemischen Laboratorium.

6   Literatur

1. Anke M et al. (1992) Die Spurenelementaufnahme Erwachsener (Zink, Kupfer, Mangan, Molybdän, Jod, Nickel) in den neuen Bundesländern. In: Mineralstoffe und Spurenelemente in der Ernährung der Menschen (P. Brätter und H-J. Gramm, Hrsg.). Blackwell Wissenschaft, Berlin, 64–85
2. Zumkley H und K Kisters (1990) Spurenelemente: Geschichte, Grundlagen, Physiologie, Klinik. Wissenschaftliche Buchgesellschaft, Darmstadt, 105–117
3. Woittiez JRW und GV Iyengar (1988) Trace elements in human clinical specimens: evaluation of literature data to identify reference values. In: Trace Element Analytical Chemistry in Medicine and Biology (P. Brätter und P. Schramel, Hrsg.). Walter de Gruyter, Berlin–New York, 229–235
4. Dörner K und JD Kurse-Jarres (1992) Spurenelemente. In: Labor und Diagnose (L. Thomas, Hrsg.). Medizinische Verlagsgesellschaft, Marburg/Lahn, 407–430
5. Materna J (1990) Klinische Bedeutung der Spurenelemente. Therapeutikon 4 (4), 199–208
6. Kruse-Jarres JD und Y Schmitt (1987) Klinische Voraussetzungen für die Analytik von Spurenelementen. Lab. Med. 11, 268–274
7. Kruse-Jarres JD (1987) Grenzen der derzeitigen Kenntnisse über die Bedeutung und Aufgaben der Spurenelemente im menschlichen Organismus. VitaMinSpur 2, 6–12
8. Bertram HP (1983) Analytik von Spurenelementen. In: Spurenelemente (H. Zumkley, Hrsg.). Thieme, Stuttgart-New York, 2–11
9. Brätter P (1992) Anwendung der Neutronenaktivierungsanalyse zur Spurenelementbestimmung in biologisch medizinischem Probenmaterial. In: Mineralstoffe und Spurenelemente in der Ernährung der Menschen (P. Brätter und H-J. Gramm, Hrsg.). Blackwell Wissenschaft, Berlin, 133–137
10. Gawlik D et al. (1992) Neutronenaktivierungsanalysen biologischer Proben am Berliner Forschungsreaktor BER II. In: Mineralstoffe und Spurenelemente in der Ernährung der Menschen (P. Brätter und H-J. Gramm, Hrsg.). Blackwell Wissenschaft, Berlin, 138–160
11. Angerer J et al (1991) Bestimmung von Nickel in biologischem Material und umweltrelevanten Matrizes. In: Analytiker Taschenbuch Bd. 10 (H. Günzler et al., Hrsg.). Springer, Berlin Heidelberg, 397–426
12. Thunus L und R Lejeune (1994) Zinc. In: Metals in clinical and analytical chemistry (H. G. Seiler et al, Hrsg.). Marcel Dekker, Inc., New York-Basel-Hong Kong, 667–674
13. Lüderwald I und Müller M (1993) Instrumentelle Analytik in der industriellen pharmazeutischen Qualitätskontrolle. In: Analytiker Taschenbuch Bd. 11 (H. Günzler et al., Hrsg.). Springer, Berlin Heidelberg, 113–170
14. Welz B (1983) Atomabsorptionsspektroskopie. Verlag Chemie, Weinheim, 3. Aufl., 356–357
15. Behne D und GV Iyengar (1989) Spurenelementanalyse in biologischen Proben. In: Analytiker Taschenbuch Bd. 6 (W. Fresenius et al, Hrsg.). Springer, Berlin Heidelberg, 238–280
16. Versieck J und L Vanballenberghe (1994) Collection, Transport and Storage of Biological Samples for the Determination of Trace Elements. In: Metals in clinical and analytical chemistry (H. G. Seiler et al., Hrsg.). Marcel Dekker, Inc., New York-Basel-Hong Kong, 31–45

17. Reimold EW und DJ Besch (1987) Detection and Elimination of Contamination Interfering with the Determination of Zinc in Plasma. Clin. Chem. 24 (4), 675–680
18. Voth LM (1981) Determination of Lithium, Zinc and Copper in Blood Serum by Flame Microsampling. Varian AA-Resource Center, Number AA-16
19. Schlemmer G J Baasner und R Lehmann (1989) Empfindlichkeit, Nachweisgrenzen und Arbeitsbereich in der Atomabsorptionsspektrometrie. 5. Colloquium Atomspektrometrische Spurenanalytik (B. Welz, Hrsg.). Bodenseewerk Perkin Elmer GmbH, 155–168
20. Dörner K (1991) Qualitätssicherung von Spurenelementbestimmungen im klinischen Labor. In: Mineralstoffe und Spurenelemente in der Ernährung der Menschen (P. Brätter und H-J. Gramm, Hrsg.). Blackwell Wissenschaft, Berlin, 124–132
21. Schmitt Y (1988) Präanalytische Voraussetzung bei der Bestimmung von Spurenelementen in biologischen Materialien. Ärztl. Lab 34, 233–238
22. Hambidge KM et al. (1989) Post prandial and daily changes in plasma Zinc. J. Trace Elem. Electrolytes Health Dis. Vol 3, 55–57
23. Ohno H et al (1988) Seasonal variations of Zinc distribution in human blood. Trace Elements in Medicine, Vol 5, No. 2, 72–74
24. English JL und KM Hambridge (1988) Plasma and Serum concentrations: effect of time between collection and separation. Clinica Chimica Acta 175, 211–216
25. Kicinski HG (1994) Atomspektroskopische Methoden, Teil 2. CLB Chemie in Labor und Biotechnik, 45. Jahregang, Heft 6, 44–46

IV. Basisteil

Basisteil

Um den Umfang des Basisteils zugunsten der wissenschaftlichen Beiträge begrenzt zu halten, wird bei einem Teil der nachstehenden Tabellen auf einen der vorausgegangenen Bände verwiesen, wenn sich der Inhalt in der Zwischenzeit nicht oder nur unwesentlich geändert hat. Literaturübersicht, Informationszentren für Vergiftungsfälle und Liste der Organisationen werden dagegen – aktualisiert – in jedem Band wiederholt.

Literatur (Monographien) 317

Die relativen Atommassen der Elemente 326

Maximale Arbeitsplatzkonzentrationen 326

Akronyme 326

Prüfröhrchen für Luftuntersuchungen und technische Gasanalysen 336

Informations-und Behandlungszentren für Vergiftungsfälle mit durchgehendem 24-Stunden-Dienst 336

Organisationen der Analytischen Chemie im deutschsprachigen Raum . . . 339

Literatur (Monographien)

Fortsetzung der Übersicht über neu erschienene Monographien auf dem Gebiet der Analytischen Chemie und ihren Teilbereichen. Berücksichtigt sind – ohne Anspruch auf Vollständigkeit erheben zu wollen – Publikationen der führenden Verlage bis Anfang 1995, soweit solche nicht schon in einem der vorhergehenden Bände des Taschenbuchs zitiert worden sind. Die Inhaltsangabe umfaßt alle recherchierten Sachgebieete, auch solche, unter denen im vorliegenden Band keine Neuerscheinungen genannt sind.

Inhalt

1.   Analytik allgemein 319
1.1 Analyse organischer Verbindungen 319
1.2 Analyse der Elemente und anorganischer Verbindungen 319

1.3   Flow Injection Analysis 319
1.4   Chemometrie, Automation 319
1.5   Sensoren 320
1.6   Immunoassays 320
1.7   Thermoanalyse 320
1.8   Qualitätssicherung, Akkreditierung, GLP 320

2   Chromatographie allgemein 320
2.1   Gas-Chromatographie 320
2.2   Flüssig-Chromatographie (HPLC) 321
2.3   Dünnschicht-Chromatographie 321
2.4   Ionen-Chromatographie 321
2.5   Superkritische Fluid-Chromatographie (SFC),-Extraktion (SFE) 321
2.6   Kapillar-Elektrophorese, Gel-Elektrophorese 321
2.7   Flow Injection Analysis (FIA) 321

3   Elektrochemische Analysenmethoden 321

4   Molekülspektroskopie allgemein 321
4.1   Schwingungsspektroskopie (IR, Raman) 322
4.2   Elektronenspektroskopie (UV,VIS) 322
4.3   Photometrie 322
4.4   Fluoreszenz-, Lumineszenzspektroskopie 322
4.5   Photoakustische Spektroskopie 322
4.6   Massenspektrometrie 322
4.7   NMR-Spektroskopie 322
4.8   ESR-u. EPR-Spektroskopie 323
4.9   Elektronenmikroskopie 323
4.10 Laserspektroskopie 323
4.11 Kristallstrukturanalyse 323

5   Atomspektroskopie allgemein, Elementanalyse 323
5.1   Atomabsorptionsspektroskopie (AAS) 323
5.2   Optische Emissionsspektroskopie (OES, AES, ICP-AES, GD) 323
5.3   Röntgenspektroskopie 323
5.4   Röntgenfluoreszenzanalyse 323
5.5   Mößbauer-Spektroskopie 323
5.6   Aktivierungsanalyse 324

6   Analyse bestimmter Matrices 324
6.1   Lebensmittelanalytik 324
6.2   Umweltanalytik 324
6.3   Pestizidanalyse, Agrochemikalien 324
6.4   Klinisch-toxikologische und forensische Analytik 324
6.5   Biologie, Biochemie, Naturstoffanalyse 324
6.6   Analyse von Pharmazeutica. 325
6.7   Analyse von Kosmetischen Präparaten 325
6.8   Analyse von Drogen 325
6.9   Polymer-Analytik 325
6.10 Wasseranalytik 325
6.11 Materialanalyse 325
6.12 Oberflächen-, Grenzflächenanalyse 325
6.13 Explosivstoffe 326

1 Analytik allgemein

Alfassi ZB (1994) Chemical Analysis by Nuclear Methods. Wiley, Chichester
Chasteen TG (1993) Qualitative Analysis for General Chemistry. Wiley, Chichester
Christian G (1994) Analytical Chemistry. Fifth Edition. Wiley, Chichester
Cunniff PA (Ed.) (1995) Official Methods of Analysis of AOAC International; 16th Edition, Vol. I
    & II. AOAC, Arlington
Doerffel K, Geyer R, Müller H (1994) Analytikum. 9. Aufl. DVG, Leipzig
Eckschlager K, Danzer K (1994) Information Theory in Analytical Chemistry. Wiley, Chichester
Ehmann WD, Vance DE (1993) Radiochemistry and Nuclear Methods of Analysis. Wiley, Chi-
    chester
Gruber U, Klein W (1993) Analytisches Praktikum. Band 2a: Qualitative Analyse. VCH,
    Weinheim
Gruber U, Klein W (1993) Analytisches Praktikum. Band 2b: Quantitative Analyse. VCH,
    Weinheim
Gübitz T, Haubold G, Stoll CH (1993) Analytisches Praktikum; Quantitative Analyse, 2. Aufl.
    VCH, Weinheim
Günzler H, Borsdorf R, Danzer K, Fresenius W, Huber W, Lüderwald I, Tölg G, Wisser H (Eds.)
    (1994) Analytiker Taschenbuch, Band 12. Springer, Berlin
Günzler H, Borsdorf R, Danzer K, Fresenius W, Huber W, Lüderwald I, Tölg G, Wisser H (Eds.)
    (1995) Analytiker Taschenbuch, Band 13. Springer, Berlin
Hahn F-J, Haubold G (1993) Analytisches Praktikum; Qualitative Analyse. VCH, Weinheim
Hopp V, Henz H (1993) Arbeitsvorschriften für chemische Praktika in Labor und Technikum.
    VCH, Weinheim
Littlejohn D, Burns DT (Eds.) (1994) Reviews on Analytical Chemistry - EUROANALYSIS VIII.
    Royal Society, Cambridge.
Otto M (1995) Analytische Chemie. VCH, Weinheim
Vandecasteele C, Block CB (1993) Modern Methods for Trace Element Determination. Wiley,
    Chichester

1.1 Analyse organischer Verbindungen

1.2 Analyse der Elemente und anorganischer Verbindungen

Howard AG, Statham PJ (1993) Inorganic Trace Analysis; Philosophy and Practice. Wiley, Chi-
    chester

1.3 Flow Injection Analysis

Fang Z (1993) Flow Injection Separation and Preconcentration. VCH, Weinheim

1.4 Chemometrie, Automation

Efiok BJS (1993) Basic Calculations for Chemical and Biological Analyses. AOAC, Arlington
Graham RC (1993) Data Analysis for the Chemical Sciences. VCH, Weinheim
Günzler H (Hrsg.) (1995) Statistische Methoden; Highlights aus dem Analytiker-Taschenbuch.
    Springer, Heidelberg
Henrion R, Henrion G (1995) Multivariate Datenanalyse. Springer, Heidelberg
Meier PC, Zund RE (1993) Statistical Methods in Analytical Chemistry. Wiley, Chichester
Maj, SP (1993) The Use of Computers for Laboratory Automation. Royal Society, Cambridge
Nakagawa AS (1994) LIMS: Implementation and Management. Royal Society, Cambridge
Vickerman JC, Briggs D (1995) Wiley Static SIMS Library. Wiley, Chichester

1.5 Sensoren

Cammann K, Galster H (1995) Das Arbeiten mit ionensensitiven Elektroden; Eine Einführung für
  Praküker. 3. Aufl. Springer, Heidelberg
Göpel W, Hesse J, Zemel J N (eds.) Sensors; A Comprehensive Survey; Vol 7: Mechanical Sensors.
  VCH, Weinheim
Hall EAH (1995) Biosensoren. Springer, Heidelberg
Mandelis A, Christofides C (1993) Physics, Chemistry and Technology of Solid State Gas Sensor
  Devices. Wiley, Chichester

1.6 Immunoassays

1.7 Thermoanalyse

Charlsley EL (Ed.) Thermal Analysis – Techniques and Applications. Royal Society, Cambridge
Hatakeyama T, Quinn F X (1994) Thermal Analysis; Fundamentals and Applications to Polymer
  Science. Wiley, Chichester
Morgan DJ (1993) Proceedings of the 10th International Conference on Thermal Analysis. Wiley,
  Chichester
Winefordner JD (1993) Treatise on Analytical Chemistry; Thermal Methods, Part 1, Vol. 13,
  Second Edition. Wiley, Chichester

1.8 Qualitätssicherung, Akkreditierung, GLP

Askar A, Treptow H (1993) Quality Assurance in Tropical Fruit Processing. Springer, Ijmuiden
Funk W, Dammann V, Donnevert G (1995) Quality Assurance in Analytical Chemistry. VCH,
  Weinheim
Garfield EM (1993) Quality Assurance Principles for Analytical Laboratories, Spanish version.
  AOAC, Arlington
Kateman G, Buydens L (1993) Quality Control in Analytical Chemistry. Wiley, Chichester
Parkany M (Ed.) (1993) Quality Assurance for Analytical Laboratories. Royal Society, Cambridge
Quevauviller Ph, Maier EA, Griepink B (Eds.) (1995) Quality Assurance for Environmental Analy-
  sis; Method Evaluation within the Measurements and Testing Programme (BCR). Elsevier,
  Amsterdam
SUPELCO Deutschland GmbH (Hrsg.) (1993) Themen der Umweltanalytik. Akkreditierung, Zer-
  tifizierung, Applikationen, Qualitätssicherung. VCH, Weinheim

2 Chromatographie allgemein

Blau K (Ed.) (1993) Handbook of Derivatives for Chromatography; Second Edition. Wiley,
  Chichester
Lederer M (1994) Chromatography for Inorganic Chemistry. Wiley, Chichester
Schwedt G (1994) Chromatographische Trennmethoden. Thieme, Stuttgart
Scott RPW (1993) Silica Gel and Bonded Phases; Their Production, Properties and Use in LC.
  Wiley, Chichester

2.1 Gas-Chromatographie

Baars B, Schaller H (1994) Fehlersuche in der Gas-Chromatographie; Diagnose aus dem
  Chromatogramm. VCH, Weinheim
Gottwald W (1994) GC für Anwender. VCH, Weinheim

2.2 Flüssig-Chromatographie (HPLC)

Ardrey RE (1995) LC–MS: An Introduction. VCH, Weinheim
Bidlingmeyer BA (1993) Practical HPLC Methodology and Applications. Wiley, Chichester
Gottwald W (1993) RP–HPLC für Anwender. VCH, Weinheim
Meyer V (Ed.) (1993) Practical High–Performance Liquid Chromatography; Second Edition.
    Wiley, Chichester
Patonay G (Ed.) (1993) HPLC Detection; Newer Methods. VCH, Weinheim

2.3 Dünnschicht-Chromatographie

Jork H, Funk W, Fischer W, Wimmer H (1993) Dünnschicht-Chromatographie: Reagenzien und
    Nachweismethoden. Band 1b: Physikalische und chemische Nachweismethoden: Aktivierungs-
    reaktionen, Reagensfolgen, Reagenzien II. VCH, Weinheim

2.4 Ionen-Chromatographie

Weiss J (1995) Ionenchromatographie. VCH Weinheim

2.5 Superkritische Fluid-Chromatographie (SFC),-Extraktion (SFE)

2.6 Kapillar-Elektrophorese, Gel-Elektrophorese

Foret F, Krivánková L, Bocek P (1993) Capillary Zone Electrophoresis.VCH, Weinheim
Jandik P, Bonn G (1993) Capillary Electrophoresis of Small Molecules and Ions. VCH, Weinheim
Patel D (1994) Gel Electrophoresis; Essential Data. Wiley, Chichester
Weinberger R (1993) Practical Capillary Electrophoresis. Academic Press, London.

2.7 Flow Injection Analysis (FIA)

3 Elektrochemische Analysenmethoden

Brainina K, Neyman E (1994) Electroanalytical Stripping Methods. Wiley, Chichester
Cammann K, Galster H (1995) Das Arbeiten mit ionensensitiven Elektroden; Eine Einführung für
    Praktiker. 3. Aufl. Springer, Heidelberg
Degner R, Leibl St (1995) pH messen. VCH, Weinheim
Gosser DK jr. (1993) Cyclic Voltammetry; Simulation and Analysis of Reaction Mechanisms.
    VCH, Weinheim
Vanysek P (Ed.) (1995) Modern Techniques of Electroanalysis in Chemical Analysis: A Series of
    Monographs on Analytical Chemistry and its Application. Wiley, Chichester
Westermeier R (1993) Electrophoresis in Practice. VCH, Weinheim

4 Molekülspektroskopie allgemein

Davidson G (1994) Spectroscopic Properties of Inorganic and Organometallic Compounds;
    Vol 27. Royal Society, Cambridge
Harter WG (1994) Principles of Symmetry, Dynamics and Spectroscopy. Wiley, Chichester

Perkampus H-H (1995) Encyclopedia of Spectroscopy. VCH, Weinheim
Phillips JP (1993) Organic Electronic Spectral Data. Wiley, Chichester

4.1 Schwingungsspektroskopie (IR, Raman)

Diem M (Ed.) (1994) Introduction to Modern Vibrational Spectroscopy. Wiley, Chichester
Günzler H (Hrsg.) (1995) Infrarotspektroskopie; Highlights aus dem Analytiker-Taschenbuch. Springer, Heidelberg
Hendra PJ, Agbenyega JK (1994) The Raman Spectra of Polymers. Wiley, Chichester
Roeges NPG (1994) A Guide to the Complete Interpretation of Infrared Spectra of Organic Structures. Wiley, Chichester
Socrates G (1994) Infrared Characteristic Group Frequencies; Tables and Charts. Second Edition. Wiley, Chichester
Yu NT, Li X-Y (Eds.) (1994) XIV International Conference on Raman Spectroscopy. Wiley, Chichester

4.2 Elektronenspektroskopie (UV, VIS)

4.3 Photometrie

4.4 Fluoreszenz-, Lumineszenzspektroskopie

Stiles D, Calokerinos AC, Townshend A (Eds.) (1994) Flame Chemiluminescence Analysis by Molecular Emission Cavity Detection. Wiley, Chichester
Szalay A, Kricka L, Stanley P (1993) Bioluminescence and Chemiluminescence; Status Report. Wiley, Chichester

4.5 Photoakustische Spektroskopie

4.6 Massenspektrometrie

Ardrey RE (1995) LC-MS: An Introduction. VCH, Weinheim
Benninghoven A, Tümpner J, Janssen KTF, Werner HW (Eds.) Secondary Ion Mass Spectrometry; SIMS IX. Wiley, Chichester
Matsuo T, Caprioli R, Gross M, Seyama Y (Eds.) (1994) Biological Mass Spectrometry. Wiley, Chichester
Stolyarova VL (1994) Mass Spectrometric Study of the Vaporazation of Oxide Systems. Wiley, Chichester
Vertes A, Gijbels R, Adams F (Eds.) (1993) Laser Ionization Mass Analysis. Wiley, Chichester

4.7 NMR-Spektroskopie

Breitmaier E (1993) Structure Elucidation by NMR in Organic Chemistry; A Practical Guide. Wiley, Chichester
Canet D (1994) NMR-Konzenpte und Methoden. Springer, Heidelberg
Friebolin H (1993) Basic One - and Two-Dimensional NMR Spectroscopy; Second, Enlarged Edition. VCH, Weinheim
Gunther H (1995) NMR Spectroscopy; A Practical Approach. Wiley, Chichester
Herzog WD, Messerschmidt M (1994) NMR-Spektroskopie für Anwender. VCH, Weinheim
Holland G, Eaton AN (1993) NMR Application of Plasma Source Mass Spectrometry II. Royal Society, Cambridge

Webb GA (1994) Nuclear Magnetic Resonance, Vol 23. Royal Society, Cambridge
Weil JA, Bolton JR, Wertz JE (1994) Electron Paramagnetic Resonance; Elemental Theory and
    Practical Applications. Wiley, Chichester

4.8 ESR-u. EPR-Spektroskopie

Atherton NM, Davies MJ, Gilbert BC (1994) Electron Spin Resonance; Volume 14. Royal Society,
    Cambridge
Kirmse R, Stach J, Grampp G (1994) EPR-Spektroskopie. Teubner, Stuttgart
Poole CP Jr., Farach HA (Hrsg.) (1994) Handbook of Electron Spin Resonance-Data Sources,
    Computer Technology, Relaxation, and ENDOR. AIP Press, New York

4.9 Elektronenmikroskopie

Bonnell DA, Ross Ph N (eds.) (1993) Scanning Tunneling Microscopy and Spectroscopy; Theory,
    Techniques and Applications. VCH, Weinheim
Robards AW (Ed.) (1993) Procedures in Electron Microscopy. Wiley, Chichester

4.10 Laserspektroskopie

4.11 Kristallstrukturanalyse

Massa W (1994) Kristallstrukturbestimmung. Teubner, Stuttgart

5 Atomspektroskopie allegemein, Elementanalyse

Cresser MS (1994) Flame Spectrometry in Environmental Chemical Analysis; A Practical Guide.
    Royal Society, Cambridge
Günzler H (Hrsg.) (1995) Elementanalyse; Highlights aus dem Analytiker-Taschenbuch. Springer,
    Heidelberg

5.1 Atomabsorptionsspektroskopie (AAS)

5.2 Optische Emissionsspektroskopie(OES,AES,ICP-AES,GD)

5.3 Röntgenspektroskopie

Chung DDL et al. (1993) X-ray Diffraction at Elevated Temperatures; a Method for in situ
    Process Analysis. VCH, Weinheim

5.4 Röntgenfluoreszenzanalyse

Lachance G, Claisse F (1994) Quantitative X-Ray Fluorescence Analysis; Theory and Applica-
    tions. Wiley, Chichester

5.5. Mößbauer-Spektroskopie

5.6 Aktivierungsanalyse

6 Analyse bestimmter Matrices

6.1 Lebenrsmittelanalytik

Bush J, Gilbert J, Goenaga X (Eds.) (1994) Spectra for the Identification of Monomers in Food
  Packaging. Kluwer, Dordrecht
FDA Baeteriological Analytical Manual (BAM), 7th Edition. AOAC, Arlington
Greenfield H (Ed.) (1995) Quality and Accessibility of Food-Related Data. AOAC, Arlington
Linskens HF, Jackson JF (1994) Modern Methods in Plant Analysis, Vol 16: Vegetables and
  Vegetable Products. Springer, Heidelberg
Pichhardt K (1993) Lebensmittelmikrobiologie. Springer, Ijmuiden
Sullivan DM, Carpenter DE (1993) Methods of Analysis for Nutrition Labeling. AOAC, Arlington

6.2 Umweltanalytik

Angerer J, Schaller KH, DFG (1994) Analyses of Hazardous Substances in Biological Materials,
  Vol. 4. VCH, Weinheim .
DFG (Deutsche Forschungsgemeinschaft) (1994) MAK-und BAT-Werte-Liste 1994; Mitteilung
  30. VCH, Weinheim
Kettrup A, DFG (eds.) (1993) Analyses of Hazardous Substances in Air, Vol 2. VCH, Weinheim
Newman L (Hrsg.) (1993) Measurement Challenges in Atmospheric Chemistry. VCH, Weinheim
Reeve RN (1994) Environmental Analysis. Wiley, Chichester
Sigrist MW (Ed.) (1994) Air Monitoring by Spectroscopic Methods. Wiley, Chichester
Smith RK (1995) Handbook of Environmental Analysis, 2nd Edition. AOAC, Arlington
SUPELCO Deutschland GmbH (Hrsg.) (1993) Themen der Umweltanalytik. Akkreditierung, Zer-
  tifizierung, Applikationen, Qualitässicherung. VCH, Weinheim

6.3 Pestizidanalyse, Agrochemikalien

Oka H, Nakazawa H, Harada K, MacNeil J D (Eds.) (1995) Chemical Analysis of Antibiotics
  Used in Agriculture. AOAC, Arlington
Stafford Ch J, Greer ES, Burns AW (Eds.) (1992) The U.S. EPA Manual of Chemical Methods for
  Pesticides and Devices, Second Edition. AOAC, Arlington

6.4 Klinisch-toxikologische und forensische Analytik

Angerer J, Schaller KH, DFG (1994) Analyses of Hazardous Substances in Biological Materials,
  Vol. 4. VCH, Weinheim
Daldrup T, Franke JP (1993) Metallscreening aus Urin bei akuten Vergiftungen. Schneller Nach-
  weis von Antimon, Arsen, Bismut, Blei, Cadmium, Cobalt, Indium, Kupfer, Nickel, Thallium,
  Zink und Zinn. VCH, Weinheim

6.5 Biologie, Biochemie, Naturstoffanalyse

Linskens HF, Jackson JF (1994) Modern Methods in Plant Analysis, Vol. 15: Alkaloids, Springer,
  Heidelberg
Matsuo T, Caprioli R, Gross M, Seyama Y (Eds.) (1994) Biological Mass Spectrometry. Wiley,
  Chichester
Robb RA (1995) Three-Dimensional Biomedical Imaging; Principles and Practice. VCH, Wein-
  heim
Rothe GM (1994) Electrophoresis of Enzymes: Laboratory Methods. Springer, Heidelberg

6.6 Analyse von Pharmazeutica.

Hadjiioannou Th P et al. (Eds) (1993) Quantitative Calculations in Pharmaceutical Practice and
Research; A Practical Handbook Containing over 450 Worked Examples, Problems and
Answers. Series: Analytical Techniques in Clinical Chemistry and Laboratory. VCH, Weinheim

6.7 Analyse von kosmetischen Präparaten

6.8 Analyse von Drogen

Fischer R, Kartnig T (1993) Drogenanalyse: Makroskopische und mikroskopische Drogenanalyse.
Springer, Heidelberg
Käferstein H, Sticht G (1993) Opiatnachweis im Harn. VCH, Weinheim
Reid E, Hill HM, Wilson ID (Eds.) (1994) Biofluid and Tissue Analysis for Drugs. Vol. 23:
Methodological Surveys in Bioanalysis of Drugs. Royal Society, Cambridge

6.9 Polymeranalytik

Hatakeyama T, Quinn FX (1994) Thermal Analysis; Fundamentals and Applications to Polymer
Science. Wiley, Chichester
Hendra PJ, Agbenyega JK (1994) The Raman Spectra of Polymers. Wiley, Chichester
Provder T (Hrsg.) Chromatography of Polymers; Characterization by SEC and FFF. VCH, Wein-
heim
Sabbatini L, Zambonin PG (Eds.) (1993) Surface Characterization of Advanced Polymers. VCH,
Weinheim
Urban M W (1994) Vibrational Spectroscopy of Molecules and Macromolecules. Wiley, Chiches-
ter

6.10 Wasseranalytik

Fachgruppe Wasserchemie in der GDCh (Hrsg.) (1995) Vom Wasser; 84. Band 1995. VCH, Weinheim
Fachgruppe Wasserchemie in der GDCh (Hrsg.) Biochemische Methoden zur Schadstofferfassung
in Wasser. VCH, Weinheim
Knoch W (1993) Wasserversorgung, Abwasserreinigung und Abfallentsorgung. Chemische und
analytische Grundlagen. VCH, Weinheim

6.11 Materialanalyse

Eberhart J-P (1994) Structural and Chemical Analysis of Materials: X-Ray, Electron and Neutron
Diffraction, Electron and Ion Spectrometry, Electron Microscopy. Wiley, Chichester
Lifshin E (1994) Characterization of Materials; Volume 2B, in: Cahn R W, Haasen P, Kramer E J
(Eds.) Materials Science and Technology; A Comprehensive Treatment. VCH, Weinheim

6.12 Oberflächen-, Grenzflächenanalyse

Sabbatini L, Zambonin PG (Eds.) (1993) Surface Characterisation of Advanced Polymers. VCH,
Weinheim

6.13 Explosivstoffe

Yinon J, Zitrin S (1993) Modern Methods and Applications in Analysis of Explosives. Wiley,
Chichester

Die Relativen Atommassen der Elemente

Die vollständige Tabelle der relativen Atommassen der chemischen Elemente
findet sich in Band 11, Seite 216 ff.; die danach bei der IUPAC-Sitzung im
Sommer 1993 erfolgten Änderungen sind in Band 12, Seite 326 aufgeführt.
Gegenüber diesem Stand ist bis zur nächsten IUPAC–Sitzung keine
Änderung zu erwarten.

Maximale Arbeitsplatzkonzentrationen

Die Liste der für den Analytiker wichtigsten Stoffe mit MAK-Werten sowie
die Listen der krebserzeugenden, im Tierversuch krebserzeugend befundenen
Stoffe und der Stoffe mit begründetem Verdacht auf krebserzeugendes Potential nach dem Stand der Publikation "Maximale Arbeitsplatzkonzentrationen und biologische Arbeitsstofftoleranzwerte 1991" (VCH, Weinheim)
sind in Band 11, Seite 216 ff. abgedruckt. Die inzwischen erfolgten Änderungen finden sich in Band 13, Seite 266-267 (vollständige aktuelle Liste:
Mitteilung 30 der DFG "MAK- und BAT-Werte-Liste 1994", VCH, Weinheim[1]).

Akronyme

Die Liste der wichtigsten gebräuchlichen Akronyme aus dem Bereich der instrumentellen Analytik wurde gegenüber Band 11 erweitert. Darüber hinaus
wurden Akronyme von Gremien und Institutionen aufgenommen, die auf dem
Gebiet der Zertifizierung und der Akkreditierung analytischer Laboratorien
tätig sind. Nähere Angaben dazu (Anschriften, Aufgabengebiete) finden sich
bei. Günzler H (Hrsg.) (1995) Akkreditierung und Qualitätssicherung in der
Analytischen Chemie. Springer, Heidelberg

---

[1] Deutsche Forschungsgemeinschaft, Senatskommission zur Prüfung gesundheitsschädlicher Arbeitsstoffe (Hrsg.): MAK und BAT-Werte-Liste 1994. VCH, Weinheim

Methoden

Akronym	Bedeutung, deutsch	Bedeutung, englisch
AA	Aktivierungsanalyse	Activation Analysis
AAS	Atomabsorptionsspektrophotometrie	Atomic Absorption Spectrophotometry
ACP	Wechselstrompolarographie	Alternating Current Polarography
AEM	Analytische Elektronenmikroskopie	Analytical Electron Microscopy
AES	Augerelektronenspektroskopie	Auger Electron Spectrometry
AES	Atomemissionsspektrometrie	Atomic Emission Spectrometry
AFS	Atomfluoreszenz-Spektroskopie	Atomic Fluorescence Spectroscopy
API	Atmosphärendruck-Ionisation	Atmospheric Pressure Ionization
ARM	Mikroskopie mit atomarer Auflösung	Atomic Resolution Microscopy
ARUPS	Winkelaufgelöste Photoelektronen-Spektroskopie	Angular Resolved UV-Photoelectron Spectroscopy
ASV	Inversvoltammetrie an der Anode	Anodic Stripping Voltammetry
ATR	Abgeschwächte Totalreflexion	Attenuated Total Reflectance
AVLIS	Laser-Isotopentrennung an Atomplasmen	Atomic Vapor Laser Separation
BIXE	Durch Beschuß induzierte Röntgenstrahlemission	Bombardment Induced X-ray Emission
CA	Stoßaktivierung	Collision Activation
CARS	Kohärente Antistokes Raman-spektroskopie	Coherent Antistokes Raman Spectroscopy
CAT	(Spektrenakkumulation)	Computer Averaged Transients
CCC	Gegenstrom-Chromatographie	Counter Current Chromatography
CD	Zirkulardichroismus	Circular Dichroism
CE	Kapillarelektrophorese	Capillary Electrophoresis
CFS	Kohärente Vorwärtsstreuung	Coherent Forward Scattering
CGE	Kapillar-Gel-Elektrophorese	Capillary Gel Electrophoresis
CI	Chemische Ionisation	Chemical Ionization
CID	Stoßinduzierter Zerfall	Collision Induced Dissociation
CIDNP	Chemisch induzierte dynamische Kernpolarisation	Chemically Induced Dynamic Nuclear Polarization
CMP	Kapazitiv gekoppeltes Mikrowellenplasma	Capacitively Coupled Microwave plasma
CP	Kreuzpolarisierung	Cross Polarization

(Fortsetzung)

Akronyme (*Fortsetzung*)

Akronym	Bedeutung, deutsch	Bedeutung, englisch
CPAA	Aktivierungsanalyse mit Hilfe geladener Teilchen	Charged Particle Activation Analysis
CP-MAS	Kreuzpolarisierung-Rotation um den magischen Winkel	Cross-Polarization-Magic-Angle-Spinning
CS-AAS	AAS mit Kontinuumstrahler	Continuous Source Atomic Absorption Spectrophotometry
CSV	Inversvoltammetrie an der Kathode	Cathodic Stripping Voltammetry
CV-AAS	Kaltdampf-Atomabsorptionsspektrophotometrie	Absorption Spectrophotometry
CW	(Variable Frequenz-Methode)	Continuous Wave
CZE	Kapillarzonenelekrophorese	Capillary Zone Electrophoresis
DAD	(Photo)Dioden-Array-Detektor	(Photo)Diode Array Detector
DADI	Ionenenergie-Spektroskopie zum Nachweis metastabiler Zerfälle	Direct Analysis of Daughter Ions
DC	Dünnschicht-Chromatographie	Thin Layer Chromatography
DCCC	Tropfen-Gegenstrom-Chromatographie	Droplet Counter-Current- Chromatography
DCI	Direkte Chemische Ionisation	Direct Chemical Ionization
DCP	Gleichstrom-Plasma	Direct Current Plasma
DCP	Gleichstrom-Polarographie	Direct Current Polarography
DEPT	Verzerrungsfreie Verstärkung durch Polarisierungstransfer	Distorsionless Enhancement by Polarisation Transfer
DME	Quecksilber-Tropfelektrode	Dropping Mercury Electrode
DNMR	Dynamische NMR-Spektroskopie	Dynamic Nuclear Magnetic Resonance
2D-NMR	Zweidimensionale NMR-Spektroskopie	Two-dimensional NMR Spectroscopy
DOSS	Doppel-Optik-Simultan-Spektrometrie	Dual Optic Simultaneous Spectrometry
DPASV		Differential Pulse Anodic Stripping Voltammetry
DPCS (DPCSV)		Differential Pulse Cathodic Stripping Voltammetry
DPP	Differential-Puls-Polarographie	Differential Pulse Polarography
DRIFT	IR-Spektroskopie mit diffus reflektierter Strahlung	Diffuse Reflectance Infrared Fourier Transform Spectroscopy
DSC	Differentialkalorimetrie	Differential Scanning Calorimetry
DTA	Differentialthermoanalyse	Differential Thermal Analysis
DUVAS	UV-Spektrometer mit Aufzeichnung der 1. Ableitung	Derivative UV-Absorption Spectrometer
EA-MS	Elektronenanlagerungs-Massenspektrometrie	Electron Attachment Mass Spectrometry
ECD	Elektroneneinfangdetektor	Electron Capture Detector
EDX	Energiedispersive Röntgenspektroskopie	Energy Dispersive X-ray Spectroscopy

EDXRF	Energiedispersive Röntgenfluoreszenz-Spektroskopie	Energy Dispersive X-ray Fluorescence
EELS	Elektronen-Energieverlust-Spektrometrie	Electron Energy Loss Spectrometry
EI	Elektronenstoß-Ionisation	Electron Impact Ionization
EIC	Chromatographie mittels elektrostatischer Wechselwirkung (s. auch: IEC)	Electrostatic Interaction Chromatography
ELS	Energieverlust-Spektroskopie	Energy Loss Spectroscopy
EM	Elektronenmikroskopie	Electron Microscopy
EMP	Elektronen-Mikrosonde	Electron Microprobe Analysis
ENDOR	Elektron-Kern-Doppelresonanz	Electron Nuclear Double Resonance
EPMA	Elektronenstrahl-Mikroanalyse (Mikrosonde)	Electron Probe Microanalysis
ES	Emissions-Spektroskopie	Emission Spectroscopy
ESD	(Rastern bei) elektronenstimulierte (r) Desorption	(Scanning) Electron Stimulated Desorption Spectroscopy
ESCA	Elektronenspektroskopie für die chemische Analyse	Electron Spectroscopy for Chemical Analysis
ESR	Elektronenspinresonanz-Spektroskopie	Electron Spin Resonance
ETA	Elektrothermoanalyse	Electrothermal Analysis
ETA-AAS	AAS mit elektrothermischer Atomisierung	Electrothermal Atomization Atomic Absorption Spectrophotometry
EXAFS	Feinstruktur der Absorptionsbanden im Röntgenspektrum (Nahordnung)	Extended X-ray Absorption Fine Structure
F-AAS	Flammen-Atomabsorptions-Spektrophotometrie	Flame Atomic Absorption Spectrophotometry
FAB	Ionisierung durch Atombeschuß	Fast Atom Bombardment
FANES	Nicht-thermische Ofen-Atomemissions-Spektrometrie	Furnace Atomization Non-thermal Emission Spectrometry
FD	Felddesorption	Field Desorption
FEM (FIM)	Feldionenmikroskopie	Field Electron Microscopy
FI	Feldionisation	Field Ionization
FIA	—	Flow Injection Analysis
FIA	Fluoreszenz-Indikator-Analyse	Fluorescence Indicator Analysis
FID	Flammensionisations-Detektor	Flame Ionization Detector
FILS	Feldionisations Laserspektroskopie	Field Ionisation Laser Spectroscopy
FIM	Feld-Ionen-Mikroskopie	Field Ion Microscopy
FMR	Ferromagnetische Resonanz	Ferromagnetic Resonance
FOCS	Faseroptik (Lichtleiter) mit chemischen Sensoren	Fiber Optics Chemical Sensors
FTIR	Fouriertransform-IR-Spektroskopie	Fourier Transform Infrared Spectroscopy
FTMS	Fouriertransform-Messenspektrometrie	Fourier Transform Mass Spectrometry
FTNMR	Fouriertransform-NMR-Spektroskopie	Fourier Transform NMR Spectroscopy
GC	Gas-Chromatographie	Gas Chromatography
GC-GC	Glaskapillaren-Gas-Chromatographie	Glas Capillary Gas Chromatography

(Fortsetzung)

Akronyme (*Fortsetzung*)

Akronym	Bedeutung, deutsch	Bedeutung, englisch
GC-IR	Gas-Chromatographie-IR-Spektroskopie-Kopplung	Gas Chromatography Infrared Spectroscopy Coupling
GC-MS	Gas-Chromatographie-Massenspektrometrie-Kopplung	Gas Chromatography Mass Spectrometry Coupling
GD-MS	Glimmlampen-Massenspektrometrie	Glow Discharge Mass Spectrometry
GDOES	Optische Emissionsspektroskopie mit Glimmlampenanregung	Glow Discharge Optical Emission Spectroscopy
GF-AAS	Graphitrohr-Atomabsorptionsspektrophotometrie	Graphite Furnace Atomic Absorption Spectrophotometry
GIR	Reflexionsspektroskopie bei streifendem Lichteinfall	Grazing Incidence Reflection
GLC	Gas-Absorptions-Chromatographie	Gas Liquid Chromatography
GPC	Gelpermeations-Chromatographie	Gel Permeation Chromatography
GSC	Gas-Adsorptions-Chromatographie	Gas Solid Chromatography
HDC	Partikelgrößen-Verteilungs-Chromatographie	Hydrodynamic Chromatography
HEED	Hochenergie-Elektronenbeugung	High Energy Electron Diffraction
HEIS	(Hochenergie) Ionenstreuung	High Energy Ion Scattering
HHPN	Hydraulische Hochdruckzerstäubung	Hydraulic High Pressure Nebulisation
HIC	(Hydrophobe Wechselwirkungschromatographie)	Hydrophobic Interaction Chromatography
HORSES	Nichtlineare Raman-Effekte	Higher Order Raman Spectral Excitation Studies
HPCGE	Kapillargelelektrophorese	High Performance Capillary Gel Electrophoresis
HPLC	Hochleistungs-Flüssig-Chromatographie	High Performance Liquid Chromatography
HPPLC	Hochdruck-Planar-Flüssig-chromatographie	High Pressure Planar Liquid Chromatography
HPTLC	Hochleistungs-Dünnschicht-Chromatographie	High Performance Thin Layer Chromatography
HRE	Hyper-Raman-Effekt	Hyper Raman Effect
HREELS	Hochauflösende Elektronenenergie-Verlust-Spektroskopie	High Resolution Electron Energy Loss Spectroscopy
IBSCA	Ionenstrahl-Spektralanalyse	Ion Beam Spectrochemical Analysis
ICAP	Induktiv gekoppeltes Argon-Plasma	Inductively Coupled Argon Plasma
ICAP-AES	Atomemissionsspektrometrie mit induktiv gekoppeltem Argon Plasma	Inductively Coupled Argon Plasma Atomic Emission Spectrometry
ICISS	Rückstoß-Ionenstreuungs-Spektroskopie	Impact Collision Ion Scattering Spectroscopy
ICLAS	Intracavity-Laser-Absorptions-spektroskopie	Intracavity Laser Absorption Spectroscopy
ICP	Induktiv gekoppeltes Plasma	Inductively Coupled Plasma
ICP-OES	OES mit induktiv gekoppeltem Plasma	Inductively Coupled Plasma-OES
ICP-FTS	Induktiv gekoppelte Plasma-Fourier-Transform-Spektrometrie	Inductively Coupled Plasma Fourier Transform Spectrometry

ICR	Ionencyclotron-Resonanz	Ion Cyclotron Resonance
IDMS	Isotopenverdünnungs-Massenspektrometrie	Isotope Dilution Mass Spectrometry
IEC	Ionenaustausch-Chromatographie (s. auch: EIC)	Ion Exchange Chromatography
IEE	Induzierte Elektronenemission	Induced Electron Emission
IKES	Ionenenergie-Spektroskopie zur Analyse metastabiler Zerfälle	Ion Kinetic Energy Spectroscopy
IMA	Ionenstrahl-Mikroanalyse	Ion Probe Microanalysis
IMS	Isotopen-Massenspektrometer	Isotope Mass Spectrometer
INADEQUATE	Doppel-Quanten-Transfer-Experiment mit natürlicher ^{13}C-Häufigkeit	Incredible Natural Abundance Double Quantum Transfer Experiment
INDOR	Internukleare Doppelresonanz	Internuclear Double Resonance
INEPT		Insensitive Nuclei Enhancement by Polarization Transfer
INS	Unelastische Neutronenstreuung	Inelastic Neutron Scattering
IR (IRS)	Infrarotspektroskopie	Infrared Spectroscopy
IRRAS	Infrarot-Reflexions-AbsorptionsSpektroskopie	Infrared Reflection Absorbance Spectroscopy
IRS	Innere ReflexionsSpektroskopie	Internal Reflectance Spectroscopy
IRS	Inverser Raman-Effekt	Inverse Raman Spectroscopy
IRTF	Fourier-Transform-Infrarot-Spektroskopie	Spectres infrarouge par transforme de Fourier
ISFET	Ionensensitiver Feldeffekt-Transistor	Ion Sensitive Field Effect Transistor
ISS	Ionenstreuungs-Spektroskopie	Ion Scattering Spectroscopy
KRIPES	K-aufgelöste inverse Photoelektronen-spektroskopie	K-resolved Inverse Photoemission Spectroscopy
LAAS	Laser Atomabsorptionsspektrometrie	Laser Atomic Absorption Spectrometry
LALLS	Kleinwinkel-Laserstreuung	Low Angle Laser Light Scattering
LAMMA	Lasermikrosonden-Massenspektrometrie spektrometrie	Laser Microprobe Mass Analyzer
LAMOFS-ETE	Laser-angeregte Molekülfluoreszenz-Spektrometrie mit elektrothermischer Verdampfung	Laser Exited Molecular Fluorescence with Electrothermal Evaporation
LAMS	Laser-Massenspektrometrie	Laser Mass Spectrometry
LASER	(Laser)	Light Amplification by Stimulated Emission of Radiation
LC	Flüssig-Chromatographie	Liquid Chromatography
LC-MS	Flüssig-Chromatographie-Massenspektrometrie-Kopplung	Liquid Chromatography-Mass Spectrometry Coupling
LD	Laser-Desorptions-Massenspektrometrie	Laser Desorption Mass Spectrometry
LEAFS	Laser-angeregte Atomfluoreszenz	Laser Excited Atomic Fluorescence Spectrometry
LEED	Beugung langsamer Elektronen	Low Energy Electron Diffraction
LEERM	Elektronenmikroskop mit langsamen Elektronen	Low Energy Electron Reflection Microscope
LEI	Laserverstärkte Ionisationsspektrometrie	Laser Enhanced Ionization

(Fortsetzung)

Akronyme (*Fortsetzung*)

Akronym	Bedeutung, deutsch	Bedeutung, englisch
LEIS	Niederenergetische Ionenstreuung	Low Energy Ion Scattering
LIDAR	Atomosphärische Laser-Spektralanalyse	Light Detection and Ranging
LIF	Laser-Induzierte Fluoreszenz-Spektroskopie	Laser Induced Fluorescence
LRMA	Laser-Raman-Mikroanalyse	Laser Raman Microanalysis
MAS	Rotation um den magischen Winkel	Magic Angle Spinning
MAS-ETE	Molekülabsorption mit elektrothermischer Verdampfung	Molecular Absorption with Electrothermal Evaporation
MASER	–	Microwave Amplification by Stimulated Emission of Radiation
MATR	Vielfach-ATR	Multiple Attenuated Total Reflectance IR-Spectroscopy
MECC	Micellenchromatographie	Micell Electro Capillary Chromatography
MEIS	Mittelenergetische Ionenstreuung	Medium Energy Ion Scattering (Spectroscopy)
MES	Mößbauerspektroskopie	Mößbauer Effect Spectroscopy
MID	Nachweis selektierter Ionen	Multiple Ion Detection
MIKES	Ionenenergie-Spektroskopie zum Nachweis metastabiler Zerfälle	Mass Analyzed Ion Kinetics Spectrometry
MIP	Mikrowelleninduziertes Plasma	Microwave Induced Plasma
MOLE	Ramanspektroskopie mit Laser-Mikrosonde	Molecular Optics Laser Examiner
MONES-ETE	Molekül-nichtthermische Emissionsspektrometrie mit elektrothermischer Verdampfung	Molecule-Nonthermal Emission Spectrometry-Electrothermal Evaporation
MORD	Magneto-optische Rotations-dispersion	Magneto Optical Rotatory Dispersion
MOS	Metalloxidischer Halbleiter	Metal Oxide Semiconductor
MPI	Multiphotonen-Ionisierung	Multiple Photon Ionization
MPD	Mikrowellen-Plasmadetektor	Microwave Induced Plasma Detector
MS	Massenspektrometrie	Mass Spectrometry
MW	Mikrowelle	Microwave
NAA	Neutronen-Aktivierungsanalyse	Neutron Activation Analysis
NCI	Negative Ionen bei chemischer Ionisation	Negative Ions with Chemical Ionization
NEI	Negative Ionen bei Elektronenstoß-Ionisation	Negative Ions with Electron Impact Ionization
NEXAFS	Bandkanten-Röntgen-Feinstruktur-Spektrometrie	Near Edge X-ray Absorption Fine Structure (Spectrometry)
NIRA (NIR)	IR-Spektroskopie im nahen Infrarot	Near Infrared Analysis
NIRS	Nah-Infrarot-Reflexions-Spektroskopie	Near Infrared Reflection Spectroscopy
NMR	Kernmagnetische Resonanzspektroskopie	Nuclear Magnetic Resonance

2D-NMR	Zweidimensionale NMR-Spektroskopie	Two-dimensional NMR Spectroscopy
NOE	Kern-Overhauser-Effekt	Nuclear Overhauser Effect
NQR	Kern-Quadrupol-Resonanz	Nuclear Quadrupole Resonance
OES	Optische Emissionsspektralanalyse	Optical Emission Spectroscopy
OMA	Optischer Vielkanal-Analysator	Optical Multichannel Analyzer
OPLC	Überdruck-Schicht-Chromatographie	Over-Pressure Layer Chromatography
ORD	Optische Rotationsdispersion	Optical Rotatory Dispersion
PARS	Photoakustische Raman-Spektroskopie	Photoacoustic Raman Spectroscopy
PAS	Photoakustische Spektroskopie	Photo Acoustic Spectroscopy
PC	Papierchromatographie	Paper Chromatography
PDMS	Plasmadesorptions-Massenspektrometrie	Plasma Desorption Mass Spectrometry
PESIS	Photoelektronenspektroskopie innerer Elektronen	Photoelectron Spectroscopy of Inner Shell Electrons
PFIMS	Pyrolyse-Feldionisations-Massenspektrometrie	Pyrolysis Field Ionization Mass Spectroscopy
PFT	Puls Fourier Transformation	Pulse Fourier Transform
PGC	Pyrolse-Gas-Chromatographie	Pyrolysis Gas Chromatography
PID	Photoionisations-Detektor	Photo Ionization Detecter
PIXE	Partikel-induzierte Röntgenemissions-Spektroskopie	Particle Induced X-ray Emission
RBS	Rutherford Rückstreuung	Rutherford Back Scattering
REED	Energiedispersive Röntgenemissionsanalyse	Energy Dispersive X-Ray Emission Spectroscopy
REM	Raster-Elektronenmikroskopie	Reflection Electron Microscopy
RFA	Röntgenfluoreszenz-Spektralanalyse	X-ray Fluorescence Analysis
RFF	Fluoreszenzmessung mit Lichtleitern	Remote Fiber Fluorescence
RFWD	Wellenlängendispersive Röntgenfluoreszenzanalyse	Wavelength Dispersive X-Ray Fluorescence spectroscopy
RHEED	Hochenergie-Elektronenstreuung in Reflexion	Reflection High Energy Electron Diffraction
RIKE	Raman-induzierter Kerr-Effekt	Raman Induced Kerr Effect
RIM	Substanznachweis über Ionenreaktionen	Reactant Ion Monitoring
RIMS	Resonanzionisations-Massenspektrometrie	Resonance Ionization Mass Spectrometry
RIS	Element-(Molekül-) spezif. Laser-Ionisation	Resonance Ionization Spectroscopy
RPLC	Umkehrphasen-Flüssigkeits-Chromatographie	Reversed Phase Liquid Chromatography
RRS	Resonanz-Raman-Effekt	Resonance Raman Scattering
RSI	Interferometrie auf Grund der Brechzahländerung	Refractively Scanned Interferometer
RTM	Rastertunnelmikroskopie	Scanning Tunneling Microscopy
RTS	Rastertunnelspektroskopie	Scanning Tunneling Spectroscopy
SAM	Raster-Auger-Mikroskopie	Scanning Auger Microscopy
SCE	Gesättigte Calomel-Elektrode	Saturated Calomel Electrode
SCRS		Stokes Coherent Raman Spectroscopy ("Scissors")
SEC	Größenausschlußchromatographie	Size Exclusion Chromatography
SEM	Scanning Elektronen-Mikroskopie	Scanning Electron Microscopy

(Fortsetzung)

Akronyme (*Fortsetzung*)

Akronym	Bedeutung, deutsch	Bedeutung, englisch
SERS	Oberflächenverstärkte Raman-Spektroskopie	Surface Enhanced Raman Spectroscopy
SEXAFS	Oberflächen-EXAFS	Surface EXAFS
SFC	Überkritische Fluid-Chromatographie	Supercritical Fluid Chromatography
SFE	Superfluid-Extraktion	Super Fluid Extraction
SID	Einzelionen-Registrierung	Single Ion Detection/Selected Ion Detection
SID	Oberflächen-Ionisierung	Surface Induced Dissociation
SIM	Einzelionen-Nachweis	Selected Ion Monitoring
SIMAAC	Simultane Multielement-Atomabsorptionsspektro-photometrie mit Kontinuumstrahler	Atomic Absorption Using a Continuous Source
SIMS	Sekundärionen-Massenspektrometrie	Secondary Ion Mass Spectrometry
SNMS	Neutralteilchen-Emission durch fokussierte Strahlung (MS)	Sputtered Neutral Mass Spectrometry
SSMS	Funken-Massenspektrometrie	Sparc Source Mass Spectrometry
STEM	Registrierende Transmissions-Elektronenmikroskopie	Scanning Transmission Electron Microscopy
STM	Raster-Tunnel-Mikroskopie	Scanning Tunneling Microscopy
STS	Raster-Tunnel-Spektroskopie	Scanning Tunneling Spectroscopy
SWV	Rechteckwellen-Polarographie	Square-Wave Voltammetry
TCD	Wärmeleitfähigkeitsdetektor	Thermal Conductivity Detector
TDS	Thermische Desorptionsspektroskopie	Thermal Desorption Spectroscopy
TEELS	Transmissions-Elektronenenergie-verlust-Spektrometrie	Transmission Electron Energy Loss Spectrometry
TEM	Transmissions-Elektronenmikroskopie	Transmission Electron Microscopy
TGA	Thermogravimetrische Analyse	Thermogravimetric Analysis
TGGE	Temperatur Gradienten Gelelektro-phorese	
THEED	Hochenergie-Elektronenstreuung in Transmission	Transmission High Energy Electron Diffraction
THEELS	Hochenergie-Elektronenverlust-Spektrometrie in Transmission	Transmission High Energy Electron Loss Spectrometry
TID	Thermoionischer Detektor	Thermal Ionization Detector
TLC	Dünnschicht-Chromatographie	Thin Layer Chromatography
TPA	Zweiphotonenabsorption	Two Photon Absorption
TRFA	Totalreflexions-Röntgenfluoreszenz-Analyse	Total Reflection X-Ray Fluorescence Analysis
TXRF	Totalreflexions-Röntgenfluoreszenz	Total Reflection X-Ray Fluorescence
UPS	UV-Photoelektronen-Spektroskopie	Ultraviolet Photoelectron Spectroscopy

UR	Ultrarot-(= Infrarot-) Spektroskopie	Infrared Spectroscopy
URAS	Ultrarotabsorptionsschreiber	
UV (UVS)	Ultraviolett-Spektroskopie	Ultraviolet Spectroscopy
VIS	Spektroskopie im sichtbaren Spektral-bereich	Visible Spectroscopy
WLD	Wärmeleitfähigkeits-Detektor	Thermal Conductivity Detector
XAES	Auger-Elektronen-Spektroskopie mit Röntgenstrahl-Anregung	X-ray Induced Auger Electron Spectro-scopy
XANES	Feinstruktur der Absorptionsbande im Röntgenspektrum	X-Ray Absorption Near Edge Structure
XPS	Röntgen-Photoelektronen-Spektro-skopie	X-ray Photoelectron Spectroscopy
XRD	Röntgenbeugung	X-ray Diffraction
XRF	Röntgenfluoreszenz-Analyse	X-ray Fluorescence Analysis
XRS	Röntgenspektroskopie	X-ray Spectroscopy
ZAAS	Zeeman-Atomabsorptionsspectro-photometrie	Zeeman Atomic Absorption Spectro-photometry

Gremien und Organisationen

Akronym	Bedeutung, deutsch	Bedeutung, englisch
CITAC	Internationale Zusammenarbeit für Rückführbarkeit in der Analytischen Chemie	Co-operation on International Traceability in Analytical Chemistry
DAR	Deutscher Akkreditierungsrat	German Accreditation Council
DINZERT	Deutscher Zertifizierungsrat	German Certification Council
DQS	Deutsche Gesellschaft zur Zertifizierung von Qualitätssicherungssystemen mbH	German Society for Certification of Quality Assurance Systems
EAC	Europäische Organisation zur Akkreditierung von Zertifizierungsstellen	European Accreditation of Certification
EAL	Europäische Organisation zur Akkreditierung von Laboratorien	European Co-operation for Accreditation of Laboratories
EOTC	Europäische Organisation für Prüfung und Zertifizierung	European Organization for Testing and Certification
EQS	Europäische Organisation zur Zertifizierung von Qualitätssicherungssystemen	European Committee for Quality System Assessment and Certification
EUROLAB	Organisation für Prüflaboratorien in Europa	Organization for Testing in Europe
EUROMET	Europäische Organisation der metrologischen Institute	European Collaboration in Measurement Standards
ILAC	Internationale Konferenz für die Akkreditierung von Laboratorien	International Laboratory Accreditation Conference
WELMEC	Westeuropäische Organisation der Institute des gesetzlichen Meßwesens	Western Europe Legal Metrology Cooperation

Prüfröhrchen für Luftuntersuchungen und technische Gasanalysen

Siehe Band 11, Seite 237 ff.

Information- und Behandlungszentren für Vergiftungsfälle mit durchgehendem 24-Stunden-Dienst

im deutschsprachigen Raum
(überprüft und ergänzt, nach „Rote Liste 1993"*)
Bundesrepublik Deutschland

---

* Informationszentren für Vergiftungsfälle in der Bundesrepublik und in anderen europäischen Ländern aus der Roten Liste 1993 – Bundesverband der Pharmazeutischen Industrie e.V., Frankfurt/Main

Berlin: Beratungsstclle für Vergiftungserscheinungen
   Pulsstraße 3–7,14059 Berlin/Charlottenburg
   Tel. (030) 3 02 3022

Reanimationszentrum der Medizinschen Klinik und Poliklinik
der Freien Universität im Klinikum Westend
Spandauer Damm 130, 14050 Berlin 19
Tel.(030) 30 35 34 66 oder 30 35 22 15 oder 30 55 34
36 Klinikzentrale 3035-0

Bonn: Universitäts-Kinderklinik und Poliklinik Bonn
   Informationszentrale für Vergiftungen
   Adenauerallee 119, 53113 Bonn
   Tel. (0228) 2 87 32 11 oder 2 87 33 33
   Zentrale 2870

Braunschweig: Medizinische Klinik II des Städtischen Klinikums
   Salzdahlumer Straße 90, 38126 Braunschweig
   Tel. (0531) 6 22 90
   Klinikzentrale 68 80

Bremen: Kliniken der Freien Hansestadt Bremen
   Zentralkrankenhaus St.-Jürgen-Straße
   Klinikum für innere Medizin, Intensivstation
   St.-Jürgen-Straße, 28205 Bremen
   Tel. (0421)4 97 52 68 oder 4 97 36 88

Freiburg: Universitäts-Kinderklinik Freiburg
   Informationszentrale für Vergiftungen
   Mathildenstraße 1, 79106 Freiburg
   Tel.(0761) 2 70 43 61
   Klinikzentrale 2701, Pforte 2704300/01 nach 16 Uhr

Göttingen: Universitäts-Kinderklinik und Poliklinik
   Humboldtallee 38, 37073 Göttingen
   Tel.(0551) 39 62 39 oder 39 62 10
   Klinikzentrale 39 62 10 (Verm.a.d.diensthabenden Arzt)

Hamburg: I. Medizinische Abteilung des Krankenhauses Barmbek
   Giftinformationszentrale (nur noch für begrenzte Zeit)
   Rübenkamp 148, 22307 Hamburg
   Tel.(040) Zentrale 6385–1, 63 85 33 45/33 46

Homburg: Universitäts-Kinderklinik Homburg/Saar
   Informationszentrale für Vergiftungen

66424 Homburg/Saar
Tel. (06841) 16 22 57/16 28 46
Klinikzentrale 16–0

Kassel: Untersuchungs- und Beratungsstelle
für Vergiftungen
Labor Dres. med. M. Hess, G. Schonard, K. Kruse
Karthäuserstr. 3, 34117 Kassel
Tel.(0561) 9188–320:

Kiel: I. Medizinische Univertshitätsklinik Kiel
Zentralstelle zur Beratung bei Vergiftungsfällen
Schittenhelmstraße 12, 24105 Kiel
Tel.(0431) 5 97 42 68
Klinikzentrale 5971393/94

Leipzig: Toxikologischer Auskunftsdienst
Hörtelstr. 16–18; 04107 Leipzig
Tel.(0341) 311916 (nur während der Arbeistzeit)

Mainz: Beratungsstelle bei Vergiftungen
II. Medizinische Klinik und Poliklinik der Universität
Langenbeckstraße 1, 55131 Mainz
Tel.(06131) 23 24 66/67
Klinikzentrale 171

Mönchegladbach: Toxikologische Untersuchungs- und Beratungsstelle
Labor Dr. Med. P.A. Tarkunen, Dr.rer.nat. Th. Stein, Dr. med H. Kehren,
Dr. Med. B. Becker; Wallstr. 10;41061 Mönochengladbach
Tel.(02161) 81940

München: Giftnotruf München
(Toxikologische Abteilung der II. Medizinischen Klinik rechts
der Isar der Technischen Universität)
Ismaninger Straße 22, 81675 München
Tel.(089) 41 40 22 11
Telex: 50–24404 klired

Münster: Beratungs-u. Behandlungsstelle für Vergiftungsersercheinungen
Albert-Schweitzer-Straße 33, 48149 Münster
Tel.(0251) 836245/83 6188 Zentrale 83–1

Nürnberg: 2. Medizinische Klinik Klinikum Nürnberg
Toxikologische Intensivstation; Giftinformationszentrale
Flurstraße 17, 90419 Nürnberg
Tel.(0911) Durchwahl 3 98 24 51 Zentrale 398–0

Papenburg: Marienhospital-Kinderklinik
  Hauptkanal rechts 75,26871 Papenburg
  Tel.(04961) Durchwahl 93-1381
  Klinikzentrale 93-0

Österreich

Wien: Vergiftungsinformationszentrale
  Spitalgasse 23, A-1090 Wien
  Tel. 0043-1-43 43 43
  ab co. 01.03.95:
  0043-1-406 4343

Schweiz

Zürich: Schweizerisches Toxikologisches Informationszentrum
  Klosbachstraße 107, CH- 8030 Zürich
  Tel.0041-1-25 15 15 1(Notfaelle)
        -25 16 66 6 (nichringliche Anfragen)

**Organisationen der Analytischen Chemie
im deutschsprachigen Raum**

Internationale Organisationen

International Union of Pure and Applied Chemistry (IUPAC)
  Analytical Chemistry Division
  Vorsitzender Professor: Dr.A. Hulanicki: Universität Warschau

Federation of European Chemical Societies (FECS)
  Working Party on Analytical Chemistry (WPAC)
  Vorsitzender: Professor Dr. R. Kellner, Wien

Eurachem-Cooperation for Analytical Chemistry in Europe
  Vorsitzender: Prof. Dr. P. De Bièvre, Geel, Belgien

Nationale Organisationen

Deutschland

Gesellschaft Deutscher Chemiker

  Fachgruppe „Analytische Chemie"
  Vorsitzender: Prof. Dr. K. Ballschmiter, Universität Ulm

  mit folgenden Arbeitskreisen:

Deutscher Arbeitskreis für Spektroskopie (DASp)
Vorsitzender: Prof. Dr. J.A.C. Broekaert, Dortmund

Arbeitskreis Chromatographie
Vorsitzender: Prof. Dr. H. Engelhardt, Universität Saarbrücken

Arbeitskreis Archäometrie
Vorsitzender: Prof. Dr. G. Schulze, Techn. Universität Berlin.

Arbeitskreis Mikro-und Spurenanalyse der Elemente (A.M.S.El.)
Vorsitzender: Dr. E. Hoffmann, LSMU Berlin

Arbeitskreis Kristallstrukturanalyse von Molekülverbindungen (KSAM)
Vorsitzender: Dr. E.F. Paulus, Hoechst AG, Frankfurt/M.

Arbeitskreis Chemometrik und Datenverarbeitung
Vorsitzender: Prof. Dr. K. Danzer Universität Jena

Diskussionsgruppe Aalytik im Umweltschutz (DAU)
Vorsitzender: Prof. Dr. A. Kettrup, GSF-Forchungszentrum für Umwelt
und Gesundheit, München

Die Fachgruppe „Analytische Chemie" hält auf dem Gebiet der analytischen
Chemie engen Kontakt mit den GDCh-Fachgruppen:

Lebensmittelchemische Gesellschaft, Fachgruppe in der GDCh
Vorsitzender: Prof. Dr. H. Steinhart, Universität Hamburg

Magnetische Resonanzspektroskopie
Vorsitzender: Prof. Dr. B. Blümich, Aachen

Nuclearchemie
Vorsitzender: Prof. Dr. J.V. Kratz, Mainz

Waschmittelchemie
Vorsitzender: Dr. Chr. Grugel, Hannover

Wasserchemie Vorsitzender:
Prof Dr. F.H. Frimmel, TU Karlsruhe

Arbeitsgemeinschaft Massenspektrometrie der Deutschen Physikalischen
Gesellschaft, der GDCh und der Deutschen Bunsengesellschaft
Vorsitzender: M.Linscheid, ISAS, Dortmund

Umweltchemie und Ökotoxikologie
Vorsitzender: Prof. Dr.E. Bayer, Univ, Tübingen

sowie mit

dem Chemikerausschuß des Vereins Deutscher Eisenhüttenleute (VDEh)
Vorsitzender: Dr. G.Staats, Dillingen (Saar)

dem Chemikerausschuß der Gesellschart Deutscher Metallhütten-u.
Bergleute (GDMB)
Vorsitzender: Dr. D.Hirschfeld, Krupp GmbH Essen

der Deutschen Gesellschaft für Klinische Chemie e.V.
Präsident: Prof. Dr. F. Bidlingmaier, Universität Bonn

EURACHEM/Deutschland – Arbeitskreis in der Gesellschaft
Deutscher Chemiker
Vorsitzender: Prof. Dr. H. Günzler, Weinheim

der Senatskommission zur Prüfung gesundheitsschädlicher
Arbeitsstoffe der Deutschen Forschungsgemeinschaft,
Arbeitsgruppe„Analytische Chemie"
Leiter:Prof.Dr. J. Angerer, Zentralinstitut für Arbeits- und
Sozialmedizin, Erlangen

Österreich

Gesellschaft Österreichischer
Chemiker Austrian Society for Analytical Chemistry (ASAC)
Präsident: Prof. Dr. M. Grasserbauer, Wien

Schweiz

Sektion Analytische Chemie der Schweizerischen Chemischen Gesellschaft
Vorsitzender: Prof. Dr. H. M. Widmer, Basel

Springer-Verlag und Umwelt

Als internationaler wissenschaftlicher Verlag sind wir uns unserer besonderen Verpflichtung der Umwelt gegenüber bewußt und beziehen umweltorientierte Grundsätze in Unternehmensentscheidungen mit ein.

Von unseren Geschäftspartnern (Druckereien, Papierfabriken, Verpackungsherstellern usw.) verlangen wir, daß sie sowohl beim Herstellungsprozeß selbst als auch beim Einsatz der zur Verwendung kommenden Materialien ökologische Gesichtspunkte berücksichtigen.

Das für dieses Buch verwendete Papier ist aus chlorfrei bzw. chlorarm hergestelltem Zellstoff gefertigt und im pH-Wert neutral.